国家社科基金特别委托项目
西夏文献文物研究（批准号：11@ZH001）

"西夏文献文物研究丛书"编委会

学术顾问：蔡美彪　陈育宁　陈高华　樊锦诗

主　　编：史金波

副 主 编：杜建录（常务）　孙继民　李华瑞　沈卫荣

编　　委：（按姓氏笔画排序）

　　　　　史金波　刘庆柱　孙宏开　孙继民

　　　　　杜建录　李华瑞　李进增　沈卫荣

　　　　　俄　军　高国祥　塔　拉

中国社会科学院创新工程学术出版资助项目

西夏文献文物研究丛书
史金波 主编

西夏建筑研究

A Architecture Research of Xixia

陈育宁 汤晓芳 雷润泽◎著

社会科学文献出版社
SOCIAL SCIENCES ACADEMIC PRESS (CHINA)

一、建筑构件

（一）鸱吻

六号陵出土绿琉璃鸱吻 　　　三号陵出土灰陶鸱吻 　　　六号陵出土灰陶鸱吻

（二）屋脊神兽

六号陵出土琉璃龙形屋面脊兽 　　　三号陵出土红陶四角套兽

三号陵出土四角琉璃套兽 　　　三号陵出土红陶套兽残件

六号陵出土灰陶套兽残件

永宁闽宁镇西夏墓出土灰陶屋面神兽

六号陵出土绿釉琉璃脊兽

永宁闽宁镇西夏墓出土兽面建筑饰件

西夏陵北端遗址出土琉璃鸽

三号陵南门出土釉陶海狮

西夏陵北端遗址出土琉璃四足兽（鳌）

三号陵南门出土釉陶兽首鱼身摩羯

三号陵出土灰陶迦陵频伽

三号陵出土绿琉璃迦陵频伽

三号陵出土红陶迦陵频伽

三号陵出土灰陶迦陵频伽

（三）屋脊装饰

拜寺口双塔北寺遗址出土琉璃脊筒

三号陵出土红陶覆莲柱础

三号陵出土绿琉璃覆莲柱础

三号陵出土红陶束腰仰覆莲座

拜寺口塔群出土琉璃宝顶残件

（四）瓦当

琉璃灰陶瓦勾头

琉璃、红陶、灰陶瓦当

(五)滴水

琉璃滴水

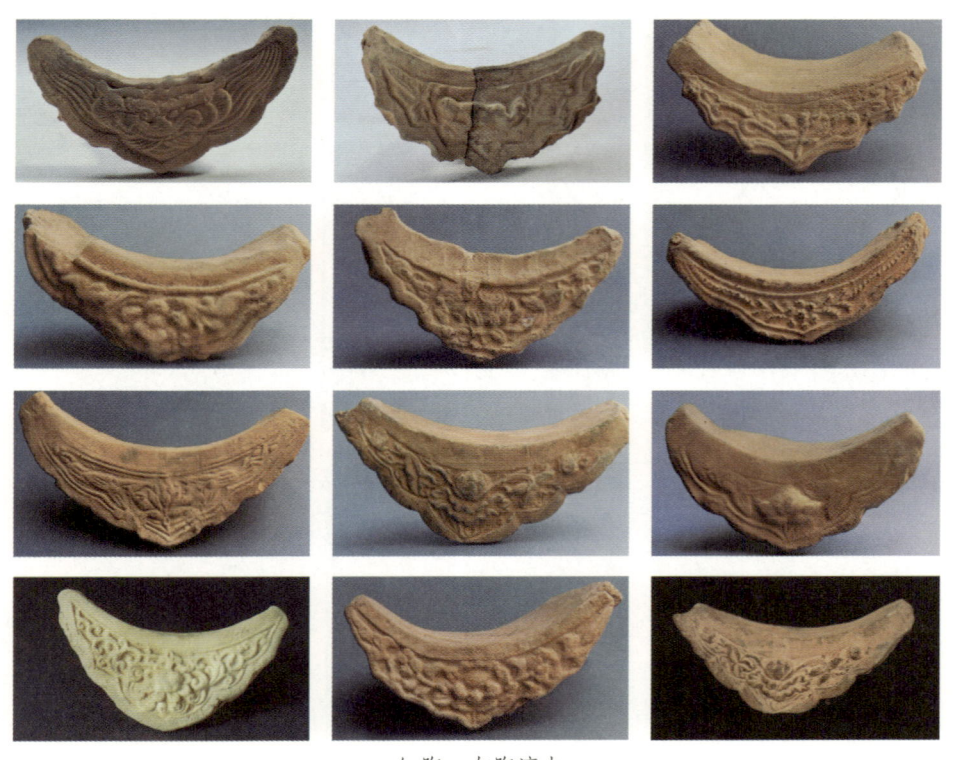

红陶、灰陶滴水

（六）砖瓦

琉璃砖瓦

陶砖瓦

（七）石构件

石夯锤

人像碑座

二、建筑遗址

（一）西夏陵

一、二号陵

三号陵

三号陵西阙台

三号陵西南角阙内侧

（二）塔

贺兰山拜寺口双塔

青铜峡108塔

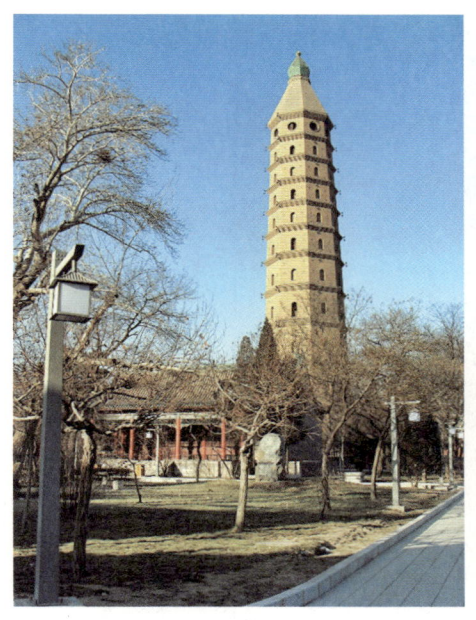

宁夏银川承天寺塔 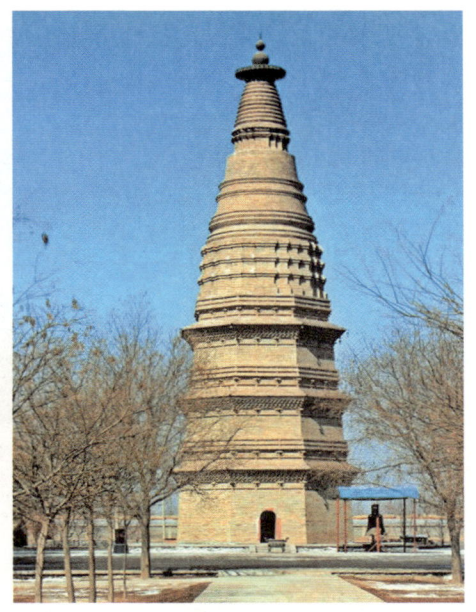　　　　　　　　　宁夏贺兰县宏佛塔

（三）城

西夏夏州城内大夏国都都城统万城遗址

陕西横山县西夏银州城遗址

陕西横山县西夏罗兀城遗址 　　　　陕西府谷县西夏府州城遗址

（四）州府、佛殿、寺

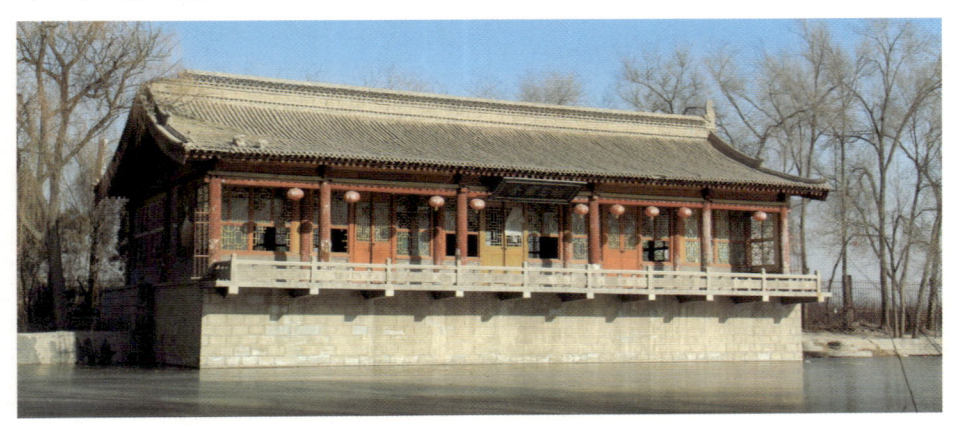

甘肃武威凉州府署大堂

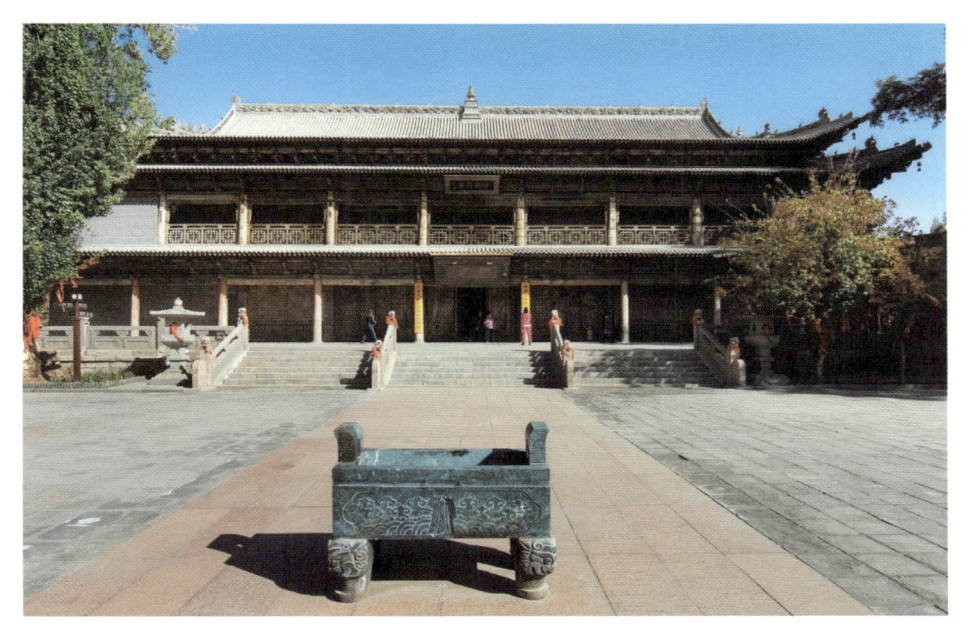

甘肃张掖大佛寺大殿

内蒙古额济纳旗黑水城外西南角清真寺

三、建筑图像

（一）版画中的建筑

中国藏西夏文《慈悲道场忏罪法》插图《梁皇宝忏图》皇宫内殿

俄藏西夏文《佛说转女身经》卷一插图建筑

中国藏西夏文《金光明最胜王经》卷五插图建筑

中国藏西夏文《金光明最胜王经》卷十插图建筑

（二）壁画中的建筑

榆林窟第3窟南壁《观无量寿经变》中的佛宫建筑

榆林窟第3窟西壁南侧普贤变界画中的佛宫建筑

榆林窟第3窟西壁北侧文殊变界画中的佛宫建筑

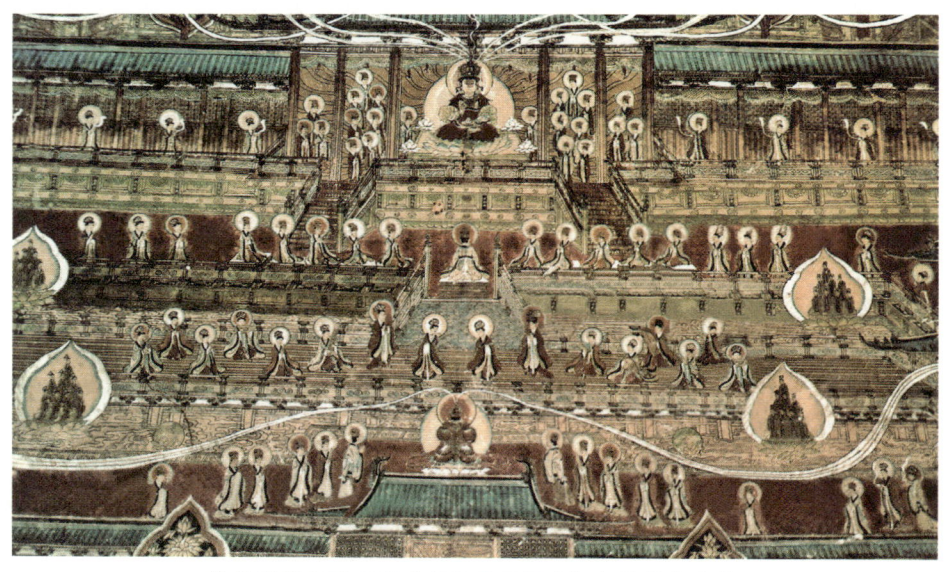

榆林窟第3窟南壁《观无量寿经变》中的佛宫建筑

（三）木板画曼荼罗

俄藏黑水城出土佛顶尊胜佛母坛城曼荼罗中的城、佛宫建筑

（四）唐卡中的建筑

俄藏黑水城出土唐卡《药师佛》中的覆钵式塔

宏佛塔出土唐卡《上师图》背光中的佛庙殿宇建筑

总　序

近些年来，西夏学发生了两项重大变化。

一是大量原始资料影印出版。20世纪90年代以来，在西夏学界的不懈努力下，我国相继出版了俄、中、英、法、日等国收藏的西夏文献。特别是《俄藏黑水城文献》刊布了20世纪初黑水城遗址出土的大量文献，其中包括涵盖8000多个编号、近20万面的西夏文文献，以及很多汉文及其他民族文字资料，实现了几代学人的梦想，使研究者能十分方便地获得过去难以见到的、内容极为丰富的西夏资料，大大改变了西夏资料匮乏的状况，使西夏研究充满了勃勃生机，为西夏学的发展开辟了广阔的前景。此外，宁夏、甘肃、内蒙古等西夏故地的考古工作者不断发现大量西夏文物、文献，使西夏研究资料更加丰富。近年西夏研究新资料的激增，引起学术界的重视。

二是西夏文文献解读进展很快。自20世纪70年代以来，经过国内外专家们的努力钻研，已经基本可以解读西夏文文献。不仅可以翻译有汉文文献参照的文献，也可以翻译没有汉文资料参照的、西夏人自己撰述的文献；不仅可以翻译清晰的西夏文楷书文献，也可以翻译很多难度更大的西夏文草书文献。翻译西夏文文献的专家，由过去国内外屈指可数的几位，现在已发展成一支包含老、中、青在内的数十人的专业队伍。国内外已有一些有识之士陆续投身到西夏研究行列。近几年中国西夏研究人才的快速成长，令学术界瞩目。

以上两点为当代的西夏研究增添了新的活力，带来了难得的发展机遇。西夏文献、文物研究蕴藏着巨大的学术潜力，是一片待开发的学术沃土，成为基础学科中一个醒目的新学术增长点。

基于上述认识，我于2011年初向中国社会科学院科研局和陈奎元院长呈交了"西夏文献文物研究"重大项目报告书，期望利用新资料，抓住新的机遇，营造西夏研究创新平台，推动西夏学稳健、快速发展，在西夏历史、社会、语言、宗教、文物等领域实现新的突破。这一报告得到奎元院长和院科研局的大力支持，奎元院长批示"这个项目应该上，还可以考虑进一步作大，作为国家项目申请立项"。后经院科研局上报国家社会科学基金办公室，被国家社会科学基金领导小组批准为国家社会科学基金特别委托项目，责任单位为中国社会科学院科研局，我忝为首席专家。

此项目作为我国西夏学重大创新工程，搭建起了西夏学科学研究、人才培养、学术交流、资料建设的大平台。

项目批准后，我们立即按照国家社科规划办"根据项目申请报告内容，认真组织项目实施，整合全国相关学术力量和资源集体攻关，确保取得高质量研究成果"的要求，以中国社会科学院西夏文化研究中心和宁夏大学西夏研究院为基础，联合国内其他相关部门专家实施项目各项内容。宁夏大学西夏学研究院院长、中国社会科学院西夏文化研究中心副主任杜建录为第二负责人。为提高学术水平，加强集体领导，成立了以资深学者为成员的专家委员会，制定了项目管理办法、项目学术要求、子课题中期检查和结题验收办法等制度，以"利用新资料，提出新问题，凝练新观点，获得新成果"为项目的灵魂，是子课题立项和结项的标准。

本项目子课题负责人都是西夏学专家，他们承担的研究任务大多数都有较好的资料积累和前期研究，立项后又集中精力认真钻研，注入新资料，开拓新思路，获得新见解，以提高创新水平，保障成果质量。

这套"西夏文献文物研究丛书"将发布本项目陆续完成的专著成果。

社会科学文献出版社社长谢寿光、人文分社社长宋月华了解了本项目进展情况后，慨然将本研究丛书纳入该社的出版计划，中国社会科学院创新成果出版计划给予出版经费支持，国家社会科学基金办公室批准使用新公布的国家社会科学基金徽标。这些将激励着我们做好每一项研究，努力将这套大型研究丛书打造成学术精品。

衷心希望通过国家社会科学基金特别委托项目的开展和研究丛书的出版,能够进一步推动西夏学研究,为方兴未艾的西夏学开创新局面贡献力量。

史金波

2012 年 8 月 11 日

目　　录

序 …………………………………………………………………………………… 1
前　言 ……………………………………………………………………………… 1
第一章　西夏建筑遗迹的发现与研究 ……………………………………………… 1
　第一节　文献记载与碑石柱木刻记中的发现 ……………………………………… 3
　第二节　绘画中发现的建筑图像 …………………………………………………… 20
　第三节　文物考古调查中发现的西夏建筑遗址 …………………………………… 41
　第四节　西夏建筑研究进展状况评述 ……………………………………………… 85
第二章　陵墓建筑 …………………………………………………………………… 97
　第一节　帝陵建筑 …………………………………………………………………… 99
　第二节　墓建筑 ……………………………………………………………………… 169
第三章　寺庙建筑 …………………………………………………………………… 183
　第一节　石窟寺建筑遗存 …………………………………………………………… 183
　第二节　西夏石窟寺的构造特征 …………………………………………………… 193
　第三节　寺庙建筑遗址、遗迹 ……………………………………………………… 199
　第四节　西夏寺庙的建制、布局与构造 …………………………………………… 239
第四章　佛塔建筑 …………………………………………………………………… 258
　第一节　西夏佛塔的发现与遗址调查 ……………………………………………… 258
　第二节　西夏佛塔的类型与构造特征 ……………………………………………… 265
　第三节　西夏佛塔的建筑特征与装饰风格 ………………………………………… 314
第五章　西夏城池堡寨建筑 ………………………………………………………… 326
　第一节　西夏城池堡寨的建制与分布和保存状况 ………………………………… 327

第二节　西夏城池堡寨的构造特征……………………………………333
　　第三节　西夏边防城障堡寨的构筑特征…………………………………354
第六章　宫殿　衙署　其他建筑……………………………………365
　　第一节　宫殿………………………………………………………………365
　　第二节　衙署………………………………………………………………369
　　第三节　其他建筑…………………………………………………………374
结　语……………………………………………………………………379
主要参考书目……………………………………………………………385

序

《西夏建筑研究》是陈育宁、汤晓芳、雷润泽三位资深专家完成的一部厚重的学术成果，是国家社会科学基金特别委托项目"西夏文献文物研究"的重点课题。

近些年来，西夏学因大量新资料的发现和刊布，加之西夏文献解读的长足进展，逐渐由冷门趋向热点，备受学术界关注。西夏研究的很多领域都有较大的进展，而相比之下西夏文物研究稍显滞后。这部《西夏建筑研究》的问世是西夏文物研究的一次突破性进展，也是一项填补空白的力作。

历史上一个朝代的建筑既能显示当时的物质生活，也能透视出当地民族的精神文化，在社会生活中占有十分显著的位置。对于西夏建筑，有关专家曾发表过一些论文，进行有益的专题探讨，在拙著《西夏社会》中也曾专辟一章论述西夏的建筑。而现在出版的这部《西夏建筑研究》与以前西夏建筑的论述相比，不仅具有宏博的系统性，还显示出更为深邃的专业性。

这部著作从资料准备、调查研究到结项成书历经多年，可以用难度大、贡献大来概括。

首先是资料难度大。蒙古大军灭西夏时虽用劝降和武力征伐两手策略，但战争仍十分惨烈。蒙古军占领西夏后，采取了报复性的破坏行动，最显著的证明是西夏帝陵中的众多碑刻全被破毁成碎块，无一完整，表现出蒙古统治者对曾经抵抗他的西夏强烈仇视。这种极端的破坏方式在中国历史上并不多见。大概蒙古军队类似的破坏殃及多数西夏建筑，使西夏皇宫、离宫、衙署等重要建筑物皆成废墟，甚至至今我们还找不到西夏皇宫在西夏首都中兴府（今银川市）的具体方位。这给西夏建筑研究带来不易克服的困难。此外，西夏无"正史"，历史资料严重缺失，又增加了更大的难度。

其次是研究难度大。建筑研究是一门横跨工程技术和人文艺术的学科，涉及建筑技术和建筑艺术，二者属不同学科，又有密不可分的联系。西夏建筑跨自然学科和社会学科研究，要具备两种学科的知识方能承担如此重任。这对一般从事历史文化的研究人员来说，要系统学习建筑学，无疑是一种新的挑战。

三位作者中陈育宁先生是著名的西夏史、蒙古史专家，长于思辨，是集专业与行政领导为一身的双肩挑学者；汤晓芳女士是资深编审，曾荣获韬奋出版奖，又是著名的西夏学专家，对西夏艺术有专深造诣；雷润泽先生是著名的文物考古专家，原任宁夏文物局局长，谙熟西夏文物，曾领导维修西夏佛塔，取得第一手建筑资料。三位专家合作进行西夏建筑研究，各展所长，珠联璧合，攻坚克难，终于占领了西夏建筑研究的制高点，拿出了这部厚重的成果。

更为难得的是他们皆是年长学者，三人加在一起200多岁。他们在古稀之年，仍以饱满的工作热情，执著追求历史真实的精神，为解破历史遗留的谜团，弘扬中国传统文化遗产而蹈厉奋发，尽心竭力，在完成课题任务中起到了示范和引领作用，显示出他们历久弥新的历史责任感和社会责任感，反映出他们锐意进取的精神和旺盛的学术青春。辛勤的耕耘带来喜悦的丰收，艰苦的付出变为巨大的贡献。作者的情操和成就都令人感佩，值得我们学习，我要为他们点赞。

作者不仅要查阅大量文献，还踏查实地，遍访遗址，搜集图片，将目前所能见到方方面面的西夏建筑资料网罗殆尽，其中有汉文、西夏文文献资料，也有包括壁画在内的各种绘画资料，还有大量建筑遗址以及各种建筑构件等相关资料。作者将所得资料熔铸于西夏建筑系统工程之中，并剖析探究，为读者复原出西夏王朝华丽的皇宫内院和离宫别墅，巍巍高耸的佛塔式帝陵，类型多样的佛塔寺院，以及城垣、衙署、民居等，使西夏的建筑形象地展现在我们面前。

作者高屋建瓴，将西夏建筑置于中国建筑体系之中考察，提升了西夏建筑研究的视点。全书将西夏建筑分为陵墓、寺庙（包括石窟寺）、佛塔、城市堡寨、宫殿衙署五大板块，图文并茂地钻研探索，尽力为我们揭示被历史沧桑湮没的西夏建筑面貌。在分门别类地构建西夏建筑形象的同时，还不断条分缕析地深入探索实用价值和美学价值，屡有新见。最后又总结出西夏建筑的总体特征：第一，以传承中国古建筑体系为主，单体建筑类型丰富，布局对称，中原建筑传统的木构架体系被西夏完整地保留下来，西夏建筑的丰富性几乎囊括了中世纪中国建筑体系的所有类型。第二，建筑装饰构件深受佛教艺术影响，吸纳佛教文化元素，融入建筑装饰艺术，形成特色。第三，西夏建筑艺术受到多民族建筑文化的影响，使西夏境内留有中世纪古代中原、辽朝、吐蕃、回鹘等各民族的建筑及建筑元素。第四，凸显本民族的建筑艺术，西夏陵的人像碑座和陵塔是西夏建筑中具有代表性的两件优秀作品。这样的总括分析使读者在形象建筑的欣赏中，又得到理性分析的引领，让知识得以升华，令人印象更加深刻。远远逝去的西夏王朝通过其建筑的复原和解读，似乎拉近了与我们的距离，使我们看得更为真切，更为生动。

习近平同志不久前指出："要系统梳理传统文化资源，让收藏在禁宫里的文物、陈列在广阔大地上的遗产、书写在古籍里的文字都活起来。"我想本书几位作者通过他们孜孜不倦、脚踏实地的工作，已经让西夏建筑的文物、文献活灵活现地展现在我们面前，为梳理和弘扬传统文化做出了值得特别赞赏的贡献。

史金波

2014 年 12 月 20 日　于北京市朝阳区寓所

前 言

在中国历史上，西夏是中世纪一个由党项羌族为统治民族建立的地方割据政权。唐初党项八大部落不断迁徙，以拓跋部为首的夏州小藩镇，在五代藩镇割据的纷争中，接受中原汉唐先进文化，向西开拓发展，逐渐壮大，成为以河套与河西地区为中心，掌控丝路古道两万余里，拥有数百万民众的封建王国。西夏先与辽和北宋，后与金和南宋鼎足而立190年，直至公元1227年（南宋理宗宝庆三年）为崛起的成吉思汗蒙古军所灭，归并到大一统的元朝版图之内。

西夏以兴庆府为都城，称帝的李元昊用党项语自称"邦泥定"国，汉语意译为"大白高国"。西夏是以党项族为统治民族建立的多民族政权，其境内还有被统治的回鹘各部、吐蕃各部、契丹各部和占人口多数的汉族。伴随着封建王朝的建立和社会文明的进程，体现这一地域各民族的伦理思想、思维方式、民族性格、宗教情感、审美情趣的西夏建筑活动，始于立国前夏州藩镇政权时期，盛于立国之初，贯穿于王朝始终，并影响到元、明建筑。如都城、宫室、陵墓、城池、寺庙、佛塔、衙署等建筑，成为西夏王朝立国的象征，是西夏社会存在的物质文明和精神文明的物化载体。西夏宫殿、衙署、庙宇等官式建筑大都毁于蒙古灭夏的战火之中，被历史所掩埋。但西夏创新发展起来的建筑文化，被元代吸收改造成更高层次的建筑文化。它所传承和创新发展的建筑文化，是博大精深的中华建筑文化的一部分。诚如梁思成先生所说："建筑之规模、形体、工程、艺术之嬗递演变，及其民族特殊文化兴衰潮汐之映影。"[①] 文化是建筑发展的决定因素，也是建筑深蕴的内涵；其外在审美的表现，则是风格；风格的确立，是艺术趋向成熟的标志。而建筑则是文化的载体和风格的物化体现。西夏党项人在与相邻和周边地区各民族的交往互动中，学习、借鉴、吸收了各民族各地区传统文化中有益的成分，在实现民族自强与发展进步的同时，将各民族各地区的建筑文化元素引入该地区，首先继承和传承发展了中原的建筑文化，结合自己的民族特性和自然条件与生态环境，加以糅合和创新，沿着中国西部地区的文脉，构建出具有民族和地区特色的建筑体系，彰显出西夏建筑文化的时代风格、地域风格和民族风格，并深刻影响到元、明、清三朝。西夏建筑在中华民族古代建筑文化艺术史中，是中世纪后期的中国西北地区对中国传统起着承先启后作用的一枝奇葩。认真抢救保护和发掘研究曾被尘封的西夏建筑文化，弘扬中华民族文化的多样性、和谐性、包容性，进行爱国主义教育和民族团结教育，传承创新发展中华民族现代文明，实现中华民族伟大复兴，具有重要的历史意义和现实意义。这就是我们研究西夏建筑的宗旨和目的。研究是为了更好地进行保护，也是对西夏建筑文化遗产的一种抢救保护措施。

中国古代建筑在世界各大建筑中自成体系，独树一帜，从某种意义上讲是中华民族的文化符号与象征。西夏建筑在中国古代建筑中，是一个时代、一定地域的各民族文化传承发展的组成部分，是西夏历史文化的凝结物，也是西部地区各民族图强发展的历史载体。从建筑体系和风格上探究，与唐辽宋金相比，尽管在总体布局、单体建筑的形制结构，每个构件的式样和技艺，有许多不同变化，但在建筑的理念上、建筑的环境观上、单体建筑的营造法式上，基本上遵循了中国古代传统建筑的法则与规范，在总体上与唐辽宋金的建筑一样，是同脉相承的华夏建筑体系中的一种地域风格。这是本课题研究提示的主线。沿着这条主线，我们结合文献记载，将历年来在西夏故地发现的西夏建筑遗迹遗址，作为研究的重点，运用文物考古类型学的方法进行梳理，参照古文献对西夏建筑的记载和西夏文献中建筑词汇、版画建筑图像、其他绘画中的建筑图像等资料，按照始建年代与传承使用、功能效用、流传变异等几个方面，进行比较研究，从建筑结构布局、构筑特点与前

[①] 《梁思成文集》第三卷，中国建筑工业出版社，1985，第3页。

后变化的规律，找出它们的代表性和典型性实例，探究它们的个性特征和地域、时代特点。我们的研究首先借助于文物考古中各类西夏文物的新发现，和诸多学者与同仁已经取得的各项研究成果，在此基础上撷取成熟的结论，摒除被文物考古新发现所否定的过时观点，从时代的横向和历史的纵向，对西夏建筑的内涵与外延进行揭示归纳，找出它们传承创新的轨迹和风格流变的特征。

本书研究的重点是西夏官式建筑和公共建筑，因为它们代表了西夏建筑艺术成熟的体系和技术水准。本书分六章进行分类阐述，最后从西夏建筑的伦理、环境观、组群布局、单体建筑的构造特征、装饰特色等进行概括性总结，全面系统揭示西夏建筑的文化内涵、艺术价值和历史地位。

第一章系统回顾了历年来各类西夏建筑遗迹、遗址的发现和研究成果。依据国家文物考古部门和地方政府部门公布的各类不可移动文物的信息资料及各种刊物发表的相关论文、专著，梳理出前辈与同仁们对各类各项西夏建筑研究的成果，作为本书立论的基础，同时也是对前人付出的辛勤劳动的尊重与礼敬，我们是在前人已有成果基础上作出的一次全面系统探究。

第二章西夏陵墓建筑遗迹的研究。因为陵寝制度是封建社会政体礼仪与典章制度的重要组成部分，是官式建筑的一个典范。西夏陵又是西夏王朝保存至今最大的一处建筑文化遗址，尽管遭受蒙古军队毁灭性的破坏和后人盗掘，但陵区原始地貌、陵园各单体建筑的基址、夯筑台墙等，仍屹立在贺兰山下，其群体建筑的布局呈现特殊规律，成为中国古代建筑史上的奇迹之一。其陵区各建筑单元内单体建筑如陵园的角台、阙台、碑亭、月城、神城、神门、城角阙台、献殿、塔式陵台的平面布局等，有别于唐宋陵寝，成为揭示西夏官式建筑内涵尤其是宫廷建筑与寺庙建筑最好的样本。该遗址的考古工作也已取得较大成就，提供的建筑信息资料丰富，有助于为其他西夏建筑门类的研究提供参考实例。实际上前辈和同仁们在调查考证西夏故地地上、地下建筑遗址时，已经拿西夏陵发现和出土的建筑材料如屋面瓦当、脊饰件等类构件，作为断代分期的标准使用。因此我们将其作为西夏建筑研究的重要对象重点进行剖析研究。

第三章西夏佛寺庙宇的研究。西夏是一个以佛教立国的王朝，其境内在历史上又是佛教盛行的传统地域，佛教建筑与西夏皇室及各族民众的社会生活息息相关，佛教文化渗透到社会生产的各个领域，佛寺庙塔等宗教建筑无疑也是西夏官式建筑与公共建筑的代表与典范。考古调查发现，西夏故地保存下来的佛寺遗迹较多，建筑遗址、遗迹与门类的实例齐全，凝结着西夏建筑文化的诸多信息，是我们研究西夏建筑的又一重点门类。

第四章西夏佛塔的研究。西夏故地保存下来的古塔和古塔遗迹较多，其中有西夏传承唐宋维护使用的实例，也有西夏独自建造重修的实例，还有受西夏遗风影响的元、明、清三朝在西夏建筑原址重修的实例。这些塔的类型齐全，形制繁杂，传承流变系列清楚，文化内涵丰富，成为研究西夏佛塔乃至中国古塔建造传承史的重要标本。我们将它独立列为一章，进行深度探索和比较研究，揭示它多元文化成因与和谐交融的特征。

第五章西夏城池堡寨和建筑的研究。城池堡寨是伴随着私有制的产生和国家的起源而兴起的社会公共建筑，是人类从蛮荒的氏族部落，步入定居的王国时代最先的构筑物，是人类走向文明的必然产物，也是民族发展进步的象征。它们既是人居的活动中心，又是社会与地区之间彼此交流的地方，还是人们社会权力、地位、财富的象征。党项人在迁徙的过程中，从逐水草的毡帐栏栅到构筑定居的城池堡寨和房屋居室，实现社会形态的转型，步入封建社会，实现了民族的进步和发展。遍及西夏故地的城池堡寨，与其内部的土木结构或砖木结构的房屋设施，便是最好的文化历史见证。尽管构筑的这些城池堡寨，从布局形制到构筑方式与唐辽宋金的同类建筑无大的差异，但它们从另一个侧面反映了西夏的社会结构与体制，反映了西夏的地域文化特色和建筑习俗。

第六章西夏官式建筑中的宫殿和衙署建筑研究。目前这方面的资料较少，给研究带来局限性，但因此类建筑反映了作为统治中心的行政机构的某些特征，故单独成章，尽可能地给予描述和揭示。

在最后的结语中，总结了西夏建筑的构造类型系统、装饰艺术的特征和所体现的多民族文化相互影响及有机的糅和，丝绸之路上中外文化交流所造成的影响。西夏建筑所反映的各种文化的兼容并包，体现了西夏社会的开放性以及对建筑艺术的发展所做出的积极贡献。

文字不是历史的唯一载体，一座建筑、一座土塔、一座城堡、一座陵墓、一幅壁画，都是历史的无言述说者。这些不可移动的西夏文物古迹，其饱经风霜的苍凉面容，向世人展示着曾被尘封的传奇，见证着王朝的兴衰和时代的演进。以往对西夏建筑全面系统的综合研究是个薄弱与欠缺的环节，但愿我们的这项研究，对这个薄弱环节是个弥补，使世人能从文献记载及不可移动的西夏文物——西夏建筑的类型面貌中，全面窥视到蕴含丰富的文化内涵。

第一章 西夏建筑遗迹的发现与研究

在中国古代中世纪1038~1227年，西北地区曾经有过一个党项统治的政权，自称"大白高国"，国号"大夏"。① 其先后与辽、宋、金并立。元修辽、宋、金史，始称西夏，这个称谓一直留传至今。② 西夏政权历十主，③立国凡190年。西夏建筑作为西夏王朝存在的象征，是西夏地域文化传承积淀与西夏社会文化建构的物质形态。在战乱频仍的王朝更替中，由于受到自然侵蚀和人为的损毁与遗弃，西夏建筑多已衰败，几无完整的构筑原貌，但并没有与王朝政权和党项民族一同消亡，而是被历史的风尘所湮没，或被后世的改造和重建物所覆盖。

近代以来，伴随着文物调查的诸多发现，特别是自20世纪五六十年代

---

① 魏晋后期，中原大乱，地方豪酋立国割据，历史上称为五胡十六国时期。此间匈奴裔赫连勃勃占领长安后，没有在该地立都，而是在北方草原的奢延县境内建都统万城，立国"大夏"，其国境北至阴山以南。北魏灭大夏时，在阴山以南游牧的有匈奴、鲜卑，鲜卑人中有拓跋氏，匈奴与鲜卑通婚称铁弗部，被中原汉人称为"杂胡"。赫连勃勃的铁弗部，实际上是操突厥语的草原部落。北魏时期在统万城设统万镇。隋设朔方郡，治统万。唐改朔方郡为夏州，将党项人安置在阴山以南游牧，《旧唐书》卷198载，党项羌"仍散居灵、夏等界内。……居夏州者号平夏部落"。党项拓跋氏酋长世袭夏州节度使，立国后国号"大夏"，一方面其统治的政治中心地域在十六国时期建立过一个"大夏"国，另一方面强调北魏拓跋鲜卑之草原民族传统，以区别于中原王朝汉统。元昊称帝，谓其出自帝胄，从血缘上说元昊先祖与鲜卑系吐谷浑曾有通婚关系。
② 西夏在立国前的1036年就创制了西夏字，在西夏字文献中记载国名为"𘜶𘂬𘄡𗕿"，汉文对译为"白高大夏国"，辽、宋称之为"夏"，吐蕃称之为"梅那国"，蒙古人称之为"唐兀""唐古特"。
③ 景宗元昊，毅宗谅祚，惠宗秉常，崇宗乾顺，仁宗仁孝，桓宗纯佑，襄宗安全，神宗遵顼，献宗德旺，末帝晛（向蒙古投降后被杀，无庙号）。

以后，在全国开展文物大普查和重点文物的大抢救中，湮没于西夏故地各门类的西夏建筑遗址与遗迹，被各省区文物考古部门的普查大量勘察辨识出来。根据宁夏、甘肃、内蒙古、陕西、青海等省区文物普查和重点文物的勘测调查，将西夏城址、寺庙、古塔、石窟寺、石刻、墓葬及各类建筑遗址系统的分类注录登记整理出来，整理编辑为《中国文物地图集》①登记在宁夏、甘肃、内蒙古、陕西、青海各分册，为全面系统研究西夏建筑提供了丰富的研究对象和相关的信息资料。

改革开放以来，众多前辈与同仁怀抱着抢救保护、发掘研究、弘扬利用西夏建筑及文化的热情，将自己研究某一地区、某一门类西夏建筑和某一遗存实例的成果，以报告、论文和专著的形式予以发表，为我们开展不可移动文物——西夏建筑的系统深入研究，提供了丰富的信息和资料。至今国内外对西夏文字、政治、经济、军事、宗教文化等的研究已有许多论文和专著成果面世，但西夏建筑作为一个时代政权特定地域内物质文明与精神文明标志性载体对其研究还是比较薄弱，缺乏全面系统的研究。

本书循着《中国文物地图集》对西夏建筑的分类而展开，注重文献记载和出土文物相结合研究。综合梳理：在建筑上西夏给我们留下了什么文献资料，其相邻政权及后世的文献是怎么记载的，西夏石窟壁画和出土的绘画作品中对建筑是如何描绘的，留下了什么形象资料；在现代考古中对西夏建筑的遗址调查发现了什么，有什么建筑与构件实物；此前国内外学术界有些什么研究成果，哪些是有共识的，哪些是有分歧的，大致勾勒出什么样的建筑体系，等等。通过全面细致地梳理，在吸收前人研究成果的基础上，进一步研究、思考、揭示和解答西夏建筑的形制和伦理，外形审美及内部结构，建筑技法和装饰特征，西夏建筑在西夏文明中的地位和价值，与同时期其他民族创造的建筑的异同，所体现的地域特征和民族特征，以及这些特征与自然、地理、气候的关系，与周边不同民族的文化交流的关系、与宗教文化的关系、与丝绸之路中西交通的关系等，从而弄清西夏人的建筑智慧在中国古建筑中的地位，在世界建筑史上留下什么特殊创造。对西夏建筑的深入研

---

① 《中国文物地图集》是国家文物局主编的一套大型丛书，以地图形式全面记录中国境内已知现存的不可移动文物的状况。西北五省区各分册自1996年至2010年已全部完成出版。

究，搞清楚这些问题是至关重要的。本章首先对西夏留存的文献资料进行梳理，摸清西夏考古调查和发掘遗址中对建筑的调查和建筑构件出土情况，掌握和借鉴前人的研究成果，通过文献记载、出土实物、研究成果等不同视角的综合思考，努力做出新的探究和发现。

第一节 文献记载与碑石柱木刻记中的发现

一 汉文文献中有关西夏建筑的记载

（一）西夏立国前的建筑活动

1. 党项人的幕梁毡帐和栅栏

汉文文献记载较早的是《隋书·党项传》："党项羌者……织氂牛尾及羯毛以为屋。"①《旧唐书·党项羌传》：党项"俗皆土著，居有栋宇，其屋织氂牛尾及羊毛覆之，每年一易"②。《新唐书·党项传》："党项……土著，有栋宇，织氂尾、羊毛覆屋，岁一易。"③《新五代史》："党项，其俗皆土屋，居有栋宇，织毛罽以覆之。"④《宋史·夏国传》："其民一家号一帐……兵三人同一幕梁。"⑤幕梁，即织毛为幕，以木为梁架。有梁架的帐篷为藏式帐篷。

以上史书记载了党项羌在以游牧为主的生产、生活状态下的居住状况，是适应高原草原"逐水草而居"的民居建筑，以长方形木构架撑起毡帐，以牛毛绳在地面固定。它的特点是：防水、保暖、防腐、轻便、有弹性，易于安装与拆卸，适应逐水草而居的搬迁生活。这些记载反映了唐、五代时期党项羌族迁徙至今甘肃东部庆阳及陕北过程中的民居建筑形态。这种集幕梁毡帐与栅栏围族而居的习俗，作为一种民族文化传承，保

---

① （唐）魏征主编《隋书》卷83，中华书局点校本，1973。
② 《旧唐书》卷198，中华书局点校本，1975。
③ 《新唐书》卷221《党项传》，中华书局点校本，1975。
④ （宋）欧阳修：《新五代史》卷744，中华书局点校本，1974。
⑤ 曾巩：《隆平集·夏国赵保吉传》，见《隆平集》卷20《夷狄传》，文渊阁四库全书本。

留至西夏立国后（图1-1）。①

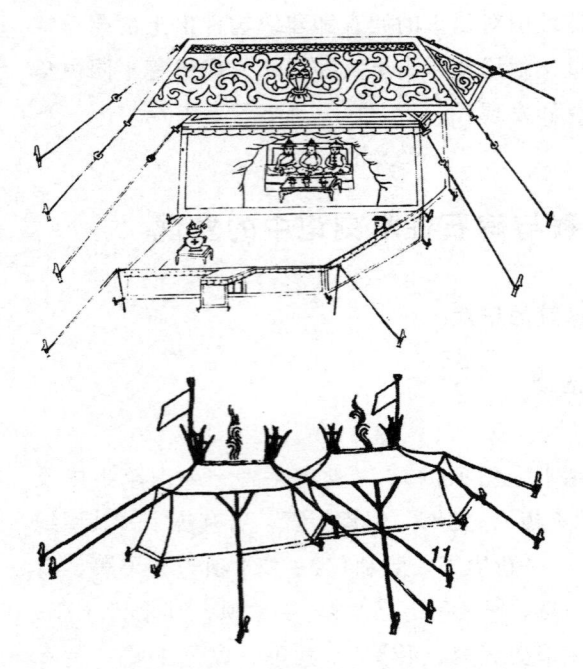

图1-1 旧时西藏贵族所住的覆盖顶篷的豪华帐篷（上图）和羌塘牧民所住的帐篷（下图）（与史书中描述党项羌所住的幕梁毡帐相同）

2. 党项人构筑砖木建筑

西夏王族先祖拓跋思恭为唐朝镇压黄巢起义有功，自公元881年被唐朝封为定难军节度使，驻夏州，至公元982年李继迁举族反宋，党项平夏部长期盘踞夏州。夏州城本为十六国时期赫连勃勃所建大夏国的都城，其城墙以"蒸土筑之"。②据唐营缮法令，节度使住衙署，缺位时推其子弟为留后，行使职权，仍住在衙署。五代沿置。宋虽虚衔，其待遇同朝廷宗室近戚，所居官邸为府署级别。拓跋氏头领自唐至宋一直被中原王朝封为统治一方的地方官吏，所居官邸属于中原形制建筑，前衙后寝，有院墙的封闭院落，均是前代之物，稍加修缮继续使用。到了北宋初期，党项族中一些有地位、有官职的贵族也住上了瓦房，"民居皆立屋，有官爵者，始得覆之以瓦"③。"俗皆土屋，唯有命者，得以覆瓦"④。

从隋唐经五代至宋，经过300年游牧迁徙，到一部分游牧民定居从事农

---

① 图见〔法〕石泰安著《西藏的文明》，耿昇译，中国藏学出版社，2005，第84页、第11页。
② 《晋书》卷130《赫连勃勃载记》："华林灵沼，崇台秘室，通房连阁，驰道苑园……营离宫于露寝之南，起别殿于永安之北。"可见大夏国都城内有高台、楼阁、离宫等建筑，其传统承汉制，也沿袭到唐夏州的建筑。《晋书》，中华书局点校本，1974。
③ 《隆平集·夏国赵保吉传》，见《隆平集》卷20《夷狄传》，文渊阁四库全书本。
④ 《宋史·夏国传》，中华书局点校本，1976。

业的过程中，党项羌的民居也有一个从毡帐到立屋的逐步演变过程。尤其作为统治豪酋的一些有爵位和官位的贵族，他们所居的房子是木构架建筑，屋顶是起脊覆瓦的。唐宋的建筑形制直接影响了党项政权的官式建筑。这反映出党项人生产生活方式的转变和社会封建化的文明程度。

（二）西夏立国过程中的建筑活动

清戴锡章《西夏纪》载有一段宋咸平六年（1003年）李继迁与其弟谋划从银夏之地迁都西平（灵州）的对话：

> 初，保吉居夏州，修复寝庙，抚绥宗党，举族以安。及得灵武，爱其山川形胜，谋徙都之，弟继瑗言："银、夏系累世经营，祖宗灵爽，实式凭之。今恢复未久，遽而迁弃，恐扰众心。"保吉曰："从古成大事者，不计苟安；立大功者，不徇庸众。西平北控河、朔，南引庆、凉，据诸路上游，扼西陲要害。若缮城浚壕，练兵积粟，一旦纵横四出，关中将莫知所备。且其人习华风，尚礼好学。我将借此为进取之资，成霸王之业，岂平夏偏隅可限哉？"遂令继瑗与牙将李知白等督众立宗庙，置官衙，挈宗族建都焉。①

这段文字是史书中关于西夏建都准备立国的最早记载。李继迁喜灵州人"习华风""尚礼好学"，而"城壕""宗庙""官衙"等，都是中原官式建筑的特定称谓，显然李继迁在灵州营建的都城是仿照中原建筑规制而兴建的。

《宋史·夏国传》记载，1021年李德明欲立国而于怀远建都时，即"号令补属，宫室旌旗，一疑王者。每朝廷使至，则搬宫殿题榜于庑下。使辖始出饯馆，已更赭袍，鸣鞘鼓，吹导还宫，殊无畏避"②。可见李德明从宫室营建到制度礼仪都已有"僭帝"行为。此前统和二十八年（北宋大中祥符三年，1010年）李德明受封契丹"夏国王"后，在今陕西横山"役民夫数

---

① （清）戴锡章：《西夏纪》卷三，宁夏人民出版社，1988。
② 《宋史·夏国传》，中华书局点校本，1977。

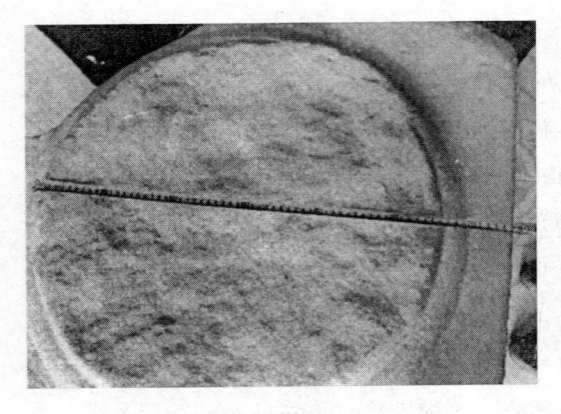

图1-2 横山县古银州遗址出土柱础

万于鳌子山大起宫室,绵延二十余里,颇极壮丽"。① （图1-2）西夏银州城出土约高18厘米、方径边长75厘米,上有高5厘米直径55厘米的一通石础,推测石础上立柱直径不会少于50厘米。从石础推测该建筑规模之大。

清吴广成《西夏书事》卷十载：

保吉（即李继迁,宋赐姓赵,文献记其名为赵保吉）取灵州时,尽逐居民城外,遂皆徙依怀远。德明以龙见之祥,思都其地,谋之于众。佥曰："西平土俗淳厚,然地居四塞,我可以往,彼可以来,不若怀远,西北有贺兰之固,黄河绕其东南,西平为其障蔽,形势便利,洵万世之业也。况屡现休征,神人允协,急宜卜筑新都,以承天命。"德明善之,遣贺承珍督役夫,北渡河城之,构门阙、宫殿及宗社、籍田,号为兴州,遂定都焉。②

此段文字,记载了李德明在兴州所建都城,有城门阙、城内有宫殿、宗庙、祭坛等。

天禧元年（1017年）,有司天官报说有龙见于贺兰山温泉之间,德明以为瑞气显象,派遣官员赴山间祀之,为迁都制造舆论。天禧四年（1020年）冬十一月,将新筑好的怀远城定名为兴州。明道元年（1032年）冬德明薨,太子李元昊改元显道元年,称于国中；五月升兴州为兴庆府,遂立官制,广宫城,营殿宇昭示天下。自此至西夏灭亡,西夏一直以兴庆府为都城。

---

① （清）吴广成：《西夏书事》卷9,清道光五年小砚山房刻本。
② 《西夏书事》卷10,清道光五年小砚山房刻本。

《西夏书事》卷八载:"景德元年(1004年)春正月,保吉卒。……秋七月,葬保吉于贺兰山,在山西南麓。宝元中(1038~1040年)元昊称帝,号为裕陵。"卷九载:"明道元年(1032年)……冬十月,夏王赵德明卒,年五十一……葬于嘉陵,在贺兰山,元昊称帝所追号。"卷十八载李元昊称帝后多次修建离宫和佛寺:天授礼法延祚五年(1042年)在天都山建南牟宫,"内建七殿,府库、官舍皆备";天授礼法延祚十年(1047年)"大役丁夫数万,于山(贺兰山)之东营离宫数十里,台阁高十余丈";"于兴庆府东一十五里役民夫建高台寺及诸浮屠,俱高数十丈,贮中国所赐《大藏经》,广延回鹘僧居之,演绎经文,易为蕃字"。①

李元昊时期的建筑种类繁多,有帝陵、离宫、佛寺、府库、官舍、高台、楼阁、佛塔等。

明朝初期朱元璋十六子庆靖王朱㮵藩镇宁夏时尚能看到一些西夏遗迹。如明宣德《宁夏志·古迹》中描述:"元昊宫室在西古城内","李王避暑宫,在贺兰山拜寺口南之巅极高处。宫墙尚存,构木为台,年深崩摧。洪武间,朽木中铁钉长一二尺者往往有之,人时有拾得者";在《宁夏志·寺观》中又记载"承天寺,在西古城内"②。朱㮵所记贺兰山拜寺口南的李王避暑宫有"构木为台"的高台建筑。在莫高窟的壁画中有画像保留(图1-3)。③ 明代胡汝砺撰《弘治宁夏新志》又转写。管律编《嘉靖宁夏新志》卷二载:"……避暑宫,贺兰山拜

图1-3 构木为台图(莫高窟217窟北壁《观无量寿经变》中,阿弥陀净土中的梯形四棱高台台顶上建平坐栏杆,平坐上再建楼阁)

---

① 《西夏书事》卷8、卷9、卷18。
② 吴忠礼:《宁夏志笺证》,宁夏人民出版社,1996,第45,96页。
③ 图见孙毅华、孙儒僩《中世纪建筑画》,华东师范大学出版社,2010,第213页。

寺口南山之巅，伪夏元昊建此避暑，遗址尚存，人于朽木中尝有拾铁然长一二尺者。"

　　清代金城修乾隆《宁夏府志》载："元昊故宫，在贺兰山东，有遗迹。又振武门内，有元昊避暑宫，明洪武初遗址尚存，后改为清宁观。广武西大佛寺口，迹有元昊避暑宫。"[①]据《嘉靖宁夏新志》载，位于宁夏中宁县鸣沙州的安庆寺永寿塔"相传建于谅祚之时"；清钟庚起修纂《甘州府志》卷十三载，西夏永安元年（1098年）嵬咩思能国师主持在甘州修建迦叶如来寺，并在寺中建弥陀千佛塔，永安二年梁太后卒，崇宗乾顺"辄供佛，为母祈福"，贞观三年（1103年），赐寺额"卧佛"。

　　虽然明清旧志中关于西夏建筑的记载都只有寥寥数语，没有记载西夏建筑的具体形态，但字里行间反映出西夏都城、宫城、宫殿、寺庙、佛塔、道观等官式建筑主要传承中原王朝的木构架大屋顶建筑传统。

　　总之，汉文文献记载中已将西夏各类官式建筑宫殿、衙署、府库、宗庙、佛寺、陵墓、都城、门阙及其具体建筑如高台、楼阁、佛塔等一一点到，为我们研究西夏建筑提供了文献记载的依据。

　　西夏立国后，其疆域包括今宁夏全境，甘肃大部，陕西北部，青海东北部和内蒙古、新疆的一小部分。该地区包括了丝绸之路核心区——河西走廊，州府、县衙分布密集，汉、唐以来的各式建筑对该地区均有影响，西夏或直接占领，或重修、新建。西夏所营造的宫殿、庙宇沿袭的是中原传统的土木结构建筑体系。

二　西夏文文献中有关西夏建筑的记载

（一）西夏文建筑词汇

　　西夏文字典、法令、谚语等文献中关于西夏建筑术语的记载有很多。现将西夏文《文海》《杂字》《番汉合时掌中珠》《圣立义海》《天盛改旧新定律令》《西夏谚语》等文献中记载的有关建筑词汇列表如表1-1：

---

① （清）张金城修《乾隆宁夏府志》，陈明猷点校，宁夏人民出版社，1992，第116页。

表 1-1　西夏文文献中建筑及家具类词语一览表①

西夏字	汉译词	文献出处	西夏字	汉译词	文献出处
𘟛𘟜	檐栿	珠 222	𘟝𘟞	榫索	杂字乙 15B6
𘟟𘟠	重栿	珠 221	𘟡𘟢	门扣	杂字乙 15B6
𘟣𘟤	平五栿	珠 221	𘟥𘟦	凿锯	珠 225
𘟧𘟨	枙栿	珠 222	𘟩𘟪	锯割	杂字乙 15B6
𘟫𘟬	棚堂	珠 221	𘟭𘟮	削剥	杂字乙 15B6
𘟯𘟰	厨庖	珠 221	𘟱𘟲	斤斧	珠 225
𘟳𘟴	回廊	珠 221	𘟵𘟶	木槛	珠 226
𘟷𘟸	椽榫	珠 222	𘟹	砅	珠 226
𘟺𘟻	檩	珠 222	𘟼	赤沙	珠 226
𘟽𘟾	栏枙	珠 222	𘟿𘠀	白土	珠 231
𘠁𘠂	柱脚	珠 223	𘠃𘠄	作物	珠 231
𘠅𘠆	提木	珠 223	𘠇𘠈	做造	珠 231
𘠉𘠊	石顶	珠 223	𘠋𘠌	帐毡	珠 231
𘠍𘠎	斗栱	珠 223	𘠏𘠐	毛栅	珠 231
𘠑𘠒	墙围	珠 223	𘠓𘠔	门帘	珠 232
𘠕𘠖	泥舍	珠 224	𘠗𘠘	天窗	珠 232
𘠙𘠚	舍屋	珠 216	𘠛𘠜	沙窗	珠 232
𘠝𘠞	楼阁	珠 216	𘠟𘠠	筘	珠 243
𘠡𘠢	帐库	珠 216	𘠣𘠤	桌子	珠 241

① 表中"珠"为《番汉合时掌中珠》，文献出处 222 为原件第 22 页第 2 行；"海"为《文海宝韵》，文献出处 76A21 为原件第 76 页第 1 面（蝴蝶装第一面作 A，第 2 面作 B）第 2 行，第 1 字；"海杂"为《文海宝韵杂类》，文献出处 2B12 为原件第 2 页第 2 面第 1 行第 2 字；"同"为"同音"，文献出处 3B1 为原件第 3 页第 2 面第 1 行；"杂字"为《三才杂字》乙种本，文献出处 15B6 为原件第 15 页第 2 面第 6 行。

续表

西夏字	汉译词	文献出处	西夏字	汉译词	文献出处
	和泥	珠224		柜子	珠241
	运土	珠224		匣子	珠242
	木植	珠224		交床	珠242
	木匠	珠224		椅子	珠242
	泥匠	珠225		矮床	珠242
	体工	珠225		踏床	珠242
	州城	珠225		遮拦床	杂字乙15B8
	漆	海杂2B12		彩沿床	杂字乙15B8
	琉璃	海杂3A12		坐床	杂字乙15B7
	瓦	海76A21		室	圣立义海27B2
	墼	海75A12		寺庙	圣立义海4A1
	砖坯	杂字乙15B7		房屋	圣立义海27B2
	涂泥	杂字乙15B2		宫室	圣立义海4A6
	屋室	杂字乙15B2		陛阶	圣立义海4A6
	墙壁	杂字乙15B2		皇城	圣立义海4A6
	宫室	杂字乙15B2		佛殿	圣立义海4A3
	测写	杂字乙15B2		城墙	同9B2
	塔	同3B1		堡寨	同41B5
	寺	海34A13		栋梁	海13A13
	橛	海54A12		窝棚	海21B6
	监狱	珠305		仓库	海13B4
	柱	同乙24B55		门坎	海28A8

表1-2 《天盛改旧新定律令》中宫殿建筑类词语一览表

西夏字	汉译词	文献出处	西夏字	汉译词	文献出处
𘃎𘄑	地墓	律令卷三	𘃸𘄈	墙壁	律令卷十二
𘃍	陵	律令卷三	𘄟𘃸	宫墙	律令卷十二
𘂀𘂜	丘坟	律令卷三	𘄈𘃸	殿墙	律令卷十二
𘃮𘃯	白帐	律令卷七	𘄠𘄡	坛坎	律令卷十二
𘄢𘄣	头盖	律令卷七	𘄈𘄤	宫殿	律令卷十二
𘃮𘄥	青帐	律令卷七	𘃸𘄦	墙壁	律令卷十二
𘄧𘃮	神庙	律令卷七	𘄨𘄩	药房	律令卷十二
𘄪𘄫	当铺	律令卷三	𘄬𘃮	宗庙	律令卷十二
𘃆	台	律令卷三	𘄭𘄮	门楼	律令卷十二
𘄠	坛	律令卷三	𘄯𘄰	重门	律令卷十二
𘄈	殿	律令卷十二	𘄱𘄯𘄰	二重门	律令卷十二
𘄳	衙	律令卷十二	𘄧𘄴𘄵	广寒门	律令卷十二
𘄶𘄈	奏殿	律令卷十二	𘄷𘄸𘄹𘄡	南北怀门	律令卷十二
𘄺𘄻	寝宫	律令卷十二	𘄼𘄰	殿门	律令卷十二
𘄽𘄾	御道	律令卷十二	𘄿𘄟𘄰	内宫门	律令卷十二
𘅀𘄈	朝殿	律令卷五	𘃸𘄰	城门	律令卷十二
𘃮𘅁	帐下	律令卷十二	𘄈𘄰	殿门	律令卷十二
𘄈𘅂	殿阶	律令卷十二	𘃮𘅃	帐舍	律令卷三
𘅄𘃸	屋舍	律令卷三			

据表1-1,1-2列表西夏文建筑词汇中,有关官式建筑的名词不少。其中除神庙、佛殿、皇城、寺庙、坛、陵、宫室等是表达整座官式建筑外,陛阶、斗栱、琉璃、砖等,是宫殿建筑构件、材料的专用名词。毡帐、人字梁、圆柱、窝棚、栅栏、门、土坯等是一般民居建筑名词。下面列举一组西夏文词汇中出现的中国传统木构架建筑结构有关部件或部位的术语作简单介绍。

𘟆𘂤（陛阶）。陛阶是皇室宫殿建筑上的专用名词。陛即阶，或是通向高台基台面的踏步，或是宫殿室内通向皇帝宝座较高"地平"的台阶。陛阶包括踏跺级数、陛石雕饰、望柱雕饰等。宋代喻皓在《木经》中写道："阶级有峻、平、慢三等，宫中则以御辇为法。"宋《营造法式》规定："造踏道之制……每阶高一尺作二踏，每踏厚五寸，广一尺。"陛阶的营造都有具体规定。宫中的台阶还应有踏跺的垂带石，是设在踏跺石两端的斜置石板，西夏文佛经版画《梁皇宝忏图》中宫殿地面通向皇帝宝座"地平"的台阶是单出陛，两边的垂带石有纹饰，或是石质浮雕，或是模印方砖。因此，"𘟆𘂤"是专指皇帝御殿建筑结构的名称。据《西夏三号陵地面遗迹发掘报告》，献殿南北有"斜坡慢道"，"用黄土夯筑成，外表包砌的建筑材料均无遗存，仅在南慢道东侧，发现三块凌乱的大型方砖，这些砖应铺在慢道两侧，作为副子"，① 副子就是垂带石。因此西夏陵献殿的斜坡慢道也是陛阶的一种方式。

𘜶𘎎（斗栱）。斗栱是中国宫殿式建筑最具特色的建筑部件，在某种程度上是中国古典宫殿建筑的象征。斗栱是靠榫卯将一组小木构件相互叠压组合形成的。横向和纵向的水平构件称"栱"，位于栱之间负责承托连接各层栱的方形构件称"斗"。

𘟃𘃞（栏柜、栏额、阑额或额枋）。卯在檐柱内，承托斗栱，斗栱一组（一斗三升），层层向外悬跳，使外檐向外距离增大，檐下回廊宽敞。斗栱的功能是向外跳出较多的屋檐，向内承托天花板，是宫殿建筑重要的组成部分。唐宋建筑以横梁和纵向柱头枋穿插交织，组成井字形复合梁，保持屋顶柱网的稳定。从宋代开始，柱头之间使用额枋（𘟃𘃞），使斗栱变得轻巧，结构作用变小，装饰作用突显。西夏建筑词汇中的"𘟃𘃞"，说明在西夏官式建筑宫殿建筑构件中的斗栱，已成为结构上可有可无的装饰，承重的是额枋，但斗栱仍是最高级别宫殿建筑的标志性构件。

𘟃𘂤（石顶）。即柱顶石，属于台基的建筑构件。台基的高低是建筑等

---

① 据《西夏三号陵——地面遗迹发掘报告》，东碑亭台基南侧正中踏道坡度为10°，比较平缓，即为慢道；献殿踏道也较平缓，也是慢道。坡度平缓的踏道是专门为皇室祭祀行走方便而设计、营造的。

级的标志，以高为贵。台基的高低影响柱顶石的大小高低。现存张掖大佛寺①檐柱下的柱顶石形制与西夏建筑形制有关（见本书217页图3-26）。

𗄊𗱢（琉璃）。即屋顶琉璃瓦等构件，是官式建筑中宫殿建筑屋顶瓦作筑脊，覆盖屋面，显示建筑等级的标志性构件。琉璃瓦自北魏宫殿建筑开始使用，发展到唐宋仍然是高级别建筑才能使用的专用构件。宋代和元代描绘北宋建筑的界画中，宫殿的屋顶大量使用绿琉璃，金代壁画中的宫殿屋面有绿、蓝、金色，出土的西夏时期琉璃大多是绿色，还有少量褐、白陶釉饰件（见《西夏艺术·建筑装饰》）。《天盛改旧新定律令》规定佛殿、寺庙的建筑材料可与皇宫的建筑材料的质地、颜色、规格等相同，其他官民不许装饰。现出土的绿琉璃建筑构件或在寺庙或在王陵或在离宫等遗址，与西夏律令相吻合。

𗥫（硃）。即丹砂、辰砂，大红色。木构架建筑易腐朽，髹漆涂之可得到保护。《天盛改旧新定律令》规定大朱是皇宫建筑中所用的颜色。在《西夏陵三号陵——地面遗迹保护性发掘报告》中，在献殿和塔式陵台的周围地面都有赭红色墙皮发现，赭红是"大朱"的衍变，是红色的一种。因此，西夏文建筑词汇中的朱色是皇家用的颜色，被编入《番汉合时掌中珠》双语词典，特别强调在建筑装饰中朱色为皇家专用色，以免臣民触犯律令而受到惩罚。

西夏文建筑词汇中还有营造法式中木架构装饰部件等专业术语，如"圆柱""椽榫"等，不再一一介绍。以上说明汉唐以来中原传统的木构架建筑，在西夏建筑中占有十分重要的地位，并在官式建筑中广泛使用。

中国古代建筑，从择地选址、建筑布局、院落组合，到单体建筑的开间

---

① 据《甘州府志》记载，明宣宗朱瞻基《敕赐宝觉寺碑记》中称：西夏崇宗"李乾顺之时，有沙门族名嵬咩（嵬名），法名思能……号之为国师。一日，敛神静居，遂感异端，慧光奕煜……起而求之，四顾无睹，循至崇邱之侧，发地尺余，有翠瓦罩焉。复下三尺，有金甃覆焉。得古涅槃佛像……"嵬咩国师遂觉与佛有缘，发愿建造一座大寺供奉佛祖。建寺时间为西夏永安元年（1098年）。另有一说谓夏贞观三年（1103年）。甘州僧人法净在甘浚山下掘出古卧佛像三尊，献给乾顺。乾顺下令在甘州建寺供之，赐额卧佛。明朝初年，大佛寺遭兵燹，永乐九年重建。据专家考证，卧佛为西夏时期原塑，身长35米，肩宽7.5米。据寺内碑文记载，在历次地震、战乱中，大佛寺的建筑毁坏，但卧佛仅只"佛首前倾"或"佛首罗髻倾颓脱落"中"金像坚固"，可以推测大殿台基坚固，为西夏建筑，十分珍贵。张掖大佛寺坐东面西，反映党项人设计建筑的朝向。卧佛殿檐柱上双抄双下昂斗栱，具有宋代风格，正脊中央装饰一小型喇嘛塔，符合西夏晚期藏传佛教对建筑的影响。意大利旅行家马可·波罗在其游记中对卧佛殿的宏伟做过详细的描述。

数、构件、屋脊造型、细部装饰，都有固定的营造法式，至宋代已成熟形成法则，台基、立柱、举架、屋顶装饰、装修与彩绘等都有一定等级规范，并形成固定的专门术语。西夏承袭了唐宋之际成熟的营造理论和实践操作流程，透过西夏文献、史志与法典中记载的建筑专业术语体现与反映了唐宋建筑传统在西夏的传承。

在西夏文文献《新集锦成对谚语》① 中，也有一些建筑词汇："金楼玉殿皇帝坐""帐室门间栓系马""搭起帐篷如热何""热上热设帐向南晒""十级墓，应当没有头，峰头缺""室内信女姑表害，靠门放石砖瓦灾""坡头筑室，树下铺毡""权贵堂门人凶恶，财主院中恶狗害"。谚语词汇中反映皇帝住"金楼玉殿"，权贵住有院落的厅堂，大部分人住的是帐室，仍然过游牧生活。

（二）西夏文法典文献的记载

西夏法律文献《天盛改旧新定律令》规定："佛殿、寺庙之建筑材料可与皇宫建筑材料之质地、颜色、规格等相同，其他官民宅第不许装饰莲花图案，禁止使用大朱、大青、大绿。""禁止诸官和百姓拥有蔚蓝色和白色宅第。其中某些房舍可用蓝色顶盖、白色底基。若违律，房舍只用蔚蓝和白色中一种者，应获罪；有官品者罚一马，庶民杖十三。""禁止任何人建房用金饰，违律者……处罚。""除寺庙、天坛、神庙、皇宫之外，任何一座官民宅第不准（装饰）莲花瓣图案，亦禁止用红、蓝、绿等色琉璃瓦作房盖，凡旧有（琉璃瓦）之房盖，均应除掉。若违律，不论官民，对其房舍新装成或旧有未除掉之琉璃瓦顶盖，则对罪犯罚金五缗，以奖赏举发者。所存装饰，应当除掉。"②

从以上西夏法律条文可见，西夏建筑形制的伦理通过高度程式化的各种规定来落实，包括单体建筑的开间数和细部装饰，院落组群建筑的布局，都有固定的技术程式，营造的工艺也是规范化的。

中国古代的建筑规格是分等级的，每一个朝代都把建筑规格等级的划分

---

① 又译作《新集锦合辞》，是两句一条、工整对仗的民间谚语、格言集，由西夏御史承旨番学大学士梁德养于西夏乾祐七年（1176年）收集编纂。西夏文原本由科兹洛夫发现于黑水城，克恰诺夫译为俄文《新集锦合辞》于1974年在苏联科学出版社出版，陈炳应由俄文转译为汉文，题名为《西夏谚语——新集锦成对谚语》，1993年由山西人民出版社出版。

② 〔俄〕克恰诺夫俄译，李仲三、罗矛昆汉译《西夏法典》第434条、436条、437条，宁夏人民出版社，1988。

作为建立尊卑贵贱封建秩序的必要措施,并且用典章制度明确规定下来。唐以来把建筑制度通过营缮法令和建筑法式相辅实施,对不同等级官署、宅第的规模和形制作了具体规定。西夏立国后延续了这个等级制度,并用法律的手段加以控制。

三 碑石、柱木刻记中有关西夏建筑的记载

在各地陆续发现的石刻、题记与西夏文经籍的序、跋、发愿文、题款等文献中,也发现了有关西夏佛教建筑活动十分活跃的记载。

1. 《大夏国葬舍利碣》

明代《嘉靖宁夏新志》中存《大夏国葬舍利碣》碑录文①,记载了西夏立国前两个月的大庆三年(1038 年)八月十日,李元昊曾在兴庆府建"舍利连云之塔""奈苑莲宫"。该碑明代后期佚。

2. 《夏国皇太后新建承天寺瘗佛顶骨舍利轨》

该碑明代后期佚。《嘉靖宁夏新志》录有其文。② 碑文中称:西夏天佑

---

① 《大夏国葬舍利碣》右仆射中书侍郎平章事臣张陟奉制撰:"臣闻如来降兜率天宫,寄迦维卫国,剖诸母胁,生□□灵。踰彼王城,学多瑞气。甫及半纪,颇验成功。行教□□衍之年入涅槃。仲春之月,舍利丽黄金之色,齿牙宣白玉之光。依归者云屯,供养者雨集,其来尚矣,无得称焉。我圣文英武崇仁至孝皇帝陛下,敏辩迈唐尧,英雄□汉祖,钦崇佛道,撰述蕃文。奈苑莲宫,悉心修饰;金乘宝界,合掌护持。是致东土名流,西天达士,进舍利一百五十䪲,并中指骨一节,献佛手一枝,及顶骨一方。罄以银椁金棺、铁甲石匮,衣以宝物,□以毗沙。下通掘地之泉,上构连云之塔,香花永馥,金石周陈。所愿者,保佑邦家,并南山之坚固;维持胤嗣,同春葛之延长。百僚齐奉主之诚,万姓等安家之恳。边塞之干戈偃息,仓箱之菽麦丰盈。□于万品之瑞,靡悉一□之□。谨为之铭曰:'□者降神兮,开觉有情。肇登西印兮,教化东行。涅槃之后兮,舍利光明。一切众生兮,供养虔诚。我皇圣主兮,敬其三宝。五百尽修兮,号曰塔形。□□□兼兮,葬于兹壤。天长地久兮,庶几不倾。'大夏大庆三年八月十日建。右谏议大夫羊□书。"录文见(明)胡汝砺编《嘉靖宁夏新志》卷二《寺观》,陈明猷校勘,宁夏人民出版社,1982,第 153~154 页。

② 《夏国皇太后新建承天寺瘗佛顶骨舍利轨》:"原夫,觉皇应竝,月涵众水之中;圣教滂辉,星列周天之上。盖□□磨什,钝道澄图,常表至以化随机,显洪慈而济物,纵经北劫,愈自彰形。崇宝利绵亘古今,严梵福则靡分遐迹。我国家纂隆丕祚,锒启中兴,雄镇金方,恢拓河右。皇太后承天顾命,册制临轩,厘万物以绅绶,俨百官而承式。今上皇帝,幼登宸极,凤秉帝图。分四叶之重光,契三灵而眷祐。粤以潜龙震位,受命册封,当绍圣之庆基,乃继天之胜地。大崇精舍,中立浮图,保圣寿以无疆,俾宗祧而延永。天祐纪历,岁在摄提,季春廿五日壬子,建塔之晨,崇基叠于砥砆,峻级增乎瓴甋。金棺银椁瘗其下,佛顶舍利閟其中。至哉!陈有作之因□,仰金仙之垂范。□□无边之福祉,□符□□之钦崇,目明奉作之纶言,获扬圣果,虔抽郿思,谨为铭曰:(铭剥落不辨)。"录文见(明)胡汝砺编《嘉靖宁夏新志》卷二《寺观》,陈明猷校勘,第 153~154 页。

垂圣元年（1050年），谅祚母后没藏氏在兴庆府"大崇精舍，中立浮屠"，起建承天寺，"顾命承天，册制临轩"，以保幼子登基，皇权永固。

3.《凉州重修护国寺感通塔碑》

该碑俗称《西夏碑》（图1-4），保存在武威市博物馆。碑高250厘米，宽90厘米，厚30厘米。碑阳为汉字，碑额镌两身飞天，拱卫高48厘米、宽39厘米的篆额。

图1-4 《凉州重修护国寺感通塔碑》碑额

篆额"凉州重修护国寺感通塔碑铭"12字，碑文26行，满行70字。碑阴为西夏文，额篆西夏文"敕赐感通塔之碑铭"8字，首行题"大白上国境凉州感通塔之碑铭"13字，共28行，满行65字。碑四周有残损。碑文书写者西夏文和汉文各有其人："书番碑旌记典集令批浑嵬名遇，供写南北章表张政思书并篆额"。据碑文记述，十六国时前凉主张天锡（363~376年在位）王宫多灵瑞，有人说王宫为阿育王奉佛舍利塔故基之一，天锡遂舍宫建寺，就其地建塔。西夏占领河西、凉州，塔多感应。天祐民安三年（1092年）凉州大地震，塔倾斜，诏令修复，未及动工，塔又恢复原状。于是乾顺皇帝和梁太后发愿重修塔寺，于西夏崇宗天祐民安五年（1094年）竣工，立碑以记帝后之功德。文中记述了重修后的寺塔外形和内外装修与装饰："妙塔七节七等觉，严陵四面四阿治。木干覆瓦如飞鸟，金头玉柱安稳稳。七珍庄严如晃耀，诸色装饰殊调和。绕觉金光亮闪闪，壁画菩萨活生生。一院殿堂呈青雾，七级宝塔惜铁人。细线垂幡花簇簇，吉祥香炉明晃晃。法物种种俱放置，供具一一全已足。"① 护国寺是以塔为中心的封闭院落式殿堂建筑。

4.《黑水河桥敕碑》

黑水河桥敕碑是西夏乾祐七年（1176年）立于甘州（今张掖市）的石

---

① 录文及西夏文翻译见史金波《西夏佛教史略》，宁夏人民出版社，1988，第215~227页。

碑，现保存在甘肃省张掖市甘州区博物馆（图1-5）。碑高115厘米，宽70厘米，碑座是上下两层仰覆莲座，两面都有文字。碑阳刻汉文楷书13行，每行30字，文字清晰，文末署"大夏乾祐七年（1176年）岁次丙申九月二十五日立石"字样；碑阴刻藏文21列，半数以上漫漶不清。据碑文记载，西夏仁宗时期贤觉圣光菩萨（即贤觉帝师波罗显胜）在镇夷郡（甘州）境内的黑水河上兴建河桥，仁宗曾亲临此桥，嘉美贤觉兴造之功，并躬祭黑水河诸神。后于乾祐七年写了一篇敕文，敕令诸神护佑桥道，利益众生。碑刻敕文以汉、藏两种文字记录了西夏修造桥梁的史迹。①

图1-5 黑水河桥敕碑

5. 西夏重修塔寺庙殿的柱木与木牌

在文物维修与考古发掘现场施工时，先后在佛塔中的塔柱木与发愿木牌上，发现用西夏语与汉文记载有关修建佛塔与寺庙时间和人物的题记，为确

---

① 汉文碑刻："敕镇夷郡境内黑水河上下所有隐显一切水土之主，山神、水神、龙神、树神、土地诸神等，咸听朕命：昔贤觉圣光菩萨哀悯此河年年暴涨，漂荡人畜，故以大慈悲兴建此桥。普令一切往返有情，咸免徒涉之患，皆霑安济之福，斯诚利国便民之大端也。朕昔已曾亲临嘉美贤觉兴造之功，仍馨虔恳，躬祭汝诸神等。自是之后，水患顿息。固知诸神冥歆朕意，阴加护佑之所致也。今朕载启精度，幸冀汝等诸多灵神，廓慈悲之心，恢济渡之德，重加神力，密运威灵，庶几水患永息，桥道久长，令此诸方有情俱蒙利益，佑我邦家，则岂惟上契十方诸圣之心，抑亦可副朕之宏愿也。诸神鉴之，勿替朕命！大夏乾祐七年岁次丙申九月二十五日立石。主案郭那正成。司吏骆永安。笔手张世恭书。泻作使安善慧利。小监王延庆。都大勾当镇夷郡正兼郡学教授王德昌。"（参见陈炳应《西夏文物研究》，宁夏人民出版社，1985，第105~113页。）

定塔的建筑修建年代和倡修人或功德主提供了直接证据。

（1）贺兰山拜寺口双塔塔心木柱题记。该塔中心柱木、大柁木、架中木上均有梵文与西夏文题记，多已漫漶不清，仅识出八棱中心柱东北面和西南面上部部分西夏文，汉译为"九月十五日"，对照史志与经籍文献上发愿文得知，仁孝继位五十周年纪念日是举行大法会庆祝塔落成的日子。可考证双塔落成于仁孝后期（1190年）。

（2）贺兰县宏佛塔塔室堆积中发现两枚西夏文小木简和一护塔律文。经李范文先生译释，为捐钱作功德、禁止破坏寺庙和佛塔的公告。

（3）贺兰山拜寺沟方塔塔木柱题记。该塔中心柱木最上截八棱柱上部画有栏框的八面竖书有汉文十五行（每行二十字），"顷白高大国大安二年寅卯岁五月，重修砖塔一座，并盖佛殿、缠腰塑画佛像，至四月一日起立……"汉文题记还记述修塔组织过程和参与人等。汉文题记下部还竖书西夏文题记七行，书写较草，无法准确译释。依据此题记可知塔与寺院佛殿在惠宗秉常时期重修，即西夏前期的公元1076年。

（4）贺兰山拜寺沟方塔废墟中发现圭形西夏文发愿木牌。其上竖写西夏文，经译释为"贞观癸巳十三年五月十三日"泥工匠等六人修塔作功德纪事。从木牌题记可知塔在乾顺朝再次修缮过。

西夏文、汉文、藏文碑石、塔柱木刻记不仅明确了佛寺塔庙建筑的年代和参与人，有的还详细描绘了建筑的结构和装饰形态。

以上汉文、西夏文文献和碑石柱木文字的记载初步勾勒了西夏殿堂式建筑的基本特点：主要建筑为木构架的大屋顶殿堂式建筑，次要建筑有亭台、楼阁、回廊、曲栏等，若干单体建筑用墙围合成一个封闭庭院。主要建筑"殿"分布在中轴线上，其他楼、阁建筑呈对称布局于周围。这种形制，在近三十年来对西夏建筑的考古调查中进一步得到验证。如现存张掖大佛寺（西夏时称卧佛寺）的卧佛殿[①]是西夏时期的建筑，明清时期对寺庙建筑群有过多次修缮，但卧佛殿的基本结构没有改变（图1-6），

[①] 据明代《敕赐宝觉碑记》，卧佛寺始建于西夏永安元年（1098年），元代意大利旅行家马可·波罗和明初沙哈鲁王使臣都有游记文字记载。卧佛殿面阔九间，进深七间，重檐歇山顶。是仅存的西夏佛殿建筑。

高台基大屋顶，清代改建为两层楼阁，其他配殿等组群布局围合成坐东面西的封闭院落，承袭西夏时期的形制，主要建筑山门、大佛殿处于中轴线上。大佛殿台基一米多高，斗栱硕大，为双抄双下罩，有唐代遗风，石台基壁神兽上额卷起，与西夏陵出土石神兽相似。大殿四周有廊柱和匝绕栏杆，是典型的唐宋宫殿建筑形制。

西夏宫殿建筑、皇家离宫、寺庙佛宫等遗址在宁夏有许多分布，尤其在贺兰山的一些沟内，不仅有高台基，还有西夏时期的建筑构件如琉璃瓦、瓦当、瓦勾头等残件遗留。在贺兰山滚钟口青羊溜山巅有二十多处建筑台基，每个院落有二百多平方米，沿贺兰山逶迤十余里有建筑遗址数十处。① 出土的兽面纹瓦当、滴水等建筑构件，特别是屋顶脊兽的艺术造型

图1-6　张掖大佛寺卧佛殿的廊柱、斗栱和台基砌壁石神兽

与敦煌、榆林窟、文殊山万佛洞、东千佛洞留存的西夏壁画中的建筑构件基本相同。在西夏和宋、元文人画中，建筑装饰构件有更为具体的图像资料（分别在以下各章节论述和展示）。

属于西夏官式建筑的城门、城楼、城墙、池壕、军司故城、烽堠等公共建筑和军事防御体系建筑，在辽、宋、金、元官修史书中有所记载，后人在研究西夏历史时也作过考证和载录，如清代吴广成著《西夏书事》、戴锡章编撰的《西夏纪》等，尽管大多只记录了城池堡寨的名称而缺少对其具体结构的描写和记载，但为后人结合遗址考证和研究提供了有价值的珍贵资料。

---

① 牛达生、许成：《贺兰山文物古迹考察与研究》，宁夏人民出版社，1988。

根据以上汉文和西夏文记载，考察地面建筑的遗留和地下建筑的残存部件，可以判断建筑的级别和类型。皇宫、陵园、祭坛、神庙、寺庙的建筑是最高级别的，是官式建筑，它的营造规模、布局及装饰部件和色彩是代表当时建筑的最高水平。考古发掘的西夏陵园、佛塔、寺庙遗址建筑构件进一步印证了史书等文献记载的可靠性。

第二节 绘画中发现的建筑图像

反映西夏建筑的图像资料有石窟壁画、唐卡、卷轴绘画和佛经版画。经文物考古人员对石窟寺和佛寺塔庙壁画、出土卷轴画以及佛经中版画考古勘察与断代研究发现，其中有许多是保护完好的西夏建筑画遗迹和遗存。这些建筑图像有组群画、单体画、建筑物部分特写等形式，其中虽有艺术渲染和夸张的成分，却也形象地反映了西夏各类建筑的概貌，为我们研究西夏建筑遗存、遗迹、遗址实例，提供了重要的参考依据。

一 石窟壁画中的建筑图像

在敦煌莫高窟、安西榆林窟、安西东千佛洞、酒泉文殊山石窟等西夏绘制的壁画中，有多处描绘西夏佛寺塔庙的建筑图像被保存下来，弥足珍贵。① 现列举其典型遗迹如下。

（一）莫高窟第400窟北壁《药师经变》壁画中的大型寺院建筑

敦煌莫高窟第400窟是西夏窟，主室北壁《药师经变》（图1-7），依据《药师如来本愿功德经》描绘东方净琉璃世界教主大医王佛发誓满足众生一切愿望，拔除众生一切痛苦，举行法会的场景。法会场地在东方琉璃世界的一个以佛殿为中心的四合院内，有正殿、左右配殿、回廊、角楼，莲池上搭建了平座、栏杆，人物有秩序地坐在用栏杆围起的平座方阵内。画面反映了现实生活中的宫殿院落建筑。药师佛的大殿是庑顶三重楼阁式，正脊居

---

① 1964年9、10月份，以敦煌研究所常书鸿、中国科学院民族研究所王静如、北京大学历史系宿白教授为首，史金波、白滨、陈炳应、李承仙、刘玉权、万庚育等参加组成敦煌西夏资料调查工作组，根据西夏文题记、纪年等从原宋窟中分出88个西夏时期创建和重修的洞窟，以后在东千佛洞、文殊山石窟又确定了一批西夏时期的洞窟和壁画。

中置宝瓶，两端置神兽，垂脊端也有神兽，形状各异；两侧的配殿是歇山顶两重楼阁，正脊置宝瓶，①垂脊置神兽，呈长方条形，前置小兽，楼上、楼下的门柱各四根，为三开间殿，山墙开木格窗；四周回廊组成封闭的围墙院落，回廊连接侧楼配殿，回廊向院内开放，内侧有栏杆，扩大了院落的空间，用深色表示，说明是木质的用漆着色。与会人员有秩序地布置在建于莲花池上的平座上，平座四周有栏杆，平座曲折，高低错落，造型优美。壁画揭示了西夏寺庙封闭的院落组群布局和不同造型的单体建筑结构。

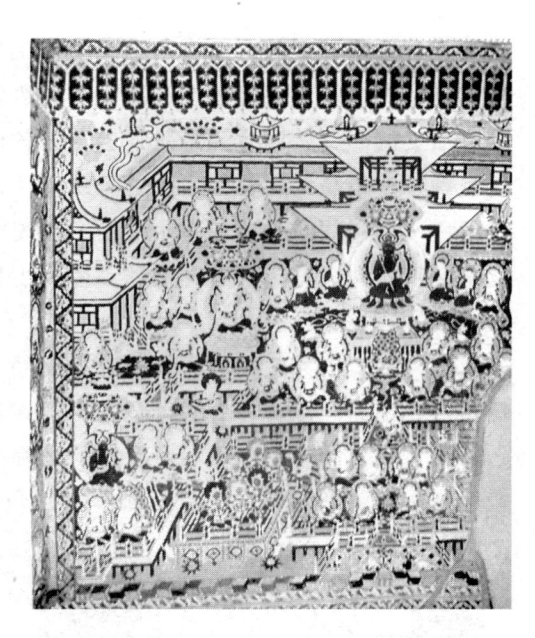

图 1-7　莫高窟第 400 窟主室北壁《药师经变》（局部）

（二）文殊山万佛洞东壁《弥勒兜率天宫》建筑画

文殊山万佛洞壁画是西夏时期绘制的界画，弥勒兜率天宫建筑（图 1-8）是两进庭院式建筑群：正面有三个高耸的宫城门楼，城楼歇山顶三开间，上覆蓝色琉璃瓦顶，正脊两端置龙头鱼尾的鸱吻（形制与西夏陵出土的相同），檐下有五组斗栱，各出两跳；宫墙把整个建筑分成内、外城。内城的主要建筑是弥勒所处

图 1-8　文殊山万佛洞《弥勒兜率天宫》建筑壁画（局部）

---

① 宝瓶的图像与西夏陵区出土宝瓶形制相同。见《西夏三号陵——地面遗迹发掘报告》，科学出版社，2007，第 183 页北门出土建筑构件。

的大殿，大殿五开间，正脊鸱吻高大，龙首形的兽嘴咬正脊，显得很神圣；殿前月台高台基有栏杆相围，殿左右两边各有台阶通向殿前平座，殿两侧连接有盖瓦的回廊，回廊和台阶连着内城各建筑：有七宝莲池，池上有桥，池边有围栏，最高的栏柱是白色的石质望柱，望柱上有小神兽；回廊连着重檐楼阁，两重楼阁式水榭建在水池中，楼阁门大开，花窗棂；各单体建筑结构复杂，造型秀美，鸱吻鱼尾高翘，屋顶小兽排列有序，七宝莲池水波粼粼，池边曲栏栏板彩绘。

这是一个以大殿为中心，宫城门、桥、大殿连成中轴线，附属配殿楼、亭、台、水榭、回廊、曲栏等呈左右对称布局的建筑群。纵深方向用宫墙分隔布置了内外两个有深度、有层次的庭院空间，回廊、台阶、小桥等小建筑兼起联系和隔断的作用。壁画创作来自当时流行的高墙门院和"工"字形庭院建筑结构，具有重要的研究价值。尤其是屋脊有蹲兽构件出现，这是宋代《营造法式》对官式建筑中宫殿垂脊和戗脊程式的规定，唐以前只见正脊饰月牙形鸱吻，不见戗脊有神兽装饰。

不仅西夏壁画的界画中频频出现戗脊饰，在西夏大型经变版画中也有戗脊神兽装饰展示，如俄藏《大方广佛华严经变相》（图1-9）是罗皇后为西夏仁宗皇帝逝世三周年散施的佛经版画，画面所展示的佛宫屋顶建筑布列了许多神兽。

图1-9 俄藏《大方广佛华严经变相》版画佛宫建筑残页

（三）东千佛洞第7窟《东方药师变相图》中大型寺院佛宫建筑

此图位于东千佛洞第7窟前室（图1-10），描绘东方药师佛世界的法会场面。法会在一个全封闭的宫殿式建筑天宫里进行。前有高耸的重檐山门，后有重檐歇山顶大殿，以山门和佛殿为中轴线；佛殿的两侧有攒尖顶楼阁建筑钟楼和经楼，硕大的覆钟占 2/3 空间，经楼门半开；院中左右配殿为重檐歇山顶建筑；佛殿前院是一个有栏杆的平台，前有勾栏，两边有桥，桥下是七宝莲池，池边有通透的游廊，廊内有行走的赴会者。建筑群中的主体殿堂是楼阁式重檐歇山顶建筑，正脊两端鸱吻相对，居中有宝瓶。重檐屋面两角翘起，屋面覆筒瓦，回廊的廊顶也覆瓦。建筑群的单体建筑体量不大，但屋面檐角上翘，曲线优美，具有宋代建筑的风格。壁画描绘了一座较完整的封闭式佛教寺院内各单体建筑造型与组群布局。

图 1-10 东千佛洞第 7 窟《东方药师变相图》的宫殿建筑

（四）东千佛洞第 5 窟《八相塔变》壁画中的塔图

在瓜州东千佛洞第 5 窟壁画中所绘的八相塔，建筑外形为直筒覆钵形，内单层叠涩尖锥塔纵向剖面（图 1-11）。[①] 最下层展现喻示坐于塔身内的释迦牟尼佛及其变相说法，两边有装饰莲花柱头的立柱，其上是六层相轮，相轮上饰有几何图案和缠枝蔓草，每层相轮边角圆弧形似表示圆形相轮的剖面。相轮之上有日月

图 1-11 东千佛洞《八相塔变》中的塔

---

① 图见张宝玺著《瓜州东千佛洞西夏石窟艺术》，学苑出版社，2012，第 215 页。

刹。八相塔变描绘的是释迦牟尼从生到涅槃成佛的八个阶段，释迦牟尼坐化于单层叠涩尖锥形窣堵波内。此建筑是西夏时期信奉密教的印度僧人或回鹘僧人、藏密僧人传入西夏的西方建筑。自西夏之后覆钵塔式窣堵波又称喇嘛塔。今宁夏青铜峡有 108 塔，维修时有西夏文经咒残页出土，证明是西夏时期的塔。元代在原西夏之地的凉州所建萨迦班智达与阔端会盟后所建的白塔也是覆钵型窣堵波。为弘扬藏传佛教，元朝建大都（今北京）后，在大都建妙音寺白塔。东千佛洞《八相塔变》壁画中窣堵波式塔的出现是在西夏时期开凿的石窟建筑中。可以认为覆钵式塔是通过西夏传入内地的。

（五）榆林窟第 3 窟各壁面绘制的建筑画

1.《观无量寿经变》建筑画

《观无量寿经变》为净土三部经之一，宣说西方阿弥陀极乐净土无限美妙庄严，口称"南无阿弥陀佛"就可灭罪消灾，死后往生极乐净土。榆林窟第 3 窟南壁《观无量寿经变》（图 1 - 12）是一幅十分精美的大型寺庙院落界画佳作。多进制廊院建筑布局：后院正中须弥座台基上建重檐歇山顶大殿，绿色琉璃瓦盖顶，正脊两端饰鸱尾，面阔三间；殿左右接后廊，殿前有七宝莲池，池中左右对称各建有两层楼阁式重檐歇山顶水榭；前院正中也是重檐歇山顶大殿，两侧长回廊连接院中楼阁，显示若干殿式建筑由回廊合成一个封闭院落的特点。

壁画描绘的是遐想中的西方极乐世界，有天宫楼阁，有前后殿、楼阁回廊、宝池水榭等精美

图 1 - 12　榆林窟第 3 窟南壁《观无量寿经变》佛宫建筑（局部）

的建筑景物：雄伟的天宫重楼，斗栱出跳，飞檐翘起，蓝色琉璃瓦盖顶，建在高台上的三开间殿内伎乐天在歌舞，殿内六边形柱头有额枋穿过，曲栏绘制特别细腻，转角的望柱呈白色，用材为石质，柱头雕花，盆唇和蜃杖间饰云栱，栏板绘龟背纹，说明是宋式勾栏；彩色花纹反映其质地是琉璃地砖。起脊回廊也是斗栱出跳。整个建筑群透视清楚，细部表现都十分清晰，斗栱出跳，飞檐比翼，碧瓦横空，雕梁画栋，十字脊、龟头屋、曲栏、平座，处处精描细绘，表现得富丽堂皇，雄伟精美，具有中原传统风格的古典建筑群体图。

2. 榆林窟第3窟西壁南侧《普贤变》和西壁北侧《文殊变》中的建筑图

隋唐之前普贤菩萨和文殊菩萨只作为释迦牟尼的左右胁侍而出现在佛画中。唐代佛教密宗兴起，高僧译出密宗陀罗尼。其中有文殊菩萨和普贤菩萨的陀罗尼经。菩萨经文的不断译出推动了民间的菩萨信仰，把他们当作救苦救难的"救世主"。普贤司理德，在诸大菩萨中佛理禅定第一，尊号"大行普贤"；文殊司智德，在诸大菩萨中智慧辩才第一，尊号"大智文殊"。佛教徒中的文人希望自己具有普贤和文殊一样的智慧和辩才，崇理大德而得到高官厚禄，名扬天下，于是编造了许多随缘应化的灵验圣迹故事。榆林窟第3窟《普贤变》和《文殊变》壁画所表现的内容是《法华经》《妙法莲华经》的《序品》：普贤、文殊两位胁侍大菩萨率领"八万摩诃萨菩萨"与众天人、八部护法神，赴王舍城耆阇崛山听释迦牟尼佛讲说《妙法莲华经》（图1-13、1-14、1-15）。《普贤变》壁画绘峨眉山峦险峻，山顶瀑布直泻，山间小溪流水潺潺，山坡树林繁茂，一派南国自然风

图1-13 榆林窟第3窟西壁南侧《普贤变》（局部）中的建筑

图1-14　榆林窟第3窟西壁南侧《普贤变》（局部）中的建筑

图1-15　榆林窟第3窟西壁北侧《文殊变》（局部）中的建筑

光。山间寺院、民居建筑若干组群，能识别的大致有三组：中心一组大型歇山顶重楼建筑，楼脊饰鸱尾，小兽，飞檐高翘，周围有曲桥栏杆，最高处有一盝顶建筑，四周围墙；东向有一组围竹篱栅栏的茅舍民居；西向从上往下布局三院落，图左显要位置为歇山顶重楼三座，中间一四合院内建一座有斗栱的圆形茅草顶建筑；再下为四合院一般建筑。重楼、平台、曲栏、茅舍，将蜀地南国的建筑形制描绘得淋漓尽致。

在《文殊变》壁画[①]中，文殊骑青狮，足蹬祥云，率领部众天人浩浩荡荡地在云海中游行，向着法华大会进发。画面右下方各绘一童子，其发型是党项人秃发型。据《旧唐书·王缙传》记载："五台山有寺金阁，铸铜瓦，涂金钱地上，照耀山谷，计钱巨万亿。"日本僧人圆仁在其《入唐求法巡礼行记》中描述："阁九间，三层，高百余尺。壁檐椽柱，无处不画。内外庄严，尽世珍异。颙然独出杉林之表，白云自在下而云爱、云逮，碧层超然而

[①] 图见陈育宁、汤晓芳著《西夏艺术史》，上海三联书店，2010，第59、60页。

高显。"① 金阁寺是唐代密教高僧不空所建，不空在河西凉州译出不少密宗经典。敦煌一带自唐以后盛行密教，在五台山建造寺院，敕准后由其弟子含光主持兴建。金阁寺富丽堂皇，独出五台诸寺。《文殊变》绘五台山山岩突兀，利用山势建立的庙宇有北方建筑的特点。中间最高处有一组重楼歇山顶建筑，当为五台山金阁寺的写照，山门处于山体岩洞，有门钉数排，大门半开，从门内射出光芒一道，是对诸高僧描述的"照耀山谷"的艺术表现。五台山庙宇建筑依山势设山门和佛殿。西向有殿式建筑，随山势布局，有斗栱飞檐歇山顶重楼，也有四合院民居建筑和用作僧侣居住的盝顶小屋。

《普贤变》和《文殊变》中描绘的庙宇建筑精准地反映了中世纪中原传统木构架建筑结构、造型的装饰，画面所表现的背景是峨眉山和五台山的寺庙建筑，高低错落地布局于崇山峻岭之中。五台山与峨眉山并不在西夏地界，但它们是佛教圣地，西夏的僧侣曾前往参拜，西夏立国前李德明等曾参拜过五台山，他们对这两山的建筑十分熟悉。此两幅作品的作者佚名，但绘画上出现的建筑对河西走廊和西夏都城兴庆府的官式建筑产生影响。这两幅界画的建筑特点是：①建筑类型丰富，有佛殿、重楼、曲栏、水榭、平座、院落等；②选择建筑的地形随山就势，建筑群并不要求以中轴线对称布局；③既有殿堂式官式建筑，也有民间茅舍草屋，有垒砌整齐的围墙，也有错落高低的篱笆栅栏。建筑界画特点同《观无量寿经变》的大型佛宫建筑描绘，线条工整，如同建筑实测图。这两幅变相画结构相似，山水和界画占了画面上部1/3的空间。

3. 榆林窟第3窟南壁东侧《五十一面千手观音变》中楼阁式塔图（图1-16）

图中有塔三座，每座塔下有低台基，台基正中设阶道，塔身为七层，

图1-16　榆林窟第3窟南壁东侧《五十一面千手观音变》中楼阁式塔图

---

① 见吕建福《中国密教史》，中国社会科学出版社，1995，第261页。

塔顶绘刹座和相轮，轮顶覆有大宝盖和宝珠。东壁中部的涅槃图中绘有花塔……南壁东侧与北壁东侧绘有覆钵式塔图。

二 卷轴画与板画中的建筑图像

现从海内外发现的西夏卷轴画中，也披露出许多有关西夏建筑的图像信息，整体殿阁图像少，多为内景装设和塔图。

（一）反映佛寺庙殿及内部建筑装修和装饰的卷轴画

俄藏黑水城出土西夏《金刚座上的佛陀》图，《释迦牟尼佛说般若波罗蜜》图、《释迦牟尼佛说法》图、《药师佛》图、《观世音菩萨》图、《星宿神像》（《炽盛光佛》图）等，都绘有建筑图像。展示说法道场的建筑如俄藏黑水城出土西夏《金刚座上的佛陀》。图中佛背后有一座装饰极为富丽的藏式三层楼佛殿，佛宫造型为平顶，边出檐，檐上画绿色瓦盖，四角有尖形装饰，表示飞檐。上部第三层楼顶两侧绘有人面鸟身的迦陵频伽，一种伴唱佛音的妙音鸟；第二层绘出宫殿门柱，用红绿宝石装饰，悬挂飘扬的白色宝缯；第一层仅有平顶，檐顶绿瓦和檐角。宫殿建筑反映了西夏疆域内的吐蕃藏传佛教寺庙建筑（图 1 - 17）。

无论黑水城出土的唐卡还是银川地区出土的唐卡，其背景佛宫的形制都与西藏 8 世纪后半期建成的桑耶寺的大殿相同（图 1 - 18），以石墙、窄窗、密肋、木梁柱、平顶为主要特征。桑耶寺是藏族历史上第一座剃度僧人的寺院，其主体建筑"乌孜"大殿为三层，土木结构，

图 1 - 17　俄藏黑水城出土唐卡《金刚座上的佛陀》（局部）背景建筑

第一章　西夏建筑遗迹的发现与研究 | 29

石头奠基，中层殿是主殿，以麝香树和紫檀树为木料，（当时）釉瓦皆施绿色。① 出土西夏唐卡中的佛宫建筑，是对藏式宫殿建筑典型形制的具体描绘。

宁夏西夏佛塔出土西夏《炽盛光佛》图、《大日如来佛》图、《大日如来千佛》图、《护法神》图、《上师图》等，主尊背后均绘有佛宫。《药师佛》《释迦牟尼佛说般若波罗蜜》《阿弥陀净土》《十一面八臂观音》的佛宫顶绘凤凰（有学者称金鹅），突出凤冠硕大。② 宁夏贺兰山拜寺口双塔出土《上师图》（图1-19），上师说法的庙殿与佛宫建筑相同，是碉房式建筑，装饰略有区别，白色宝缯被白色的狮羊代替，屋顶的装饰发生变化，二楼顶绘妙音鸟，三楼平顶绘一对大象。类似的佛宫、庙殿建筑也见诸西藏藏传佛教后弘期一些寺庙建筑中佛殿的构筑形式。

（二）反映金刚宝座作法会道场坛城画的建筑

俄藏黑水城出土西夏《佛顶尊胜佛母曼荼罗》（图1-20）木板

图1-18　桑耶寺大殿平顶出檐建筑

图1-19　贺兰山拜寺口双塔出土《上师图》背景建筑

---

① 拔·塞囊著《拔协》，佟锦华、黄布凡译，四川民族出版社，第34页。
② 牛达生先生考证为金翅大鹏鸟。见牛达生《自成体系的西夏陵屋顶装饰构件》，载《西夏学》第10辑，上海古籍出版社，2014，第287页。

图1-20 俄藏黑水城出土西夏《佛顶尊胜佛母曼荼罗》

画中的坛城；俄藏黑水城出土西夏《胜乐轮威仪曼荼罗》绢画中的坛城。

坛城四周筑方形城墙，每边居中开城门或建筑神殿，城内按仪轨安置本尊和护法。所绘城墙、神殿等，体现藏式传统建筑风格。

（三）表现佛陀炼成道的八相塔图和塔龛千佛图中的塔建筑画

塔的梵文音为窣堵波（sudubo），藏语作"曲登"，最初是安葬佛骨、佛舍利的坟冢。① 藏式塔的形制与印度桑奇大窣堵波略有差异，覆钵体上的竖竿演化为锥形体相轮。塔的结构自下而上为束腰金刚塔基座，较高的覆钵，较粗的相轮，露盘已演变为刹基，两边飘扬吉祥缯带、日月刹，形成藏式窣堵波——覆钵式塔（图1-21）。反映藏传佛教覆钵塔的建筑形制与结构的

俄藏黑水城出土唐卡《药师佛》中的覆钵式塔 　　俄藏黑水城出土唐卡《金刚触地印释迦牟尼佛》中的塔 　　俄藏黑水城出土唐卡《金刚亥母》中的覆钵式塔

图1-21 俄藏黑水城出土唐卡中的塔

---

① 释迦牟尼在摩罗国拘尸那迦城附近的两棵娑罗树下圆寂后，弟子将其遗体火化，在骨灰中发现了晶莹坚固的珠子，被称为"舍利"。为了保存其舍利、骨灰、遗物，建造了坟冢——窣堵波。后来有八个国王分别建塔供奉，又演绎出释迦牟尼一生八个重要转折点的"八相塔"。再后来，印度孔雀王朝阿育王时建塔风气盛行，佛史上称"阿育王八万四千宝塔"。现存最早的一个是建于公元1世纪前后的印度桑奇大窣堵波，其形制是：中央一个半圆覆钵体的大土冢，冢顶上有竖竿和圆盘，半圆冢之下有基台和栏墙，梯级而下。

还有：俄藏黑水城出土西夏《金刚座佛与五大塔》图、宁夏宏佛塔天宫出土西夏《塔龛千佛图》和有汉文和西夏文榜题的《八相塔》图等。

唐卡、坛城木板画中塔的形制与西夏惠宗秉常时期译，仁宗时期校，神宗时期重译并疏义的西夏文佛经《金光明最胜王经》卷一版画中的窣堵波、俄藏西夏文佛经《佛母大金曜孔雀明王经》中的释迦牟尼说法图中绘刻的窣堵波、西夏皇太后罗氏在仁宗皇帝（1139~1193年）逝世三周年散施的《大方广佛华严经不可思议解脱境界普贤行愿品》中的窣堵波塔形制相同。从译经时间推断，惠宗秉常时期（1067~1087年）在西夏已普遍建造该形制的塔，用作佛教供养[①]。塔的基本形制为覆钵式，包括塔基、覆钵和塔刹。

三　佛经插图版画中的建筑图像

近几十年来，伴随着文物考古和西夏文字考释，在抢救保护文化遗产、整理研究和翻译编校海内外西夏文献遗存的过程中，我国相继编纂出版了《俄藏黑水城文献》（上海古籍出版社1996~2000年，目前出版18册世俗文献和4册佛教文献）、《中国藏西夏文献》（甘肃人民出版社、敦煌文艺出版社2007年出版，17卷20册）、《中国藏黑水城汉文文献》（国家图书馆出版社2008年出版，10册）、《英藏黑水城文献》（上海古籍出版社2005年出版）、《法藏敦煌西夏文献》（上海古籍出版社2007年出版）。在发布的西夏文献中，许多是佛经印本，刊刻了一些佛经版画。这些版画对宣扬、传播佛教义理和诵读经咒偈文起到了看图释经的作用。版画中的说法图和经变图除了有佛、菩萨等佛教人物形象外，还绘制了许多世俗人物和物象，其中图示了许多佛教建筑和世俗建筑。参考佛经刊印年代，释读佛经中的题跋、序，发掘研究这些佛经插图版画中的建筑图像，成为我们深入研究西夏建筑可资利用的又一种可靠的信息资料。西夏是一个信仰佛教的国家，刊刻的许多汉文和西夏文佛经中，有许多在经首插有佛说法、经变版画，在经变及一些佛教因缘故事图中绘制了建筑图像。以下引证的1146~1195年间西夏皇家刊刻佛经版本中的建筑插图，主要是对上流社会建筑的描绘，更具有社会物质和文化发展的典型性。其中较好的有以下几种：

[①] 见陈育宁、汤晓芳著《西夏艺术史》第五节版画，2010，第128~178页。

(一) 俄藏西夏文献中佛经版画的建筑图像

1. 俄藏《妙法莲华经》卷一至卷七变相图中的建筑

俄藏编号 TK1、3、4、9、10、11、15 为汉文七卷本《妙法莲华经》木刻本，经折装，折面宽8.5厘米，高18.5厘米，各卷首有经变版画一幅，为净土变相。画和文字之间刻版本卷第及刻印地点、日期和刻工姓名。此版本为西夏"上殿宗室御史台正直本"，刻工为"善惠、王善圆、贺善海、郭狗埋"，刻印日期："大夏国人庆三年岁丙寅五月……"（即1146年6月11日~7月10日）。卷首版画由两部分组成，右侧是释迦牟尼佛说法，左侧是经文变相，宣传大乘佛教三乘归一，即"声闻"（听佛说法），"缘觉"（自我修行），"菩萨"（利己利他普度众生）。全经共二十八品，叙述释迦牟尼在耆阇崛山（灵鹫山）与舍利弗、须菩提、摩诃迦叶等尊者说法。各卷经文内容不同，通过大量形象的比喻故事画面，如"闻法布施""持戒忍辱""忍心善软""供养舍利""造塔画像""写经念诵"等，叙述消灾免难，能进入极乐世界。尤其是《观世音普门品》的插图，菩萨乘云下降人世间救难，一幅幅都是世俗生活的描绘。刻画表现的是人间生活，有人居环境和人居建筑的图像绘出。

卷第一包括《弘传序》《序号第一》《方便品第二》，经首插有版画四折。画面宽34厘米，高15厘米，画刻人物六十余身，右三折是佛说法，佛说法的环境是西方净土世界：佛、菩萨、天人、护法置于一平台上建筑。平台左小右大，连接在一起，两个台面水平相同，左面较小的台面亦可称月台。月台边中间有五级台阶，台阶两侧有垂带，四周有砖面散水（图1-22）。月台面上跪着听法的尊者和天人；右面的台面较大，台面上有坐于莲花座上的佛和两

图1-22 俄藏《妙法莲华经》卷一《佛说法图》

胁侍菩萨，天人护法站立，还有一童子。台面大小反映了人物的伦理级别，佛、菩萨、护法置于大台面上，人物形象也略大，弟子、天人等听法者跪置于小台面上。佛教人物的级别与建筑级别相匹配。台面呈白色，说明是夯土高台，四周台边和台壁绘有包砖，整个台基为夯土砖包边结构；佛前有一长条供桌，四周帷幔。第三折上方绘一受病痛折磨者睡在床上，下跪两人求佛解脱病苦；第四折有造塔供养，绘莲叶台上有一攒尖顶舍利塔，从塔顶盖正面绘四脊来看，估计该塔为八角塔。图与经文的中缝间刻有"奉天显道耀武宣文神谋睿智制义去邪睦懿恭皇帝"，是仁宗仁孝（1139~1193年）的尊号。

卷第二经首版画第二折面有四合院的第一进院落、门楼、起脊院墙和侧屋，侧屋顶起脊并有盖瓦、瓦当、神兽，院门外站二人，一人着长袍为主人，另一人着短衣为侍者，主人请"三乘"入院门（图1-23）。

卷第三经首版画第二折左上方，绘有城门和护城壕，城门前有桥，左下方绘一矮院，院墙内有一座折角起脊民房，覆瓦但无瓦当，无脊饰，屋内摆设条桌，屋外有栅栏，似为瓦肆铺面，处于市口（图1-24）。

图1-23 俄藏《妙法莲华经》卷二经首第二折面版画

图1-24 俄藏《妙法莲华经》卷三经首第二折面版画

卷第六第二折右上角祥云中有一平顶建筑，出四檐，檐上盖瓦，为佛殿（图1-25）。

卷第四第二折右上角绘一高台基四面坡攒尖顶亭式建筑，左上角绘祥云中的佛宫一角，宫中有佛下凡人间说法（图1-26）。

图1-25 俄藏《妙法莲华经》卷六经首第二折面版画　　图1-26 俄藏《妙法莲华经》卷四经首第二折面版画

2. 俄藏《妙法莲华经观世音菩萨普门品第二十五》变相图

俄藏编号TK90《妙法莲华经观世音菩萨普门品第二十五》（图1-27），是西夏乾祐二十年（1189年）罗皇后为庆贺仁宗皇帝即位五十周年所散施的，封皮有书写流利的两行西夏文。

在第四折页下部榜题"还着于本人"的图中，描绘一高级别官式建筑，有高台基和御路踏跺式台阶，立柱下有柱础石，柱上有斗栱，两柱之间有枋木，显示西夏时期殿式厅堂建筑存在枋的结构。

3. 俄藏《大方广佛华严经入不思议解脱境界普贤行愿品》

俄藏《大方广佛华严经入不思议解脱境界普贤行愿品》，木刻本，经折

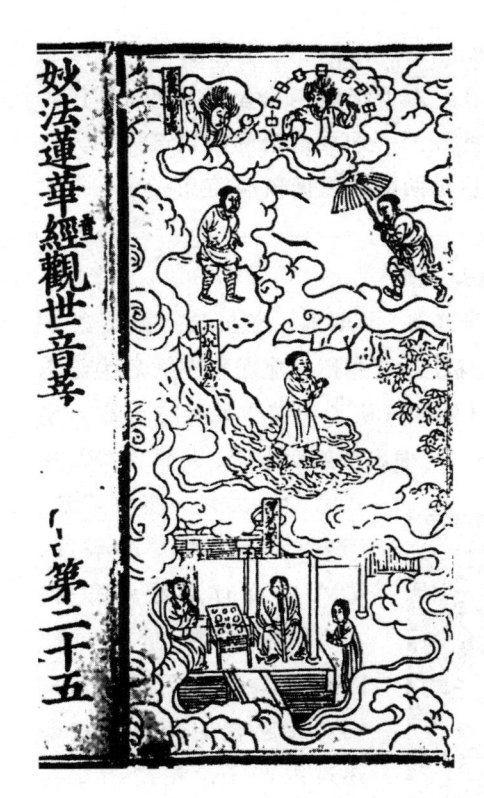

第一章 西夏建筑遗迹的发现与研究 | 35

图1-27 俄藏《妙法莲华经观世音菩萨普门品第二十五》第四折面插图

图1-28 俄藏《大方广佛华严经入不思议解脱境界普贤行愿品》第五、六折面插图

装，折面宽9厘米，高21厘米，第1-6折面有幅面高15.5厘米、宽55厘米的"行愿经变相"图（图1-28）。第五折面榜题"五随喜功德"，有补题"随喜及涅槃／分布舍利根"绘出一金刚座覆钵形舍利塔，自上至下绘日月、塔刹、刹基、粗大相轮、相轮基座（基座上有仰覆莲）、覆钵、金刚莲花座。第六折面"十普皆回向"，补题"极重苦果＼我皆代受"，绘有一座燃烧的城，有门钉的城门紧闭。此经有题记，有发愿文。"刻印此经称作《大方广花（华）严经普贤行愿品》，它帮助人们像毗卢一样登上脱离尘世的道路，像普贤一样找到主要的道路，摆脱苦孽，免除恶根。因此皇太后罗氏在仁宗皇帝（1139~1193年）逝世三周年之际，为了他（仁宗）及早升天，为了'萝图''宝历'（皇族）军政官吏、皇室人员（玉叶金枝）、兆民百姓幸福，祝愿他们得到尧时的荣誉、舜时的安乐，特命各寺庙焚香三千三百五十遍，设斋会十八次，起读大藏经三百二十八部，其中主要的经二百四十七套，其他经八十一部，各种

小经……"①根据发愿文题记，此经刻印于仁宗皇帝三周年忌辰——天庆乙卯二年九月二十日（1195年10月8日）。为了纪念仁宗皇帝逝世三周年，各寺庙刊印了不同版本的华严经，俄藏此经的一残页描绘佛宫建筑为一大型歇山顶建筑，佛殿前有勾栏，立柱上斗栱出两跳，屋面琉璃筒瓦、瓦当等建筑构件——描绘仔细清晰。

4. 俄藏编号TK8、12、13《佛说转女身经》

俄藏编号TK8、12、13《佛说转女身经》，木刻本，经折装，折面宽10厘米，高21.5厘米，卷首有《佛说转女身经》变相图，尾题称罗太后为纪念去世的仁宗皇帝特施印经三万卷，施印日期"天庆乙卯二年九月二十日／皇太后罗氏发愿谨施"（1195年10月8日）。画面出现妇女生产、生活实景及各式宫殿、民舍、庙宇建筑。第五折页有攒尖顶亭阁，第六折页有佛殿、民居，在榜题"怀子在身／□[受]苦痛"边绘有一妇女在起脊的高台基官邸建筑内产子，在榜题"女人为他所使捣／药舂米熬苦磨"边绘有一妇女在无脊的简易磨房内推磨。此图绘出的建筑有佛殿、宅第、磨房等（图1-29）。

图1-29 俄藏《佛说转女身经》第五、六折面版画

5. 俄藏编号TK58《观弥勒上生兜率天经》

俄藏编号TK58《观弥勒上生兜率天经》，木刻本，经折装。该经是乾祐二十年（1189年）仁宗继位五十周年而发愿散施的，有仁宗皇帝发愿文："朕谨于乾祐巳酉二十年九月十五日……就大度民寺作求生兜率内宫弥勒广大法会……散施番、汉《观弥勒菩萨上生兜率天经》一十万卷……奉显天

---

① 〔俄〕孟列夫著《黑水城出土汉文遗书叙录》，王克孝译，宁夏人民出版社，1994，第128~129页。

道耀武宣文神谋睿智制义去邪惇睦懿恭皇帝谨施。"① 经首变相图有八折面，画幅宽87.5厘米，高23.5厘米。（图1-30）第一至二折面绘弥勒在宫内说法图；第三至六折面描绘弥勒净土盛会，其中宫城建筑规模宏大。宫门四扇，宫墙起脊覆瓦，有立柱；九开间大殿，屋面用条瓦覆盖，飞檐上翘，檐下斗栱层层，殿前有九根金柱，为皇宫级别的殿宇建筑。殿后有回廊，台阶和桥通向殿前平台，平台下有水池。第八折面绘六幅德行图，榜题"花香供养""深入正受""修诸功德""读诵经典""威仪不缺""扫塔涂地"。图中绘出种种德行，德行图中有庙宇、高台基的房子、修行冢；左下方是两人躬腰扫塔涂地，均为金刚座覆钵形舍利塔建筑，覆钵内有三个摩尼宝珠供养。

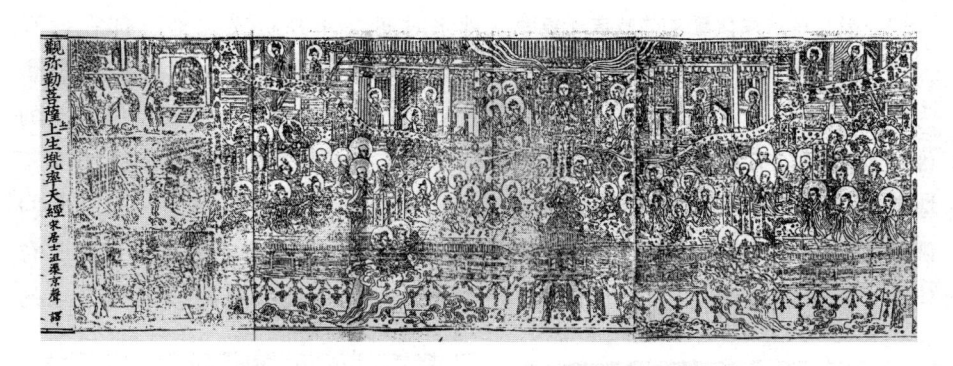

图1-30 俄藏《观弥勒上生兜率天经》版画插图

（二）中国藏西夏文献佛经版画中的建筑图像

1.《妙法莲华经卷二》经变图

中国藏西夏文《妙法莲华经卷二》经变图（图1-31），木刻本，页面高33.1厘米，宽10.6厘米，卷首有四折页插图。在第三、四折页有多种建筑描绘：第三折页有一高等级建筑，从有图案的御路踏道分析是一个三开间殿式建筑，屋顶饰有鸱吻；第四折页有一官邸，三开间官式建筑。

中国藏西夏文《妙法莲华经》（仁宗时期刻印）变相图中出现的建筑

---

① 〔俄〕孟列夫著《黑水城出土汉文遗书叙录》，王克孝译，第133~144页。

图1-31 中国藏西夏文《妙法莲华经卷二》第三、四折插图版画

有：高台基佛殿、有围墙和门楼的四合院、起脊并饰有鸱吻的官邸厅堂、坟冢等。

2. 中国藏西夏文《金光明最胜王经》中的版画建筑

中国藏西夏文《金光明最胜王经》，有西夏文题款："兰山石台严云谷慈恩众宫一行沙门慧觉集""奉白高大夏国仁尊圣德珠城皇帝敕重校"。此经为惠宗秉常时期译，仁宗时期校，神宗时期重译并疏义，是一部在西夏流布时间较长的佛经。圣德珠城皇帝为仁宗皇帝仁孝（1139~1193年在位）。此版画为仁宗皇帝重校以后刊刻的佛经插图，计有四种经变图，画刻建筑较细腻：卷第一第四折面右上方有窣堵波式塔（图1-32）；卷第五的建筑画面表现丰富（图1-33）：有三开间佛殿，有城门、有雉堞的城墙，有起脊小阁，一围墙内有四阶梯高台基起脊建筑，正脊两端设吻兽，脊居中有一对站立鸟，屋面上有两只展翅飞翔的

图1-32 《金光明最胜王经》卷一第三、四折版画

图1-33 《金光明最胜王经》卷五第三、四折版画

鸟，台基地面有散水方砖，台基帮壁绘花纹，台基四周有勾栏，栏板绘莲花图案；卷第十第一至二折页（图1-34），左上角有一舍利塔，绘出塔刹、相轮、覆钵、塔座；第一折面右上角绘一座城的一角；城墙开有两城门，城门上有门钉，城墙上有雉堞，具有高昌坞壁和波斯城堡风格。城内绘一起脊、飞檐高翘的殿式建筑，殿内绘一床，床上卧一佛。

该经由唐义净从梵文译出，十卷，西夏文《金光明最胜王经》从汉文转译。插图建筑中的屋面装饰"鸟"和城墙的"雉堞"与中原建筑装饰不同，鸟是佛经中描绘的佛国世界的神鸟，城墙的"雉堞"有中亚城堡的城墙风格。

图1-34　《金光明最胜王经》卷十第一、二折版画

3. 西夏文佛经《慈悲道场忏罪法》插图《梁皇宝忏图》中宫殿建筑

西夏文佛经《慈悲道场忏罪法》经首的《梁皇宝忏图》版画描绘梁武帝为雍州刺史时，夫人郗氏性酷妒，化为巨蟒入后宫的故事。版本有两种，画面绘有宫内建筑及其装饰。

中国国家图书馆藏西夏文《慈悲道场忏罪法》的版画（图1-35）占四折页，右两折页佛说法，左两折页为宫殿内梁武帝与高僧对话。宫殿地面铺花砖，建有一个高出地面五

图1-35　中国藏《慈悲道场忏罪法》插图版画第三、四折

层阶梯的地平，台阶两侧的垂带呈白色；地平之上绘有立柱，立柱顶为梁枋，枋下绘幔帐；地平前有勾栏，两端立望柱，柱头绘出莲花，栏板是几何图案菱形内绘一莲花，（南朝）梁武帝坐在龙椅上与高僧对话。

俄藏《慈悲道场忏罪法》的版画（图1-36）所描绘内宫建筑画面与中国藏基本相同，更突出额枋上的斗栱和地平、栏板，阶梯垂带彩绘，彩绘图案是缠枝卷草，更带有西方特点，与西夏陵出土墓碑残片的忍冬纹卷草图案相似。

图1-36 俄藏《慈悲道场忏罪法》的插图版画

4. 西夏文佛经《现在贤劫千佛名经》卷首《西夏译经图》中的殿堂建筑

西夏文佛经《现在贤劫千佛名经》卷首《西夏译经图》（图1-37）展示了译经殿建筑内部，译经场设在宫殿"地平"建筑内，主译人国师白智光高高在上，坐于如意宝座，座前有译经桌和供桌，供桌上的莲座上有经卷，经卷前有五供养。惠宗秉常皇帝和皇太后坐第一排。地平有勾栏高出大殿地面装饰讲究，有莲花柱头的望柱、卷草纹栏板，地栿、华板、蜀柱、唇杖等，勾栏结构绘制十分细腻，版画记录了译场建筑结构和装饰的神圣和华丽。

图 1-37　西夏文佛经《现在贤劫千佛名经》卷首《西夏译经图》

第三节　文物考古调查中发现的西夏建筑遗址

明清以来，在西夏故地封藩或为官的一些官员，就西夏建筑遗址兴庆府、承天寺、昊王宫、昊王坟、统万城等进行过调查考证。但作为文物古迹的考古调查，始于 20 世纪初期，兴起于新中国成立以后，特别是 20 世纪 80 年代改革开放以来，对西夏故地城址、寺庙、佛塔、陵墓等建筑遗存、遗迹与遗址的调查，取得众多发现和考古勘测成果，实现了建筑考古学的重大突破。这些突破体现在如下各类遗存、遗迹、遗址的发现与研究中。

一　城址的调查发现

（一）内蒙古境内西夏城址的发现与勘察

黑水城遗址调查

近代以来，有关西夏遗址的调查发端于20世纪初外国探险家对黑水城的盗掘和粗略测量。当时世界范围内兴起亚洲探险热，其中包括对西夏黑水城遗址的探险。

1908年以科兹洛夫①（图1-38）为首的沙俄皇家地理学会探险队，在蒙古向导巴达的引领下，第一次抵达额济那旗的黑水城遗址，西夏城址的调查也由此揭开了序幕。20世纪七八十年代后，内蒙古文物部门对黑水城遗址进行科学考古调查，搞清了西夏遗址与元代遗址的叠压关系。

①外国探险家的盗掘。

1908年3月19日，科兹洛夫的探险队对黑水古城遗址进行了勘测，绘制了城址平面图，对古城与众多土塔和礼拜寺进行了拍照，并在古城的寺

图1-38　科兹洛夫

---

① 彼得·库兹米奇·科兹洛夫（Пётр Кузьмич Козлов，1863~1935年），俄国探险家。1884年开始随著名探险家普尔热瓦尔斯基在中国新疆、西藏以及蒙古一带探险。1893年开始独立率队。1899年科兹洛夫任队长到中亚进行考察，其中一组到达额济纳河谷地，并了解到有关黑水城的信息。1905年记录这次考察的巨著《蒙古与卡姆》在圣彼得堡出版，科兹洛夫因此获得俄国皇家地理学会金质奖章，并被推选为该学会名誉会员。1907年开始"蒙古四川考察"，1908年3月上旬来到黑水城遗址，发掘了大量西夏文及汉文文书、佛像、绘画等文物。1923年科兹洛夫出版了黑水城探险的著作《蒙古、安多和死城哈喇浩特》。1924年科兹洛夫在蒙古国的诺音乌拉山发现匈奴古墓群，获得大量汉朝和匈奴文物。1926年后告别探险生涯。

庙和残塔等遗址内挖掘出一些佛画、书籍、佛像、波斯文与西夏文及汉文手稿残页，发回俄国皇家地理学会。受到重视和指示后，第二年（1909 年）5 月 22 日，科兹洛夫及其同伙再次来到黑水城，从古城西北角 300 米处一座舍利塔内，挖掘出丰富的西夏经书典籍、佛教卷轴画、木版画、彩塑造像、雕版等珍贵遗物，用 40 头骆驼运回俄国。这座塔也是一座覆钵塔，高约 10 米，方形基座，阶式上收，塔刹、塔顶半陷。塔内底部约 12 平方米，中央立柱，平台四周摆放着泥、木彩塑佛像，像前摆放着大型梵夹装经卷。塔的北墙有一具坐姿骨架，墙壁四周挂满了佛画，空隙处也紧密叠摞着成百上千册的书籍、经卷、卷轴画。[1]

科兹洛夫这一次在黑水城掘获的宝物实在太多了，以至于无法把它们一次运走。于是他挑出大约 50 件佛像和物品，藏在城南的一座壁龛中，准备以后来取。返回俄国的第二年（1910～1911 年），这些遗宝在圣彼得堡被公开展示，世人才知道黑水城和藏宝的佛塔是西夏时期的建筑遗存。沙俄探险队在西夏故地的发现，吸引了海外众多探险家前往黑水城考察掘宝。[2] 据说 1926 年科兹洛夫再次到黑水城，又运走了一部分出土遗物。科兹洛夫探险的主要目的是盗宝，得手之后欣喜若狂地将文化遗宝运回俄国，对古城内外的建筑遗存并未作详细勘察，发掘也不是科学有序地进行，基本上都是破坏性的，没有留下完整的发掘报告，只是在他的日记和游记性著作《蒙古、安多和死城哈喇浩特》中留下了有关黑水城建筑的零星记述。实际上科兹洛夫发现黑水城并非偶然。科兹洛夫从小就喜爱阅读探险旅行方面的书籍，特别喜欢阅读俄国大探险家普尔热瓦尔斯基[3]

---

[1] 参见白滨《寻找被遗忘的王朝——黑城一瞥》，山东画报出版社，1997，第 59～60 页。
[2] 从 1914 年到 1927 年，先后有原籍匈牙利的英国人斯坦因，美国哈佛大学瓦尔纳和杰恩，瑞典探险家斯文赫定为首的，北京大学徐旭生（著有《西游日记》）参加的西北科考团等来到黑水城，由此揭开了对西夏遗存、遗迹、遗址勘测调查的序幕，引起了国内外社会各界对西北地区古迹和西夏建筑遗存的重视和关注。
[3] 尼古拉·米哈伊洛维奇·普尔热瓦尔斯基（НиколáйМихáйловичПржевáльский，1839～1888 年），是俄罗斯 19 世纪最著名的探险家和旅行家。从 1870 年开始他一生中 4 次到中国西部探险，他对中国新疆、西藏地区的探险成就非凡。他的兴趣主要在记录动植物和地理考察，曾引发当时欧洲地理学界的"罗布泊位置之争"，新疆"三山夹两盆"的地理结构也是由他标注在中亚地图上，在新疆发现的普氏野马、普氏小羚羊以他的名字命名。1888 年于探险途中逝世。

图1-39　普尔热瓦尔斯基塑像

（图1-39）的著作，尤其是阅读了《蒙古和唐古特人地区》后，向往对书中所述的哈拉浩特的探险。一次偶然的相遇，受到了探险家普尔热瓦尔斯基的器重。1883年，20岁出头的科兹洛夫参加了普尔热瓦尔斯基率领的第四次中亚探险队到过新疆、蒙古和西藏等地。1888年普尔热瓦尔斯基在其第五次中亚考察赴藏途中死于吉尔吉斯斯坦伊塞克湖畔的卡拉库尔城。1889年科兹洛夫又加入别夫佐夫的探险队进入新疆，1893年又跟随罗博罗夫斯基的探险队再次经新疆进入西藏。1899年，科兹洛夫独立率队沿着普尔热瓦尔斯基曾经去过的路线到达定远营，打听有关黑水城的情况，但当地蒙古人否认有古城的存在，于是科兹洛夫经蒙古回圣彼得堡，但去黑水城实地探险的想法一直没有放弃。

　　1907年12月25日至1909年7月26日，科兹洛夫受俄国皇家地理学会派遣，组建"蒙古—四川考察团"并任团长，这也是他的第六次对中亚的探险活动。由圣彼得堡出发，经莫斯科、恰克图、乌兰巴托进入蒙古。1908年3月到达黑水城（蒙古语哈喇浩特）。当时居住在黑水城周围的蒙古族是从伏尔加河下游一带回归的土尔扈特部。土尔扈特贝勒王爷达齐派向导巴达为科兹洛夫引路，3月19日一行人到达黑水城遗址（图1-40）。[①] 此时的黑水城，高大的城墙西北角矗立着残破的佛塔，城中是毁掉的房屋地基和断墙残垣，城里城外布落着大大小小的佛塔。这是一座古城遗址，是明代毁灭

---

① 科兹洛夫记录黑水城为要塞，高度为2854英尺（870米）。地理坐标：纬度41°45′40″，经度101°5′14.85″。

元亦集乃路总管府后留下的一座废城。①

图 1 - 40 - 1　　　　图 1 - 40 - 2　　　　图 1 - 40 - 3

图 1 - 40 - 4　　　　图 1 - 40 - 5　　　　图 1 - 40 - 6

图 1 - 40　科兹洛夫 1908 年在黑水城拍摄的一组建筑物照片

考察队从西门进入，在城中偏北的一个建筑遗址旁搭建帐篷，进行了一周的发掘。首先绘出了黑城平面图（图 1 - 44）②，挖掘了四处（即图 1 - 44 中标号 1、3、A、B）。1 号大致位于城中央即搭帐篷处，出土了亚麻布佛画、香炉和许多西夏文墨书手稿残片。科兹洛夫在《蒙古、安多和死城哈喇浩特》③（图 1 - 42）一书中记录道：

---

① 1983 年内蒙古考古工作队对该遗址进行了详细发掘，得出结论是该城有两个时期的城，一个是位于东北的四方的西夏黑水城；元代建亦集乃路，在黑水城的基础上扩大城市规模，建立了亦集乃城，西夏的古城被套在大城的东北方。以后清代蒙古人称该城为哈喇浩特——黑城，俗称黑水城。
② 图见王天顺主编《西夏学概论》，甘肃文化出版社，1995，第 85 页。
③ 该书有多个中译本，科兹洛夫著作封面图见刘兆和《日落黑城——大漠文明搜寻手记》，内蒙古大学出版社，2009，第 18 页。

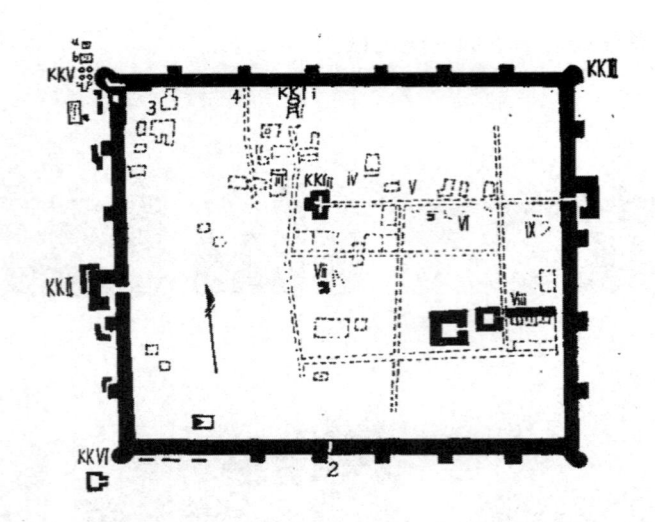

图 1－41　科兹洛夫绘制的哈喇浩特平面图

图 1－42－1　科兹洛夫1923年出版的《蒙古、安多与死城哈喇浩特》封面

图 1－42－2　陈贵星译科兹洛夫著作封面（新疆人民出版社，2000年）

图 1－42－3　王希隆、丁淑琴译科兹洛夫著作封面（兰州大学出版社，2002年）

……我们把营地设在要塞中央一幢大的两层土屋的废墟附近，坍塌至地基的庙宇……南端与这幢房屋毗连。……小庙的地基通常用结实美观的正方形或近似正方形的烧砖砌成，我们收集了砖的样品：一块近乎

正方形，重18俄磅（7千克）的砖，一块重36磅（14.5千克）的正方形砖（边长为8俄寸，厚1俄寸）。小庙的墙用垂直或水平摆放的体积较小的半成品砖砌成，这种砖的重量和结实程度较地基用砖次之。①

参照科兹洛夫绘制的哈喇浩特废墟平面图，分析此段文字建筑的描述，可以看出以下几点：第一，科兹洛夫驻扎的地点，在1号废墟的旁边，正是处于西夏时期黑水城的西北部，他所述的1号废墟是一座方形的小庙，是西夏时期的庙宇建筑。地面是方形结构，说明是一开间的建筑，地基用正方形的烧砖砌成（在另一处记录庙宇地基时称，用烧制得很厚实的砖砌成庙宇地基），墙用体积较小的半成品砖（即土坯砖）；庙顶"中式几何图案和凹面瓦"，即板瓦与瓦当。据《天盛改旧新定律令》，盖瓦的建筑是官式建筑〔有命（官）者居住覆瓦的房屋，寺庙可以覆瓦〕。在这个庙宇建筑废墟中发现了一幅绘在0.081米×0.067米画布上的僧侣画像："大概是一位印度传教士……画像上光滑圆润的人体外形，圣者头上的光环处理、背景上撒开的小花，与孟加拉佛教小型彩画十分相似（具有11至12世纪孟加拉绘画的特征）"；还发现了西夏文手稿残片："此手稿的内容不得而知，从小庙出土的西夏文手稿残片可判断为是与佛经有关的手稿。"② 庙宇遗址判断是西夏时期的无疑。

科兹洛夫还描写了带有普遍性的建筑材料：

> 通常只要在某个圆形小丘上挖一下，底下就会出现依稀可辨的房屋痕迹，干涸的地下就会出现麦秆、草席、木柱等，说明屋顶已坍塌在住宅内。③

麦秆、草席、木柱是一般民房的建筑屋顶材料，没有瓦片出现，说明其

---

① 〔俄〕彼得·库兹米奇·科兹洛夫著《蒙古、安多和死城哈喇浩特》，王希隆、丁淑琴译，兰州大学出版社，2002。
② 〔俄〕彼得·库兹米奇·科兹洛夫著《蒙古、安多和死城哈喇浩特》，王希隆、丁淑琴译，第73页。
③ 〔俄〕彼得·库兹米奇·科兹洛夫著《蒙古、安多和死城哈喇浩特》，王希隆、丁淑琴译，第70~71页。

建筑结构是用夯土墙支撑的平顶建筑。麦秆、草席是屋面铺垫材料，木柱为梁柱，屋顶面铺黏土，反复拍打提浆，为达到防水、保暖的效果，泥土层较厚。这种平顶建筑在丝绸之路上的西域、吐蕃及河西走廊均有分布。

科兹洛夫对于城墙建筑的描写，留下了城墙轮廓的形制：

"要塞城墙高3~4俄丈，地基处厚度为2~3俄丈，墙顶厚为1~1.5俄丈，个别地方能发现城堞的痕迹，北墙上有一个骑手能出入的豁口"，"要塞西北角……建筑通向墙头和苏布尔干（窣堵波式塔）的阶梯式入口，登上去可眺望到周围地区，视野十分开阔。""在哈喇将军住宅附近有城堡式苏布尔干和大量聚集在城西北角的小苏布尔干。"科兹洛夫记载当地民间称"黑城"为"哈喇拜胜"，① 而科兹洛夫即冠以有"高高的土城墙的中国城"。"要塞西北角上矗立的尖顶大苏布尔干被许多与之相临的依墙和在要塞外附近的小苏布尔干围绕，十分惹人注目"，"到处可以看到苏布尔干"。②

科兹洛夫看到的城墙用土夯筑，高城墙的西北角墙头上筑有窣堵波式佛塔，城墙内有阶梯可登上墙头及塔；建在城墙上的塔是城堡的一部分，个别地方有城堞的痕迹。从科兹洛夫所拍的黑水城照片中，可知西北角城墙上的窣堵波式佛塔和西北城墙圆锥形基座是该城的地标性建筑。残存高耸的窣堵波塔群尖顶建筑与欧洲中世纪流行的城堡主楼尖顶有点相似。③ 科兹洛夫把

---

① "拜胜"即"板升"，一种夯土技术营造出来的城墙名称。夯筑城墙的土就地取材，架板夯筑，在所筑墙体位置的两侧竖若干木杆，在木杆上部一定位置上，将内外相向的木杆用牛皮绳或牛毛绳联牢，在绳中插入一木棍，经旋转可以调节距离，然后在筑墙位置架设木板，内模板与地面垂直，外模板略向上收分，木板内架木顶撑，在模板外侧的木杆处用木楔将木板固定，木板间输送黏土，并适时在横向和纵向加木筋，夯好一层升一层木板，故称板升。
② 〔俄〕彼得·库兹米奇·科兹洛夫著《蒙古、安多和死城哈喇浩特》，王希隆、丁淑琴译，第70~71页。
③ 欧洲的城堡是贵族的驻地或最高统治者的府邸，一般在城墙一角建有较高的塔形建筑，俄罗斯的大城市都建有"克里姆林"（俄语"城堡"的意思），莫斯科的克里姆林宫城墙用白色的石头砌筑。城墙上建有18座四边形钟楼。俄罗斯的教堂建筑也是城堡式的，每座教堂都有高耸的钟塔，如莫斯科克里姆林宫内的圣母安息大教堂和红场上的圣巴索教堂都有高耸钟楼。

第一章　西夏建筑遗迹的发现与研究 | 49

黑水城比作欧洲的城堡，说明有城墙及城墙上的尖顶建筑，只不过黑水城是土木结构的夯土建筑，而西欧的城堡是砖石建筑。科兹洛夫在小庙遗址挖掘后收集了 7 公斤的建筑材料条砖等共 10 个普特箱（邮包），连同初步发掘出的佛像、西夏文手稿等作为样品通过蒙古驿站发往俄罗斯圣彼得堡的科学院（图 1-43）。俄国皇家地理学会认为哈喇浩特是西夏王朝首都遗址，要求考察队彻底挖掘。①

绿釉兽面纹瓦当 　　　　灰陶兽面纹瓦当 　　　　绿釉卷草纹滴水

灰陶卷草纹滴水 　　　　灰陶叶纹滴水 　　　　灰陶屋面神兽残件

黄绿釉屋面神兽残件 　　　　抽屉中的屋面建筑装饰残件

图 1-43　俄罗斯冬宫博物馆收藏的部分黑水城建筑构件

---

① 1909 年 5 月 22 日，科兹洛夫带着 11 峰骆驼再次进驻哈喇浩特，在城西 500 米处高 10 米的佛塔中，获得 2000 册书，300 多幅佛像画和一具呈坐姿的真人骨骸（俄国人类学家维列可夫判定为女性），这具骨骸原藏圣彼得堡民族博物馆。此外还挖掘了城外的大小窣堵波塔 90 多座。

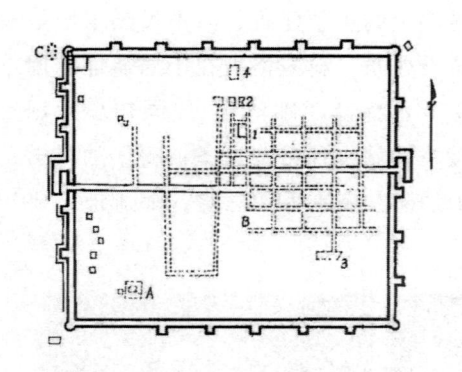

图1-44 斯坦因绘制的哈喇浩特平面图

科兹洛夫是一个探险家，但他对黑水城的发掘是掠夺式的非科学的发掘，对遗址的破坏是毁灭性的。他又是近代以来第一个对黑水城建筑状况作记录的人，并且收集了一些建筑构件材料遗物，这对西夏的建筑研究有较大的价值。1914年5月，原籍匈牙利的英国人斯坦因，对黑水城的发掘共10处，绘制了地图（图1-44）[①]。在其著作《亚洲腹地》第一卷第十三章中有详细描述。有关建筑的部分，他叙述了出土的饰有许多植物涡纹、叶形、顶花、怪兽头等漂亮的绿色琉璃瓦和瓦片，还有一座底部刻有波罗蜜文字（梵文）的供养塔。距城东北角100码的大土墩，封堆土高10尺，中间残留木杆（木杆上应为相轮——作者注）。城外西南约30码处是唯一的圆顶建筑（即科兹洛夫说的伊斯兰寺院）。斯坦因还考察了距城东北角3/4英里的一座藏式塔，方台基11平方英尺，塔高15英尺，圆顶式（覆钵式喇嘛塔，覆钵以上部分已残缺）。城周围覆钵式喇嘛塔建筑较多。

1923年美国哈佛大学瓦尔纳和杰恩到黑水城，只绘制了一张黑水城平面图（图1-45）[②]。

1927年以瑞典探险家斯文赫定为首的西北科考团（北京大学徐旭生参加，著有《西游日记》），只记载了全城呈不规则四边形：南墙长425米，西墙长357米，北墙长445米，东墙长405米。

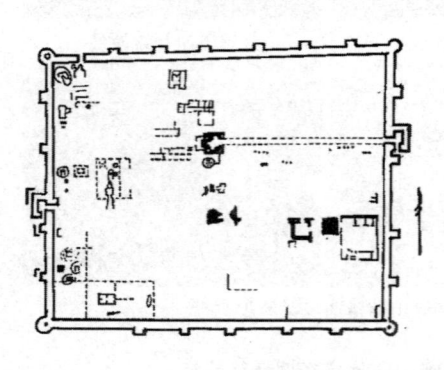

图1-45 瓦尔纳绘制的哈喇浩特平面图

以上外国探险家对黑水城的调查，绘制的平面图特征是：城几近方形，

---

① 图见王天顺主编《西夏学概论》，第89页。
② 图见王天顺主编《西夏学概论》，第93页。

四角有圆锥形建筑，城墙有垛，西北角窣堵波式塔分布密集，城内有塔和寺庙，城外到处有塔。塔的建筑风格受到窣堵波塔和藏传覆钵式塔建筑影响。黑水城建筑与中原有别，受到中亚和藏传佛教建筑影响较深。

②内蒙古考古队对黑水城遗址的全面勘测与考古发现。

海外探险家们主要是猎获遗物，并未对城址、塔寺等建筑遗存、遗址、遗迹进行断代、分期，也未搞清相互之间的叠压关系。20世纪七八十年代后，内蒙古文物部门开始对黑水城进行科学考古调查。通过多次全面系统的勘测和考古发掘清理，并对古城周边地区遗址进行调查，基本搞清楚了黑水城中西夏遗址与元代遗址的叠压关系，确定了各遗址的筑造年代，新发现了西夏时期众多建筑遗迹，取得西夏遗址调查的丰硕成果，周围有些城址也被列入内蒙古自治区重点文物保护单位。

1983年9月至10月和1984年8月至11月，内蒙古考古队对黑水城进行了全面调查，这是国内对黑水城进行的最为系统的发掘，发掘面积达11000平方米，占全城总面积的1/10。考古队对城内主要的建筑遗址基本上都进行了揭露，搞清了黑水城的建城年代、历史沿革以及城市布局，还出土了大量的文书和其他文物。内蒙古考古队发掘查明，黑水城遗址是由早晚两座城址叠压在一起形成的。早期为城内东北角的小城，早于元代而晚于汉代，是西夏的黑水城（西夏黑水燕镇军司城址）。现存的大城是元代扩建的亦集乃路哈喇浩特古城遗址。

西夏黑水城呈正方形，边长238米，南墙设城门并有瓮城。东墙和北墙被压在大城的城墙下，作为大城的基础被使用，南墙和西墙被后来元代的居民改造利用，分解成许多段。发掘中只发现了汉代的灰陶片，并无汉代层堆积。因此，他们做出了哈喇浩特大城东北角的小城就是西夏建的黑水城的结论（图1-46）①。

哈喇浩特古城（大城）呈长方形，东西长421米，南北宽374米，东西设有不对称的城门，城门外均设有方形瓮城。城墙平均高度在10米以上。城墙外侧设有20个马面，南城墙和北城墙各有6个马面。如今南城墙西端的一个马面被削掉，只剩下19个马面。城墙底宽12.5米，顶宽4米，顶部外侧有

---

① 图见刘兆和著《日落黑城——大漠文明搜寻手记》，第40页。

52 | 西夏建筑研究

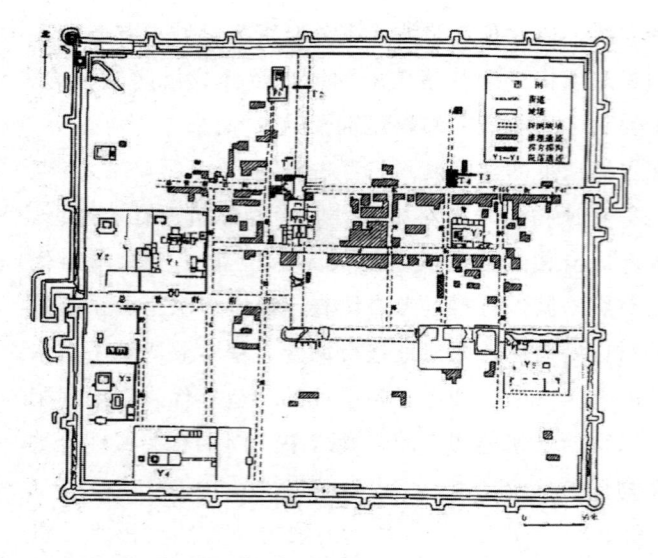

图 1-46 内蒙古考古队绘制的黑水城遗址平面图（东北角虚线围起的部分为西夏黑水城遗址）

用土坯砌的女儿墙。城墙有多处建房或改造拆除的情况，主要集中在南城墙西段和北城墙西段。城墙西北角上的佛塔群，是把城墙削去2米后建造的。佛塔群由北向南共有5个覆钵式喇嘛塔，交错排列。其中角台上的佛塔高11米，为塔群中保存最好的一座。这五座佛塔均为方形塔座，覆钵式塔身，阶梯式的上收塔刹，形态别致，与城内其他佛塔相依相衬，独具特色。由于科兹洛夫在这座城内外发掘到了大批西夏文文献和榜题有西夏文的佛画并在国际上展出和发表，国际上掀起了西夏研究热，这五座佛塔遂成为国内外熟知哈喇浩特古城遗址的标志性建筑，也成为研究西夏的学者心目中的西夏城池地标性建筑。

③20世纪八十年代末至九十年代初，内蒙古文物考古工作者与中国社会科学院民族研究所史金波等西夏研究学者，在内蒙古额济纳旗黑水城周边地区进行佛教遗址调查时，又先后发现了绿城遗址、文德布勒格城址、马圈城址，通过认真勘察遗址和对该城寺庙出土遗物特征分析，认定这几座城址也是西夏时期构筑的小土城。

20世纪末与21世纪初，内蒙古文物考古工作者在河套地区通过重点勘察与清理，先后确认出临河市古城乡高油房古城系西夏黑山威福军司故城，鄂托克前旗城川古城为西夏宥州故城，乌拉特中旗新忽热古城是西夏中后期新辟筑的黑山威福军司故城；准格尔旗十二连城中的西夏胜州故城等25处西夏修筑使用的城池堡寨，发现西夏攻占宋、辽城堡8处，西夏修筑的障址8处，并从遗址中清理出土了许多珍贵的西夏文物，为西夏建筑研究提供了许多准确的信息资料（本书第五章详细叙述）。1964年内蒙古考古工作者还调查了鄂托克旗陶思图西夏城。

(二) 宁夏境内西夏城址的发现与勘察

宁夏曾是西夏王朝立国的核心地区。清末民国初年在拆修灵武城墙时，发现大量西夏文佛经。新中国成立后60年代修建青铜峡水库和拦河大坝时，为防止淹没，文物考古人员在拆除清理库区108塔群下寺庙与庙后两座土塔时，出土了背后有西夏文的两帧大日如来唐卡。对石嘴山市庙台乡省嵬城进行勘测发掘，确认这座城址是文献记载西夏立国前李德明下令建造的省嵬城古城，从而揭开了宁夏境内西夏城池发现研究的序幕。通过宁夏文物考古工作者在全区各地的调查与勘测，又发现了西夏筑造的城池20余处，西夏攻占使用辽宋金的城堡8处，还发现其他类型的建筑遗址与遗迹10余处，其中有一些城址保存较为完好。

1. 同心韦州西夏古城

古城位于宁夏同心县韦州镇南1公里，城始建年代不详。韦州（威州）即唐朝设置的安乐州，其地为安置归降的吐谷浑而设置的羁縻州。唐大中三年（849年）收复被吐蕃侵占的陇右之地后，更名为韦州；宋初被西夏攻占，其地东南常驻牧有党项东山部各群落，元昊立国后在此设静塞军司，后谅祚改为祥右军。宋元丰四年（1081年）曾被宋军高遵裕攻取，旋复入夏。经文物考古人员勘测发现，古城平面呈长方形，明弘治年又加筑东关城。故韦州古城分为相连的西夏城和明代城两部分。古城东西长570米，南北宽540米，高10米，基宽10米，顶宽4米，夯土层厚8～12厘米。城东西南北四面辟门。南门外有瓮城。城墙四周有马面49座，间距43米。城内东南隅有西夏康济寺塔。现被公布为自治区文物保护单位。

2. 海原西安州西夏古城

古城位于宁夏海原县西安镇老城村（图1-47）。这里背靠天都山，南临黄川，地宜耕易牧，是宋夏边境上的重要据

图1-47 海原西安州古城遗址

点和通道，向称"固靖之咽喉，甘凉之襟带"。西夏初年筑，名曰南牟会①。元丰四年（1081年）为宋军攻占，次年西夏收复。元符二年（1099年）宋重修，建为西安州，西夏趁宋金之战又将其收复，元废。宋夏两国都以此为边境重要军事中心之一。经文物考古人员勘测发现，该古城是座较大的呈长方形的州城，明成化四年（1468年）在城内增筑东西方向隔墙一道。该城虽遭遇1920年大地震，但轮廓尚在，雄姿犹存，是研究西夏州城的又一个典型实例。现被公布为自治区级文物保护单位。

3. 银川市郊区沙城子西夏古城遗址的发现

在距银川市西北25公里处的贺兰山农牧场有一处规模较大的古城遗址，明清以来被俗称为沙城子。该城址处于兴庆府通往贺兰山拜寺口西夏皇家寺庙群、避暑宫的适中方位。经自治区和银川市文物考古工作者勘察，发现该城址四周墙基残迹尚存，略呈长方形，东西边长约1000米，南北宽约800米，城垣周长近4000米，是一座规模较大的古城遗址。在该城废弃的堆积中，靠近南城墙与北城墙适中位置上，有两处高出地表的红土夯筑台基，周围散落有琉璃莲花纹饰砖、条砖、四方莲花纹柱础石等建筑残件，与西夏陵区和拜寺沟口西夏寺院等建筑遗址中的残存物相似，从而判定该城为西夏时期构筑的一座皇家使用的古城。

在今银川市西夏时期兴庆府址、西平府灵州崇兴寨址内出土一批西夏建筑构件文物，在灵武磁窑堡附近发现西夏陶瓷窑址，证实这里曾是西夏建筑遗址。

1965年宁夏对石嘴山市庙台乡原西夏省嵬城遗址进行了试掘，城垣呈方形，土夯筑，城内未见砖瓦建筑材料，与"夏俗皆土屋"有关。

（三）甘肃省境内西夏城址的发现与勘察

河西地区自归属西夏后，成为西夏王朝重点经营之地。西夏在修缮利用前代城障的基础上，又新构筑了许多城池堡寨等建筑。甘肃省各级文物考古人员做了大量勘测调查，发现西夏修缮构筑使用的城寨27处，宋金修筑被

---

① 正方形城，周约4.6公里，西夏元昊避暑行宫，娶新皇后没口移氏居之。"内建七殿，极为壮丽，府库馆舍皆备"，周围出土有兽面瓦当、龙形兽饰等。另一说关桥乡凤凰古城，周长2.2公里。

西夏攻占维修使用的 14 处，西夏修筑的烽燧 33 处。

1. 西夏在肃州修缮使用的砖包城

肃州城始建于汉，为汉设酒泉郡的郡治，前凉、后凉、北凉在此城置敦煌军，隋唐分置为肃州。后为张仪潮从吐蕃手中收复，五代又为甘州回鹘所据，景祐三年（1036 年）西夏从甘州回鹘手中夺取，改为蕃和郡。蒙古军灭西夏前费尽力气攻下该城，置肃州路总管府。该城经历代维修和重建，颇为坚固，城池规模较大，保存了历代城池的众多遗迹（图 1-48）。

图 1-48　被包在西夏肃州城墙中的晋酒泉郡福禄县南门

从保存至今的城墙和城门遗迹分析，西夏时的肃州城规模较大，规格较高，三洞开的城门用砖包砌，城池非常坚固。

2. 西夏"甘肃军"城城址——山丹古城

古城位于甘肃山丹县清泉镇内。山丹处于凉州和甘州交界地带，是掌控两大绿洲的制高点，周围有广阔肥美的草原牧场，自古就是出产战马的基地。元昊攻占河西五州后，为防止吐蕃各部族的袭扰，在此筑城设防，号称"甘肃军"城。城平面呈长方形，南北长 1320 米，东西宽 1200 米，城垣周长 5000 米，是一座规模较大的西夏古城。现城墙大部已毁，仅残存东南角和北墙部分墙体。现公布为县级文物保护单位。

3. 西夏曾重修过的凉州府城

凉州（今武威）原名姑臧（匈奴语），魏晋至南北朝时期曾先后为前凉、后凉、北凉的都城，隋统一后，改为武威郡，为河西节度使治所（图 1-49）。天圣六年（1028 年）为李德明之子李元昊率兵占领，自此西夏将凉州作为辅郡、右厢的西经略司与凉州府的治所，维修经营了近二百年，

图 1-49　清代重修武威城北门

成为西夏在西部地区的中心城市,其地位与西平府相同,成为拱卫都城兴庆府的西翼。

4. 西夏修葺使用的甘州城

图 1-50　张掖市区东北角古城墙遗址

甘州城始建于汉,初为张掖郡城,唐改置甘州,曾为甘州回鹘可汗府(图1-50)。天圣六年(1028年)李元昊率兵夺取其地。李元昊继位后,改镇夷郡,并立宣化府,成为西夏在河西地区又一座较大的府州城市。

5. 西夏修缮使用的瓜州城与沙州城

图 1-51　锁阳古城遗址

瓜州城即唐代构筑的锁阳城(图1-51)。该城为长方形,内外两重城,规模较大。五代以来名义上为曹氏政权所据有,实际被甘州回鹘所控制。宋天圣八年(1030年)回鹘瓜州王归降西夏,景祐三年(1036年)西夏取瓜州城,修缮利用唐代的城池,设西平监军司。沙州(今敦煌)是西夏西部的门户,西夏修缮使用前代坚固州城,对该地进行统治和管理。蒙古军曾多次围攻不下,是蒙古灭西夏时河西地区最后攻下的一座州城。该城池遭到一定程度的破坏,元末废弃,遗址保存至

图 1-52　沙州古城遗址

今（图1-53）。

6. 西夏修缮使用的大湾城

大湾城位于甘肃酒泉市金塔航天镇北15公里黑河东岸（图1-53）。城平面呈长方形，南北长350米，东西宽250米，由外城、内城和障城三部分组成，总面积约8.7万平方米。障城东墙开门，西南角和西墙北端各有一望楼，中有橡柱孔，顶部残存矮堞。经文物考古人员勘测，该城在宋、西夏、元时为驿站。被列为全国重点文物保护单位。

图1-53 大湾城遗址

（四）陕西省境内西夏城址的勘察与发现

陕西省境内确认出的西夏筑造的城址有9处，西夏攻占修复使用宋、金的城池9处，西夏修筑使用的烽火台遗址9处。其中保存较好的城址有7处。

1. 统万城

俗称白城子。位于毛乌素沙漠边缘，包括外廓城、东城和西城。外廓城平面略呈东西向长方形，东西垣相距5公里，现仅存断续残垣（图1-54）。东城系后建，西城是原统万城的内城。两城略呈南北向长方形，中间以墙分隔。经陕西省考古研究院勘测探查发现，城内存有长宽约三四十米的四面坡式夯土台基，叠压在唐代地层之上，应是五代时期或之后大型土木建筑的基址。在此台基之南80米处，还有一座较小建筑遗址。城内中部偏南，残存高约10米、平面呈长方形的建筑台基1座，周围有瓦砾堆积，应是西夏大型建筑遗址。北宋初为西夏所据，后"诏隳其城，迁其民二十万于银绥间"，该城遂废，西夏立国后重修使用。1996年列为全国重点文物保护单位。1956年陕西省文管会和博物馆组成的陕北文物调查

图1-54 统万城遗址

征集组认定,为大夏国都统万城,宋夏州城,也即党项拓跋氏任唐、宋节度使的衙城①。

2. 银州城

图1-55 银州城遗址

银州城遗址位于陕西省榆林市横山县党岔乡北庄村东北1公里,居无定河与榆溪河交汇处南侧。《元和郡县志》载,南北朝周武帝保定三年(563年)始置银州城。考其州城在该城之东。唐末为党项族拓跋思恭平夏部要地。北宋时李继捧以夏州归宋,其从弟李继迁于雍熙二年攻麟州(神木县境内),诱杀都巡检曹光实后袭据银州(图1-55)②。横山县殿市镇西南七公里处有李继先村即西夏怀远堡李继迁寨。

3. 麟州城

图1-56 麟州城遗址

麟州城遗址位于陕西省榆林市神木县店塔乡杨城村西北侧,俗名杨家城(图1-56)。该城始建于唐,筑于一座山顶上,易守难攻,军事地理位置十分重要。麟州城为古代边塞著名军事堡垒,唐与吐蕃,宋与辽、西夏曾在这里反复较量。金皇统八年(1148年)被西夏占据。欧阳修《论麟州事宜疏》中说:"城堡坚定,地形高峻,乃是天设之险,可守而不可攻。"③古城遗址依山形呈不规则长方形,南北长1000余米,东西长300米左右,由东城、西城、瓮城、紫锦城等几部分组成。城垣用土夯筑,皆倚山势据险。东、南、北三墙有城门,西为绝

---

① 戴应新:《赫连勃勃与统万城》,陕西人民出版社,1990。
② 戴应新在《银州城址勘测记》一文中,绘制了一张《银州城廓图》,载《文物》1980年第8期。
③ (宋)李焘:《续资治通鉴》卷47,中华书局,1956。

壁，下临窟野河。城门上原建有城楼，高大坚固。1991年试掘，揭露大型建筑基址。2002年榆林市文管办公室曾受神木县政府的委托，对麟州城城址进行过一次调查、钻探、试掘，发现该城占地200多万平方米，现残存夯筑土城墙约2800米，残高为1米~18米，底宽9米~40米，墙体夯层厚8米~12米，城周约5公里。出土有唐宋时期的砖、瓦、脊兽等建筑构件及陶、瓷、石、铜、铁等器物，发现多处保存较好的建筑遗址。被公布为全国重点文物保护单位。

4. 府州城

陕西著名的古代军事要塞。位于府谷县府谷镇城东侧、黄河北岸的石山梁上（图1-57）。历史上曾长期为忠于唐宋王朝的党项折氏所据守，为辽、宋、西夏、金的鏖兵之地。绍兴九年（1139年）西夏乘折氏守将折可求丧葬之机攻占。府州城城墙依山势而建，大致呈靴状，墙体土夯包砖石，周长2320米，面积约2.3万平方米。城

图1-57 府州古城遗址

有六门，四个大门和两个小门，城门之上原均有城楼，其中大南门和小西门外建有瓮城。城内原有主街两条，横贯东西，另有十二条坊巷。现存建筑中，除城墙建于唐、五代和宋外，其余建筑多为明清所建。1996年列为全国重点文物保护单位。

5. 罗兀城

罗兀城遗址位于陕西省榆林市南60公里镇川镇石崖底村悬空寺山崖之石山峁，无定河西岸台地上（图1-58）。据《续资治通鉴》载，该城由西夏国相梁乙埋建于宋神宗熙宁四年（1071年）。该城北、东、南三面临崖，西面为山

图1-58 罗兀城遗址

坡，城垣呈三角弧状，周长约2公里。残存城墙高3米，宽4米，夯土层厚为12厘米~14厘米。东侧、北侧各有城门遗址1处，宽3.5米。遗址内地势东低西高，城内出土有兽面滴水、覆莲柱础等建筑构件，以及大量砖、瓦、石残块及瓷、铁等物品残片。

6. 石城子

该城位于榆林市定边县南山区樊学乡石城子村东北侧的山梁上。石涝河绕城西南，东临深沟，北依山，顺势而筑，是一处保存比较完整的宋夏时代交战争夺的军事城堡。《宋史·地理志》记载："朱台堡，本朱灰台，政和三年（1113年）筑，赐名。"经考古工作者调查勘测，城址分为南北两部分，北高南低。南为城垣，北为城防工事。城廓平面呈不规则三角形，城垣轮廓基本完整，铲筑与夯筑结合而成，残高0.4米~3.5米，夯层厚9厘米~10厘米。南、北筑有瓮城（罗城）。城内遗存有大量石头和少量宋代瓷片（耀州窑系瓷片居多）、灰陶片、布纹瓦片及唐宋货币等。北瓮城外50米有一面积约6万平方米的小山丘，被全部挖掘成纵横交错的堑壕，残深1米~3米，宽5米~10米，与城墙共同构成城防工事。2013年被公布为全国重点文物保护单位。

7. 铁边城

图1-59 铁边城遗址

铁边城位于陕西省延安市吴起县头道川铁边城镇（图1-59）。始建于西夏，毅宗谅祚奲都二年（宋嘉祐三年，1058年）城筑讫，初名定边城，为西夏洪州之要地，宋夏互市的榷场。宋哲宗元祐四年（1089年）攻取，元符二年（1099年）改为定边城，设定边军。金皇统六年（1146年）以定边军等沿边地赐夏国，降为定边寨。明英宗正统二年（1437年）改名铁边城。铁边城依山而筑，平面呈不规则长方形，坐东向西，东边靠山，西、北、南三面临川，其中东、西、北三面的城墙保存相对完整。城内总面积约56万平方米。南北城墙原有城门，现在仅存残迹。残留城墙周长为3500多米，墙基底部宽7米~10米不等，城墙残高3米~9米。在城墙的东南角有一个比较完整的夯筑方形角楼墩台。

（五）青海省境内西夏城址的发现与勘察

西夏前期因吐蕃唃厮啰政权顽抗，其疆域基本上未能扩展到青海。西夏中后期，利用宋金之战良机，实现与青唐联姻，将疆域扩展到青海东北地区。青海省文物考古工作者经过调查，发现西夏构筑的城寨有2处，吐蕃与宋筑被西夏先后攻取的城寨有15处。其中较完整的有青唐城和扁都沟城。

1. 青唐城

青唐城（现称南滩古城）位于青海省西宁市城中区南滩省体育馆南部，现仅存南城墙一段约400米，夯土筑，基宽8米，高7米（图1-60）。据清乾隆《甘肃通志》（卷二十三）记载，原为吐蕃唃厮啰政权都城，后一度被西夏占领。筑造较为坚固。又据《青唐录》记载：

图1-60 青唐城南城墙遗址

"城枕湟水之南，广二十里，旁开八门，中有隔城，伪主居。""西城（城）无虑数千家，东城惟陷羌人及羌人的子孙。""城门设礁机楼二重，礁楼后设中门，后设仪门。门之东、契丹公主所居也。""过仪门二十余步为大殿，楹柱绘黄，朝基高八尺，去座丈余矣，碧琉璃砖环之，羌呼'禁围'。""吐蕃重佛，有大事必集决之"。"城中之屋，佛舍参半。""城之西有青唐水注宗河，水西平远，建有佛祠，广五六里，缭以冈垣，屋至千余楹，为大像，以黄金涂其身，又为浮屠三十级以护之。"[①]

西夏曾有过修筑。被公布为省级文物保护单位。

2. 扁都口城址

该城位于青甘边界海北藏族自治州祁连县峨堡镇扁都口内。依山势建在

[①] （宋）李远：《青唐录》，《青海地方旧志五种》，马忠辑注，青海人民出版社，1989。

山梁上，平面呈三角形，周长约 400 米。墙夯土筑，已塌成垅岗状，残高约 2 米，基宽约 5 米。城内呈阶梯状布局，东南角开一门。从城门至山下河边有一条宽约 1.8 米的石砌阶梯踏道。城东台下建有烽火台。西夏曾一度占领。

二　寺庙、佛塔遗址的调查发现

西夏寺庙建筑遗存的发现，缘起于敦煌藏经洞的发现和石窟的调查。西夏王朝在我国早期石窟寺建设成就的基础上，改造发展了佛教建筑。20 世纪初期至抗战时期，西北考察团组织老一代学者如陈万里、顾颉刚、向达、张大千、阎文儒、白寿彝、刘敦桢等到西北地区，寻觅、考察各类建筑遗址和古迹，开始注意考察河西地区的西夏寺庙建筑遗址和西夏文碑石等遗物，取得开拓性成就。西夏寺庙遗存、遗迹和遗址的专门调查始于 20 世纪 60 年代。

（一）西夏石窟寺的发现与考定

1964 年中国科学院哲学社会科学部民族研究所邀请敦煌文物研究所常书鸿所长负责，北京大学历史系教授、考古教研室宿白先生参加，带领甘肃省博物馆陈炳应、民族研究所王静如、白滨、史金波，赴敦煌与河西地区开展佛教史迹的调查。随后甘肃敦煌文物研究所的李承仙、万庚育、刘玉权、李贞伯也参加调查组工作。[①] 包括敦煌莫高窟、西千佛洞、安西榆林窟、东千佛洞、文殊山石窟等。"文化大革命"前后，甘肃省文物考古部门的工作人员张宝玺、董玉祥等，也参加到西夏石窟寺的勘测、调查与认定的行列之中。樊锦诗、马世长、潘玉闪等人还主持对莫高窟前殿堂遗址和窟区北端建筑遗址进行发掘清理，从中考定出西夏时期构筑的窟前殿堂建筑遗址 11 处；北端建筑遗址中西夏开凿的禅修窟、储物廪窟、瘗窟数十处，从中清理出土大量西夏文物。众多学者卓越出色的工作，使西夏洞窟的发现认定，从敦煌莫高窟、榆林窟走出来，扩大到河西各地大小石窟寺的调查，从而使文物考古界和学术界对西夏石窟寺的营造与构筑和西夏石窟艺术特色有了全新的认识。宁夏文物考古部门在普查与考古勘测调查时也从区内古遗址中认定出西夏石窟的遗存与遗迹。

据最新的勘测和历年发现认定的研究成果，截至目前已统计西夏重修、

---

① 白滨：《寻找被遗忘的王朝》，第 3~11 页。

重绘、重塑和妆銮的洞窟遗存 98 座，西夏新修凿的洞窟 50 座（不包括西夏修凿的禅窟、瘗窟和廪窟），西夏时期回鹘在莫高窟、榆林窟、西千佛洞重修、重绘的洞窟 22 座。西夏与宋、金交界地区留有西夏人活动遗迹与题刻的石窟寺 5 座。这些发现为西夏建筑研究提供了丰富的遗存资料。

表 1-3　西夏辖境保存的西夏石窟遗存名目

石窟寺名称	西夏新修凿洞窟数（个）	西夏重修、重绘洞窟数（个）
敦煌莫高窟	15	62
安西榆林窟	4	6
东千佛洞	4	6
瓜州旱峡石窟		2
瓜州碱泉子石窟		1
肃北五个庙石窟		3
肃南文殊山石窟		1
肃南金塔寺石窟		2
肃南昌马石窟		2
武威亥母洞与修行洞	2	
中宁石空寺石窟		7
海原天都山石窟	6	
贺兰山山嘴沟石窟	7	
武威天梯山石窟		2
武威观音山石窟		2
武威石佛崖石窟		6
阿尔寨石窟	不详	不详

（二）西夏寺庙遗址和遗迹的发现与考定

正是在河西地区佛教建筑石窟寺的初期调查中，获得西夏寺庙建筑遗存遗迹的众多信息，激励了史金波、白滨、陈炳应等人研究西夏文物古迹的兴趣和抢救保护西夏古迹的文化自觉意识。在他们的影响和带动下，在"文化大革命"前后，甘肃省和内蒙古自治区、宁夏回族自治区文物考古工作者积极参与到西夏佛教建筑遗址的调查、勘测、发掘工作中。经过多方多地实地勘测调查，积累起丰富的西夏寺庙建筑文化遗产信息资料。特别是20世纪80年代以来，伴随着各省区在西夏故地文物普查和重点文物保护单位的重点勘测调查，为西夏寺庙建筑遗址考古提供了条件。史金波利用多年西夏故地调查收集的西夏佛教考古信息资料，结合西夏文献记载，考证出有寺名的西夏寺庙20余座。在史金波所著《西夏佛教史略》[①]中，对西夏寺庙修建及遗存分布进行了梳理，促进了对西夏佛教建筑文化的研究，开启了西夏故地寺庙建筑遗存、遗迹、遗址调查考证的序幕。宁夏和甘肃文物考古部门经过多年勘察，从众多古遗址中考察出28处西夏寺庙遗址，发现了许多西夏寺庙的遗迹，取得较为丰硕的成果。

1. 宁夏调查发现的西夏寺庙遗址与遗迹

20世纪70年代以后，宁夏重点文物保护单位中佛寺塔庙古建筑的加固维修和建筑遗址考古，取得了长足进展。通过遗存勘测调查和探方清理发掘，使尘封多年的西夏寺庙一一被发现。从西夏佛塔塔身、天宫、塔下堆积中，发掘清理出众多西夏佛教遗迹与遗物，揭示出大量西夏重修佛寺塔庙的史迹，使人们对西夏腹地以贺兰山为中心的西夏寺庙建筑遗址有了更为清晰的认识，将西夏佛教建筑文化的研究推进了一大步。发现西夏修缮传承使用前代寺庙4处，西夏新修的寺庙遗址11处，其中遗址较完整或有典型意义的有以下几处。

（1）银川市承天寺

位于银川市兴庆区西南（图1-61）。据《嘉靖宁夏新志》卷二载，该寺曾存有一方《夏国皇太后新建承天

图1-61 银川市承天寺塔与北侧殿

---

① 史金波著《西夏佛教史略》。

寺瘞佛顶骨舍利轨》，记载此寺建于天佑垂圣元年（1050年）。清乾隆三年（1738年）地震损毁，现存坐西面东之寺塔为嘉庆二十五年（1820年）重建。据1992年勘测调查，在现在地面之下1.6米~1.8米地层中发现西夏承天寺原始地面和庙殿基址，证明该寺坐西面东，塔居寺中，在塔前塔后均有庙殿建筑遗存，其规模与清代重建规模相仿。

（2）银川市高台寺遗址（路洼村遗址）

位于银川市兴庆区正东市郊15公里掌政镇北。1987年有人在此平整田地时发现一条宽0.55米，高0.25米，长30多米的砖砌下水道。后经试掘，在地下1米处发现了单砖砌成的墙基和方砖铺设的地面，并出土大量绿琉璃兽面瓦当、琉璃脊兽、鸱吻、槽形瓦、白瓷盆等残件。对照清吴广成《西夏书事》十八卷的记载，西夏天授礼法延祚十年（1047年），元昊曾"于兴庆府东一十五里役民夫建高台寺及浮屠，俱高数十丈，贮中国所赐大藏经，广延回鹘僧居之，演绎经文，易为番字"。所指示方位与该遗址相吻合，断定该遗址为高台寺址。

（3）银川市海宝寺

该寺是银川平原最早建立的一座大型佛教寺院（图1-62）。现存寺院和佛塔是银川两次大地震之后，清乾隆四十三年（1778年）再次重修的。西夏立国之后，这座近在都城近郊的寺庙名黑宝寺、海宝寺，相传与十六国时期大夏国王"赫连勃勃"名字语音相谐而来，传为赫连勃勃时所

图1-62　银川市海宝寺东向山门

建。此寺坐西朝东，建在高台之上，塔基及塔身横切面呈十字折角形，居寺中布局等，都是西夏遗风，符合大夏国和西夏国"崇尚金德，旺在西方"的五行取向，故此寺应是西夏传承前代，维修使用的重要寺院。

（4）贺兰县宏佛塔寺遗址

位于银川市贺兰县习岗镇王澄村东北500米（图1-63）。该寺庙遗址

图1-63 贺兰县宏佛塔寺遗址

占地约26亩，清末废弃，庙址中仅存一塔。据1990年至1992年拆卸维修此寺的复合体砖塔时，发现西夏寺庙在现地层下1.8米处，在塔前塔后与左右均有庙殿房屋建筑，规模较大。根据塔天宫藏西夏文佛经雕版和黄绿釉琉璃瓦与脊兽饰件分析，这里曾是一处西夏早期修建的皇家寺院或印经院，西夏中后期又两次重修。

（5）贺兰山拜寺口双塔寺庙遗址

位于银川市贺兰县洪广镇金山村西南10公里贺兰山拜寺口沟北坡台地上，是一处较大的寺院遗址。《嘉靖宁夏新志》卷一已称其为"废寺"，明初形胜图中在贺兰山拜寺口标有双塔，现仅存东、西两塔，有院北62座土塔塔基，还有双塔之前与塔后的庙殿基址。从双塔塔室面南开门所在庙院错落方位看，两寺坐北朝南。东塔前院地下1.8米地层中有大量琉璃堆积和原建寺庙地面砖、散水道、墙基、踏步砖道与夯土台，应是此寺早期构筑。西塔后殿址开间较大，东塔后殿仅三开间。明代庆王朱㮵次子安塞王朱秩炅游历拜寺口赋诗云："文殊有殿存遗址，拜寺无僧话旧游"，指明此寺有文殊殿。从东、西塔相距80米与高低落差的地层关系和塔的构造特征与装饰分析，两塔所在的庙宇是相邻的两座西夏皇家寺院，建筑规模较大，供奉有文殊菩萨，与明《嘉靖宁夏新志》记载的元昊所建避暑宫遗址遥相对应，也验证了史金波先生多年的考证与推测，应是西夏建造的五台山寺庙群的一部分，其相邻的两寺庙有可能是奉天寺或大度民寺或佛祖院。[①]

[①] 参见雷润泽、于存海《拜寺口双塔维修与考古》，孙昌盛《拜寺口北寺塔群遗址考古散记》，载宁夏政协文史办与文化厅编印《宁夏考古记事》一书，宁夏人民出版社，2001，第124、136页。

(6) 贺兰山拜寺沟寺庙遗址

1986年组织加固维修拜寺口双塔时，深入沟内三十余里，探查分水岭下的方塔，发现这是一座位于废弃寺庙中的十三级密檐式方砖塔，初步断定为西夏早期寺庙建筑遗存，不幸于1990年11月被犯罪分子盗宝炸毁（图1-64）。经对废墟进行清理和对沟内周围遗址勘测调查，证实此塔为西夏大安二年（1075年）惠宗秉常重修之寺塔，周围山冈上有三处寺址亦为西夏皇室所修建的建筑遗迹。

(7) 贺兰山五当山寿佛寺

位于石嘴山市大武口区西郊贺兰山麓的五当山上（图1-65）。寺背靠山面对黄河，呈长方形布局，坐向东南。现存三进院落的喇嘛庙与庙院中多宝塔，系清康熙年间在原寺址上修建，俗称寿佛寺。庙殿正中一十字折角形五级楼阁式砖塔。据寺院山门前保存的清代《武当庙建立狮子碑记》碑铭称，此寺"及西夏名兰"，后年久失修，清初山后额鲁特蒙古郡王于康熙四十八年（1709年）捐资扩建重修。从塔的十字折角平面布局、寺庙供

图1-64　贺兰山拜寺沟寺方塔

图1-65　贺兰山五当山寿佛寺

奉的主尊与造像题材等分析，是西夏藏传佛教的寺庙遗存，有可能是西夏文佛经题跋与功德记中所指的北五台山寺址。

(8) 姚伏田州塔寺遗址

位于平罗县姚伏镇东（图1-66）。该遗址内仅在夯土高台上存清乾隆四十八年（1783年）重修的一座六边形七级楼阁式佛塔，塔门上存砖雕《田州古塔》门额与重修记，寺庙建筑文革期间被毁。塔高38米，底边长7.5米，由过洞式塔座、楼阁塔身和覆钵式塔顶构成空心砖塔，底层较高，并施有雕饰的塔檐，其余各层级为叠涩砖檐。从过街塔的构造形制分析，应是沿袭宋元之际的西夏建筑。明代《弘治宁夏新志·平房城》古迹条称，元朝创建田州城时，"古迹宝塔尚存"。认为该处寺塔是西夏时期的遗存。

图1-66 姚伏田州塔寺遗址

(9) 青铜峡108塔寺遗址

位于青铜峡市峡口西岸河滩地上，处于山坡上108塔塔群下方，面对黄河（图1-67）。1958年因修建青铜峡水库寺庙建筑被库区淹没。据1987年维修108塔时出土的文物与山石题记，这里有一座西夏时期始建的藏传佛教大寺院。

图1-67 青铜峡108塔寺遗址（局部）

(10) 中宁石空大佛寺遗址

坐落在中宁县石空镇西南贺兰山麓双龙山下，地处通往河西沙漠绿洲的古道旁（图1-68）。该寺背靠石空寺石窟，在窟前台地上散布着大佛寺的寺庙群建筑遗址。明代《甘青史志》与明《嘉靖宁夏新志》有该寺的简单记载。经专业人士考察，对寺庙遗址、遗存的洞窟壁画、造像、

图1-68 中宁石空大佛寺遗址

碑石残迹进行分析后，认为该寺庙与石窟开凿始于五代，经西夏延续至明清而扩建成一个大型寺庙群，它应是西夏文献上所记述的大佛寺遗址。

（11）鸣沙安庆寺遗址

位于中宁县鸣沙镇西黄河东南岸边的台地上。在废寺中仅存一座明代重修的六级半八角形楼阁式残砖塔（图1-69）。自北朝至唐宋，鸣沙州为灵州与会州间的重镇，地处黄河东南岸红柳沟入河口，是西夏一处重要的水陆码头。据《嘉靖宁夏新志》记载，"寺内浮屠相传建于谅祚之时"。据铭文砖与铭文铁铎得知，此寺庙自西夏至明清传承未衰。

（12）韦州康济禅寺遗址

位于同心县韦州镇西夏古城内。遗址内仅存有一座西夏始建的八角十三级密檐式空心砖塔，其上部震毁，明代增修四级与塔刹顶（图1-70）。据《重修敕赐广济禅寺浮土碑》记，康济寺塔始建于西夏，塔位于寺的中心位置，康济禅寺的殿宇围塔而建。

图1-69　修复后的鸣沙安庆寺遗址、塔

2. 甘肃省调查发现的西夏寺庙遗址与遗迹

从公布的文物考古信息资料得知，甘肃省在河西地区勘测调查发现的西夏寺庙遗址与遗迹有11处，其中遗址保存较好有典型意义的有以下几处。

图1-70　韦州康济禅寺遗址、塔

(1) 张掖大佛寺

位于张掖市区大佛寺巷内（图1-71）。西夏永安年间（1089~1100年）始建，原名迦叶如来寺，元代称十字寺，明清两代先后敕名宝觉寺、宏仁寺，清乾隆年间修复。因寺中供奉一尊泥塑大卧佛，俗称大佛寺。主体建筑大佛殿，面阔九间，进深七间，两层重檐歇山顶抬梁式结构。

图1-71 张掖大佛寺

(2) 西凉报国慈安禅寺遗址

西凉报国慈安禅寺遗址位于武威凉州区古城镇陆林村西南5公里处林场林区一低缓山坡上。建筑遗址呈长方形，东西长100米，南北宽50米，文化层堆积厚达1米，有部分残存墙体，村民从遗址内挖出铜、铁、瓷器等23件。该寺院在西夏时是一座较有影响的寺院，元代成为藏传佛教寺院。该遗址出土了大型琉璃垂兽、套兽及瓦当、滴水、板瓦等建筑构件，从这些建筑构件的特征看，与西夏王陵出土的琉璃垂兽、套兽极为相似。说明此遗址应始建于西夏，延续至元代的一处高等级寺院。

(3) 圣容寺

西夏皇室在河西地区传承维修使用的著名寺院，位于永昌县城关镇金川西村山谷内。现寺院已毁，仅存寺院台基和石佛像、石刻与寺后山冈上的砖塔。该寺遗址范围与规模较大，文化层堆积丰厚，寺址坐北朝南，小溪流水绕寺向东蜿蜒而去，从流水冲刷的寺院前堆积物断面勘察，此寺有三进院落和两侧跨院，寺后基址高于前院1米许，且堆积丰厚。在寺址东溪口崖壁上，有汉、梵、藏、西夏文六字真言刻记，在寺址西1公里许开阔的谷地上，有曾被武威文物部门专业人员勘测发掘过的西夏千佛阁遗址。

宁夏、甘肃、内蒙古等省、自治区对西夏寺庙建筑考古调查的成果，集中体现在《中国文物地图集》各分册中。截至目前，发现和考定出西夏寺庙遗址30处，其中西夏传承和维修使用前代寺庙遗存10处，西夏修建的寺庙遗存与遗址 19 处，见表 1-4。

表 1-4 文物考古部门注录登记的西夏寺庙遗存与遗址

西夏重修利用前代寺庙	西夏新修建的寺庙	
灵州佛寺禅院	兴庆府高台寺遗址	报慈安国禅寺遗址
银川海宝寺	承天寺	武威市古浪县寺洼山寺院遗址
贺兰山拜寺沟内寺庙群遗址	宏佛塔寺遗址	武威市天祝旦马上寺遗址
灵光寺遗址	拜寺口双塔寺遗址	百灵寺
护国寺遗址	贺兰山武当山寿佛寺	张掖大佛寺
圣容寺遗址	平罗姚伏田州塔寺遗址	酒泉市瓜州县小火焰山佛寺遗址
白塔寺遗址	鸣沙州安庆寺遗址	额济纳旗小庙遗址
和尚沟庙宇遗址	韦州康济禅寺遗址	额济纳旗绿庙遗址
老君堂庙宇遗址	青铜峡 108 塔寺遗址	额济纳旗黑城子寺庙遗址
锁阳城塔尔寺遗址	中宁石空大佛寺	

（三）西夏佛塔的发现与考古研究

西夏佛塔的发现，主要得益于旧方志的记载和现代考古调查。

《宣德宁夏志》《寺观》篇载："承天寺……独一塔巍然独存。"其后探幽怀古的文人墨客陆续发现的塔踪，被注录在明朝各代撰著的宁夏方志中，或反映在文人名士游历山川古迹的诗文中。如土塔寺、高台寺、三塔湖，或标注在草绘的宁夏镇北路图中。清代张澍在武威发现《重修护国寺感通塔碑》，得悉在西夏凉州重建护国寺感通塔。1907 年，俄国探险家科兹洛夫发现西夏黑水城覆钵式佛塔。1963 年，宁夏将银川海宝塔、承天寺塔、中宁鸣沙塔、灵武镇河塔、青铜峡 108 塔、韦州康济寺塔等列入第一批全区重点文物保护单位。1983 年全区文物普查注录的古塔遗址 20 余处。据国家文物局主编《中国文物地图集》宁夏、甘肃、内蒙古分册注录登记的西夏佛塔约有 300 余座（包括塔群中个体）。其中大型砖塔 7 座，西夏始建后代重修 6 座，西夏土塔群 2 处，散落各地石刻塔、土塔数十处。

宁夏西夏佛塔的诸多发现，得机缘于对宁夏古塔的加固维修。在抢救保护施工过程中，众多西夏佛塔建筑遗存与遗迹被发现。

20世纪80年代至90年代，宁夏文物管理委员会对境内的佛塔进行维修，1985年在同心县韦州维修清理始建于西夏时期的康济寺塔，1986~1987年维修清理了贺兰山拜寺口双塔；1987~1988年清理了青铜峡108塔；1990~1991年维修清理了贺兰县宏佛塔。维修清理时，从塔里清理出一批极为珍贵的西夏文物，如西夏文雕版、泥塑与影塑、西夏文佛经、造像和绢彩画与西夏唐卡等，不仅为确定这些古建筑的始建年代提供了佐证，也为西夏佛塔建筑研究提供了重要依据。

1. 宁夏开展古塔勘测加固维修时的发现

1982年须弥山石窟被公布为第二批国家级文物保护单位后，国家拨专款加固维修，组织专家指导。1985年维修同心韦州康济寺塔和中宁鸣沙塔时，发现韦州康济寺塔是西夏时期建造的八角十三级密檐式空心砖塔，因地震曾使塔身九层以上部分遭毁，明代曾增修过；中宁鸣沙塔是西夏谅祚时期修建的安庆寺永寿塔，地震坍毁后，明代隆庆四年在原址上重修的十三级楼阁式塔，后又遭地震与雷击，七级以上部分坍毁为半截塔。

1986年5月至8月在勘测和加固维修拜寺口双塔中，发现塔身遗存绿琉璃套兽、兽面纹瓦当、兽面贴塑与西夏陵遗存完全相同；西塔塔柱与天宫穹室壁面上有西夏文题记，天宫装藏中有卷轴画《上师图》《胜乐金刚图》，与科兹洛夫从黑水城掘走的西夏卷轴画题材与装帧形式完全相同，确认这是两座西夏时期修建的佛塔。1986年经C_{14}测定，确认拜寺口双塔塔柱木标本树年轮校正年代数据结果：西塔为835±70年，东塔775±70年，证明拜寺口双塔是西夏时的建筑物，西塔的修建早于东塔。工作人员在溯沟而上30余公里处分水岭下山沟里，发现一座十三级密檐式方砖塔，认为它是一座比沟口双塔更早的一座佛教遗存。1990年11月犯罪分子将其炸毁后，从废墟中捡拾出来的西夏文和汉文塔柱木题记验证，是西夏王朝前期重修的一座佛塔。

1987年5月至8月，在修整复原青铜峡108塔的过程中，发现在明清包砌的砖塔里面，是粉装彩绘土坯垒砌的塔，这些塔的造型与河西地区西夏至蒙元时期覆钵式土塔完全相同，并从塔址堆积中清理出西夏文千佛名经、塔模、砖雕佛像等，从而证明这是西夏时期建筑的一座莲花藏塔群。

1990年7月对宏佛塔进行维修，拆卸塔体过程中，在刹座天宫槽室内出土大量西夏文印经雕版、彩塑像残件、佛画、琉璃饰件等装藏物，在塔身砖缝黄泥土内发现北宋铜钱17枚，最晚的钱币是政和通宝（1111年），从而证明这座塔为楼阁式塔上又建覆钵式塔，是西夏修建的一座复合空心砖塔。这一发现被评选为当年十大考古新发现之一。

1997年因贺兰山下暴雨，在对拜寺沟口双塔组织抢修清理时，于双塔塔院后山西边斜坡台地上发现覆钵式土塔群和彩绘塔模，经清理，现存的62座十字折角土塔，分十层呈三角形不太规则地排列在山坡台地上，每层平台前砌有高低不一的石护壁。从塔的构造、形制和遗迹、遗物分析，应是西夏后期至蒙元时期住院僧侣与喇嘛的灵骨塔。

2. 拜寺沟方塔清理

1990年在贺兰山拜寺沟内，一座在宁夏文物普查时被认为是明代的方塔遭不法分子炸毁。1991年宁夏文物考古研究所发掘清理后，基本搞清了方塔的建筑结构和始建年代。这是一座西夏时期建造的方形密檐式塔，在现存西夏佛塔中形制比较特殊，具有唐代佛塔的形制特征。在清理废墟过程中，获得有墨书西夏文和汉文题记的塔心木柱，"大安二年寅卯五月……特发心愿，重修砖塔一座"。大安二年（1075年）为惠宗秉常时期，既是重修，应在此前有塔。塔中还出土了约12万字、36种西夏文和汉文佛经、文书。

这些塔的建筑基本完整保存，对复原西夏塔的结构及建筑工艺提供了可测量的数据。大量灰陶、琉璃构件的遗存，为西夏塔的装饰艺术探讨提供了实物依据。

三　陵墓建筑遗址、遗迹的调查与考古发现

帝王陵寝制度是封建社会礼仪典章制度的重要组成部分。作为西夏王朝陵寝制度载体和王朝兴衰象征的西夏王陵，是目前为止西夏建筑中保存较完整的大型遗址，也是我国古代帝王陵墓中原始风貌保存较完整的陵墓群遗址。对西夏陵墓建筑遗存的调查与考古发掘，开始于20世纪70年代。在"文革"还未完全终止的年代，宁夏、甘肃和内蒙古的老一代文物考古工作者，在十分艰苦的条件下，已开始进行对西夏陵和西夏墓葬的调查、考古发掘与地面建筑遗址的清理。宁夏的一批文物考古工作者清理了八、七、六、五号陵的

碑亭遗址，发掘清理了六号陵园与地宫及 101、108、177 号三座陪葬墓，获取了西夏陵墓地上建筑布局和地宫构造形制与葬制葬俗的第一手资料，采集了大批建筑构件、饰件和西夏文、汉文残碑，出土了鎏金铜牛、石雕等一批珍贵文物，并发表了考古发掘简报，提高和深化了人们对西夏王陵与陪葬墓建筑与规模的认识，特别是出土文物的展示和发掘简报、残碑整理与碑文译释的发表，拉开了西夏帝陵建筑群勘测调查和考古发掘与研究的序幕。[1]

20 世纪 80 年代后，文物考古界与学术界发表了许多研究成果。首先确认了七号陵是西夏第五代皇帝李仁孝的寿陵，177 号陪葬墓是梁国政献王墓，验证了文献所记载的九座帝王陵的陵名、庙号、谥号和乾顺朝实行封王制。其次是初步揭示了帝王陵园与陪葬墓墓园建筑组群布局与单体建筑的构造特征，填补了西夏陵墓建筑研究的空白。甘肃省和内蒙古自治区文物考古人员在抢救清理毁坏的建筑遗址与遗迹时，在武威和河套地区发现并清理了一批西夏墓葬，获取到西夏党项族墓葬和西夏境内契丹人与汉人墓葬的构造形制与葬俗考古资料。

（一）银川市西夏陵区建筑遗址的勘测调查与考古发掘

借 1988 年国务院将西夏陵公布为第三批全国重点文物保护单位的契机，由宁夏文物考古研究所与自治区地矿局遥感测绘中心组成勘测调查小组，完成了西夏陵区地形地貌的勘测调查，对地上建筑遗存、遗迹进行注录登记，完成了陵墓群的分类编号和大比例的实测图绘制，为开展陵区建筑遗址的考古研究，制定陵区保护规划与文物抢修加固，奠定了详实准确的档案资料基础。

1972~2008 年，在西夏陵区有四次重要调查和发掘。

1. 1972~1977 年对陵区地面的调查

1972~1977 年，对陵区规模，陵区分布、排列，帝陵形制，地面结构

---

[1] 宁夏回族自治区博物馆：《西夏八号陵发掘简报》。韩兆民、李志清：《银川西夏陵区调查简报》，《考古学集刊》1987 年第 3 期。宁夏回族自治区博物馆：《西夏陵区 101 号陵发掘简报》，《考古与文物》1983 年第 5 期。宁夏回族自治区博物馆：《西夏陵区 108 号陵发掘简报》，《文物》1978 年第 8 期。宁夏回族自治区博物馆：《西夏陵区残碑粹集》，宁夏人民出版社。宁夏文物考古研究所：《西夏陵区北端建筑遗址发掘简报》，《文物》1988 年第 9 期。宁夏回族自治区文物考古研究所、银川市西夏陵区管理处：《宁夏银川市西夏三号陵园遗址发掘简报》，《考古》2002 年第 8 期。史金波：《西夏陵出土残碑译释拾补》，《西北民族研究》1986 年第 1 期。

进行调查，研究了六号陵陵区规模并进行初步发掘，对七号陵东、西碑亭及献殿的清理，① 对 101、108 号陪葬墓进行发掘。同时还调查了专为陵园烧制砖瓦、石灰的窑址 3 座。初步摸清了西夏帝陵、皇亲贵臣大型墓地上、地下的形制结构和葬俗，出土了一批珍贵的文物。

西夏陵区六号陵是一座规模宏大的皇帝陵墓，陵园占地面积约 10 万平方米。坐北朝南，方向南偏东 5°。发掘前地面建筑经自然和人为破坏已成废墟，但遗迹尚存。整个陵园的地面建筑从外向内由双阙、碑亭、角台、外城、月城、内城，以及内城中的献殿、墓道、陵塔等建筑组成。在碑亭上原立有用西夏文和汉文篆刻的石碑；月城内原有文臣武士等石刻雕像，发掘前均已破碎不堪。献殿在内城近南门处，为面阔五间的长方形殿堂建筑。在高约 0.9 米的台基上，用方形花砖铺地，是当时陵园举行祭奠活动的场所。献殿西北为填土隆起呈鱼脊梁的墓道，墓道后端发掘前已有一直径约 30 米的圆形盗坑。陵塔位于内城偏西北处，黄土夯筑，平面呈八角形，底边外沿用方砖砌三层。陵塔边长 12 米，高 16.5 米，七层，逐层内收，每层的收分处残存有瓦当、滴水、筒瓦、檐木等屋檐建筑构件。陵墓道是一座阶梯式墓道土洞墓，墓室距地表深 24.6 米，由甬道、中室和两个耳室组成。在甬道壁上，残留有头顶火焰、身着战袍铠甲、双手叉腰、腰佩宝剑、臂缠飘带的武士画像。中室和耳室四壁均以木板护墙，发掘前木板已朽，墙面上只留下木板的痕迹。中室、耳室地面平铺方砖。由于墓室多次被盗，顶部和部分墓室已经坍塌，发掘前中室、耳室里面充满了填土。六号陵虽然严重被盗，但在陵园地面、墓室以及盗洞中仍然出土了许多珍贵文物。

西夏陵区 108 号墓②是一座规模不大，但墓主人身份较高的帝陵陪葬墓，占地面积 3200 多平方米。地面茔域形制较简单，四周夯筑宽 1 米、近似方形的土墙，残留高度 0.2 米，土墙内外均用白石灰墙皮包裹。南墙正中辟有门道，从门道周围出土的砖、瓦等构件来看，初建时没有门檐或门楼。茔域内除墓道、墓冢外，无任何其他建筑。茔域南墙外 40 米的东侧，有一边长 10 米、高出地表 0.8 米的正方形碑亭台基，其上出土有字的残碑 349

---

① 宁夏文物考古所、西夏陵管理处编著《西夏六号陵》，科学出版社，2013。
② 宁夏文物考古所、西夏陵管理处编著《西夏六号陵》。

块，其中汉文残碑216块，西夏文残碑133块。108号墓为阶梯墓道土洞墓，墓室距地表12.5米。单室，室内四壁、顶和地面均没有砌砖、涂灰和使用护墙板的痕迹。墓室被盗严重。该墓的随葬物中有大量家畜、家禽，墓室中出土羊、牛、狗、鸡、鸭等骨骼近百块，并发现有完整的幼羊、幼狗、鸡、鸭骨架和蛋壳。出土文物主要有石马、石狗各1件，丝织品残片数块，唐宋钱币数枚等。

西夏陵区中部101号是一座一夫多妻合葬墓，占地18200平方米，坐北朝南，从南至北由东西两座碑亭、放置石像生的月城和茔域主体内城组成。月城和内城均面南辟门，内城门处原建有过殿式门楼。在南北长117.4米、东西宽101.4米、四周筑有宽1.5米围墙的内城中，入门处建一长11.5米、宽1.75米的影壁。墓冢和墓道避开中轴线，位于内城的西北部。墓冢呈截尖顶圆锥体，底径11.4米，顶径5.8米，高10米，外表以石灰墙皮包裹。101号墓是一座斜坡墓道土洞墓，墓室距地表深21米，方形单室，穹隆顶，四壁、顶和地面均为原生黄土。墓室早年被盗，但在墓道与墓室间的甬道里，发现两件体积极大的珍贵文物，一件是长1.2米、宽0.38米、高0.45米，重188公斤的鎏金大铜牛，出土时紧靠甬道东壁，头向墓室（向内）；另一件是长1.3米、宽0.38米、高0.7米、重355公斤的圆雕大石马，出土时紧靠甬道西壁，头向墓道（向外）。这两件珍贵文物均为卧姿，造型生动，形象逼真，是研究西夏社会历史文化的珍贵实物资料。

位于西夏陵区以东约3公里处的缸瓷井窑场遗址，是专门为西夏陵园烧制砖瓦、石灰的土窑，考古工作者在此发掘了其中两座砖瓦窑和一座石灰窑。砖瓦窑的平面呈马蹄形，由窑门、火膛、窑室、烟道、烟囱等几个部分组成，全长6.3米，从窑壁残存情况看，无窑顶结构。烧砖时，在窑室内装满砖坯后，再从窑室外封一拱形或穹窿形顶。石灰窑结构和建造工序都比砖瓦窑简单，由火门、火膛、窑室三部分组成，无窑顶和烟囱，装料后封顶并留出烟孔。缸瓷井窑址的发掘，不仅摸清了西夏陵园建筑材料砖瓦、石灰的来源，而且也为西夏砖瓦、石灰烧制工艺研究提供了考古学资料。

2. 1986～1991年再次对西夏陵进行全面系统的调查及对陵区北端遗址发掘

西夏陵区北部，有一处长方形建筑城址，东西宽160米，南北长350

米，总面积约 56000 平方米。城址内为三进院落式布局，主体建筑集中在中院。1986～1987 年宁夏考古工作者在城址中院进行了大规模发掘，发掘面积达 4400 平方米。发掘中对内院的中心大殿，周围的过殿、厢房、挟屋作了细致的清理，发掘出土了大批西夏建筑构件和瓷器等文物。出土的建筑构件主要有板瓦、筒瓦、瓦勾头、滴水、方砖、条砖、槽心砖、白瓷墙贴、琉璃鸱吻、琉璃脊兽（琉璃鸽、四足兽、龙首鱼、宝瓶）等。此外，中心大殿遗址上，出土了大量的泥塑残件，可辨认出的有手、耳、鼻、脚、小型秃发人物像、莲花座、蛇头（蛇首含珠）、莲花纹饰件、石榴纹饰件等，说明中心大殿是一座殿式建筑。西夏陵区北端遗址的三进院落，为西夏建筑的研究提供了重要的考古学资料。

3. 1998～2002 年对三号陵保护性清理、发掘

清理出的西夏碑亭建筑结构特殊，方形覆斗状台基上建一圆形碑亭，出土石刻人像碑座 3 件，建筑构件嫔伽、海狮等残件若干和 4955 块残碑。对三号陵的阙台、碑亭、月城、陵城门、陵城角阙、陵城墙、献殿、陵塔、墓道等进行了保护性抢救发掘和清理。出土遗物有建筑构件中的兽面纹瓦勾头、滴水、束腰莲座、花纹砖、陶质釉面鸱吻、套兽。嫔伽、摩羯、海狮、宝瓶、褐白釉剔刻大罐，石刻人像碑座、石刻残碑、石像生等。

4. 2007～2008 年对六号陵进行大面积发掘

宁夏文物考古所和银川西夏陵区管理处再次对六号陵阙台、外城、陵城、月城、碑亭、献殿等进行了大面积探方发掘。

西夏陵区地面遗址清理与考古发掘的成果如下。

宁夏文物考古工作者清理了西夏陵区北端建筑遗址、三号陵东碑亭与西碑亭、三号陵园地面建筑遗迹，取得了考古发掘的科学资料和重大成果。

（1）完成了整个陵区地形地物的实测和 9 座帝王陵与 260 余座陪葬墓建筑遗址遗迹的编号定位，绘制出西夏陵区地形地物图、西夏建筑遗址遗迹分布图、陵区建筑遗址分布图。完成了陵区九座帝王陵园和大型陪葬墓园建筑遗址的实测和成图及遗存状况分类。完成了部分陪葬墓建筑遗址与遗迹信息的采集。

（2）三号陵园地面建筑遗迹的全面发掘清理，客观准确勘测记录了角台、阙台、碑亭、月城、陵城门、陵城角阙与城墙、献殿、陵塔、墓道

等地面建筑的结构与出土遗物,就陵园的构成方式、建筑结构、施用的建筑材料进行了分析和断代研究,取得了重大考古成果,整理出版了《西夏三号陵——地面遗迹发掘报告》①。

（3）对六号陵的重新发掘,对墓室和陵园地面建筑遗迹的清理,弥补了20世纪70年代遗迹发掘清理不到位的缺憾,将角台、阙台、碑亭、月城与陵城城墙、角阙与门阙、献殿、陵台、地宫,依次认真进行清理勘测成图和记录,整理出考古报告——《西夏六号陵》②。

（4）M182号（原108号）陪葬墓的清理发掘,获得了皇朝权贵墓建筑形制的重要信息,并发布了《西夏陵区一〇八号墓发掘简报》③。该墓靠山,墓园由碑亭、墓城、门址、照壁、墓冢、夯土塔台等组成,墓园的西北还筑有一防护石坝。在墓道内清理出土狗、石马、铜牛残件、丝织品残件。发现该墓是一座带阶梯墓道的单室土洞墓,该墓的墓葬人骨为三男性,大量随葬物为家畜、家禽。清理碑亭出土夏汉两种文字残碑349块,残碑中有西夏文（梁）国政献王之神道碑碑额1块,证实此墓主人为惠宗秉常、崇宗乾顺、仁宗仁孝、桓宗纯祐的四朝元老重臣梁国政,封有王爵。

（5）M177号（原101号）陪葬墓的发掘,发现该墓也是一座斜坡墓道土洞墓,墓主人是一位身居高位的显贵。从墓道与墓室清理出有铜牛、石马、石人头像。陪葬墓园地面遗迹清理发现有东、西两座碑亭,夯筑月城和内城、照壁、墓道、墓冢夯土塔台。月城内有石像生残迹,月城与内城中间有门址和照壁基址。从方形碑亭遗址清理出汉文与西夏文残碑101块,从残碑中天盛年号,庚午、庚戌等文字,推论该墓主人是仁宗七号陵李仁孝的陪葬墓。④

（6）陵区北端建筑遗址地面遗址遗迹的勘测和部分试掘清理,初步搞清了该遗址的建筑规模、布局、构筑形制。对北端遗址的讨论,有三种意见:第一种意见认为是皇家祖庙,是放置祭祀礼器的地方;第二种意见认为是佛庙,《蒙古秘史》记载称西夏王为"不儿罕",与回鹘语"佛"同义,因此是

---

① 宁夏文物考古研究所、银川西夏陵区管理处编著《西夏三号陵——地面遗迹发掘报告》,科学出版社,2013。
② 宁夏文物考古研究所、银川西夏陵区管理处编《西夏六号陵》。
③ 吴峰云、李范文:《西夏陵区一〇八号墓发掘简报》,载《文物》1978年第8期。
④ 宁夏回族自治区博物馆:《西夏陵区101号墓发掘简报》,载《考古与文物》1983年第5期。

放置圣容的佛寺；第三种意见认为是陵邑。陵邑为汉代陵园建制的延续。现存遗址出土建筑构件同皇室建筑，是具有"王"级别的管理机构建筑。

通过历年来考古发掘和采集，从西夏陵区获得汉、夏两种文字的残碑近4000 块。这些残碑经过众多学者拼对、译释和考证，如 1984 年李范文编释了《西夏陵墓出土残碑粹集》①，1986 年史金波发表了《西夏陵园出土残碑译释拾补》②，对陵园陵主和墓主的考定、对陵主与墓主之间相互关系的考定、对陵园与陪葬墓修建年代的考证等具有重要参考价值。

（二）其他西夏墓葬的发现与发掘清理

自 20 世纪 70 年代以来，在西夏故地发现的其他类型的西夏墓约有数十座，其中有官僚贵族墓、有西夏党项人墓、有西夏汉人墓，墓室形制与地上建筑各不相同，葬俗和陪葬品与葬具也各异，对研究墓葬构筑与葬俗提供了较多的实例资料。

1. 甘肃武威发现及清理的西夏墓

甘肃省发现的西夏墓，以武威地区发掘清理的砖室墓最具代表性。

（1）武威西郊林场墓群

1977 年在武威西郊林场发现两座西夏单室砖墓，墓室四壁均以平砖叠砌，墓顶呈圆锥形，墓室后壁底部设石灰面二层台。两座墓系西夏桓宗天庆年间（1194～1206 年正月）刘氏家族墓，墓内出土随葬品主要以木器为主，大部分腐朽严重。

（2）武威市北关墓群

历年发现多座墓葬，形制有土洞墓、竖穴土坑墓、砖室墓、瓮棺葬等，灰陶罐、瓮等随葬品。其中有西夏砖室墓，出土有木板画等。

（3）武威市五坝山墓

位于凉州区古城镇宏化村西南 500 米。墓为西夏砖室墓，出土有绿釉剔花瓷罐等。为省文物保护单位。

（4）武威市西郊西夏墓

平面近方形砖砌墓室，墓室边长 0.8 米，高 0.8 米。有两副小棺，棺长

---

① 宁夏博物馆发掘整理，李范文编释《西夏陵墓出土残碑粹集》，文物出版社，1984。
② 史金波：《西夏陵园出土残碑译释拾补》，载《西北民族研究》1986 年第 1 期。

分别为0.44米和0.6米，宽分别为0.18米和0.22米，高分别为0.24米和0.19米。为夫妻合葬墓。出土有木桌、椅、酒杯、灯等。据一块木板上的西夏文题记，此墓年代为1192年。

（5）武威市区西关什字南西夏墓

1979年清理一座砖室墓，出土有白瓷高足碗、黑釉瓷瓶、木板画、泥质小塔等随葬品。

（6）武威市区西关西夏墓

1997年清理，为单室砖墓。出土有瓷碗、木板人物画等随葬品。

2. 内蒙古境内发现和清理的西夏墓

内蒙古河套地区发现的西夏墓较多，共有120余座，构造形制、种类与葬式有区别，推测为西夏党项人和归属西夏的契丹人墓葬。经发掘清理，较典型的有13处。

（1）1978年内蒙古鄂尔多斯市准格尔旗黑岱沟乡发现五座西夏墓，五座墓除了规模大小、装饰繁简有差异外，基本结构形制大体相同，均为斜坡墓道穹隆顶砖室墓。墓室内用青砖垒砌成仿木结构的墓室，绘有壁画，墓的年代当在唐末、五代时期。这一时期，墓葬所在地属党项拓跋氏统辖，应为唐末、五代时期的党项墓。其中一号墓室墙用砖雕砌六根等距离的方形壁柱，方柱上端为一组仿木斗栱。柱间筑假门、壁橱和屋檐，檐下绘夫妻对饮图。墓门作仿木结构门楼，门额之上雕刻出筒瓦、板瓦、滴水、屋脊、鸱吻等。二号墓与四号墓室内装饰基本相同，墓道壁用不规则的石块垒砌，棺床土筑成凹形须弥座式，床面铺有方砖和条砖。墓道墙壁用砖雕砌八根立柱，除北壁两根较细，柱下无柱础外，其余六根均有柱础，上端为一组仿木斗栱。柱间筑屋顶、假门、橱龛，并在橱龛内砖雕剪刀、熨斗等生活用具。砖雕均作彩绘，但大部分脱落。三号墓道用砖平砌，墓室墙壁砖雕四根立柱，上端一组斗栱，下端方形柱础。柱间东西砖雕假门。西壁南边彩绘一高鼻深目，满脸胡须，身着黄衣，脚穿短靴，右手高举骨朵的人物形象，人物背后还绘一株扶桑树。西壁北边彩绘一在乌云闪电下，身着黑衣，手提缰绳，骑驼急驰的人物形象，黄驼张嘴立耳，昂首长鸣。东壁南边的人物与西壁南边的形象大体相同，所不同的是身着红衣，左侧绘黄驼一只背向人物奔驰。南北壁砖雕壁龛，龛内绘有形似骆驼、跪爬着的怪兽，被一条蛇形动物缠身，两怪物都张着血盆大口，正吐舌相互搏斗。穹庐式墓顶砖雕瓦作，并在瓦作的椽、滴水上彩绘红黄二色。棺床台壁上，绘有水纹彩画。这群墓早年被盗，墓室内文物基本上洗劫一空，出土仅有部分陶瓷器残件和唐"开元通宝"2枚。对研究西夏早期党项建筑，提供了极为重要的资料。

（2）瓮滚梁南墓群

位于鄂尔多斯市乌审旗沙尔利格苏木政府驻地。在翁滚梁东南坡下开阔地上共发现10余座，1994年清理6座，呈东北—西南方向排列。墓向南或东南，有长斜坡墓道，多数为圆角方形弧顶单洞室墓，个别为长方形斜坡顶，有的在墓室侧壁上凿壁龛，葬具为木棺。出土有灰陶罐、钵、铁棺钉、五铢铜钱等。其中6号墓门两侧彩绘浮雕武士门神一对，右侧壁立一石板，上彩绘浮雕猛虎和人面兽。

（3）三岔河城址及墓群

位于鄂尔多斯市乌审旗河南乡古城村西南500米处的察罕脑儿古城。地处无定河上游东岸平地上，平面呈长梯形，南、北墙各长643米，东墙长304米，西墙长518米。城墙夯筑，基宽约18米，残高5米~10米，夯层厚5厘米~15厘米。西墙中部设门，已冲毁。南1公里~4公里范围内分布有较多墓葬。1995年清理9座，除一座为带墓道长方形砖室墓外，余均为长方形竖穴土坑墓。出土有黑釉瓷碗、盘，铜带饰、铁刀等。

（4）色拉圪台墓群

位于鄂尔多斯市伊金霍洛旗苏布尔嘎苏木苏布尔嘎村。位于台地上，面积约2000平方米。地表有圆丘形封土堆8座，底径1米。采集有酱釉剔花瓷罐、酱釉剔花瓷瓶等残片。

（5）红通壕墓群

位于鄂尔多斯市伊金霍洛旗伊金霍洛苏木再生庙村一处平缓地带，面积约1万平方米。地表有圆丘形封土堆5座，底径0.5米，残高0.2米。采集有黑釉瓷罐、酱釉瓷碗残片及"乾祐通宝"铁钱等。

（6）沙渠墓群

位于鄂尔多斯市达拉特旗塔拉壕乡沙渠村。面积约500平方米。暴露竖穴土坑墓2座，墓主着甲，有金、铜覆面。出土马骨、铜器、铁器、瓷鸡冠壶等。

(7) 阳湾子墓群

位于鄂尔多斯市准格尔旗哈岱高勒乡柳青梁村。发现砖室墓5座。采集有泥质灰陶瓮、罐等。

(8) 焦家圪旦墓群

位于鄂尔多斯市准格尔旗哈岱高勒乡焦家圪旦村，面积约2万平方米。1993年清理墓室1座，平面呈八角形，有棺床，内设小龛6个，墓壁绘壁画。出土铜带扣3件。

(9) 大沙塔墓群

位于鄂尔多斯市准格尔旗哈岱高勒乡城坡村。面积约4万平方米。1978年清理5座，斜坡墓道，南向，券门，墓室为仿木结构砖砌，圆形之穹隆顶，土筑尸床，墓壁绘有壁画。出土有陶漏孔器、器座、黑釉盘口瓶及"开元通宝"铜钱2枚。

(10) 沙梁墓群

位于鄂尔多斯市准格尔旗哈岱高勒乡阳窑子村。面积约15万平方米。暴露砖室墓约20余座，个别有壁画。采集有灰陶罐、黑塔里木、酱釉、白釉瓷片，朱彩方格纹砖等。

(11) 马山圪嘴墓群

位于鄂尔多斯市准格尔旗哈岱高勒乡阳窑子村。面积约5000平方米。暴露石板墓3座，土坑墓30座和石槽碾1盘，直径3米。采集有灰陶罐、黑釉、白釉瓷片及方格纹方砖等。

(12) 乌兰图格墓群

位于阿拉善盟阿拉善左旗宗别立苏木红旗水库。处于台地上，面积约4万平方米。暴露长方形竖穴石板墓，墓室长1.8米~2米，宽0.8米~1米。采集有夹砂灰陶罐等残片。

(13) 萨力克图墓群

位于阿拉善盟阿拉善左旗额日布盖苏木乌兰塔塔拉嘎查。处于萨力克图山坡上，地表有南北排列的圆形封土堆2座，底径约3米，高约0.5米。采集有黑瓷碗、黄釉瓷碗等残片。

3. 宁夏境内发现和清理的西夏墓

宁夏各地发现的西夏墓地14处,墓葬40余座,有的有墓园与墓碑等地上建筑。从发掘得知,墓室结构形制差异较大。较为典型的有7处。

(1) 沙渠西夏墓

位于银川市兴庆区丽景街沙渠村。1984年清理,为砖室火葬墓。墓室砖砌六边形,径约1.1米,内存放骨灰。墓中出土铜镜、小口黑釉罐和铁灯、钱币等。

(2) 西夏区墓群

位于银川市西北约27公里。1984年进行了清理,共有4座墓葬,均为方形砖室墓,边长1米。墓室内以方砖铺地,条砖侧立砌壁,白灰或黄泥勾抹砖缝,以青条砖封顶。墓内存放有装骨灰的瓷坛。随葬品有陶制砚台、小盆、瓷碗、盏、坛及"祥符通宝""元祐通宝"钱币等。其中瓷碗、盏的形制、烧造风格与西夏瓷器相同。

(3) 闽宁村西夏墓群

位于青铜峡市邵岗镇玉西村西北8公里,永宁县闽宁镇南边,墓群北距西夏陵约十公里。墓地面积约20万平方米,发现墓葬14座,现已清理碑亭4座,发掘墓葬8座。最大的墓园东西宽20米,南北长29.5米,墙基宽1米,残高0.3米。墓园内有碑亭遗迹,墓室为土洞式,由墓室、墓道、天井组成,大多早期被盗。墓室大者长5米,宽4米,高3.8米,墓道长7米,上口宽1.4米,底宽1米,深5米,20级台阶。出土各类遗物60余件,其中包括石狮,石刻汉文、西夏文残碑,镀金带饰,铜制饰件,铜铃,铁器,陶器,木俑等。

(4) 石嘴山惠农区墓群

玉泉沟墓群位于石嘴市惠农区玉泉沟燕子墩乡罗家园子东7公里,在贺兰山东麓洪积扇中部,有8个封土堆。封土以沙土混合夯筑,底径11米~26米,高1.4米~1.5米,有的隐约可见墓园围墙和墓道上填土痕迹,与银川西夏王陵陪葬墓形制相似。落石滩墓位于惠农区西北约8公里。墓园墙石块垒砌,东西宽30米,南北长34米,基宽约3米,存高约0.5米。向南辟门,门道宽约3米。墓冢以石块垒砌,直径约14米,存高约0.5米。封土前有隆起的墓道。西和桥墓位于红果子村西和桥村东南20公里。封土呈圆丘形，底径35米，顶部直径8米。四周围墙已倾颓，痕迹显示平面呈方形，边长78米，与银川西夏王陵陪葬墓形制相似。李坟坡墓位于惠农区西北5公里。2座墓南北相距1公里，形状相似。封土呈圆丘形，底径约12米，高6米。封土南部有隆起的墓道填土遗迹，墓墙隐约可辨。

（5）涝湾西夏墓

位于石嘴山市平罗县崇岗镇暖泉村2.5公里处。共2座，其中一座封土存高约10米，呈圆锥体，底部直径约10米，保存较完好。另一座在其西北0.5公里处，封土亦是圆锥体，底径13米，存高6.5米，夯土层较为清晰。该墓经发掘，由墓道、甬道及墓室三部分组成。墓道残长14米，宽2.5米，为台阶式斜坡墓道。墓早年被盗，墓室形制已被严重盗扰。出土铁人像一个。

（6）惠安堡西夏墓

位于吴忠市盐池县惠安堡镇北。墓园平面呈圆形，直径53米，面积182平方米。夯土围墙残高0.5米~1米，基宽2米，西北方向辟门。墓园中部有一土冢，黄土夯筑，现高4米，底部直径8米，南向有一碑座。地面有陶器残片和剔刻花瓷片，并有石狮一对。

（7）段家沟墓群

位于吴忠市同心县兴隆乡段家沟村北。面积约2500平方米，封土堆无存，曾出土西夏刻花瓷扁壶，破坏严重。

四　其他西夏建筑遗址

1983年中国社会科学院考古研究所调查宁夏灵武磁窑堡西夏窑址后，从1984年起连续进行了三年考古发掘，基本摸清了西夏窑址的结构和工艺流程，初步掌握了西夏瓷的特征。此后宁夏文物考古所在与磁窑堡窑址相邻的回民巷窑址进行了发掘，证明两处为一个窑场。两处出土的西夏陶瓷中有陶质兽面纹瓦当、滴水、脊饰、摩羯鱼等建筑构件，其纹饰与西夏陵出土相似。灵武窑也是提供建筑瓦作的窑场。[①]

在西夏文物古迹调查和勘测发掘中，还发现有西夏的水渠（昊王渠）、道路（通辽直道、通宋直道）、桥梁（黑水河桥）、码头（黄沙古渡）、驿

---

① 马文宽：《宁夏灵武窑》，紫禁城出版社，1988。

站（大湾城）、榷场（铁边城、滨河城）、仓廪（鸣沙、龙华台）、作坊、缸瓷井、武威上古城与西武当、民居、水井（同心）等建筑遗址；除佛教寺庙，还发现有文庙（武威）、武庙、玉皇庙、狱王庙、龙王庙（甘州）、土地庙、伊斯兰教礼拜寺（黑水城外）和其他宗教祠祀等建筑遗迹与遗址。

第四节　西夏建筑研究进展状况评述

一　国外对西夏建筑的研究

国外对西夏建筑遗存的研究，最早是外国探险家来华勘探黑水城遗址发布的有关建筑资料。科兹洛夫在其对西夏黑水城建筑的描述中，认为西夏城池建筑有以下特点：第一，形状是方形；第二，建筑材料以泥和砖为主，也使用少量石材；第三，大城的城墙为向上收分的梯形粗泥墙（用夯土筑成），有马面建筑。城市建筑的中心为宫殿和佛塔建筑。党项人中的定居民和汉人、穆斯林居住在街区的土建房内，另一些党项游牧民在城墙外搭帐篷居住。西夏的城市大体有两种，一种是直接占据原汉人居住的城市，另一种是党项人自己修建的带有中亚风格的城市，城墙夯土建筑，有马面，其城墙上有藏式塔的建筑。行政中心在城市内用围墙护起来，与佛庙建筑一样房顶覆有瓦盖。①

国外对西夏建筑的研究，主要的有俄罗斯科学院东方研究所安纳多里·帕夫洛维奇·捷连吉耶夫·卡坦斯基所著《西夏物质文化》的第五章"建筑"中的专题叙述。②他从西夏文献《杂字》《文海》中的字、词、词组中筛选出166个有关建筑的词汇，从解析文字结构着手，吸收俄罗斯和中国学者克恰诺夫、史金波、陈炳应等的研究成果，从民居到官邸和皇宫，从城市形态到房屋布局，从城墙形态到建筑技术和建筑装饰，从世俗建筑到宗教建筑，对西夏建筑的形态类型等六个方面进行论述，是国外学者对西夏建筑研

---

① 参见科兹洛夫著《蒙古、安多和死城哈喇浩特》，王希隆、丁淑琴译。
② 〔俄〕A. Л. 捷连吉耶夫·卡坦斯基著《西夏物质文化》，崔红芬、文志勇译，民族出版社，2006。

究的唯一综合性成果。

卡坦斯基依据西夏文字材料，提出了西夏时期党项人的住所类型有两种：一种是帐篷，其形制是"上部带格栅的""地面铺苇席"的帐篷，帐篷有两种覆盖物，一是用粗线织物或毡子覆盖，二是用羊皮覆盖，用牦牛绳系住，每年换一次。党项族居住的帐篷与藏族牧民帐篷相同，具有亚洲游牧民住所特征。另一种是土屋。土屋的形制是在方形或长方形地基上用泥掺着草盖起的土房子。他对与"建筑师"有关的单字和双字词分析后提出了与建筑有关的职业：西夏有专制帐篷的"工匠"和城市中的"石匠"。在对有关建筑材料的名词内涵翻译后提出西夏的建筑材料有：掺草的泥土、砖坯（未烧制的黏土，即土坯）、抹墙的泥灰、木料（含固定帐篷的桩、橛）、漆（木制构件上刷漆）、瓦（皇宫、贵族住宅屋顶）、雕花的瓦、砖块。

卡坦斯基从西夏文文献中对建筑形态名词归类提出了西夏的建筑元素（即独立建筑形态）有：城墙及护城壕沟；院子的围墙和栅栏、篱笆；房屋的门、门槛、窗户、地板、隔板；房屋构件名词有顶梁、人字梁、飞檐、重檐、柱子、圆柱、凉台、露台、回廊、外廊、厨房、桥、畜栏、仓库、监狱、皇城、宫殿等。从以上单体建筑形态的名词分析中提出了皇城宫殿建筑是"中式"的观点："西夏存在着完整的、类似于远东国家统治者官邸的宫殿建筑群"，宫殿形态特点是"带上飞檐的顶子，类似中式的、坚固的、上面修筑防御建筑的、向上倾斜的墙壁，完全独立的梯形门洞等"。[①]

卡坦斯基还从词书的单词和词汇中提炼出西夏的宗教祭祀建筑有"祭坛、寺、佛塔、陵墓"。特别强调西夏的塔除祭祀作用外，还是"存放宗教圣物"、埋葬圣人的"陵墓"。其形制是基座多棱形，中部有钟楼形（覆体形）、圆锥形（塔基上直接起藏式相轮）。在黑水城，塔还作为"装饰物"建在城墙上。[②]

一些外国汉学家阅读了科兹洛夫的探险日记和观察出土文物与拍摄照片后，结合译释文献和文献中版画内的建筑图像，对西夏的城堡、民宅、寺庙、佛塔等建筑遗存进行研究，先后发表了一些文章。这些初期的发现与研

[①] 〔俄〕A. Л. 捷连吉耶夫·卡坦斯基著《西夏物质文化》，崔红芬、文志勇译，第208页。
[②] 〔俄〕A. Л. 捷连吉耶夫·卡坦斯基著《西夏物质文化》，崔红芬、文志勇译，第208页。

究成果，国内学界未能及时知晓，故西夏建筑遗存的研究与敦煌学一样起始于国外。

二 国内对西夏建筑的研究

我国文物考古和民族学界的前辈，依据考古成果和文献释读，很早就对西夏建筑予以关注，取得了一些成果。20世纪80年代改革开放后，文物抢救保护和考古勘探工作大力开展，众多新发现和文物考古信息资料的披露，极大激励和鼓舞了文物考古界和学术界，广大专业人员认真考察记录各地建筑遗存中的发现，对各类文物古迹遗存进行类型学方面的考证研究，归纳出古建筑与古遗址的形制与构造特征，进行断代分期研究，各类西夏建筑遗存研究的论文和专著陆续发表公布，将西夏建筑研究不断推向深入，促进我国西夏建筑研究进入新的发展阶段。归纳起来，有如下几个方面。

（一）西夏陵建筑研究成果

自1972年开始，宁夏考古工作者对西夏王陵进行调查和部分发掘后，陆续有西夏建筑研究成果发表。《考古与文物》1980年第3期刊登的西夏帝陵考古简报，提出西夏帝陵形制与河南巩县宋代帝陵相似，个别建筑有其自身的特点和创造性。如墓室不用砖铺地面，用圆木和木板封甬道门，碑座人像手腕足胫带环饰是我国西南地区少数民族习俗的体现。西夏帝陵灵台在墓室封土后十余米处，作楼阁式塔状，形似七级浮屠；七级塔状灵台应是宋陵灵台、下宫、佛寺的结合体，用土夯而成，起象征作用。石经幢八边形同灵台基座八边形。西夏帝陵装饰构件有一部分用绿、蓝琉璃制品，主要用于建筑物的剪边，宋陵全用青瓦，使用琉璃是西夏帝陵建筑的又一特点。吴峰云的《西夏陵园及建筑特点》发表在《宁夏文物》试刊号上（1986年）。他认为，西夏帝陵九座是"由南向北依时代排列"，与唐宋陵制的显著差异是：第一，西夏陵区的范围较唐宋陵要小；第二，西夏帝陵北域内无后陵，亦无下宫等附带建筑；第三，葬法不可能与宋陵相同；第四，北端遗址"陵邑"始建年代在西夏中期以后。西夏帝陵的由南向北依时代先后排列，东西分两行，东行为平原起冢，而西行为依山起冢。单体陵城建筑布局与主要特点是如下。

第一，鹊台为陵园南门，黄土夯筑，方形，外包砖，台顶有阙楼；第二，各陵碑亭数目两三座不等，台基正方形，主碑用西夏文、汉文镌刻；第三，月城内置石像生；第四，内城四面墙，南门畅通，东、西、北虽有门阙，有土坯台阶，但不通；第五，内城中的献殿、陵台、墓道位于内城偏西北。形制上与唐宋皇陵不同的是，石像生不在鹊台至神门的御道两边而安置在月城；第六，墓室由甬道、中室及左右耳室组成，不作砖室而是土洞式四壁立护墙板；第七，陵台不起封土作用，是一座密檐式七层实心塔建筑。八号陵（以后重新编号的六号陵）东西碑亭可能是穿堂式殿宇建筑，角台为兆域标界，之上有楼阙，由于不能登临，是一种自成体系的装饰。吴峰云对西夏陵建筑的初步探讨，提出了陵园建筑受佛教影响的观点。揭开了西夏王陵建筑研究的序幕。

1995年许成、杜玉冰编著的《西夏陵》对1972～1992年西夏陵园的考古调查和部分发掘所得考古资料进行了较全面的阐述。其中1972～1977年发掘了六号陵的墓室、东西碑亭、内城南门门址；清理七号陵和五号陵东西碑亭；同时还发掘了编号为78、79、182、177的陪葬墓，以及一座石灰窑、两座砖瓦窑。1986～1990年，对陵区的调查和测绘，当时发现帝陵9座，陪葬墓206座，对陵区北端遗址进行了调查和发掘。发掘三号陵东碑亭。他们在对20年西夏陵考古调查所得的信息资料进行研究后，提出西夏帝陵的建筑主要特点是如下。

第一，夯土工程是西夏陵建筑的主体工程，约占50%；夯土工程主要用于墙垣、高台（包括陵台、角台、门阙、角阙、陪葬墓冢）。城墙夯土采用分段版筑，下宽上窄，断面呈梯形；高台形制有多级八棱锥形、覆斗形、圆锥形，夯土采用一次性整体夯筑经过切削修整而成。夯土材料为黄土、砾石、圆木、方木、木棍、树枝碎段。砖瓦工程约占35%，木作、石作等约占15%上下。木质材料起木骨拉紧黄土作用。第二，西夏陵陵墓呈等级制。帝陵茔域大（比陵园内的大型陪葬墓大十倍），且有角台、鹊台、城墙、献殿，塔形陵台建筑高13米以上，城墙四面开门，南门有门阙，大量使用瓷和琉璃建筑构件。陪葬墓墓冢（夯土台）高12米以下，有外城、碑亭、月城、墓城、门楼、照壁。第三，陵园城的建筑。一是陵城和月城相连呈凸字形结构，与宋方形结构不同；月城置石像生，每陵30尊左右，与中原鹊台后神道布石像生不同；二是鹊台和月城之间有碑亭建筑；三是只建献殿不建寝宫，取消了供奉陵寝的礼仪；四是陵台"塔式建筑"为一实心夯土台，外呈八棱锥形，有九、七、五级之分，通高13米~24米不等，周身残留柱孔，说明原有出檐建筑结构，饰鸱吻、兽头、滴水、瓦当，偏居于陵城西北隅，墓室正后方；五是献殿、陵台塔式建筑偏离中轴线，与西戎之俗视正中为"神明"之位的观念有关。第四，陵墓排列按昭姓贯葬法，左昭右穆。七号陵为仁宗李仁孝（有碑文为据）墓，三号陵为景宗李元昊墓。

2000年5月~2001年9月，对三号陵遗址进行保护性发掘。这次发掘，测绘陵园方向、范围数据和建筑体布局，清理了角台、阙台、碑亭、月城、陵城门、陵城角阙、陵城墙、献殿、陵塔、墓道等建筑；在月城内发现4排石像生夯土台基基址；陵城各角阙边弧形夯土外包砖墩体；陵城南、北、东、西门建筑格局；发现八角形献殿基址；圆形陵塔自下而上层层收分的7层夯土台面；清理出大量建筑构件，尤其是陶、瓷质建筑装饰构件。于2007年6月发布《西夏三号陵——地面遗迹发掘报告》[①]，报告对三号陵建筑有以下新的认识：

第一，陵城呈方形。南门为正门，面阔五间，进深两间，于当心间南北端台基处有斜坡慢道，可出入陵城。东、西、北门面阔三间，进深两间，不设慢道，不能通行。四座门的两侧均有三座门阙，每阙为圆形墩台式建筑，靠近门的墩台较大，依次渐小。陵城的四角皆有角阙，其中东南和西南由5座圆形墩台式建筑呈折角排列，东北、西北由7座圆形墩台式建筑呈折角排列，拐角的角阙最大最高。第二，献殿、墓道、陵塔等主要建筑在陵城的中轴线上。[②] 献殿建在与南门对直的八角形台基上，殿身为圆形建筑，其南北有斜坡慢道；墓道朝南方向145°（向西斜道），南宽北窄，墓道底端用9根橡木插入墓道两侧劈面，形成橡木踏道。陵塔遗迹为不规则多边形，直径37.5米，周长118米，塔身七层，每层斜坡状台面，台面上有板瓦、筒瓦、瓦当、滴水残件出土，塔呈多层圆形平台，中央有一圆洞为

---

① 宁夏文物考古研究所、银川西夏陵管理处编著《西夏三号陵——地面遗迹发掘报告》。
② 此结论与该报告陈述的陵台位置实测数据矛盾。该报告第284页第九节对于陵塔的位置描述称："陵塔建在陵城东墙67.8余米，西距陵城西47.4米。"即陵塔布局轴线偏西二十余米。第267页"献殿、陵墓和陵塔各自成一体，分布在陵城内南北一线，方向145°，稍偏于陵城中轴线西侧"。该报告称已发掘献殿台基对角距离为23.5米，取其中应为献殿中心，报告中没有表述献殿中心距东西墙的距离，但从第14页三号陵平面图中可知献殿位于东西墙间居中位置，报告提供献殿、陵墓、陵塔以145°方向偏中轴斜线布局，而非中轴线。

安装塔刹而设置。陵塔为圆形塔状建筑。第三，阙台，陵城角阙、门阙、陵台、献殿都是圆形建筑。除献殿外，其他建筑周围都有塔刹建筑构件出土，形制可能是实心塔，体现佛教信仰。献殿周围有板瓦、筒瓦、滴水、套兽、摩羯、海狮、嫔伽构件出土，未见鸱吻，推测为攒尖顶圆形建筑。第四，在陵园形制上仿北宋皇陵，布局上大同小异。文献依据《万历宁夏志》载西夏陵"其制度、规模仿巩县宋陵而作"。考古依据"献殿、墓和陵塔居于陵城内的中轴线上"。在论述与宋陵相异之处时，认为献殿、墓、陵塔"三组建筑稍偏于中轴线西侧"，存在"不居中"的现象，陵墓上方不筑陵台，这种现象与西夏"崇鬼神""弘佛"的思想有关，这是西夏陵形制的特殊性。①

研究认为西夏陵建筑吸收了唐、宋陵之长，又受到佛教建筑的巨大影响，汉文化和佛教文化与党项的民族文化三者有机地结合在一起，构成了我国陵园建筑中别具一格的建筑形式。

2013年9月宁夏文物考古研究所、银川西夏陵区管理处编著的《西夏六号陵》，对六号陵的建筑结构特色、建筑材料、墓葬形制、陵主问题进行了探讨。研究认为，六号陵建筑"在许多方面表现出独特的民族性"。从发布的三号陵与六号陵的建筑装饰进行比较，认为六号陵没有三号陵华丽，从材质上多数为灰陶，三号陵建筑装饰构件种类也多，说明六号陵建筑比三号陵为时早。据孙昌盛考证，六号陵是李元昊父李德明的墓，其在世事迹与出土碑刻时间相符。

（二）西夏佛塔研究成果

西夏佛塔研究成果包括考古简报、专题论文、专著等。1987年第7期《文物》月刊上发表了《拜寺口双塔勘测维修简报》《青铜峡一〇八塔清理简报》《贺兰县宏佛塔维修清理简报》；1991年第8期《文物》月刊上发表了《同心韦州康济寺塔及出土文物》《中宁鸣沙永寿塔》；在1992年第8期

---

① 该报告论述有矛盾：在第四章结语中论述陵园形制特点时，在比较与中原王朝陵园形制的异同时，一方面称献殿、墓、陵塔在陵园"呈中轴线布局"；另一方面称其"不居中"，呈145°方向的直线偏离轴线，尤其陵塔距东、西墙相差20米，这不是一个小数字，也不可能是布局时的简单疏忽。这可能是西夏陵布局形制上区别于中原王朝的根本变化。本课题有专题研究论述。

《文物》月刊上发表了《宁夏贺兰县拜寺沟方塔废墟清理纪要》《贺兰县拜寺沟西夏遗址调查》。这期间杨泓在《文物》月刊上发表了《宁夏五塔》的研究文章；雷润泽、于存海和何继英的《中国古代建筑·西夏佛塔》1995年由文物出版社出版，著名考古专家宿白先生撰写《西夏古塔的类型》一文作为该书代序[①]。该文对西夏佛塔的类型、构造特征、装饰特色及其对后世佛塔建筑的影响进行了全面阐述，为西夏佛塔的类型研究和断代分期提供实例标准，是西夏佛塔研究的重要成果（参见本书第四章第二节图4-5）。2005年文物出版社出版牛达生和孙昌盛编著的《拜寺沟西夏方塔》发掘报告。党寿山、孙寿龄等对原西夏凉州地区古塔遗址与遗迹进行研究，考证了西夏和受西夏佛塔建筑文化影响的元明佛塔遗迹。

（三）西夏石窟研究成果

20世纪60年代，北京大学教授、考古学专家宿白先生带领的团队，开展了对西夏石窟的调查研究，这也是对西夏建筑较早进行研究的一个类型。他们认真考察研究各地区石窟寺开凿的年代、窟形构造特征、龛像布局、窟室装銮内容等，在掌握了各种遗迹信息特征后，提出石窟寺洞窟分期断代标准，运用类型学方法，对敦煌与河西地区各石窟寺中西夏重修装銮和新凿的洞窟，与各地发现和出土的西夏佛教遗存进行对比研究，归纳出西夏石窟造型与装銮布局特征，将其归类到密教石窟中，指导开展西夏石窟研究。80年代以后，一批研究成果陆续发表或出版，比较重要的如表1-5所示。

表1-5　西夏石窟重要研究成果一览表

1	王静如：《敦煌莫高窟和安西榆林窟中的西夏壁画》，载《文物》1980年第1期。
2	史金波、白滨：《莫高窟榆林窟西夏文题记研究》，载《考古学报》1982年第2期。
3	万庚育：《莫高窟榆林窟的西夏艺术》，载《敦煌研究文集》1982年第3期。
4	刘玉权：《敦煌莫高窟安西榆林窟西夏洞窟分期》，载《敦煌研究文集》1982年第3期。
5	张宝玺：《文殊山石窟西夏壁画内容及其价值》，载《1983年全国敦煌学术讨论会文集·石窟·艺术编（上）》，甘肃人民出版社，1985年。
6	张宝玺：《五个庙石窟壁画内容》，载《敦煌学辑刊》1986年第1期。

[①] 见雷润泽、于存海、何继英编著《中国古代建筑·西夏佛塔》，文物出版社，1995年。

续表

7	潘玉闪、马世长:《莫高窟窟前殿堂遗址》,文物出版社,1985。该书将莫高窟4座窟前殿堂建筑遗址考定为西夏建筑。
8	敦煌研究院编《中国石窟·敦煌莫高窟(第四卷)(第五卷)》,文物出版社,1987。
9	刘玉权:《敦煌西夏洞窟分期再议》,《敦煌研究》1990年第3期。
10	张宝玺:《东千佛洞西夏石窟艺术》,《文物》1992年第2期,学苑出版社,2012。
11	段文杰:《段文杰敦煌艺术论文集》第241页。甘肃人民出版社,1994。
12	宿白:《榆林、莫高两窟的藏传佛教遗迹》《张掖河流域13～14世纪的藏传佛教遗迹》《武威蒙元时期藏传佛教遗迹》,载《藏传佛教寺院考古》,文物出版社,1996。
13	宿白:《敦煌莫高窟密教遗迹考古札记》,载《中国石窟寺研究》,文物出版社,1996。
14	敦煌研究院编《敦煌石窟内容总录》,文物出版社,1996。
15	中日合作、敦煌研究院编《中国石窟·安西榆林窟》,图版与图版说明,霍熙亮《内容总录》。文物出版社,1997。
16	中日合作、敦煌研究院编《中国石窟·莫高窟》第四册第175页,肖默:《莫高窟壁画中的佛寺》第五册,段文杰:《莫高窟晚期的艺术》、刘玉权:《瓜沙西夏石窟概论》,图版说明和第161页、175页,文物出版社,1999。
17	敦煌研究院:《敦煌莫高窟北区石窟》第1、2、3卷,文物出版社,2000、2004。
18	宁夏文物考古研究所:《山嘴沟西夏石窟》,文物出版社,2007。
19	张宝玺:《瓜州东千佛洞西夏石窟艺术》,学苑出版社,2012。

(四) 西夏寺庙研究的成果

西夏寺庙考古研究,由于没有完整的西夏寺庙建筑遗存,困难较大。到目前为止,未见有西夏寺庙建筑研究的专门著作,较多的是对个别寺庙遗址的调查与考证,或对西夏寺庙寺址和定名的考证,缺少对寺庙单体建筑构造的考证。西夏寺庙考古研究的内容多散见于西夏佛教研究的论文和著作中,如陈炳应、史金波、韩小忙、陈育宁、汤晓芳等编著的《西夏文物研究》《西夏佛教史略》《西夏美术史》《西夏艺术史》等综合性专著中。宁夏回族自治区文物管理委员会办公室编著的《西夏佛塔》和宁夏回族自治区文物考古研究所编著的《拜寺沟方塔》，除系统地公布了维修、清理、发掘宁夏的西夏塔遗址资料外，还对周围寺庙建筑遗址进行了初步调查；牛达生编著的《西夏遗址》在对西夏佛教建筑进行研究过程中，涉及了对寺庙遗址及寺庙建筑的研究。甘肃省文物工作者吴正科的《大佛寺史探》对张掖大佛寺进行了较为详细的考证，梳理了有关方志文献的记载，也涉及了大佛寺布局及单体建筑的研究。[①]

（五）西夏城池堡寨和宫殿衙署研究的成果

西夏城池堡寨和宫殿衙署等官式建筑研究是西夏建筑研究中相对滞后的一类。虽然调查发现的城池堡寨较多，但其研究多限于考证城池堡寨的筑造年代和遗址地点，因缺乏遗迹发掘勘探资料而难以对结构、布局特征及其功能进行深入研究。学者对宁夏、甘肃、内蒙古、陕西境内西夏故地一些城寨进行了个案研究，取得一定的成果，如对西夏省嵬城、都城兴庆府、夏州城等构造特征，提出了自己的见解，但缺乏有系统的研究成果，特别是对都市宫城和府州等重点城池的研究，滞后于宋、辽、金都城城池的研究。对于城池内宫殿、衙署、街道里坊、店铺、民宅等建筑的研究，因缺乏完整遗迹和考古勘测资料，其成果也多限于依据文献记载和部分遗构进行推测研究。尽管考古勘探资料缺乏，但一些学者仍做了有益的探索，近年来取得了一定进展。陈育宁、汤晓芳、党寿山、岳键等发表的有关研究文章和著作中，对西夏城池堡寨和宫殿衙署的建筑研究起到推进作用。

（六）西夏建筑综合研究成果（包括建筑类型及艺术）

2001年，韩小忙、孙昌盛、陈悦新在《西夏美术史》第七章《西夏建筑美术》中，依次对西夏的城市、宫殿、堡寨、民居、佛教寺庙、陵墓六个建筑类型，依靠考古材料并结合文献记载进行了初步研究，认为西夏都城兴庆府有宫城和外城两重。外城呈长方形，周回一十八里，东西倍于南北。南北各两门，东西各一门，每门上建门楼，城内设有众多街坊巷市。宫城位于西北部，四面置城门，上有门楼。宫城偏西北，与西夏社会"所居正寝，常留中一间，以奉鬼神"的习俗有关。西夏所建地方性城市，城墙黄土夯筑，其中尤以黑水城建筑有特点：一是佛塔建于城墙之上，这

[①] 参见吴正科著《大佛寺史探》，甘肃人民出版社，2004。

在中国古城的建筑中是罕见的，具有独特的建筑特征；二是城中多高台。西夏的宫殿分皇宫和离宫。离宫有贺兰山东麓大水沟口的离宫，镇木关口的避暑宫，天都山南牟宫等。南牟宫营建于元昊天授礼法延祚五年（1042年），"内建七殿，极庄丽，府库、官舍皆备"。《西夏美术史》认为，佛教寺庙建筑是建筑艺术的主流，佛寺、宫殿建筑较一致，四合院建筑群布局对称，有城市形和山林形。佛塔有密檐式、楼阁式、覆钵式、覆钵和楼阁复合式花塔，其中覆钵式塔受藏传佛教建筑艺术影响，基座平面呈十字折角形。覆钵内筑方形或圆形的塔心室。西夏开凿和修饰前代石窟寺时，有的在洞窟前营建殿堂，形成洞窟和寺庙殿堂两位一体的建筑布局。《西夏美术史》在研究了西夏陵墓建筑及其装饰构件和艺术特征后，分析认为西夏建筑在形制和装饰上，充分体现了唐、宋、辽、金，以及吐蕃和西域等各种流派的建筑风格，形成了西夏建筑造型的多元性，人工建筑与自然环境相统一等诸多特点。

陈育宁、汤晓芳著《西夏艺术史》设专章对西夏的建筑中宫殿建筑、佛塔与寺庙建筑、陵园建筑进行分类研究，对考古报告所公布的各式建筑形制和建筑结构进行了梳理，尤其是对代表西夏建筑文化的高等级建筑进行了较深入的研究，认为西夏受中原王朝建筑等级伦理影响，通过法律对营造作具体规定，使社会各界依法营缮。在《天盛改旧新定律令》中对宫殿、佛殿、寺庙、官民宅第在建筑和装饰质地、装饰图案等方面都有详细的规定，违反者不仅罚金，还要铲除建筑。《西夏艺术史》在对陵墓、坛庙等出土的建筑构件和设置位置及装饰特征进行研究后得出西夏官式建筑的基本特点有以下几方面。

第一，官式建筑的主要形制与技术程式传承中原传统的木构架"大屋顶"殿堂及厅堂建筑，西夏遗留的建筑构件大多是台基和屋顶装饰，这些构件不仅是中国传统建筑最富艺术表现力的部分，也是大屋顶建筑在技术手法上的具体体现。与宋《营造法式》所总结的营造技术与规范相一致。所表现的文化艺术内涵与中原相似。这与西夏统治者党项拓跋从唐以来归附中原王朝、接受中原文化有关。

第二，大屋顶营造结构的殿面装饰和殿内装饰受到佛教影响，如西夏王陵出土的琉璃摩羯、迦陵频伽、四足套兽（鳌）等神兽带翅作飞翔、腾空跳跃状，这不是一般屋面的蹲姿镇兽，而是佛教天界飞翔的神灵。宫殿的装饰突出佛教极乐世界的气氛，或变化云雨的龙神，或伴乐歌唱的迦陵频伽。

第三，建筑突出本民族文化，利用自然资源夯土建筑城墙、陵塔、门阙等，台基、塔基突出"八边、八叶"，象征八叶莲花、须弥山。陵塔的整体建筑不同于汉地八边形楼阁式佛塔，也有异于藏地覆钵式塔。这种陵塔是西夏独创的塔。碑亭内的碑座人面力士相"志文支座"在中国帝陵遗址中是独一无二的石雕。陵塔及碑支座成为党项建筑艺术的标志性建筑构件，突出了西夏党项的民族性。

（七）西夏墓葬研究取得的成果

国内甘肃、内蒙古、宁夏等地对西夏古墓葬研究有零星论文发表。陈炳应对武威出土火葬墓的研究成果收入其专著《西夏文物研究》。关于宁夏闽宁村党项贵族墓的研究成果，被收入《西夏学》辑刊。对西夏墓葬研究表明：

（1）西夏墓葬是多元文化和多民族葬俗的混杂群体，有党项族墓、汉族墓、契丹族墓；有贵族墓、隐士墓、平民墓。

（2）西夏墓葬的构造形制多种多样，有方形砖室墓、八角砖室墓、仿木构砖室墓、有盝顶墓、有穹隆顶墓；有土洞墓、竖穴土洞墓、石板墓等。

（3）西夏贵族墓与王侯墓，除地下修有斜坡墓道、甬道、墓室，还绘有壁画，陪葬品较大，地上构筑的墓园碑亭、墓冢等建筑，明显突出民族传统丧葬习俗。

（4）有火葬、土葬、合葬、家族葬等形式，并将佛教信仰和丧葬元素引入俗葬中，彰显了西夏佞佛的地域特点。

总之，国内外对西夏建筑的研究，仍是西夏学研究的一个重大课题。由于西夏建筑实物留存太少，文献记载也不多，因此西夏建筑的全面研究还有待于深入。

本章小结

以上梳理了关于西夏建筑的历史文献记载、建筑图像描绘、建筑遗址、遗迹的调查发掘、建筑遗物的出土、西夏建筑研究的成果综述等，为我们拓展和深入研究提供了可靠的资料和成果基础。如果西夏研究是一座宫殿，那么我们在以上搭建的已有建筑"台基"上，需要继续"营造"，根据遗址实测数据和营造规则，试图恢复西夏建筑的部分原貌，揭示它的"根"属于哪一个建筑文化体系。在这个体系中它发生了什么变化，受到了哪些文化影响，尤其要研究在与周围民族的交往、文化的碰撞中，西夏建筑结构和构件造型的变化，演变的轨迹有什么特征，从而进一步揭示西夏建筑对中国古代建筑的贡献及其应有的历史地位。

第二章　陵墓建筑

建造陵墓是祖先崇拜的传统。老人去世，后辈为其营葬并祭祀；帝王薨，臣民营陵祭拜，这是中国古代传统的道德观念。中原历朝历代帝王登基后就着手营造陵寝，其形制"虚地上，实地下"，即地面营造宫殿建筑，供祭祀、膜拜，阴宅地宫随葬金银财宝等各种明器，供地下享用。

西夏的陵墓是西夏建筑的重要组成部分。留下来的文献记载很少。近年国内通过考古发掘，发现了不少遗址，出土了许多建筑构件。将文献记载和考古发掘的实物结合进行研究，可以推测其概貌。

西夏的陵墓建筑有以下几种类型。

第一，帝陵。依据《宋史》《辽史》《西夏书事》《西夏纪》《嘉靖宁夏新志》等文献记载，肯定了西夏帝陵在贺兰山东麓。从考古发掘资料显示，西夏帝陵以陵塔遗存为标志，帝陵存世有9座。[1] 与帝陵有关的皇族祖先墓茔和信息，是近年在陕北榆林地区发现的党项拓跋氏先祖的墓志和墓志铭，在已经出版面世的《榆林碑石》[2] 一书中发布了详细资料。但该墓葬建筑的情况不甚明了，从碑刻的形制及行文特点，表现出受到北周、隋唐墓葬建筑文化的影响。其远祖的墓茔建筑特点，在西夏文献中有零星记述：一首西夏文宫廷颂诗中写道："红脸祖坟白河上"，"坟丘上无十级，墓穴未完成"。

---

[1] 许成、杜玉冰编著《西夏陵》，东方出版社，1995。宁夏文物考古研究所、银川西夏陵区管理处编著《西夏三号陵——地面遗迹发掘报告》。宁夏文物考古研究所、银川西夏陵区管理处编著《西夏六号陵》。

[2] 康兰英主编《榆林碑石》，三秦出版社，2003。

在一首西夏谚语中称"十级墓应当没有头,峰头缺"。① 可见帝陵中陵台起级的形制保留了本民族祖先的传统,但陵园整体建筑群的建制已经受到中原王朝陵墓形制的影响。

第二,陵区陪葬墓。这些陪葬墓大多是党项羌贵族姓氏的上层官僚墓,包括皇亲国戚和高官权贵。如1978年8月发布的《西夏陵区一〇八号墓发掘简报》、1983年发布的《西夏陵区一〇一号墓发掘简报》,资料显示一〇八号墓碑亭残基上出土有"梁国正献王之神道碑"残片和反映墓主人活动情况的文字记载,初步断为西夏中期崇宗乾顺陪葬墓;一〇一号墓是仁宗仁孝时期的陪葬墓,国宝级西夏文物鎏金铜牛出土于该墓。经考古工作者调查,陵区内陪葬墓有263座。陪葬墓地面建筑遗存形制各异,说明墓葬贵族人物的级别有差异。

第三,地方官吏墓。以甘肃武威西郊林场两座单室砖墓为典型,两座墓相距十米,出土遗物木板上有题记,分别为:一号墓"故亡考任西路经略司兼安排官囗两处都案刘仲达灵匣,时大夏天庆八年岁次辛酉仲春二十三日百五侵晨葬讫,长男刘元春请记";二号墓"故考妣西经略司都案刘德仁,寿六旬有八,于天庆五年岁次戊午四月十六日亡殁,至天庆七年岁次庚辰十五日兴工建缘塔,至中秋十三日入课讫"。题记表明,他们是彭城(今徐州)人,男主人姓刘,分别在西夏地方政权任职"西经略司兼安排官囗两处都案""西经略司都案",在西夏的官职中"经略司"是仅次于"中书""枢密"的地方管理机构。武威在西夏是陪都凉州,刘德仁、刘仲达工作性质是经略司都案,即管文书记录的文官。两墓的墓室建筑为小型长方形单室砖墓,墓顶圆锥形,墓门向东用卵石堆封。各出土有木缘塔,塔的四周陈列画有各式人物的木板画,墓室建筑和室内陪葬陈设特殊,反映了葬俗的民族性、宗教性和建筑文化的地域性。

第四,党项羌大族野利氏等望族墓。宁夏永宁县闽宁村14座墓,其中已考古发掘、清理2座。两座墓形制相似,墓园平面呈长方形,地面有夯筑封土台,呈圆形,高低不同;地下墓道位置在墓园中偏西,墓室为土洞单室,方形,平顶或穹隆顶,四壁裸露。地面建筑还有碑亭,建在墓园西南的

---

① 陈炳应译《西夏谚语——新集锦成对谚语》,山西人民出版社,1993。

方形台基上，台面遗物有汉文残碑，无西夏文残碑，显示了在创造西夏文字前的党项望族修造的墓的形制类似西夏陵区陪葬墓，墓道、墓室均出土有动物骨骼，有动物陪葬，显示了墓主人草原游牧文化的习俗。

第五，高僧墓塔。拜寺口双塔北坡台地高僧舍利塔、黑水城周围覆钵式塔群等。

第一节　帝陵建筑

一　关于帝陵的文献记载

关于帝陵的文献记载，在《宋史·夏国传》《辽史·列传·西夏》只记载了西夏王的卒年、尊号、谥号、墓号。至明初朱元璋孙安塞王朱秩炅时已不清楚贺兰山下古冢是谁建的，问了古老以后才知道是古王侯墓。明人胡汝砺收集当地资料后编纂了《嘉靖宁夏新志》载："贺兰山之东，数冢巍然，即伪夏嘉、裕诸陵是也。其制度仿巩县宋陵而作……"其卷七收录了朱秩炅的一首《古冢谣》："贺兰山下古冢稠，高下有如浮水沤。道逢古老向我告，云是昔时王与侯……"①

清代戴锡章编撰的《西夏记》，记载了西夏各帝的尊号、谥号、庙号、墓号；吴广成研究各史书后著《西夏书事》，对贺兰山下诸陵作了详细的文字叙述。其卷八记有："景德元年（1004 年）春正月，保吉（继迁）卒。……秋七月，葬保吉于贺兰山，在山西南麓。宝元中，元昊称帝，号为裕陵。"卷九记有："明道元年（1032 年）……冬十月，夏王赵德明卒，年五十一。……葬于嘉陵，在贺兰山，元昊称帝后追号。" 1038 年元昊称帝追谥其祖先继迁曰神武皇帝，庙号太祖，追封其墓为裕陵；追谥其父德明曰光圣皇帝，庙号太宗，

---

① 朱秩炅《古冢谣》全文为："贺兰山下古冢稠，高下有如浮水沤。道逢古老向我告，云是昔时王与侯。当年拓地广千里，舞榭歌池竟华侈。强兵健卒长养成，眇视中原谋不轨。岂知瞑目都成梦，百万衣冠为祖送。珠襦玉匣相后先，箫鼓声中杂悲恸。世更年远亦已陈，苗衣纵存犹路人。麦饭筹为作寒食，悲风空自吹黄尘。怪鸱薄暮暄孤时，四顾茫然使人惧。天地暗惨愁云浮，遥想精灵此时聚。君不闻，人生得意须高歌，芳樽莫惜朱颜酡。百年空作守钱虏，以古视今还若何。"见《嘉靖宁夏新志》卷七。

追封其墓为嘉陵。《西夏书事》系统梳理了西夏帝陵的陵名、庙号、谥号，但关于帝陵建筑形制的记载仍然不见。

表 2-1　古文献记载西夏九座帝王陵名表

陵名	谥号	庙号	名　讳	寿辰（岁）	在位时间（年）
裕陵	神武	太祖	李继迁（赵保吉）	41	
嘉陵	光圣	太宗	李德明（赵德明）	51	
泰陵	武烈	景宗	李元昊（嵬名曩霄）	45	17
安陵	昭英	毅宗	李谅祚	20	20（亲政8）
献陵	康靖	惠宗	李秉常	26	20（亲政8）
显陵	圣文	崇宗	李乾顺	56	54（亲政40）
寿陵	圣祖	仁宗	李仁孝	70	54
庄陵	昭简	桓宗	李纯佑	30	14
康陵	敬穆	襄宗	李安全	42	6

自1003年李继迁卒至1227年西夏灭于蒙古，二百多年间西夏营造了数座帝陵。历经一千多年人为的破坏和自然的侵蚀，至今仍然有9座遗址矗立在贺兰山东麓。虽然西夏帝陵地面建筑遗存只有参差高低的夯土台、墙和被砸碎散落一片的残砖碎瓦，却保存了西夏王国最高级别的官式建筑实物和西夏文明的综合信息。

二　西夏陵建筑遗存与分布

（一）地理位置与分布

在离银川市西南约25公里的贺兰山东麓，北起泉齐沟、南迄榆树沟，南北长达10余公里，东西宽约5公里窄长的山前坡降较缓的洪积扇上，海拔高度1130米~1200米，面积达50平方公里的山脚和冲击坡地域内，有9座西夏帝陵。

陵区由于紧靠贺兰山的4个大沟，受洪水冲刷陵区自南向北自然形成四个区域①（图2-1）：

一区处于最南端，有帝陵2座，编号L1，L2，陪葬墓62座；

二区有帝陵2座，编号L3，L4，陪葬墓65座；

三区有帝陵2座，编号L5，L6，陪葬墓108座；

四区有帝陵3座，编号L7，L8，L9，陪葬墓18座。

除三号（泰陵景宗李元昊）、六号（嘉陵太宗李德明）和七号（寿陵仁宗李仁孝）已被学术界普遍认同外，其余6座帝陵的陵主未确定。现将九座帝陵考古调查、发掘报告所用的编号列表如表2-2:②

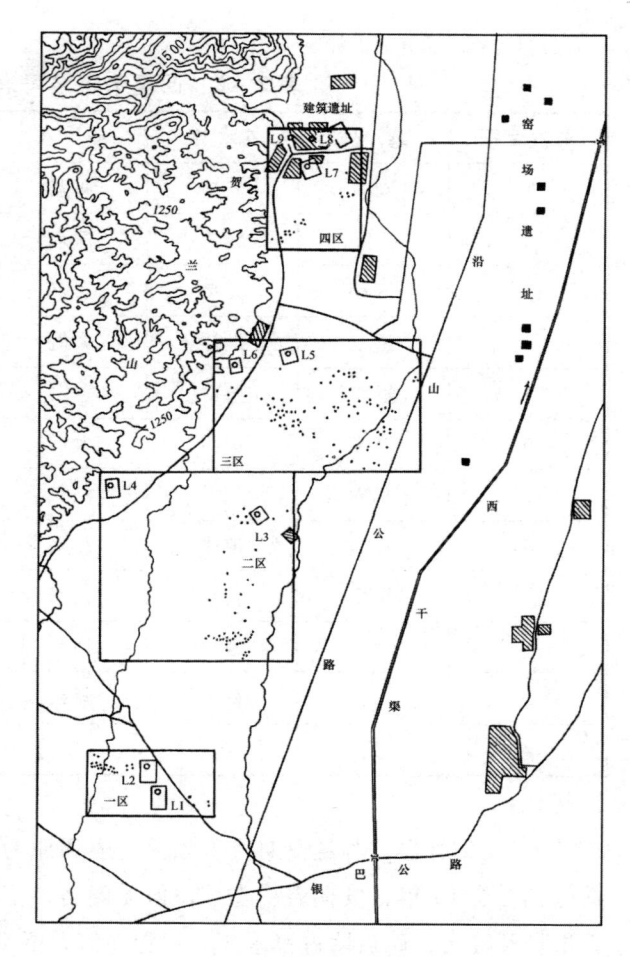

图2-1 西夏陵陵墓分布图

---

① 引自《西夏六号陵》考古报告。
② 依据已经发表的考古调查，考古发掘简报，三、六号陵考古报告的编号。

表 2-2 西夏帝陵名号表

考古编号	墓 号	名 讳	庙 号	谥 号	帝位序号
1	康陵	安全	襄宗	敬穆	7
2	庄陵	纯佑	桓宗	昭简	6
3	泰陵	元昊	景宗	武烈	1
4	裕陵	继迁	太祖	神武	（追1）
5	献陵	秉常	惠宗	康靖	3
6	嘉陵	德明	太宗	光至	（追2）
7	寿陵	仁孝	仁宗	至德	5
8	安陵	谅祚	毅宗	昭英	2
9	显陵	乾顺	崇宗	圣文	4
/	无	遵顼	神宗	英文	8
/	无	德旺	献宗	无	9
/	无	睍	无	无	10

表 2-2 所列，西夏晚期战争频繁，遵顼原为凉州齐王，由罗太后亲点继位，在位 13 年，虽有谥、庙号，但无陵名；德旺在位 4 年，有庙号，但无谥号及陵名；睍被蒙古军杀死，尸骨在何方更不清楚。此三位虽称帝，陵园有否难以考证。

（二）选择帝陵形胜法则

西夏陵营造选择贺兰山东麓，从自然地理条件方面考虑，贺兰山东麓地势高，背靠高山能挡住西北面蒙古高原的寒风和沙漠的侵害，东面是黄河灌溉的阡陌良田。而更重要的是考虑军事和定都的需要。据《西夏书事》载，宋天禧四年（1020 年），德明闻灵州怀远镇北之温泉山"以龙见之祥，思都其地，谋之于众，金曰：'西平土俗淳厚，然地居四塞，我可以往，彼可以来，不若怀远，西北有贺兰之固，黄河绕其东南，西平为其障蔽，形势利便，洵万世之业也。况屡现休征，神人允协，急宜卜筑新都，以承天命。'

德明善之，遣贺承珍督役夫，北渡河城之，构门阙、宫殿及宗社、籍田，号为兴州，遂定都焉。"① 德明在继迁卒后选择贺兰山葬其父，又上其父尊号"应运法天神智仁圣道广德广孝皇帝"，僭帝既久，对怀远早有建都之意，因此假"龙见之祥""神人允协"，依"贺兰之固"，李德明选择贺兰山东麓葬其父目的在于造龙兴之业，统治一方。历代称帝建都的同时就要考虑营造陵寝。西夏陵址的选择是在李德明时期定的，是其"僭帝"行为的重要一步。西夏王陵择地的堪舆理论核心是基于"贺兰之固"，军事防御形势便利；面对黄河，可以"籍田"，"洵万世之业也"，反映了西夏党项族的尚武精神和开拓伟业称霸河右的愿望。再则贺兰山历来是北方游牧民族祭祀之地，近年发现在贺兰山许多沟口有反映游牧民族祭祀神人"类人首"的岩画，贺兰口刻有西夏文"𗥰𗋚𗏇𘂪𘃜"，译为"能正法昌盛"（图 2-2），西夏党项族也在贺兰山进行祭祀活动。李德明选择傍游牧民族祭祀之神山营造陵寝，也能被境内其他游牧民族契丹、回鹘、吐蕃等接受，便于凝聚汉族以外其他民族和部族力量。

图 2-2 贺兰口岩画旁西夏文"能正法昌盛"

同时，也与中原传统的"五音姓利"对应的五行学相吻合。阴阳五行术中，西方属金，金色白，西夏以西方大白上国"得西方金行之气"镇河西。这个思想在夏毅宗天佑垂圣元年（1050 年）建承天寺所立碑铭《夏国皇太后新建瘞佛顶骨舍利碑》中得到体现，碑文称"我国家纂隆丕祚，鋹启中兴，雄镇金方，恢拓河右"。因此选择都城的西方为陵寝之地也是利用

---

① （清）吴广成：《西夏书事》卷 9，清道光五年小岘山房刻本。

传统的阴阳五行术达到雄镇河右的目的。

选择面对大河、背靠山冈之地作为陵区，是北魏择陵的做法。北魏迁都前，选择今大同北郊方山作为陵园，孝文帝拓跋宏葬其祖母文明太皇太后冯氏于方山，称永固陵。迁都后选择洛阳北邙山域面对洛河，靠山面水的龙岗之地作为陵区。孝文帝拓跋宏的长陵、子宣武帝拓跋恪的景陵、孙孝明帝拓跋诩的定陵均在北邙山。近年考古出土的皇族勋臣墓志行文称该地为"都西金山""金陵"。西夏在称帝上表宋朝时，自称本族出自帝胄，属于龙脉，其风俗习惯也承袭北魏遗风。可见西夏帝陵选择的地理形胜与北魏迁都前后祖陵选择"西方"属于"金山"的龙岗有相似之处。

以上不难看出，西夏营造帝陵遵循的法则，一是尚武，依贺兰之固；二是承袭北魏以来的传统，背山面水龙岗之地，为王权正统制造法理依据；三是采取汉族信仰五行学说，以西方金行之所雄镇河右，自称"白高大夏国"为西朝，呼契丹为"北边"，谓宋朝为东朝、南朝，实有三足鼎立之用心。

（三）帝陵建筑布局及形制

帝陵的建筑布局是陵寝制度的重要反映，从陵区勘测调查和发掘清理遗迹，西夏陵的建制基本上仿宋陵而营造。西夏陵在营建过程中因地制宜，在继承西部地域建筑传统的基础上，糅进民族和宗教建筑元素，使陵园建筑格局有别于辽、宋，突出地域特征和民族特征。

1. 帝陵地面建筑布局

西夏陵区有九座帝陵，建制统一，平面布局基本相同（图2-3）。陵园皆坐北偏西，面南偏东，方向在175°~135°。每座帝陵都以角台为茔域范围，月城和陵城相连，平面呈凸字形，是一组独立完整的建筑群。占地面积达10万平方米以上。

地面单体建筑由南向北布局有角台、阙台、碑亭、月城、陵城；陵城内建献殿、陵塔；陵城南建门屋，墙上有门阙、角阙；月城辟南门，内陈列石象生；陵城内有献殿、墓道、墓室、陵塔的基本格局。地面单体建筑以陵塔最为突出，直径三十余米，或八角形台基上筑夯土高台，形如塔，高大突兀。夯土城墙（月城城墙和陵城城墙）以三号陵为例面积达近万平方米。城墙有两种形制，一种是以三号陵为代表的月城城墙和陵城城墙，另一种是在此基础上再筑马蹄形外廓城墙，如六号陵。

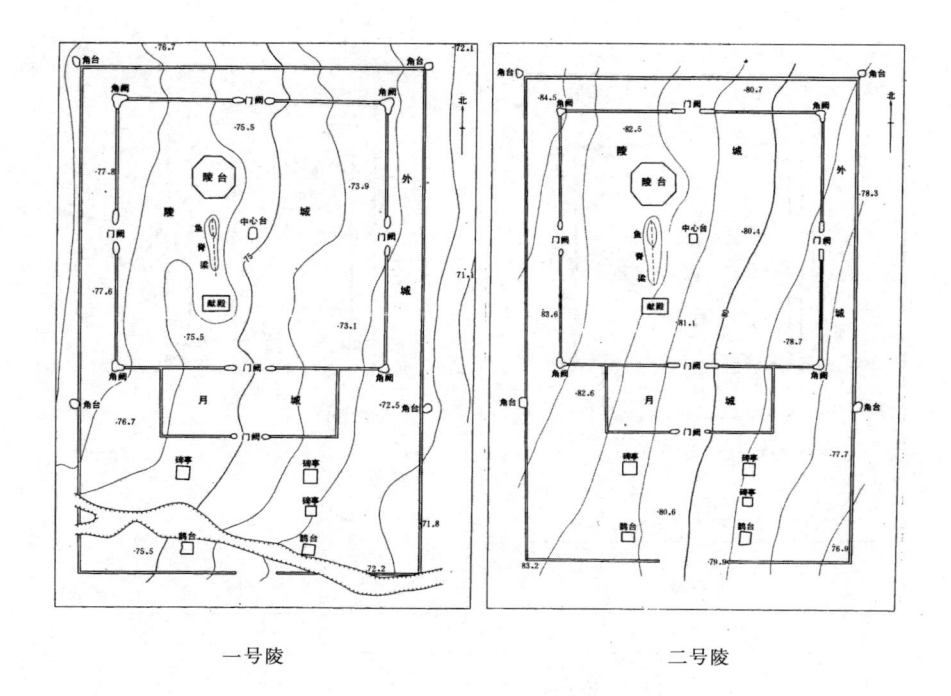

第二章 陵墓建筑 | 105

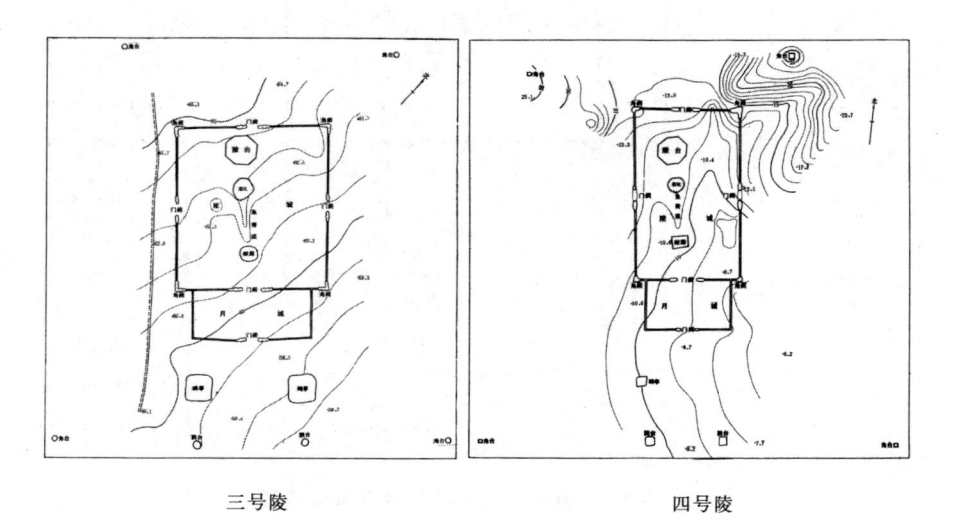

一号陵

二号陵

三号陵

四号陵

五号陵

六号陵

七号陵

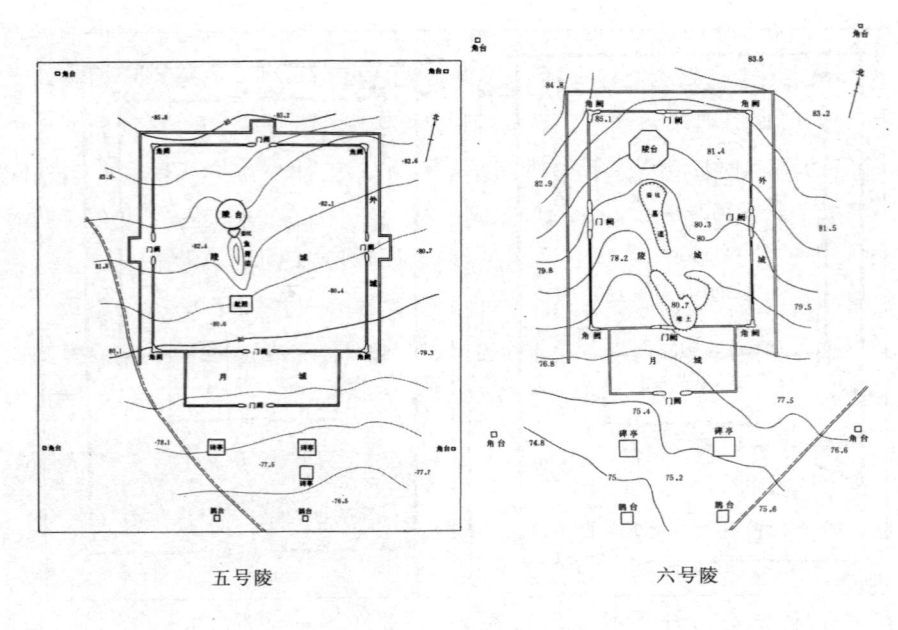

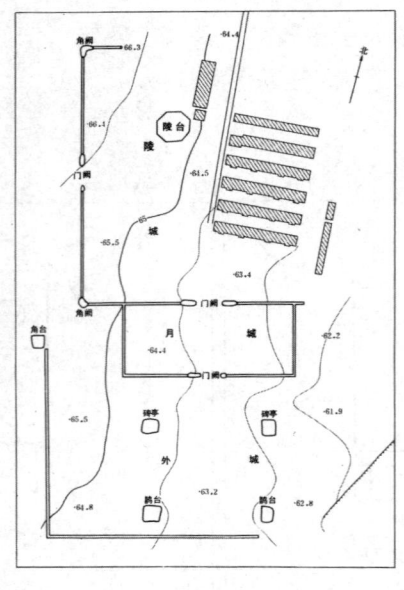

图 2-3　西夏陵一至七号帝陵平面布局图

2. 帝陵地下建筑布局

帝陵地下阴宅地宫的建筑基本相同，为多室土洞墓。由墓道、甬道、中室、东西侧室（耳室）组成。以六号陵为例，尽管墓室破坏严重，但单体建筑轮廓、布局相同（图2-4）。墓道呈斜坡阶梯式，两侧有护壁木柱，原生壁上敷有草泥皮与白灰；甬道门前有封门石板与木柱板，两壁绘武士像。墓室分中室和东、西侧室（耳室），侧室地面较高，空间较小，地面皆铺方砖。墓室较简单，呈长方形或方形，有木棺床和护墙板残迹，轮廓呈土洞式结构。

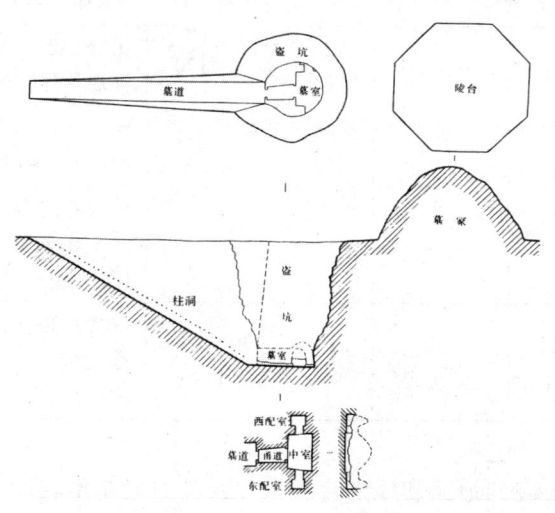

图2-4 考古发掘的六号陵阴宅地宫结构剖面图

表2-3 西夏帝陵遗存状况一览表

陵号	地势环境	茔域面积	陵园布局	方向	保存现状
1	陵区南端	8万㎡	封闭式外城结构	175°	陵台、阙台、角台保存较好，陵城门阙、神墙、角阙尚有部分夯土幸存，碑亭、献殿仅存遗址，其余全部倒塌。
2	陵区南端	8万㎡	封闭式外城结构	175°	布局、规模及建筑形制与一号陵一致，保存情况大致相同。
3	陵区中南端	15万㎡	无外城结构	135°	保存最好，阙台、陵台基本完好，陵城神墙、门阙角阙大部尚存。

续表

陵号	地势环境	茔域面积	陵园布局	方向	保存现状
4	西北环山,东南低,西北高	10万㎡	无外城结构	160°	角台、阙台、陵台及东门门阙、神墙保存较好,其余部分多倒塌。
5	北高南低	10万㎡	附有瓮城式外城结构	175°	破坏较为严重,遭人工取土破坏,只剩少部分,角台墙垣全部倒塌,阙台风化严重。
6		10万㎡	马蹄形外城结构	170°	角台、阙台、瓮城门阙及部分神墙均保存较好。
7	处部队营区内	8万㎡	封闭式外城结构	175°	建筑遗存2/3已不存,陵园东面建有一栋现代化建筑房舍。
8	处部队营区内				仅残存陵台,陵园其他建筑遗存全部被毁,构筑为营房仓库。
9	处部队营区内				仅残存陵台,陵园其他建筑遗存全部被毁,构筑为营房仓库。

西夏9座帝陵的地面和地下建筑遗存及其布局基本相同,形成了统一的建制。其特点是:(1)茔域面积大,一般在8万~15万平方米;(2)陵园有角台、阙台、献殿、陵台等建筑;(3)陵城由月城和陵城组成,四面开门(除南门外,其余为盲门),并设左、右门阙,月城内设石象生;(4)陵城内有献殿和陵台(塔),陵台(塔)为标志性建筑,残高13米~27米;(5)帝陵大量使用琉璃砖瓦材料。以上特点体现了建筑伦理的最高级别。

(四)西夏陵布局建制与唐、辽、北宋帝陵的比较

1. 与唐陵比较

唐是继秦汉以后又一次大兴陵墓的朝代。唐以山为陵,利用自然孤山,穿石成坟,体量大,气势磅礴。以唐高宗李治与武则天合葬乾陵为例(图2-5),茔域面积周40公里,相当于长安。以梁山主峰为陵山,在山的四周夯筑方形城墙,开四门(北玄武、南朱雀、东青龙、西白虎),南门向南为神道。神道自南向北为鹊台(阙台)、华表、翼兽、鸵鸟、仪仗、翁仲、述圣纪碑

图 2-5 唐乾陵平面布局示意图

和无字碑、门阙（与城墙不相连）、六十一王宾像、石狮一对。乾陵墓道长65米，宽3.87米，填满石条"其石缝铸铁，以固其中"。《长安图志》中绘唐昭陵中的门阙为高台上庑殿顶建筑，南门为两重楼，城墙四角是阙楼。南门内是献殿（献殿出土鸱尾），唐陵建筑群体庞大。神道的仪仗中列六十一王宾像，渲染了唐朝的国际地位。有陪葬墓，王侯贵戚的墓室是砖砌重重院落，规模大。与唐陵相比，西夏陵面积较小，地面建筑规模小，地下建筑简单。城墙等建筑形制有传承性。

2. 与宋陵比较

今河南巩县有北宋帝陵8座，各有陵园，皇帝的陵园称上宫（图2-6）。其建筑布局为：四周有方形神墙（以下称城墙），城墙四角有角楼，四面城墙居中设城门，门上建楼，南门是正门，正门为三出阙门，正门南对神道，神道两侧排列石象生，有传胪、镇殿将军、跪狮、朝臣、羊、虎、马与马童、麒麟、石屏凤凰、象与象奴、石望柱，神道南土堆称乳台，乳台南是鹊台（阙台）。大致方向坐北朝南，上宫的西北还有附葬的后陵，后陵北有下宫，是朝暮上食祭祀的地方。

乍看西夏陵建筑群布局与宋陵的上宫相似，单体建筑都有阙台、神墙和城门、石象生、陵台等，但有很大差异：如西夏陵四周有角台表示茔域范围，改宋乳台为碑亭，有月城，石象生列在月城，城墙略偏西。① 陵城内有献殿，陵台夯土七级或九级，呈塔形且不在墓室地宫之上。西夏陵增加了不少单体建筑，其中有些是传统陵园中少见的，如月城、七级（或九级）塔形建筑、圆柱形阙等。明代胡汝砺编、管律重修的《嘉靖宁夏新志》卷二称："贺兰之东，数冢巍然，即伪夏所谓嘉、裕诸陵是也，其制度仿巩县宋陵而作。"指出西夏陵只是"仿"宋陵，又不完全同宋陵，增加许多建筑组成了有别于宋陵的建筑群。加上考古发现的许多"另类"的建筑与构件，如月城、碑亭、陵塔及建筑装饰突出佛教神灵，标志性建筑陵台（塔）在中轴线范围略偏西等，这些重要建筑特征显示出陵寝制度的"神秘"而引起了后人的不断探索。如同西夏仿照汉字创造了笔画繁多的西夏方块字一样，远看似汉字，近看却是另类，难读难解。

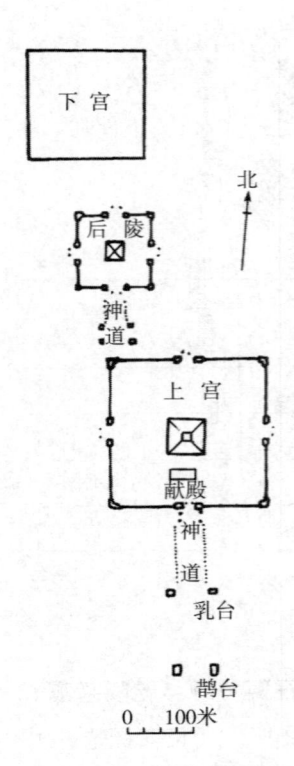

图 2 - 6　宋永昭陵平面示意图

3. 与辽陵比较

辽代因建有上京、中京、东京、西京、南京五座都城，故各代帝陵随京都的改变而择地，因此没有集中的区域。与西夏薄葬不同，契丹贵族重厚葬、饰戴金属面具、金玉服饰，更多显现契丹特色。

（五）西夏陵考古认定的陵主

1. 现编七号陵园为西夏第五代皇帝仁宗李仁孝的寿陵

1972～1976 年宁夏组织的西夏陵初期考古调查和个别陵园发掘清理项

---

① 偏西筑城，一方面与地理环境、风向及流沙有关，更重要的是与西夏党项族原始宗教祭鬼崇拜有关。正中是鬼神居住之地，为神位，人坐于神位西侧。十六国时大夏都城统万城，四周城墙方向亦偏西。体现北方草原民族传统。

目中，从出土的西夏文与汉文残碑刻记《灵之颂》等得到证实。

2. 现编六号陵是西夏王朝奠基人太宗李德明的嘉陵

李德明是李继迁长子，主政近30年病逝，被太子元昊葬于贺兰山中，并被追封为太宗，谥号光圣，追封陵墓为嘉陵。六号陵陵区正是西靠山居中的位置，处于四号陵园的东北约2公里之处，符合祖陵择吉取利的方位上。据1972～1976年首次发掘六号陵发表的《发掘简报》称，该陵园出土的大件文物遗存有：直径33厘米、高约130厘米的雕龙栏柱三段（保存在宁夏回族自治区博物馆），角兽石螭首、八面柱体经幢等石雕；绿琉璃大鸱吻与众多琉璃脊饰（原保存在宁夏博物馆，后存国家博物馆）；碑亭出土正方形石雕志文支座一尊。除三号陵有类似发现外，其他陵园发现的不多，说明该陵园的建造正当李元昊大兴土木、彰显大白高国雄风、图谋僭位称帝之时，故陵墓建造气势宏伟。从建陵时间上也可认定为德明的嘉陵。[①] 2006年以来，重新发掘清理六号陵园，又发现有记述德明近三十年功业伟绩的残碑，如"……有二岁，有位三十……""食邑三/皇太后，仁"等，与太宗德明的史迹相符，文字记述印证该陵园是太宗德明的嘉陵。[②]

3. 现编三号陵是西夏开国皇帝李元昊的泰陵

据陵区帝陵布局和陵园建筑规模与体量，结合《三号陵地面遗迹发掘报告》和出土文物显示的物象与物证，依西夏崇尚五行与五音姓利取穴定位规则，再与其余六位帝陵与陪葬墓遗存的分布状况进行对比考虑后，发现诸多迹象验证三号陵是李元昊的泰陵。三号陵的建制基本依照元昊其父六号陵园，也有突出"更祖宗之成规，邀中朝之建置"而创建的一座规模更大、单体建筑另具风格的陵园。其独特性有以下三点。

一是陵园的坐标方位和茔域规模显示出独尊地位。三号陵位于西夏陵区的中部偏南处，坐落在贺兰山前广阔的洪积扇滩地上，与四、六号陵构成三角之势，突出了该陵的中心地位。其坐向比祖陵偏西更甚，是诸陵茔域面积最大、规模最宏伟、坐标方位最特殊的一座。

[①] 见西夏陵区管理处编著《西夏陵》大型图录综述七，宁夏人民出版社，2013，第10~11页。

[②] 见宁夏文物考古研究所与西夏陵区管理处合编《西夏六号陵发掘报告》结语，第417~418页。

二是三号陵建筑布局与圆形墩台构造显示的标新立异的独特陵园建筑风格。陵城前设月城，效法西域城的做法，城门前有防御性布局，是西夏王陵独有的建制特色。月城内集中摆放石象生的作法，一方面增加了陵城正门前的威武庄严场面，形成一种肃穆气氛；另一方面更体现北方草原民族都城的格局，宫城与官吏、百姓所居的城是用城墙隔开的，如赫连勃勃所建统万城的布局。包括月城门在内的六座城门皆有门阙建筑，门两侧均有三阙，每阙均为圆形墩台式建筑，靠近门边的墩台最大，然后依次减小。西夏王陵的平面布局与圆形墩台建筑风格，充分体现出草原民族的文化特点。[1] 元昊称帝前后降服回鹘，延请回鹘僧译释佛经演绎佛法，故在陵园建制上借鉴唐宋建筑传统的同时，又将回鹘、吐蕃寺庙、中亚城堡、陵墓建筑造型的一些元素和部分理念引进西夏建筑中，加以创新发展。这是元昊标新立异创建西夏建筑文化的重要举措。

三是三号陵园地面建筑遗迹表明该陵园是为李元昊修建的。西夏碑亭清理出土4方石雕志文支座，其石质和力士浮雕造型与六号陵碑亭出土的相像，说明碑亭的建造时间相近。清理三号陵出土的建筑材料和装饰构件中陶制件多，瓷制件少，鸱吻、套兽、瓦当等，虽与六号陵清理发掘出土的类型相似，但大型琉璃饰件较多。特别是佛教题材的琉璃构件和脊饰以嫔伽等佛教神兽为主，截至目前其他陵园尚没有发现。与七号陵园和陵区北端建筑遗址构件差异较大，无藏传佛教题材内容的饰件，多为中原风格的遗物，说明该陵园是西夏早期修建的。清理发掘东西碑亭出土的数百块残碑中，有许多是西夏文碑残块，译释后得知，是赞颂和诉说元昊政绩与功业的刻记，其中有"国""邦""域""州""诏""敕""之礼/恩此""番"等多方显示西夏强势时代用语的字块，应是颂扬开国君主发布安邦富国诏敕和修城设州等功德业绩的刻记；残碑中多次出现"契丹""议姻""杀吐蕃将领""仲祖父""皇帝"等字块，是赞颂李元昊与契丹交往，为祖父雪耻，攻打吐蕃族大首领潘罗支取得胜利战绩与功业的，这都是李元昊时期发生的事。[2]

---

[1] 见宁夏文物考古研究所与西夏陵区管理处合编《西夏三号陵——地面遗迹发掘报告》第二章第一节，第13~15页。
[2] 参见宁夏文物考古研究所与西夏陵区管理处合编《西夏六号陵发掘报告》，孙昌盛《西夏陵陵主考》一文，第419页。

4. 对西夏其余6座帝陵陵主的考定意见

西夏陵区的九座帝陵中，裕陵和嘉陵是元昊称帝后追封其祖西平王李继迁和父夏国王李德明的陵号。现编号中的九座陵和史志文献中记载的名实相符，唯末代两帝遵顼与德旺无陵号也不知葬地。现根据六号陵嘉陵的布位和取吉的规则，透过三号陵泰陵和七号陵寿陵所处的穴位安排，对照北宋皇陵与辽庆陵的布位排序作为参考，结合一、二、四、五、八、九号陵园中遗存分布，出土物显示的迹象和他们相互之间关系，来分析考定其他陵的取穴定位。

（1）四号陵应是西平王李继迁的陵墓。四号陵处于陵区中部山岭西南麓，位于六号陵的上方，从西夏陵区整体布局和堪舆术取吉利方位看，是西夏陵区中风水最佳的阴宅福地。是李继迁祖陵应居的方位。宿白先生和俞维超先生1990年应邀到银川指导开展西夏陵区保护与考古研究，在陵区逐一考察指导，走到四号陵考察时说："这是陵区选择风水朝向最好的一座帝王陵园，背后有高大连绵的坐山，左右低丘岭阜环护，东高西低下马岗地，中间开阔舒展，依山起向修建有防洪沟向南突出……真可谓是一处有生气的风水宝地。"① 四号陵所处方位与史志文献记述李继迁葬地方位相符。《西夏书事》卷八载："景德元年（1004年）春正月，保吉卒。秋七月，葬保吉于贺兰。在山西南麓。宝元（1038~1040年）中，元昊称帝，号为裕陵。"卷十一又载："明道元年（1032）冬十月，夏王赵德明卒。葬于嘉陵。在贺兰山。元昊称帝后追号。"② 四号陵是西夏的祖陵——李继迁的裕陵，陵园地上建筑遗存中多为灰布瓦与砖石构筑残件，至今未发现有琉璃等烧制构件，而其余八座帝王陵园中都发现有琉璃构件，说明这座陵园修建于元昊称帝之前，是西夏陵区修建最早的一座陵园。

（2）八号陵是谅祚的安陵，九号陵是秉常的惠陵。谅祚、秉常、乾顺三代皇帝，幼时被后党立为君主，母后与舅父篡权，政柄操在后党手中。前两代皇帝亲政没几年就早逝，由两代梁后党为其主葬；而崇宗乾顺亲政时间长达40年，逝后由其子仁孝主葬。这三位皇帝虽都是幼年即位，但晚景结局不同，定会影响葬地穴位的选择和陵园的修建，这从陵号的命名也可看出

---

① 见宁夏文物管理委员会办公室编印《宁夏文博工作大事记》1990年10月记事。
② （清）吴广成：《西夏书事》卷8、卷11，清道光五年小砚山房刻本。

它们的差别。李谅祚是李元昊的遗腹子，淫佚无德，21岁而亡，由皇后梁氏与其弟国相梁乙逋埋主丧葬安陵。秉常亲政后提出废番礼行汉礼遭后党囚禁，26岁抑郁而亡，3岁幼子乾顺即位。秉常由母后与弟梁乙逋主丧葬献陵。① 这些愧对社稷、心怀鬼胎的后党和两位不争气的短命皇帝，不敢将自己的陵墓修建在祖陵的近旁，只好选取在陵区西北端山脚下远离祖陵，因此八、九号陵园处于陵区北缘，陵域大部分建筑损毁，从两陵近在咫尺（相距不足200米）的布局方位看，规模比其他帝陵小，应是同时代、同一派势力先后修建的构筑。从八号陵园碑出土的四尊红砂岩石雕志文碑座分析，与三号陵碑座相似，是父、子、孙一脉相承延续下来的证物。

（3）五号陵是崇宗李乾顺的崇陵。五号陵位于陵区中部偏西，在六号陵东北约600米，在七号陵正南2000米处，处在西夏尚白取金德、利在西方的显著方位上。乾顺在梁太后与国舅梁乙逋辅佐下立为皇帝，又在梁太后的呵护下诛杀擅权的国相梁乙逋后，16岁亲政。乾顺深爱中原典章制度和文化，亲政后设太学讲求教化，崇佛道、行汉礼、整顿吏治，奖励耕作与生产，改变了后党擅权的乱象和各种杀戮的弊端，实现了王朝的中兴，是一位封建化程度高，有文化有教养有作为的君主。乾顺病逝后，25岁的嫡子李仁孝继承皇位，并为其主丧葬入崇陵。穴位选建在临近德明嘉陵近旁，体现崇尚孝德为先的儒家理念和尊祖敬宗的情怀，陵位与陵园规模的选择和庙号、陵号的命名，是中原文化影响的体现。从该陵园碑亭遗址中清理出土的百十余西夏碑文残块中，译释后发现，有"律法""番汉兼""鞑靼""行德治/至南权统军""义军□敌怀安城""梁武乞""先祖三""皇母""吐蕃是我邻""庚戌/亚"等汉意字块，这些残断的文字是颂扬乾顺在位期间，整修律法，开设番汉兼修太学，行德治的史迹。鞑靼是金代以后出现的称谓，"敌怀安城"是指梁太后携帝征宋怀安城（现固原七营），与吐蕃联姻友好相处也是此朝发生的事，"皇母"是指乾顺的母亲梁太后，"先祖三"更证明指元昊、谅祚和秉常三代皇帝；"庚戌"是正德四年（1130年），是乾顺亲政的后期。以上各残块文字联系起来，证明碑文颂扬述说的正是李乾顺在位53年的史迹，故五号陵为安葬乾顺的崇陵。

---

① 见（清）张鉴著《西夏纪事本末》卷17、20、22，清光绪十一年刻本。

（4）一号陵和二号陵是李纯佑的庄陵和李安全的康陵。纯佑是仁孝子，16岁由罗太后与众臣拥立继位为第六代皇帝，主持仁宗葬礼入葬寿陵。纯佑庸碌，难支西夏晚期艰难局面，主政14年被堂兄弟李仁友之子李安全废黜，病死后葬入庄陵。李安全难挽危局，又被齐王李彦章之子李遵顼废黜，秋八月病死葬入康陵。观察陵区建筑遗存分布，发现前五代皇帝与其附葬的皇室王公贵臣已将中区与北区布满，唯有南端洪漫滩上是片空地。认定一号陵与二号陵为这对难兄难弟的陵园。依据有三：一是按"五音姓利"对应"阴阳五行"取穴布位法，选择在四号陵和三号陵区前方坐西北面朝东南，符合西夏陵园建制的祖制，位于祖陵左侧，坐西北朝东南排序，而前三代皇帝在其祖陵右侧。二是两座陵园南北稍错十余米相邻，与七号陵园规模布局相等，所使用的建筑材料与七号陵园材质式样相同，为西夏晚期构筑。三是两座陵园陪葬墓较少，分布于陵园东西两侧，也说明他们帝位的衰微[①]（图2-7）。

图2-7　西夏陵一号、二号陵航拍全景

依据西夏陵陵园考古成果，经过综合分析和对比研究，对陵主陵名、世系、死因等诸史实元素，列表如表2-4：

[①] 见宁夏文物考古研究所与西夏陵区管理处合编《西夏三号陵——地面遗迹发掘报告》第四章结语，第324页。

表 2-4　西夏陵帝王世系传承与陵墓关系一览表

陵名	谥号	庙号	名讳	世系	寿辰	在位时间	死因与葬地	陵位新考
裕陵	神武	太祖	李继迁/赵保吉	拓跋思忠之后，李继筠族弟，妻野利氏为顺成懿孝皇后。	41岁 962~1003年	14年	咸平六年十一月取西凉府受箭伤，回西平次年正月卒亡，七月葬贺兰山西南麓，追封裕陵。	现编四号
嘉陵	光圣	太宗	赵德明	继迁长子，生母野利氏，妻卫慕氏为惠慈敦爱皇后。	51岁 981~1032年	30年	冬十月辛卯日病卒，葬贺兰山，追封嘉陵。	现编六号
泰陵	武烈	景宗	李元昊/嵬名曩霄	德明次子，生母卫慕氏，废宪成皇后野利氏，改立没移氏为新皇后。	45岁 1003~1048年	17年	正月初一被太子刺杀，次日死，葬泰陵。	现编三号
安陵	昭英	毅宗	李谅祚	元昊幼子，生母没藏氏为宣穆惠文皇太后，废后没藏氏，改立梁氏为皇后。	20岁 1047~1067年	20年 亲政8年	攻宋庆州中流矢，回都后十二月初死，葬安陵。	现编八号
献陵	康靖	惠宗	李秉常	谅祚之子，生母梁氏，立梁氏为皇后。	26岁 1060~1086年	19年 亲政8年	秋七月乙丑因后党专权，孱弱无能，忧愤病死，葬献陵。	现编九号

续表

陵名	谥号	庙号	名讳	世系	寿辰	在位时间	死因与葬地	陵位新考
显陵	圣文	崇宗	李乾顺	秉常之子,生母梁氏为昭简文穆皇太后,立罗氏为后。	56岁 1083~1139年	53年亲政40年	六月四日卒,葬显陵。	现编五号
寿陵	圣德	仁宗	李仁孝	乾顺之子,生母曹氏,立罗氏为后。	70岁 1123~1193年	54年	秋九月癸未日病死,葬寿陵。	现编七号
庄陵	昭简	桓宗	李纯佑	仁孝之子,生母罗氏。	30岁 1176~1206年	14年	因被安全废黜,病死在废所,葬庄陵。	现编一号
康陵	敬穆	襄宗	李安全	乾顺之孙,仁友之子,纯佑叔伯兄弟。	42岁 1169~1211年	6年	因被遵顼废黜,秋八月病死,葬康陵	现编二号
	英文	神宗	李遵顼	凉州王彦章之子。	67岁 1159~1226年	13年	当太上皇,因蒙古军猛攻西夏,五月受惊吓病死,未封陵号,不知葬地。	
		献宗	李德旺	遵顼之子。	46岁 1180~1226年	4年	七月蒙古军攻入应理,受惊吓病死,未封陵号,不知葬地。	
		末主	李睍	德旺之弟,清平郡王之子南平王。	25岁 1202~1227年	1年	七月出城投降,被蒙古杀死,无封号,不知有无葬地。	

三 西夏陵单体建筑的构造与特征

西夏陵园承袭了封建王朝唐宋陵墓的建制传统，其陵园内各单体建筑的构筑，自然是传承和应用中国古代建筑的构造形制与营造法式而营造。无论采用何种材料的构筑，其台基、柱子、梁架、斗栱、榫卯、墙体、屋顶与槛墙装饰、敷色等，在结构、布局与装饰上尽管发生这样那样的变化，但没有超越中国古代土木建筑的法则和规范，即便出现圆形高台等单体建筑，也是在这一体系内的创新发展，以彰显西夏建筑的地域风格和民族风格。历年来对西夏陵区建筑遗址的勘测调查和考古发掘，相关研究成果的积累，为我们研究西夏陵区及其他区域的单体建筑提供了丰富而详实的信息资料。虽然这些信息资料仅是各单体建筑如夯土台、墙、门、亭、阙、殿、陵、地宫及地面原始建筑的残存构件和遗迹，由于魏晋以后直至唐宋，中国木构架建筑体系已经成熟，形成了完整的营造规则，宋代颁布的《营造法式》是对营造活动的规范总结，揭示了中国传统的大屋顶木结构建筑是以木材为主要建筑材料，以榫卯为木构件的主要结合方法，以模数为尺度设计的技术体系。可以从遗址的墩台面和柱洞等数据大致模拟和推测遗址建筑原构。其根本原因是中国古代木构架建筑具有高度标准化、程式化的特点，因此往往从一个构件就可以判断出建筑体的形制及规模。西夏陵遗址地面台基、墙体和出土的残件等，对我们研究园陵的角台、阙台、碑亭、月城、陵城、门楼与门阙、角台与角楼、献殿、陵塔、地宫等单体建筑的构造形制与特征、传承关系和文化内涵提供了极其重要的实物资料。这在宋以前的帝陵遗址中是极为罕见的。现参考其他西夏建筑遗址考古发掘获知的资料及西夏建筑画的图像资料，对西夏陵园各单体建筑作以下综合剖析。

（一）角台

角台是茔域范围的标志性建筑。每座帝陵四角各布一个。各陵角台布位距离略有差别，其结构为：平地起建，夯土筑台，外抹一层草秸泥，表涂泥皮。角台顶上残存夯筑柱状体，四周出土有建筑构件，墩台之上曾有装饰性建筑体，平面形状或圆或方，屋顶或攒尖亭顶式，或四坡庑顶式。三号陵和六号陵的考古发掘报告和研究成果，为我们认识角台的构造形制，提供了准确的实物资料。

1. 三号陵角台

以遗址较好的西北角台为例（图2-8-1）。角台平地起建圆形夯土墩台，向上略收分，呈圆锥状，底径5米，高5米，顶端呈圆柱状平台（图2-8-2）①。夯土台外抹草秸泥，表涂赭红色泥墙皮。周围出土有板瓦、筒瓦、束腰莲座、塔刹形器、宝瓶形器等，均为红陶质。根据夯土圆锥形墩台、墩台顶部的平台，及四周出土的装饰构件来看，墩台面上应有一圆形建筑，该建筑为一攒尖顶圆形建筑，或为砖作或土坯叠涩的类似实心塔建筑。②

三号陵的圆形攒尖顶建筑在前朝各帝的陵园及后朝各帝的陵园建筑群中没有出现过，是中国历朝帝陵中具有独一性的建筑。在佛界有类似建筑，如建于唐长庆二年（822年）的山西运城报国寺泛舟

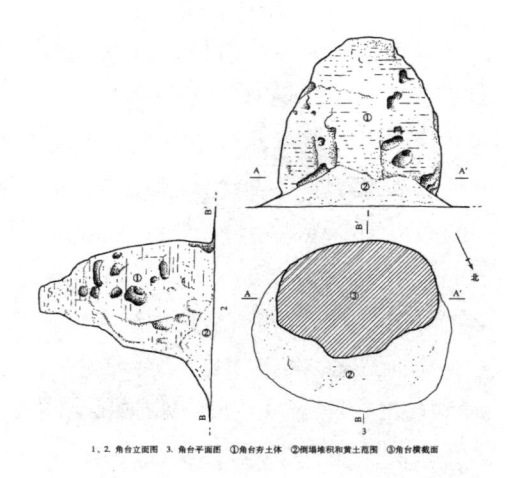

1、2. 角台立面图 3. 角台平面图 ①角台夯土体 ②倒塌堆积和黄土范围 ③角台横截面

图2-8-1　三号陵西北角台平、立面图

图2-8-2　三号陵航拍（1933年）

---

① 1933年德国飞行员卡斯特尔被汉莎航空公司派往中国参与中国航空建设，利用工作之便拍下了大量珍贵照片，1936年8月结集出版了《中国飞行》，其中有一张《贺兰山下的西夏陵》，经西夏博物馆专家鉴定为三号陵。
② 《西夏三号陵地面遗迹报告》提出：该建筑形制与山西运城泛舟禅师墓塔、莫高窟61窟南壁的净土寺院，对称布有圆形攒尖顶建筑，垂脊端有神兽装饰，攒尖顶是束腰宝瓶，亭基绘圆台面，立柱外圈有平座栏杆转成圆形。三号陵角台上的圆亭建筑可能是一个类型。

禅师墓塔是圆形唐塔实物中的孤例①（图2-9）。

在敦煌中唐、吐蕃时期直至五代、宋的壁画中也有圆形攒尖顶建筑图像案例，如莫高窟159窟南壁净土变、61窟北壁净土变中的圆形攒尖顶建筑和五代莫高窟61窟南壁净土变中的圆形攒尖顶建筑，榆林窟第19窟东方药师变、第25窟南壁观无量寿经变中都绘有攒尖顶式建筑，檐内层层斗栱，顶尖安置塔刹、相轮，相轮上有链系于屋檐，链上系铃（图2-10、2-11、2-12、2-13、2-14）。

图2-9　山西运城报国寺遗址泛舟禅师墓塔

图2-10　唐莫高窟159窟南壁圆形台基上攒尖顶建筑

图2-11　五代莫高窟61窟北壁净土寺院内圆形台基上的攒尖顶建筑

---

① 山西运城市盐湖区寺北村东南报国寺遗址泛舟禅师墓塔创建于唐长庆二年（822年），是圆形唐塔仅存的实例。塔高约10米，塔基圆筒形，素砖砌成，由下而上略有收分，上置六层砖叠涩的须弥座，座上有砖雕壶门并隔以间柱。塔身中空，面南开门，门槛、门颊和门额均为石料。塔铭从左到右竖写。

第二章 陵墓建筑 | 121

图 2-12 五代莫高窟 61 窟北壁净土寺院内架起的重楼佛殿，台基、屋身、屋檐、屋顶均呈圆形

图 2-13 唐榆林窟 19 窟东方药师变中攒尖屋顶上安置塔刹、相轮，有链系于屋檐，链上系铃

图 2-14 唐榆林窟第 25 窟南壁观无量寿经变净土寺院中的攒尖顶建筑出檐圆形

参照唐、五代壁画所绘的圆形攒尖顶官式建筑突出斗栱的图像和泛舟禅师墓塔叠涩密檐的实例，对三号陵角台进行示意，如图 2-15。①

2. 六号陵角台

以四座台址中保存状况较好的东北角台为例（图 2-16）。平地起建夯土墩台，呈覆斗方形，底边长 7.2 米，向上略收分，遗存最高处 4.8 米，顶部为不规则状平面，最宽处为 3.95 米，顶平面正中有一个中心柱洞，2 个枋木槽。夯土墩台外抹草秸泥，表面涂白色墙皮。角台周围出土有板瓦、筒瓦、兽面纹滴水瓦当（兽面纹与统万城瓦当纹饰相同）、套兽（有獠牙和突起的眼）。根据夯土正方覆斗形墩台顶有平面、柱洞和枋槽遗址推测，其上有一木构架建筑。再从出土的方颈套兽是子角梁装饰件推测，六号陵角台上的建筑应是木构架覆瓦四坡起脊檐下有斗栱的庑顶建筑（图 2-17）。

图 2-15 三号陵角台示意图

---

① 本章单体建筑示意图由郭海峰绘制。

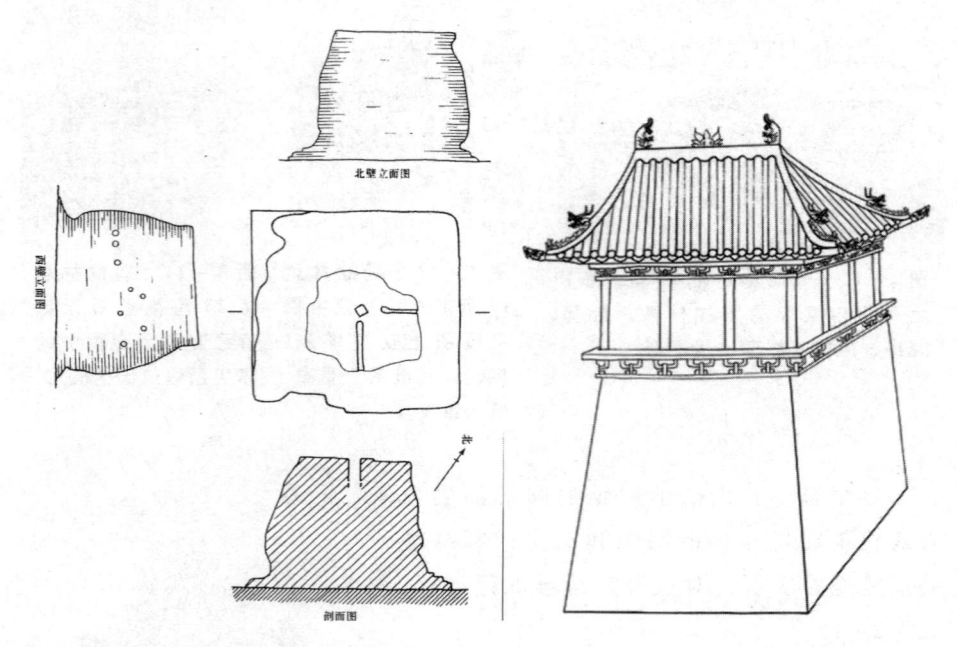

图 2-16　六号陵东北角台平面、立面、剖面图

图 2-17　六号陵角台示意图

（二）阙台

阙是陵园入口处的标志性建筑。阙起源较早，是春秋至秦汉在城市、宫廷、祠堂等建筑中广泛使用的一种礼制建筑，其特点是高台上建一座缺门扇的屋，两阙独立对峙在宫廷、城门、祠庙、陵墓之前，有石构阙、砖砌阙等。现在最早遗存的有汉代画像砖上的阙图和实物四川雅安高颐阙，因此一般称汉阙。唐代陵园建制中也有阙，称鹊台（图 2-18、2-19）。

图 2-18　河南郑州市出土西汉（公元前 206～公元 8 年）"阙前武士"画像砖

西夏陵园继承汉唐此项建筑传统，每座帝陵南端都矗立着一对夯土高台，是陵

园入口处阙的标志性建筑，渲染神道的壮观和气势，宣示建筑群的隆重及等级名分，起强化气氛的作用，体现中原传统建筑制度，属于礼制性建筑类型。目前已经发表的三号陵、六号陵的考古报告（含简报），对西夏阙遗址清理后，发现其在陵园的布局位置基本固定在碑亭前，呈对称状。西夏陵的阙有两种类型，一种是圆柱形，另一种是覆斗形，建筑形式有所发展。

1. 三号陵阙台

三号陵阙台被人为和自然破坏严重，遗址显示对峙的一对阙形制相同，形状

图 2-19 四川雅安汉代高颐阙

为一大一小两个圆形台叠加，呈两级平头圆锥状。由于西阙台比东阙台保存好些，以西阙台考古报告记录为例叙述。

西阙台平地夯土起筑，遗存通高7.35米。立面呈两级高台，每级都略向上收分。第一级台底径12米，高4.75米，台面由两部分组成，外环台面宽0.6米~1.4米，内径7米，成为第二级底径；第二级底径7米，高3米，顶面平台直径2.4米~2.5米，中间偏西有一直径0.2米、深0.18米的柱洞，洞内有少量杉木块，估计原立有承重柱。阙台周围出土有板瓦、筒瓦、瓦当、滴水、套兽、嫔伽、摩羯、束腰仰覆莲座等，其中瓦当、滴水纹饰物为兽面纹。出土的束腰仰覆莲座，为攒尖顶建筑或塔刹的束顶装饰构件。出土建筑构件证明三号陵阙台上有一座攒尖顶建筑。在敦煌五代61窟壁画大法华寺中绘有类似攒尖顶饰仰覆莲座建筑。（图2-20）阙台上的单体建筑原型可参照敦煌壁画中攒尖顶建筑作出示意图（图2-21、2-22）。

图 2-20 五代敦煌61窟大法华寺攒尖顶饰束腰仰覆莲座建筑

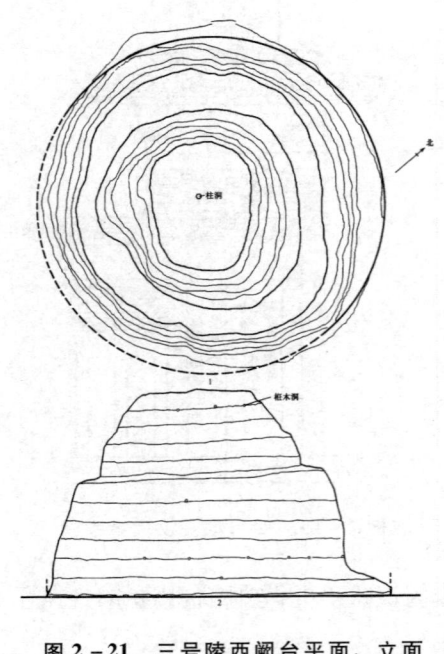

图 2-21　三号陵西阙台平面、立面图

图 2-22　西夏陵三号陵西阙台示意图

2. 六号陵阙台

东西阙台形制相同，考古报告称该对阙台为方形高墩台覆斗体。东阙台基部残长 11.6 米（简报为 11.8 米），台顶边长 7.5 米，通高 7.6 米。阙顶台面中央用土坯砌出二层台基包边，中央为夯土，阙顶四角（即土坯墙拐角处）各有直径 0.2 米柱洞，柱洞间有两个枋木槽，枋木槽顶端伸出阙台外，加上角端枋木槽，共 12 个，应是伸出顶端的平座木构件。阙台周围出土遗物有板瓦、筒瓦、瓦当、滴水、砖、套兽、鸱吻，其中刻有鱼鳞纹的石雕残块，可能是平座望柱石构件。瓦当、滴水纹饰为兽面纹。西阙台周围还出土有红砂岩质地的束腰莲花塔刹，通高 24.7 厘米，底径 12.5 厘米。据盛唐壁画中的高台阙形式（图 2-23）[①]，可以示意六号陵阙台的大致形制（图 2-24、2-25）。

---

① 见孙毅华、孙儒僴《中世纪建筑画》。

图2-23　莫高窟431窟西壁壁画中绘四座高台阙建筑

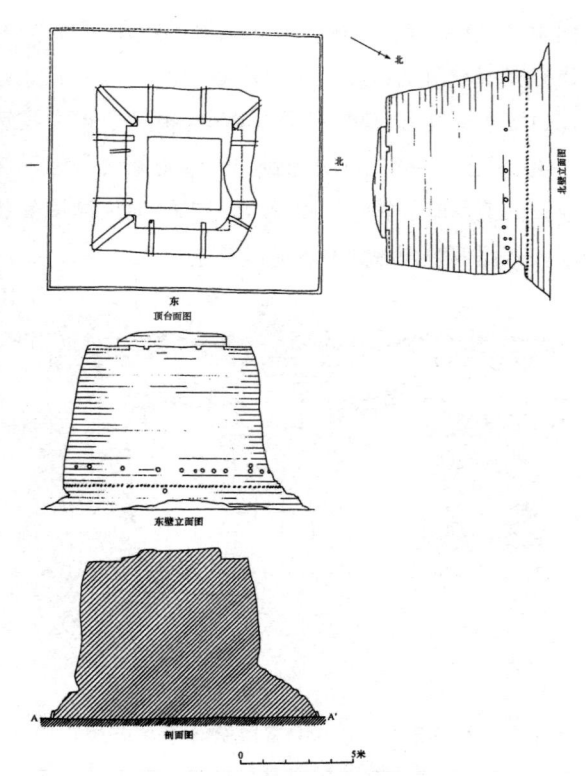

图2-24　六号陵东阙台平面、立面图。平面图显示阙顶方形平座下有枋木槽

图2-25　六号陵阙台示意图

阙台建筑是古代建筑中的一种类型，高台建屋称为阙台。现存最早的实物是汉阙，除雅安子母阙，其他形式现在已经消失了。但在敦煌壁画中多有表现。如初唐时期的莫高窟431窟西壁，用以表现《观无量寿经》中"宝楼观"中的宝楼，绘有四座高台阙建筑，高台平面为四方形，立面呈梯形，上小下大。台上伸出宽大的平座栏杆，上建三开间殿庑，阙与阙之间用虹桥连接（图2-26）。[①]最近嘉峪关出土的魏晋墓券门楼照墙上，用砖分层垒出门扉、阙、斗栱等，其中有

[①]　见孙毅华、孙儒僩《中世纪建筑画》，第126页。

阙屋的形象，屋身上垒有坡面屋顶（图2-27）。① 说明从汉、魏晋至唐，阙上都建有屋宇。西夏六号陵阙台外墙用泥（灰）白色，抹平。出土的建筑构件有灰瓦、滴水、套兽、鸱吻等，是木构架庑顶正脊建筑装饰件。证明阙台上有殿宇建筑，至少是四坡庑顶建制。三号陵阙台外墙用赭色泥抹平，出土的建筑构件束腰仰覆莲座、嫔伽、摩羯等，为攒尖顶结束处相轮塔刹装饰构件，可能受到于阗、回鹘等西域式塔的建筑影响（图2-28-1）（图2-28-2）。

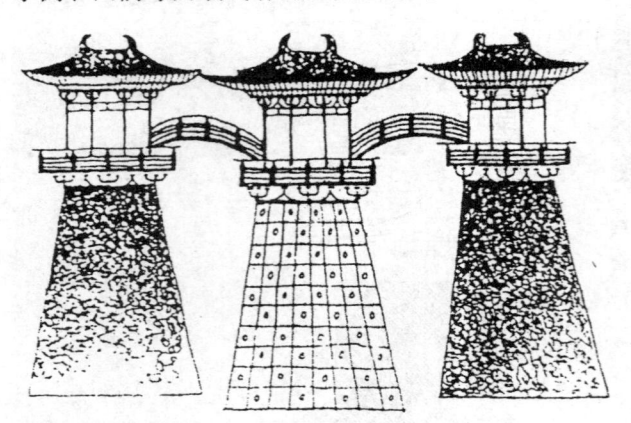

图2-26 唐莫高窟431窟西壁《高台虹桥》中三座用桥连接的方形阙台，台上伸出宽大平座栏杆，建三开间殿庑

图2-27 嘉峪关出土魏晋墓门楼照墙上的阙屋

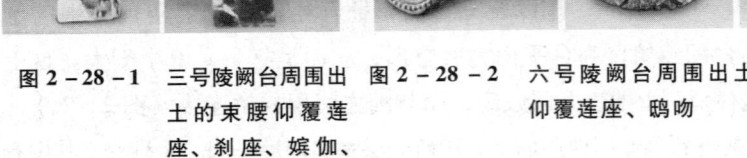

图2-28-1 三号陵阙台周围出土的束腰仰覆莲座、刹座、嫔伽、摩羯等建筑构件

图2-28-2 六号陵阙台周围出土瓦当、滴水、仰覆莲座、鸱吻

---

① 俄军、郑炳林、高国祥主编《甘肃出土魏晋唐墓壁画》，兰州大学出版社，2009，第51页。

阙台建筑现在已经消失了，但西夏陵的遗存高台，及周围出土的各式砖瓦、装饰构件，使得阙台的多样性被表现出来，大大丰富了古代建筑阙台的类型。尤其是三号陵阙台，与晚唐、五代敦煌莫高窟61窟大型经变画中少见的攒尖顶建筑相似。可见西夏陵的阙台遗址是晚唐、五代直至宋时期一种流行的建筑。据《宋史·夏国传》记载，宋代城门前仍建有阙，元代以后就消失了，明清陵址也不见高阙。因此，西夏陵阙台遗迹弥足珍贵。

（三）碑亭

在陵园中布局碑亭建筑，这可能是西夏帝陵布局的创造。唐以前帝陵地面没有碑亭，能见到在地面立碑的遗存只有位于今陕西乾县唐乾陵前神道两旁并列着的唐高宗碑和武则天无字碑。宋代帝陵也无碑亭。西夏帝陵的陵园布局中为"碑"营造碑亭建筑，使碑刻文字免遭风吹雨淋，以"洎万世之业"的同时，享万世瞻仰和祭祀。西夏各陵碑亭遗存的数量不等，如三号陵与六号陵各2座，五号陵3座，四号陵1座。可能与多次修缮增建或后人破坏有关。据目前已经发布的考古调查与发掘出土资料综合分析，发现西夏碑亭23座，其中帝陵16座，陵园陪葬墓3座，闽宁村党项族人墓4座，已清理遗址12座。各碑亭遗址仅存建筑台基、残碑、建筑材料残件等。台基大小、尺寸不同，有直壁和向上逐级收分之别，周壁包砖；台基面铺地砖，有柱洞，台面上的建筑有方形和圆形两种。有关碑亭的建筑形制与构造特征，从六号陵和三号陵发掘获取的地面建筑遗迹和遗物，为我们认识碑亭构造特征提供了两种类型的实例。两座陵园4座碑亭均建在覆斗状正方形台基上，但台基上亭身造型各异，反映了建造时间和受到不同建筑文化影响的差异。

1. 三号陵碑亭

有东、西碑亭两座，位置在东、西阙台的正北方，形制为方形覆斗台基上筑有圆形碑亭遗迹。亭内地面铺砖，东西向置4个人像碑座，支撑西夏文石碑刻，碑首刻祥云、游龙。两碑亭身形制相同，碑亭屋面缺。由于碑亭出土遗物较丰富，以考古发掘勘测数据、所获遗物和分析结论为依据，认识它的构造形制与特征更为清晰。

三号陵西碑亭建筑遗址有台基（下分）和砖构墙基（中分亭身的一部分）。

台基：台基呈方形覆斗状。现存台基底边南北长20.4米，东西宽20米；

图 2-29　五代榆林窟 36 窟前室南壁大屋顶窣堵波

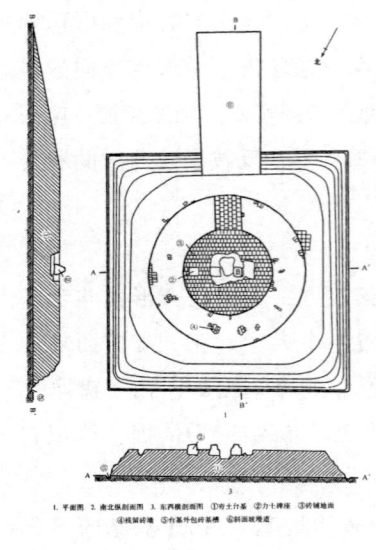

图 2-30　三号陵西碑亭平面、剖面图

台基面南北长 17 米，东西宽 16.4 米；高 2.2 米。台基平地夯土起建，呈五级台阶状，向上收分 2 米，四壁有砖包痕迹，台面用方砖墁铺。

慢道：南侧正中有一斜坡慢道。道长 12.2 米，北端高 2.2 米，坡度 10°，用砖包砌。

亭身：建在台基的中央，留有圆形砖构墙基，厚达 2.5 米，墙基外径 13.4 米，内径 7.4 米，内外墙壁面遗存白灰墙皮。从坍塌的建筑材料 90% 以上都是砖分析，西碑亭是用砖券砌环形墙建筑，中空置碑。

遗址出土物：出土人像碑座 3 件（东西碑亭共出土碑座 6 件），西夏文碑残块 4955 块（无汉文残块），砖、瓦、兽面纹瓦当、滴水等装饰构件，有特色的建筑构件有饰莲花纹方砖，以及绿釉束腰仰覆莲座残件、绿釉陶海狮残件、绿釉陶五角花冠嫔伽残件、一件完整的陶相轮等屋面装饰构件。东碑亭建筑特点为方形台基上建圆形亭身，屋面有瓦作和佛教神灵装饰。从遗址砖砌圆形屋身开一门及出土佛教神灵、仰覆莲座、陶相轮等建筑构件推测，其碑亭的形制受到窣堵波建筑的影响。据五代榆林窟 36 窟前室南壁大屋顶窣堵波图（图 2-29），屋顶中间是相轮和束腰仰覆莲座，伞形垂脊端是佛教神灵。绘画图像及建筑构件配置与三号陵碑亭遗址建筑构件基本相符。推测如下复原模拟图（图 2-30、2-31）。

2. 六号陵碑亭

有碑亭两座，形制各异。东碑亭为方形台基上起圆柱形亭身，西碑亭为方形台基上起三开间正方形建筑。

（1）东碑亭遗址位于东阙台正北方

台基：黄土夯筑，呈方形覆斗状，四边包砌长条青砖。

踏步：西侧正中有一条斜坡踏步，呈五级夯土台阶。

亭身：为圆柱形结构，在台基面正中存有一圆柱形墙体基础，零星铺地砖，圆形墙厚3米，亭内径6.7米，有直径0.2米门柱洞2个，间距2.85米，西侧辟门，圆形墙内、外壁抹白灰。

图 2-31 三号陵碑亭示意图

出土遗物：建筑构件有素砖、绿釉宝相花纹砖、兽面纹瓦当、石柱础等；装饰构件有套兽、脊兽、鸱吻等，均为残件；石雕石象生头部、鳞纹龙爪等残件；西夏文、汉文碑残块128件（其中汉文1件），碑缘花纹为忍冬纹，碑座1件（座顶左上角刻西夏文3行，汉译"小虫旷负""志文支座""瞻行通雕写流行""砌垒匠高世昌"）。

从东碑亭出土有鸱吻、脊兽等建筑构件推测，屋面应该是木构架大屋顶官式建筑。屋身通体圆柱形，同三号陵碑亭形制。

（2）西碑亭遗址位于西阙台正北方

台基：黄土夯筑，正方形，四壁包砖，台面墁铺地砖，留有4排柱洞，共16个，柱础石为大小不规则的毛石，四边柱洞位于建筑体墙内为暗柱；中间4柱为明柱，柱洞内存柱石、磉墩，说明是承重柱，证明台基正中架设有木构建筑。

踏步：东西辟门，有东西斜坡踏步，黄土夯筑，两侧面包砖。

出土遗物：龟背纹方砖、石榴纹方砖、兽面纹瓦当、鸱吻3件（一件灰

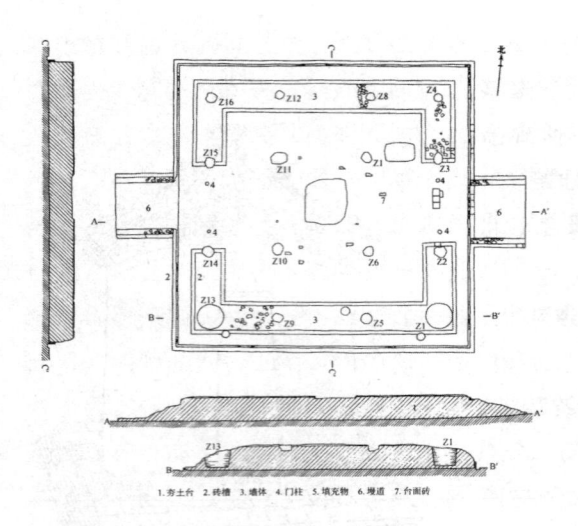

图 2-32　六号陵西碑亭平面、剖面图

1.夯土台　2.砖槽　3.墙体　4.门柱　5.填充物　6.墁道　7.台面砖

图 2-33　六号陵西碑亭示意图

陶完整件，2件绿琉璃残件）。灰陶鸱吻整体形状为龙头鱼尾，龙头有角，龙鼻桥形，背有鳍，尾分叉。从台面柱洞排列及建筑装饰有鸱吻、套兽等分析，该建筑为面阔三间进深三间木构架大屋顶建筑（图2-32、2-33）。

以上六号陵碑亭亭身的不同形制，体现了建筑类型的多样性。从西碑亭出土汉文碑残块、东碑亭出土西夏文碑残块及建筑台基、屋身为不同形制分析，两座碑亭是不同时期营造的。东碑亭西夏文残碑是李元昊创制西夏文字以后刻的，亭身圆柱形与三号陵碑亭相仿，不能排除是修造李元昊陵园时又新修的一个碑亭。

（四）月城

月城位于碑亭北，遗址由城墙、门阙、石象生台座组成。月城是紧接陵城墙南侧建的一个小城。月城平面呈东西长、南北短的长方形，月城墙仅有东、西、南三道，北墙是陵城的南门墙及门阙。月城南墙正中有门阙，门址有柱洞，原应有月城门。以月城门和陵城南门为中轴线，城门内东、西两侧各列布两条南北方向的石象生台座。

西夏陵园布局月城，是中国古代陵寝建筑中仅有的一例。西夏陵园建城的形制传承赫连勃勃大夏国都城（统万城）的建制。经陕西省考古研究院对统万城的钻探研究，统万城由外郭城、西城及东城组成。东城为宫城，西城为皇城。西城遗址四周有马面，城墙居中开门，四门为：南曰朝宋门，北曰平朔门，东曰招魏门，西曰服凉门；东城和西城共享中间的城垣，西城比东城大（即皇城比宫城大）。统万城的建制与西夏陵城相比较，统万城的皇城相当于西夏陵的陵城，统万城的东城相当于西夏陵的月城，因此陵城建月城是北方民族或中国古代西北地区都城建筑传统的延续。[①]

1. 三号陵月城（图2-34）

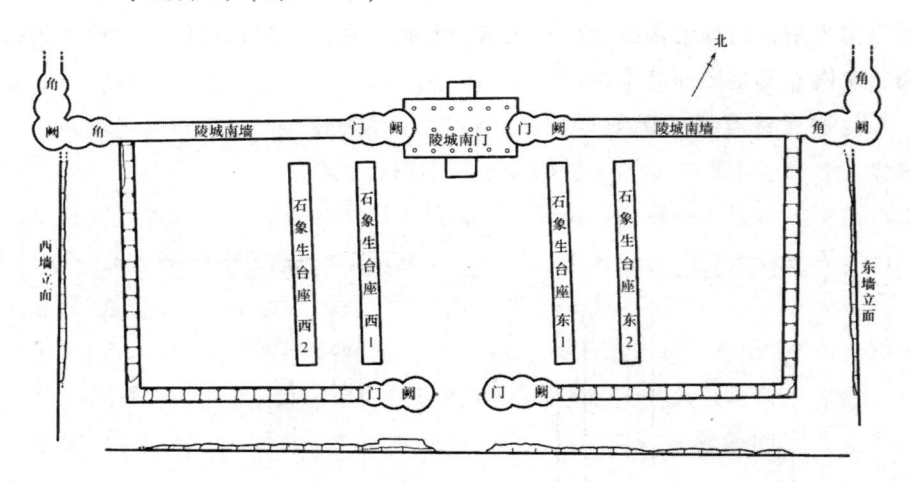

图2-34 三号陵月城遗址

东西距离130米，南北距离52米。

（1）月城门。是陵园第一道门，门道边遗存有2个柱洞，相距9米，柱洞直径0.23米（六号陵考古资料，相距9.95米，布4个柱洞）。

（2）门阙。门的东、西两侧对称，分别由3个相连的圆柱形墩体为门阙。平地起建，黄土夯筑，用青砖包砌外墙，南、北墙体轮廓呈三段相连的圆弧形，墩体的横剖面呈三节葫芦形，靠近门的墩体最大，依次渐小。门道柱紧贴最大的门阙。遗址包砖已不存，仅存基槽。

（3）月城墙。黄土夯筑，墙体内、外有112个柱洞，为筑墙时固定筑

[①] 参见邢福来撰《关于统万城东城的几个问题》，载《统万城建城1600年国际学术研讨会》文集，2013。

墙板的圆木所留。外墙面向上收分比里墙面多。月城西墙外有6个用砖砌成六角形或五角形的赭红色泥浆颜料坑,证明原月城墙表面涂赭红色泥皮。

（4）神道和石象生台基座。月城门至陵城南门为神道,全长42米,宽8米,黄土夯打铺就。神道东、西两侧各有两条南北方向的石象生台基座,其中一条南北长41.5米,宽3.7米,高0.15米~0.2米,四条台基座的长、宽、高相仿。夯土台基,四周包砖,台基面铺砖。周围有大量石象生残块。

（5）三号陵月城出土遗物：以月城墙两侧出土的板瓦、筒瓦、滴水、瓦当为大宗,门址周围出土少量嫔伽、套兽、瓦当、兽面纹滴水,质地为红陶、灰陶,都是屋面装饰件。

2. 六号陵月城（图2-35）

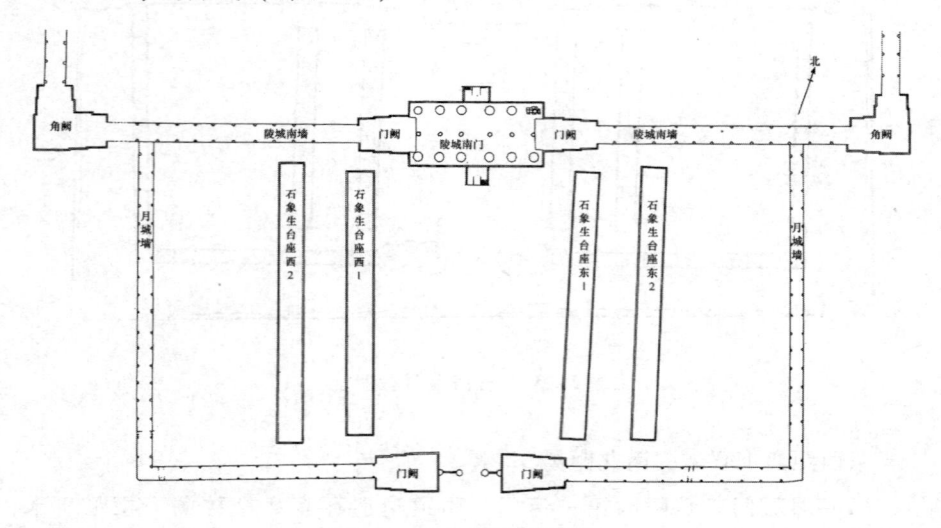

图2-35 六号陵月城遗址

（1）月城门。南城墙正中辟门,地面无台基,留有门柱洞三排,每排4个,东西长9.95米,中间一排门柱洞大（直径9厘米~12厘米）,南北二排柱洞小,柱洞之间有铺砖沟槽。东西两端柱洞呈半圆形,紧贴阙墙。四柱洞间形成三个门道,中间一个是神道,或皇帝祭祀时的御道。

（2）门阙。六号陵月城门阙为长方体墩台,三出阙（中国传统伦理天子用三出阙,诸侯、大臣用二出阙）,墩台向上收分。因地面出土有灰、红陶质的鸱吻、套兽、脊兽等,说明阙台顶上有木构架屋顶建筑。

（3）月城墙。夯土板筑，基部宽 1.9 米 ~ 2.3 米，向上收分，夯土墙有桩木，两段夯墙之间有柱槽，柱槽被封护在墙皮内，说明是暗柱，起骨架作用。墙体地面有筒瓦、瓦当、滴水出土，说明墙上起脊盖瓦，体现了建筑有伦理等级，属于官式建筑皇家最高级别。

（4）神道和石象生台基座。月城内神道东西两侧，各分布有一条南北长 41.3 米 ~ 43.9 米，东西宽 3.6 米 ~ 3.8 米，高 0.1 米 ~ 0.3 米，用条砖包砌的石像生台基座。

根据考古报告提供的数据和信息，月城建筑的特征有以下几点。

第一，夯土城墙，外涂赭红色泥浆；城墙顶盖板瓦、筒瓦，装饰瓦当、滴水。

第二，门道：门道为三门洞、有起脊排楼式屋面、山墙建在门阙内，为通道建筑。其形制为，屋顶正脊有嫔伽等装饰，屋面有出檐，檐下用斗栱承托屋面，柱之间有阙额枋承重。与北凉莫高窟 275 窟南壁双阙之间有斗栱的牌楼式门屋相近（图 2 - 36 - 1）。北凉的这幅壁画比较粗糙，山西大同云冈石窟第 10 窟北魏殿堂式龛的檐下饰带，可能影响西夏月城门建筑（图 2 - 36 - 2）。因此三号陵考古报告提出的"乌头门"[1] 的形式是值得商榷的。有可能为牌楼式门洞。

图 2 - 36 - 1　莫高窟第 275 窟北凉壁画。门阙之间建有门道屋，门阙靠通道部分为门道牌楼式屋山墙

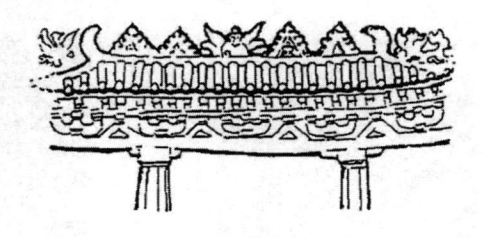

图 2 - 36 - 2　山西大同云冈石窟第 10 窟北魏殿堂式龛的檐下饰带

---

[1]　见《西夏三号陵——地面遗迹发掘报告》，第 312 页。

第三，月城门门阙和陵城门门阙及角阙形制相同，阙台上建楼。西夏陵门阙由于高台营筑形式不同，一种是方锥形，另一种是圆锥形，台面上的建筑也有区别，呈现门阙的多样性。

门阙是代表伦理、礼仪的建筑，"阙者，缺也，中间阙然为道"。在敦煌壁画中大都夹峙在殿或城楼两侧。一般建二出阙。以后门阙建筑的形制、构件越来越多，装饰越来越复杂、繁琐，代表皇帝级别的三出阙多起来。如唐建懿德太子墓内壁画绘三出高台门阙（图2-37）。

图2-37 唐懿德太子墓壁画三出阙

关于门阙建筑，现在留存的实物有汉阙，如四川雅安高颐阙（子母阙），形状为连在一起高低两个长方体高台上有装饰屋的石建筑（图2-38）。莫高窟第449窟北壁宋代壁画西域式墓园图像中也绘有门阙（图2-39），西域拱形墓室前的矮墙向前延伸出一段，矮墙尽头有墩台，墩台上高出墙的部分为坡顶屋面，墩台和坡顶组成门阙，墩台上建有起脊屋顶；门阙

图2-38 四川雅安高颐阙

图2-39 宋莫高窟449窟北壁西域式墓园

向前延伸的部分是神墙，之间为神道，端头有墓阙。① 这个墓园体现了西域墓园的门阙形制，阙台上建装饰性屋顶。宋陵门阙为长方形三出阙，高台上建大屋顶建筑，有屋身、屋顶，可登临观远；门阙之间为神道，门道无建筑遗址，宋陵阙的台基比唐代低，显得精巧秀气（图 2-40）。西夏陵月城门阙为三出阙，显示建筑的最高级别。

图 2-40　宋永昭陵双阙为长方形三出阙（西夏六号陵月城和陵城门阙与此相似）

目前考古发掘的西夏陵门阙，有两种形制：一种以六号陵门阙为代表的长方形高台上有木构架屋顶建筑；另一种是三号陵圆锥形高台上有木构架圆形攒尖顶建筑。既传承了魏晋以后形成至唐宋成熟的门阙形制（图 2-41），又结合西域建筑，创造了圆形高台阙的新建筑类型（图 2-42）。在皇家级别的陵园门阙营建中，不仅集前朝之大成，而且又有新的创造，体现了西夏门阙造型的多样性。三号陵门阙的造型，使中国建筑史上又增添了一种新的门阙的造型。在阙楼建筑的装饰上，如鸱吻、嫔伽、套兽等神灵形象，融入了西方佛教文化而创作了新构件。六号陵门阙出土的鸱吻与唐月牙形鸱尾不同，为龙头鱼尾状，其阔嘴边的鱼鳃纹、背鳍、

图 2-41　敦煌十六国至北朝时期壁画中的门阙

---

① 孙毅华、孙儒僩《中世纪建筑画》，第 90 页。

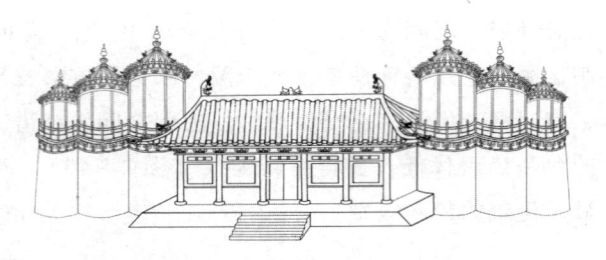

图 2-42　三号陵陵城门屋、门阙示意图

图 2-43　统万城出土十六国时期瓦当

图 2-44　西夏六号陵出土琉璃瓦勾头

鱼尾的造型，是受印度佛教文化影响后发展的形象，六号陵出土的兽面纹瓦当与十六国时大夏国统万城的相同，为狮面神兽纹（图 2-43、2-44），反映西方佛教文化影响。

西夏陵园中每一座帝陵月城、陵城的角阙应该是统一的样式，只是陵城的阙比月城的高大。六号陵先建，其月城角阙形制为长方形三出阙；三号陵为圆形三出阙，突出回鹘、吐蕃风格。这是因为元昊自幼跟随李德明出征西凉等地，受到河西回鹘、吐蕃建筑影响。《宋史·夏国传》谓："天圣六年（1028 年），德明遣子元昊攻甘州，拔之。"[1] "景佑二年（1035 年）……元昊自率众攻猫牛城（青海西宁北），一月不下。既而诈约和，城开，乃大纵杀戮。"[2] "德明死，元昊袭定难军节度使，封西平王。……元昊攻唃厮啰，陷瓜、沙、肃三州，尽得河西之地。"[3] 五代之际战乱频仍，豪杰蜂起称帝、称王。元昊建坛称帝时豪称"偶似狂斐，制小蕃文字，改大汉衣冠"后，[4] 在建筑礼制也要改制，增加圆形建筑，为又一标新立异之举。按帝制建造

---

[1] 《宋史·列传·第二四四·夏国上》，中华书局点校本，1977。
[2] 《宋史·列传·第二四四·夏国上》。
[3] （宋）王称：《东都事略》武英殿聚珍本，清道光五年小砚山房刻本。
[4] 《宋史·列传·第二四四·夏国上》，1039 年元昊给宋仁宗上的表书。

陵园时，吸收西域窣堵波建筑的形制而设计了新型圆柱形高台和台上圆形单体建筑，同时也为其父德明加建了六号陵东碑亭的圆形碑亭建筑。

（五）陵城门屋

西夏陵陵城南墙辟正门，陵城门屋由台基、屋身、屋顶等组成，现仅残存台基、阙的一部分和散落在周围的建筑装饰构件。门屋台基呈东西长、南北宽的长方形，并与阙基部分重合，门屋与阙相连。

1. 三号陵和六号陵陵城门屋

（1）门屋台基。门屋应该由台基、屋身、屋顶组成。现遗址只存台基（图2-45、2-46）。台基呈长方形，在东西两侧门阙之间平地起建。三号

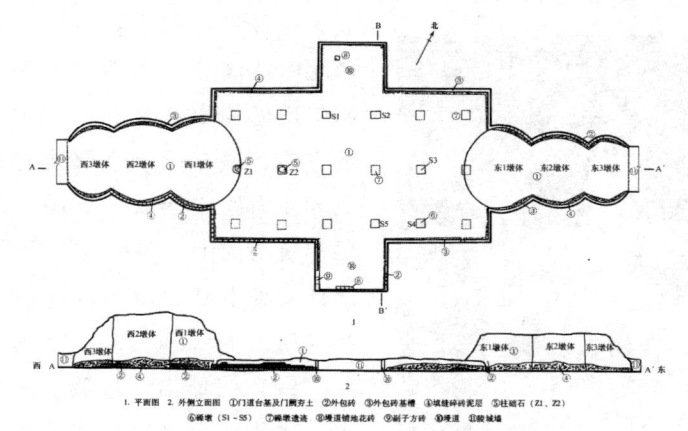

图 2-45 三号陵南门阙、门屋台基遗址

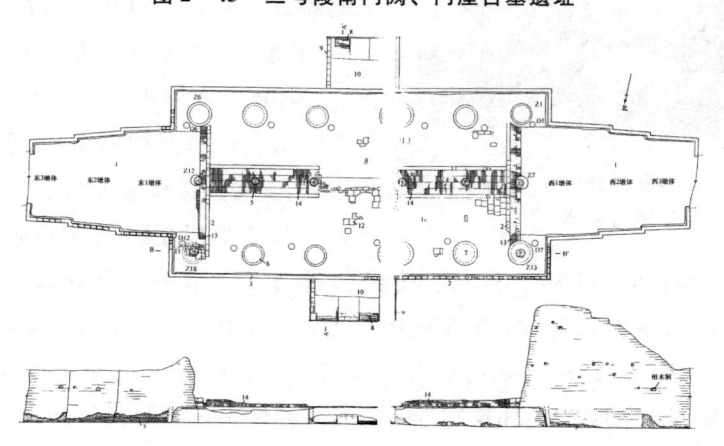

图 2-46 六号陵南门阙、门屋台基遗址

陵南门门屋台基遗址台面长21.5米，南北宽12.2米，高0.95米，台面南北两侧居中各有踏道；台面上有3排方形柱洞，每排6个，柱点分布均匀，构成面阔五间、进深两间的建筑。六号陵南门门屋台基东西长20.1米，南北宽10.5米，高0.8米~1.1米，台基平地起建，外包青砖，南北侧也有踏道，形制与三号陵相仿。台基居中被一宽3.8米的通道分为东西两段。南北向正中有一道东西向的隔墙。门屋的东西山墙被包在门阙内。台基上有3排圆形柱洞，每排6个，中间一排柱洞均有柱础石和磉墩，为承重墙，东西两端柱洞在门阙墩台内。南北两侧建有踏道。从柱洞看，南门为面阔五间、进深两间的建筑。

三号陵与六号陵门屋其中间一排两端的柱洞位于东西门阙墩台内，说明门道屋的山墙建在门阙内。这种营造方法，最早出现在汉画像砖中，到北朝成为固定形式，反映在北朝壁画的建筑图像中，如莫高窟257窟北凉、北魏壁画中佛殿屋顶嵌在门阙内（图2-47）。

（2）门址出土遗物。三号陵南门出土遗物以大量绿釉陶质建筑装饰材料为特点。除砖、板瓦、筒瓦、滴水、瓦当等建筑材料外，还有鸱吻（碎片）、嫔伽（复原14件，分四角叶纹花冠和五角花冠两种类型）、套兽、海狮、摩羯、束腰仰覆莲座、宝瓶碎片等。六号陵南门出土遗物以灰陶建筑

图2-47 北魏莫高窟257窟南壁殿顶两端嵌入阙体

装饰材料为特点。除砖、板瓦、筒瓦、瓦当、滴水等，还有套兽、鸱吻（修复4件，1件是琉璃件，3件灰陶；其中一件通高103厘米，宽66厘米，最厚处27.5厘米）；从台基遗址出土有鸱吻、方筒绿釉筑件和套兽等建筑构件。鸱吻是正脊两端的建筑饰件，方筒绿釉件是正脊的一部分，套兽是仔角梁饰件，因此可以推测三号陵与六号陵的南门门屋是面阔五间、进深两间

的起脊庑顶或重檐歇山顶建筑（图2-48）。

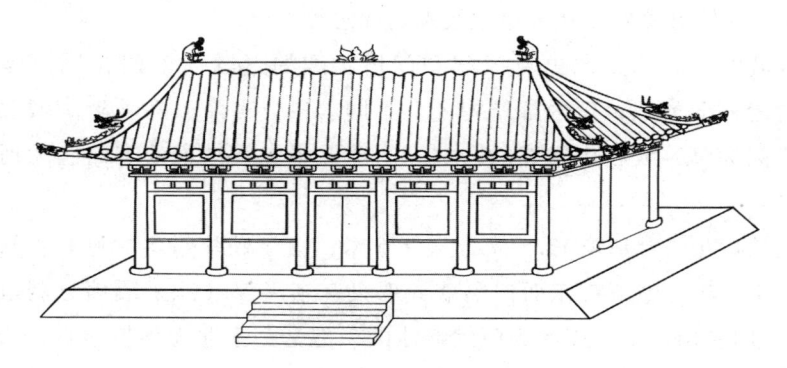

图2-48　三号陵南门门屋示意图

根据三号陵南门门址及周围出土有海狮、摩羯、束腰仰覆莲座、宝瓶（完整件3个）等构件，门阙台上有攒尖顶建筑，靠近门屋的阙台上建一完整的攒尖顶，依次建两个有宝瓶的错落排列攒尖顶。三号陵南门和门阙连起来是一组五开间殿、两侧对称三个攒尖顶建筑，如同凤凰展翅，十分壮观。六号陵门址周围也有套兽等构件，类似屋顶为三个攒尖顶相连的建筑。以后有如明朝郑和建的西安大学习巷清真寺凤凰亭，八角攒尖顶部分相接迭落屋面，合脊处各削去两个角，屋面相连如凤凰展翅，故称凤凰亭（图2-49-1、2-49-2））。

图2-49-1　（明）西安大学习巷清真寺凤凰亭

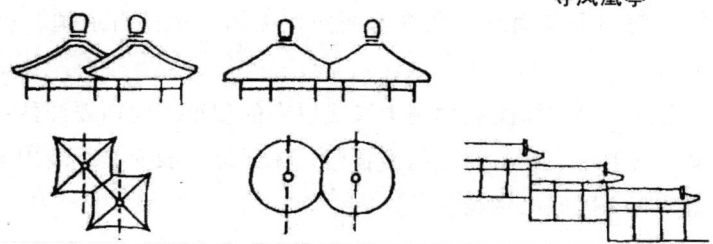

图2-49-2　翼角对接、迭落屋面（宋陵门阙）

陵城南门屋和门阙是陵城自南向北中轴线起端的最为高大的建筑，起门脸作用。在陵城建筑中代表伦理级别的标志性建筑。

陵城的东、西、北也有门阙和门屋，阙的形制与南门相同，体量略小，门屋外形类似，但内部结构完全不同。以三号陵、六号陵陵城北门屋和北门阙为例，处在中轴线的北端，为陵城中轴线结束处有门脸无通道的建筑。

三号陵北门台基长13.7米，宽9.6米，由于破坏呈不规则长方形。基面铺有花纹砖，中部有东西向隔墙，现只有东半部（原来隔墙形制应同六号陵）。门屋山墙下端中部为门阙墩体的一部分，南北无斜坡慢道，为面阔三间进深两间中有隔墙，没有通道的木构架建筑。三号陵北门阙为三出阙，圆柱形墩台上建有攒尖顶建筑，出土建筑构件有板瓦、筒瓦、瓦当、滴水，均饰兽面纹，质地为红陶和绿釉陶的套兽、五角花冠和四角叶纹的嫔伽，其中四角叶纹有完整器一件，束腰仰覆莲座较完整的有两件，还有宝瓶残片、塔刹形器。与南门阙形制相同。

六号陵北门台基呈长方形，四角为90°夹角，为规整的矩形，长12.9米，宽9.7米。台基中部筑夯土隔墙，与东西阙台连为一体，隔墙基部遗存分别有夯土、土坯垒筑。台基外缘各有3个柱洞。周围出土有砖、瓦当、滴水、鸱吻、套兽等构件。因屋内有东西向隔墙与门阙相连，外形为面阔三间、进深两间的木构架有斗栱托起的庑顶或歇山顶建筑，没有通道，隔墙南北台基柱洞反映门脸檐柱下有柱廊。北门屋和北门阙与南门屋和南门阙遥相呼应，北门屋比南门屋面阔少两间，进深少一间，中间隔墙没有通道。由于鸱吻、套兽的出土可以证明屋顶是木构架起脊的庑顶或歇山顶建筑，子角梁有套兽，侧脊饰有嫔伽等。东门屋、东门阙与西门屋、西门阙对应，门的形制面阔三间进深两间，中间隔墙没有通道，檐下有柱廊（图2-50）。

陵城四向辟门是中国陵墓建制中汉代以来的传统。但西夏陵的四门只有南门有通道，其他东、西、北三门为盲门，无通道。表面看承袭中原传统礼制，其内涵又有本民族的创造。

（六）角阙

陵城四隅的角阙是古代建城的建制。西夏陵园的角阙形制不统一。从目

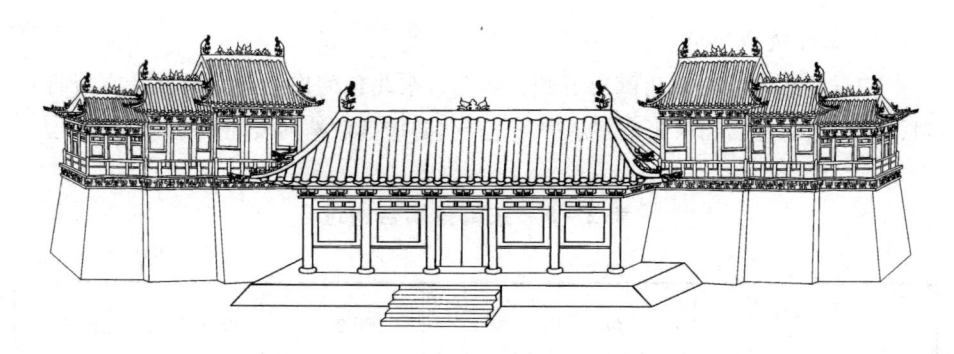

图 2-50　六号陵南门屋和门阙示意图

前考古已经发掘的三号陵、六号陵角阙建筑遗址报告反映的形制有两种。三号陵角阙由相互连接的圆形夯筑墩台构成，平面呈曲尺连弧形，东南角阙和西南角阙各由五个墩台组成，为五出阙。东北角阙和西北角阙由七个墩台组成，为七出阙。转角墩台最高大，依次略小。六号陵角阙呈90°曲尺形，转角墩台为方形，陵城北墙角阙为七出阙，陵城南墙角阙为五出阙。其结构为夯土墙，外包砖，砌成规整的弧形凳壁，向上收分。遗址内侧存表面包砖，2米余，外侧墩体根部有弧形包砖基槽残迹。说明角阙壁面包砖，向上收分，角阙内侧包砖四层之上涂抹赭红泥皮。（图2-51、2-52）

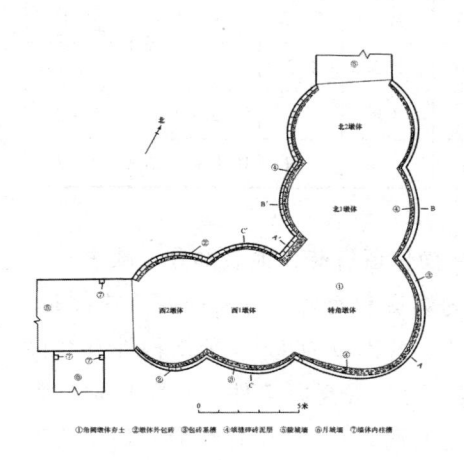

图 2-51　三号陵东南角阙地面遗址示意图

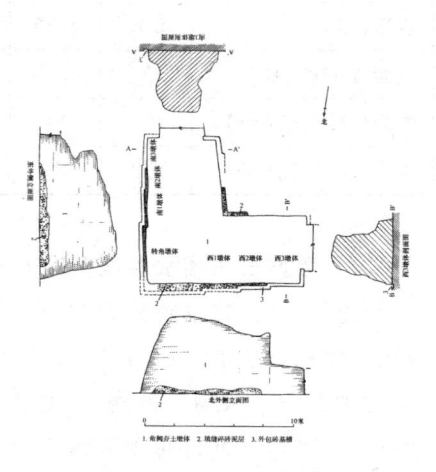

图 2-52　六号陵东北角阙地面遗址示意图

1. 三号陵城角阙

三号陵东南、西南角阙出五阙,西北、东北角阙出七阙。根据考古报告资料,现将东南角阙和东北角阙建筑夯土及包砖遗存数据列表如表2-5、2-6:

表2-5　东南角阙台遗址

单位:米

尺寸＼墩体方位	转角	西1	西2	北1	北2
底径(米)	8.3	6.6	6.1	7	6.5
残高(米)	5.5	5	5.1	5	4.7
包砖外侧弧长(米)	11.6	4.7	4	4.7	5.1
包砖内侧高(米)	1.65	1~1.6	1.6	1.5	0.42

表2-6　东北角阙台遗址

单位:米

尺寸＼墩体方位	转角	南1	南2	南3	西1	西2	西3
底径(米)	8.7	6.5	6	5.6	6.5	6	5.5
残高(米)	5.75	5.35	5.25	4.4	5.75	4.55	4.4
顶面夯土宽(米)	3	1.53	1.3	1.2	1.2	1	
内侧包砖层数(层)	14	14		14	14	2~3	2~3
内侧包砖残高(米)	0.9	0.9	0.15		0.9	0.1~0.15	0.17

以上数据表明圆墩体埋在地下的部分尚保留有砖,地表部分已缺失。

角阙出土遗物以砖瓦为大宗,其次为嫔伽和套兽。有素面砖、花纹砖,板瓦、筒瓦、滴水、瓦当(花纹以忍冬纹、兽面纹为主)。装饰构件有套兽(质地为红陶、灰陶、釉陶),直筒方颈红陶套兽复原7件,直筒长颈灰陶套兽1件完整(此件腭顶有两个插装犄角的洞眼),嫔伽有红陶、灰陶两种(五角花冠嫔伽复原8件,四叶纹花冠嫔伽完整灰陶1件),座底开口,束腰仰莲座有红陶、釉陶,宝瓶形器1件。

从以上三号陵东南、东北角阙实测数据和遗物分析，套兽有两种，分别有两个用途：一种是直筒方颈套兽，无角，是木构架仔角梁装饰件；另一种是直筒长方颈套兽，顶插有两个犄角，是屋面垂脊端头固定梁枋与侧脊结合处套铁钉的装饰。束腰仰覆莲座和宝瓶形器为攒尖顶建筑在屋面上的结束件。因此圆柱形台体上建有攒尖顶建筑。东北角阙有铜铎出土，可能为攒尖顶宝瓶向垂脊拉链上的饰物。由于阙台面没有遗迹，根据三号陵碑亭建筑和五代时期圆形重楼佛塔图像，可推测有两种形制的角阙楼：一种同三号陵碑亭形制，即亭身圆形夯土，外包砖墙，木构架攒尖顶亭顶（图2-53）；另一种是木构架有立柱的攒尖顶（图2-54），檐下均有斗栱。

2. 六号陵角阙

外观呈曲尺形，折角90°，转角阙最大（见表2-7、2-8）。东南、西南出五阙（图2-55、2-56），东北、西北出七阙。夯体墩体基部残存包砖基槽，外侧有滴水线和散水。

图2-53　三号陵单体角阙亭阁示意图一

图2-54　三号陵单体角阙亭阁示意图二

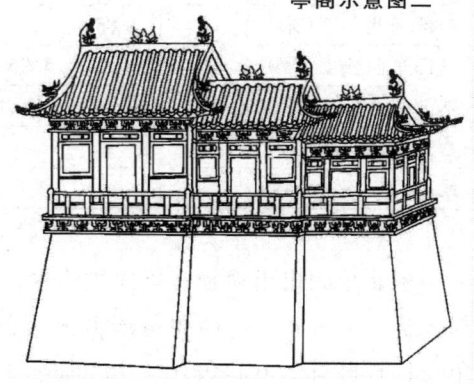

图2-55　三号陵西南角阙（西南面）示意图

图2-56　六号陵西南角阙（西南面）示意图

表 2-7　东南角阙遗址

单位：米

墩体方位 尺寸		转角	西1	西2	北1	北2
南北长度（米）	外侧	5.2			2.35	2.05
东西长度（米）		5.25	2.5	2.5		
南北长度（米）	内侧	3.7			1.5	
东西长度（米）		3.8		1.95		
残高（米）		5.8				

东南角阙遗址出土遗物有：长方砖、花纹砖（莲花纹、菱形纹），板瓦、筒瓦、灰陶兽面纹滴水、兽面纹瓦当；装饰构件有鸱吻的眼、牙、角、尾、背等残件，套兽的眼、嘴、角、耳、腮等残件，脊兽的眼、嘴、牙、耳等残件。灰陶鸱吻残片中修复2件，最宽处57厘米，底部宽41厘米；灰陶脊兽和套兽；阙台面有土坯（阙楼台面的一部分，面上墁花纹砖）。

表 2-8　东北角阙遗址

单位：米

墩体方位 尺寸		转角	南1	南2	南3	西1	西2	西3
基部南北长度（米）	外侧	4.85	2.4	1.55	1.55	2.4	2	2.2
基部东西长度（米）		4.3	5.95	5.35	5.35	5.75	5.5	4.45
基部南北长度（米）	内侧	1.85						
基部东西长度（米）								
残高（米）		5.25	4.6	4.25	4	4.7	4.5	1.5

东北角阙出土遗物有兽面纹滴水，脊兽、套兽、鸱吻残块173件，从尾部分析至少有4个。西北角阙出土套兽（完整件4件）造型顶部有两个插角孔；脊兽有上下颌张开呈90°的造型，鸱吻残件多达338块，修复完整4件，其中有一件通高92厘米，宽56.5厘米，体形高大。

以上六号陵东南、东北、西南、西北阙台实测数据和遗物分析，鸱吻是阙台上建筑正脊两端的装饰构件，且尺寸高大；套兽有角，是垂脊端饰件；西南角阙顶有三处土坯砌的台基，是建筑体台基面的材料，外表还残存红墙皮，有方形沟槽贯穿于墩体两侧，为安置平座用的枋木槽，表明高台上有起正脊、垂脊的建筑，墙体面赭红，墙基有滴水线，反映出楼顶屋面较大。转角阙楼方形起脊，可能是十字脊，两侧阙楼呈"半边脊"，从转角阙楼到城墙连接处，阙楼的体量一阙比一阙矮小。三出阙又称三重阙，即阙上次第有三座屋檐，角阙最高，外侧两重子阙屋顶次第降低，属于子阙形制（图2-57、2-58）。与宋陵相似楼阙建筑相当壮观。

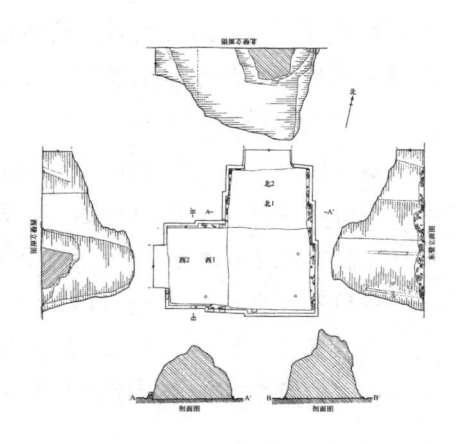

图2-57 六号陵东南角阙地面遗址示意图

（七）献殿

献殿是进行祭祀活动的礼仪场所，是陵城中具礼制性又有实用性的重要建筑。西汉以来，皇陵有日祭寝、月祭殿、时祭于便殿的传统，视死如生，按时上食作为祭奠。史书上记载西夏各主薨，辽、宋、金朝都要委派相当级别的使节代表朝廷前往凭吊。西夏文佛经的发愿文记载，在忌日一周年、三周年时，朝廷都要举行法会和祭祀礼仪活动。辽、宋、金史中也记载各朝廷派使者带祭物向已故的西夏王献祭物、行祭礼。献殿就是礼祭场所。宋史记载，李元昊"庆历八年正月殂……宋遣开封府判官、尚书祠部员外郎曹颖书为祭奠使，六宅使、达州刺史邓保信为吊慰使，赐绢一千匹、布五百匹、羊百口、面麦各百石、酒百瓶。及葬，又赐绢千五百匹，余如初赗之数"[①]。西夏陵献

图2-58 宋陵三出阙

---

① （宋）李焘：《续资治通鉴长编》庆历八年二月丁丑条。上海古籍出版社，1986。

殿遗址是目前留存的古代同类建筑遗址中较早的。考古发掘清理了三号陵、六号陵的遗址，数据显示建筑形制各异。

1. 三号陵献殿

位于陵城南门正北的南北中轴线上，遗址有八角形夯土台基，南北慢道和大殿遗构残件。八角形台边对边距离21.75米，对角距离23.5米，台角135°。台基周边用青砖包砌，南、北两边偏西各有一慢道，形制同门址慢道，说明献殿南、北各开一门。台面上存以8.9米为半径圆周线，线上布18个柱洞，柱洞直径一般为0.3米，深一般为0.3米。以南北中轴线分界，每侧9个，北侧与慢道对应的两柱洞下存柱础石，其余柱洞底有坚硬垫土，圆周地面遗存有赭色墙皮，说明柱间起墙，墙外涂赭色。圆柱以内有一组大柱洞，排列成方形，每面4个，共计12个，柱洞直径0.5米~0.55米，应该是面阔三间、深三间的方形建筑承重柱。东南、东北角柱洞有柱础石，深埋在台基下。西北角内发现有被火烧过的炭化木柱，说明献殿原为木构架建筑，被火焚而塌。献殿台基面铺方砖，在东西长3米、南北长2.3米的中心留存花纹方砖，周边由忍冬纹长条砖围成边框，边框四角砍成45°拼接斜线，长条砖外地面用素砖铺就（图2-59）。

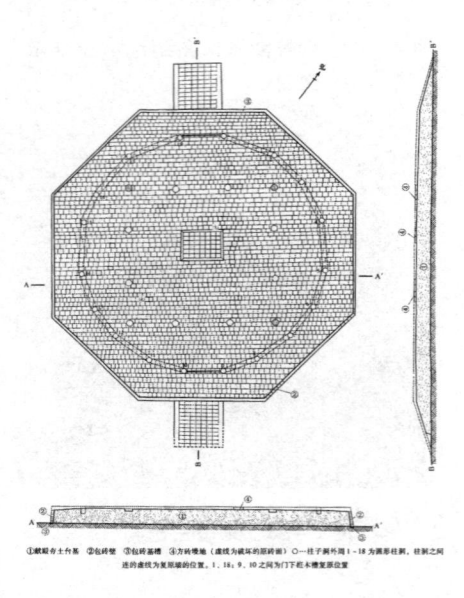

图2-59 三号陵献殿台基遗址平面图

出土遗物：大量板瓦、筒瓦、瓦当、滴水、套兽、摩羯、海狮、嫔伽，灰陶件为主，琉璃件较少。未见鸱吻出土，推测献殿为攒尖顶建筑。屋顶装饰构件为佛教神灵。

2. 六号陵献殿

位于南门正北，是陵园中轴线上的建筑，长方形夯土台基（图2-60）。据六号陵考古报告，为面阔五间、进深三间的建筑。南北檐柱各6个柱洞，殿内有向北移的4个柱洞，采用减柱法扩大殿内空间。屋顶形制或庑顶或歇

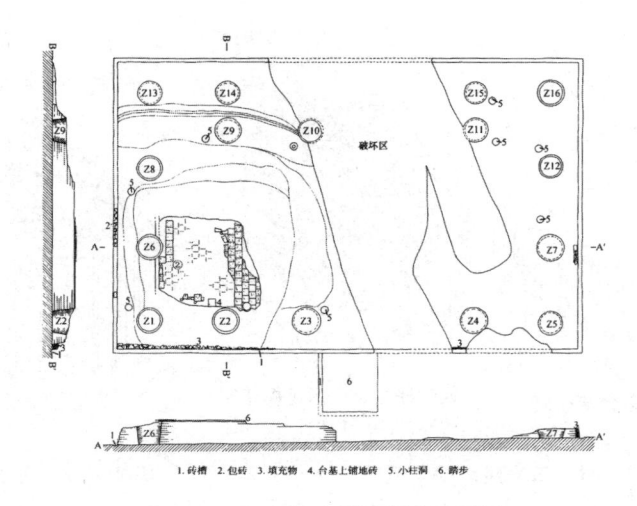

图 2-60　六号陵献殿遗址平面图

山顶。

出土遗物：有瓦当、滴水、脊兽、套兽、鸱吻等。多数质地为灰陶，少量绿琉璃构件。

六号陵与三号陵的献殿结构不同。

三号陵为李元昊陵，在建筑群中突出圆柱形攒尖顶西域式建筑，献殿与阙、门阙、角阙外观、形制统一匹配设计。献殿台基呈八角形，在中国古代留存的陵园献殿中是唯一的一例。参考现存山西晋祠金代献殿为重檐殿堂结构，三号陵献殿遗存的殿内12个大柱洞围合成方形和外围18个小柱洞围合成圆形，表明12个柱洞为内柱遗迹，承托的是一个方形攒尖顶出檐建筑（屋顶有4脊、6脊、8脊或多脊围合）（图2-61、2-62）。小柱洞的圆形结构是攒尖顶建筑外围檐柱洞或平座栏杆遗迹，对整个屋顶不起承重作用，因此柱洞较小且密。[①]

六号陵是李德明的嘉陵，献殿传承宋朝建筑类型，面阔五间、进深三间，其形制受到宋朝建筑文化影响。史载李德明与李元昊有一段对话：李元昊被立为太子后，"数谏其父毋臣宋"，父辄戒之曰："吾久用兵，疲矣。吾

---

① 参考岳键2013年10月在第三届西夏学论坛上据佛教坛城结构复原献殿示意图。载《西夏学》第十辑，上海古籍出版社，2014。本文参考了其中两图。

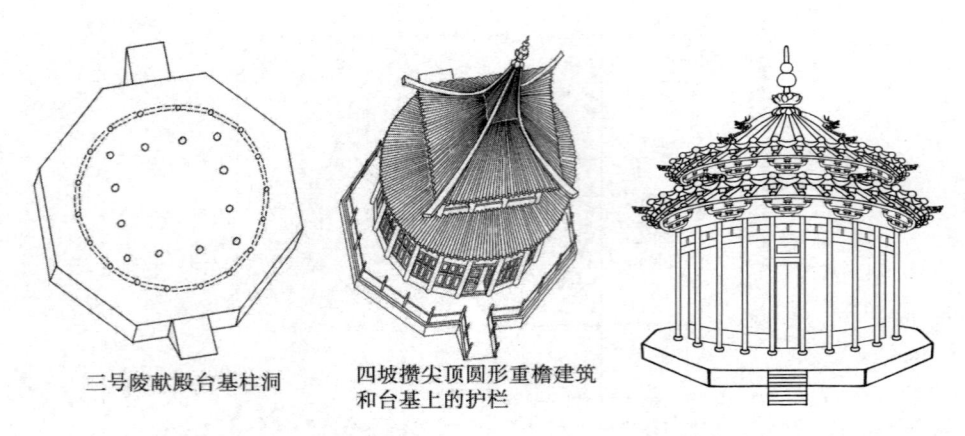

三号陵献殿台基柱洞　　四坡攒尖顶圆形重檐建筑和台基上的护栏

图 2-61　三号陵献殿示意图一

图 2-62　平视三号陵献殿示意图二

族三十年衣锦绮，此宋恩也，不可负。"[①] 李德明受宋朝的建筑文化影响较深，在陵园献殿营造上仿宋庑顶或歇山顶建筑是顺理的（图 2-63）。

图 2-63　六号陵献殿示意图

（八）陵塔

在中国传统陵园建筑中，位于陵园建筑中间的高台"方上"称陵台，西夏陵园中最高大的建筑高台不在陵园正中央，其地下没有墓室，不起陵台作用，是一座纪念性塔的建筑，象征皇帝涅槃，灵魂入塔。其夯土台有级，每

[①]《宋史》卷485《外国一·夏国上》，中华书局点校本，1977。

层向上收分，状如窣堵波，称为陵塔。西夏现有陵塔9座，形制大体相同，夯土级层略有差异，有五级、七级、九级三种。根据三号陵考古报告和六号陵考古报告，分别列述如下。

1. 三号陵陵塔

位于陵城内北端偏西处，呈圆形窣堵波状。建筑体遗址平地夯土起建，底呈圆形，直径37.5米，周长118米，残高21.5米，塔身七层，每层外缘有斜坡台面，台面上有板瓦、筒瓦、瓦当、滴水等残片。有学者推测筑出檐呈密檐式塔形状。五代以后北方密檐塔流行，西夏受到影响。下层南向有折线棱面，推测为折角基座。塔基夯土边缘呈圆形，壁面抹一层草拌泥，外抹赭色泥墙皮，残存高11厘米~30厘米。塔顶为一东西长6米、南北长4米的不规则小平台，平台中央有一圆洞，直径23厘米，推测为安装塔刹的中心柱。借鉴九号陵坍塌一半的直体剖面中露出梁枋木，并横向有规律地排列在塔体中，可挑起塔檐；三号陵周壁有一排排梁枋木洞，分析可知，在夯土建筑同时安放能承受出檐重量的枋木，其一端伸出夯土塔身，长度相当于塔檐宽度。塔底墙周围抹赭色墙皮，塔底有赭色堆积，塔身的墙体应为赭色。关于建筑体使用赭色，西夏法律规定只能在宫殿和庙宇建筑中使用。西夏榆林窟大型壁画弥勒兜率天宫，墙的色彩是赭色。塔周围地表出土遗物有板瓦、筒瓦、嫔伽、套兽、脊兽、摩羯和海狮，嫔伽人首鸟身形状，冠饰有五角花冠和四角叶纹冠，质地有素陶，也有釉陶。这些构件是夯土塔层层檐面的建筑装饰材料。

2. 六号陵陵塔

位于陵城内北部偏西处，现仅存黄土夯筑窣堵波式塔夯土建筑。基部及二层以下呈八边形，每边长12.2米~12.7米，通高19.8米；塔身七层，每层有出檐轮廓。檐面特征为：每层檐在拐角起脊，檐面覆瓦。脊上饰套兽等，端头有瓦当、滴水等。二层以上八边形不明显。陵塔周围保存有低于地面0.4米~0.5米基槽，基槽壁面抹草拌泥，其上用细沙夹碎砖填平后再夯筑土台；地面以上基槽外壁包砖3层，顶层距地面通高19.8米，最基层低于地面0.4米~0.5米。周围地表出土以砖瓦为大宗，且多数为陶瓦。有少量绿釉陶瓦。砖有长方砖、条砖；瓦有板瓦、筒瓦、滴水、瓦当，饰兽面纹，与统万城瓦当纹饰相同；装饰构件有套兽、脊兽，均有灰陶和釉陶两种。

经过考古发掘的陵塔为夯土实心，建筑类型有两种：三号陵为七级圆锥体密檐式塔，与门阙、角阙的圆形建筑统一为整体。塔顶平台有塔刹建筑，大部分建筑构件是出檐顶面装饰件。六号陵为七级八角密檐式塔。

陵塔是陵园单体建筑中体量最大、最高的建筑，顶部有相轮塔刹装置。西夏党项族祖先颂歌中有"坟丘上，无十级，墓穴未完成"，《新集锦合辞》196条中载"十级墓应该没有头，峰头缺"。从此文献资料看，西夏陵的陵塔不代表坟丘。陵塔有级，是党项族葬俗传统的遗留，5、7、9级的单数，更是吸收佛教文化、佞佛的具体形式之一，反映了西夏陵塔建筑体现的核心理念——崇佛。因此，陵塔代表佛塔，是佛教纪念性建筑。建于北魏正光四年（523年）的河南登封嵩岳寺塔，是我国现存最早也是唯一的十二边形塔。砖建密檐式塔全身高40多米，有15层塔檐。塔顶的相轮代表佛、法、僧三宝（图2-64）。西夏陵塔的密檐外形，是传承北魏佛教传统的表现。陵塔的外形同北魏密檐塔造型，是结合自身需要，体现"出自帝胄"的民族心理的表现，喻义西夏帝王已经涅槃成佛，建塔纪念，与世长存（图2-65）。

图2-64　河南登封嵩岳寺塔（北魏）

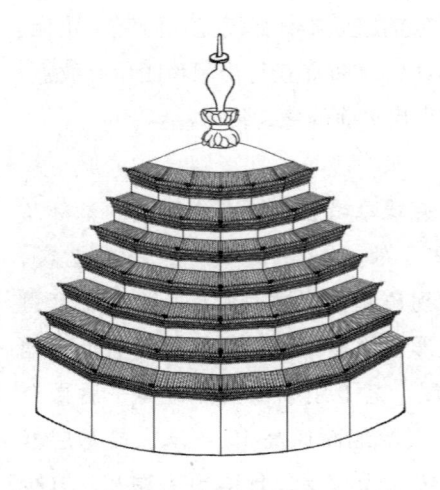

图2-65　三号陵陵塔示意图

陵园中建塔，在中国古代少数民族统治时期曾出现过。如北魏鲜卑族统治者在建陵园时有墓寺结合的做法。孝文帝拓跋宏在葬其母冯氏"永固陵"就有类似建筑。冯氏于太和十四年（490年）葬今大同方山，墓园最南端有塔院建筑，塔基方形，长 40 米，宽 30 米，周围有基宽近十米的回廊围绕。"冯氏系北燕冯弘孙女，北燕提倡佛教，五世纪后半叶，冯氏及其兄熙佞佛，广建佛寺，方山墓地为冯氏自择，墓园兴建又正当冯氏听政时期，因此估计富有佛教色彩的墓园布局很可能出自冯氏本意……墓寺结合的做法，影响到北朝晚期统治集团的陵墓，甚至影响到北朝以后。"[①] 这个看法很有见地。西夏李元昊上表宋朝自称"出自帝胄"，溯源拓跋魏，流露出传承草原少数民族是一方正统的思想，在文化上也有传脉。拓跋鲜卑在向南迁徙的过程中，至五胡十六国时期，在北方建立的前燕、西燕、后燕、南燕、西秦、南凉等政权，都受到鲜卑文化的影响。北魏统一北方，东西贸易相当繁荣，据《洛阳伽蓝记》卷三记载："自葱岭以西至于大秦，百国千城，莫不欢附。"北魏与西方的交流直达拜占庭。近期在洛阳发掘北魏闵帝元恭墓，出土有阿纳斯塔修斯一世（拜占庭帝国时期）金币，铸造时间是 491～518 年，当时丝绸之路上活动的人员中以游牧民族为主。西域现存烽火台、羊马城等夯土遗址，与北魏的统治和东西方交流相关。西夏建国前党项拓跋部的首领所居之地夏州城，最初的建筑是十六国时期大夏国都统万城，统万城的夯土台、墙，与西域高昌遗址的夯土建筑属于一个类型，夯土高台的建筑文化与鲜卑文化是紧密相连的，体现了北方草原民族建筑的特点。同时夯土建筑也适应北方和西域的自然条件，干旱、少雨，就地取材易建易保存，体现了地域性的特点。党项西夏地处丝绸之路东端，当时的商人和传教士从西方到宋或是到辽，都要经过西夏，把中亚西域的建筑文化也带到西夏，陵塔的建筑及陵园建筑装饰构件蕴含的西方和西域文化元素，在西夏陵塔的建筑中得到充分体现。夯土塔的形状无论圆形还是八角形，远看都像覆钵形塔体，即窣堵波形；陵塔各层檐面出土的迦陵频伽、摩羯等装饰构件，都是佛教神灵，其展翅飞翔的艺术形象又与南北朝时期不同，说明新的西方文化渗入西夏文化中。陵塔的建筑形制体现了东西方文化汇聚的特点。因此，西夏陵园中的陵塔建筑不仅是陵园的标志性建筑，更是中世纪东西方文化交流相互吸收在建筑体系中的表现。

（九）墓道和墓室

西夏陵的墓道和墓室破坏严重。墓室都已被盗，墓道呈土垄状封土。

[①] 宿白：《盛乐、平城一带的拓跋鲜卑——北魏遗迹》，载《文物》1978 年第 7 期。

1. 三号陵墓道形制

斜坡墓道土洞墓。南端墓道口与献殿北斜坡慢道相对，向北方向145°。斜坡墓道长约12.5米，向北延伸，壁面内收，呈口大底小状。墓室被破坏。在北盗坑北部有一圆形夯土基址，直径4.8米~5米，残高0.1米，周边有宽0.3米、深0.25米的沟状基槽。从其位置看圆形夯土在墓道之上。出土遗物在墓道南部填土中，种类丰富，有残砖、筒瓦、瓦当、滴水、套兽、海狮、摩羯等。这些都是原先的地面建筑构件，盗墓后被填在墓道内。

2. 六号陵墓道形制

与三号陵相同。经考古发掘，墓道位于献殿北，墓道东西两壁各有两排与墓道坡度平行的柱洞，柱洞原插的圆形木柱形成踏梯，原生壁面先抹草拌泥，再抹一层白灰，北端墓道接甬道。甬道用砖坯砌筑，外墙面涂白灰；甬道墙面两边对称绘武士像，一幅头顶绘火焰，身着战袍，手叉腰，佩剑，着护甲，臂后绘飘带。人物轮廓线用蓝色勾勒。甬道地面铺素方砖。墓室位于陵台南侧地下，由正室和东西侧室组成，东西侧室（耳室）地面高于正室，平面为长方形，东西侧室之间有过道。墓室平面呈梯形，前宽后窄，地面铺方砖（图2-66）。地宫出土有建筑构件石雕龙柱、石螭首、莲花柱础、石人头、石人身、八面体

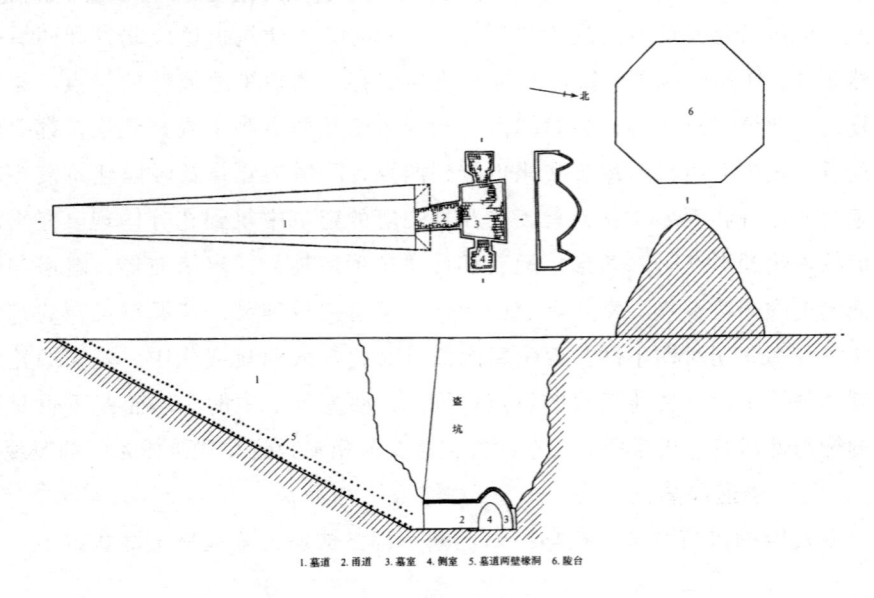

1.墓道 2.甬道 3.墓室 4.侧室 5.墓道两壁椽洞 6.陵台

图2-66 六号陵墓道、墓室平、剖面图

经幢。因建筑石雕都在填土中发现，说明被盗时是地面上的建筑部件混入。

西夏陵土洞墓室与斜坡墓道结构形制与北魏相似。2012年7月至2013年1月在洛阳邙山北魏陵区内发掘了节闵帝元恭的陵墓，斜坡墓道，单砖室，有前后甬道，为典型的北魏帝陵。西夏陵传承北魏鲜卑传统，体现了北方草原民族生活习俗，墓室似帐篷，两侧耳室放马具等生前所用物品。而中原唐陵建筑相对复杂，唐懿德太子墓形制前堂后寝，砖砌前室、甬道、后室，券顶，壁面绘壁画，石椁为庑殿顶，刻有精美的人物和图案。宋陵墓室未经发掘，但宋代有些大墓砖砌仿木构架建筑形制。墓室形制西夏与中原不同。

（十）夯土技术

西夏陵遗存大部分是夯土建筑。夯土技术在西北干旱地区的建筑中带有普遍性，土墙分大板夯筑法和箱形夯筑法。西夏陵遗址夯土用大板夯筑。先在预夯筑体（如角台）的几何节点位置分别竖一根粗长的木杆，在预夯筑体内、外墙相对的两根木杆的一定位置上绕上牛皮绳索或牛毛绳索。之后紧靠木杆架设模板，模板内外用顶撑、木楔等固定好。模板要向内倾斜一定角度，以达到合乎需要的收分。然后在绳索中插一根木棍，旋拧木棍调节绳索的松紧度以调节木杆间内外模板的距离，也就是控制夯土墙体的厚度。这样营造夯筑体的模型系统就做好了。再将调配好的三合土或黏土填入模板，填土达到一定高度时即开始夯筑。据考古测定，西夏陵遗址每层夯土高约0.1米~0.2米，操作时填土要高于这个高度。夯筑用的工具，是在一截可以手握的木柄一端或两端安装上一定大小的圆柱形、方形或楔形的夯锤，夯锤有木质、石质或铁质的（图2-67）。一般用圆柱形的夯具夯实

图2-67 西夏陵区出土石夯锤

大面，用方形或楔形的夯具夯实墙体拐角或模板边际处的墙体。当土层夯实至与模板同高时，将下部模板脱下，翻接到上层并再次固定好、填土、夯实，如此模板逐层上翻，直到夯筑体达到需要的高度。

（十一）建筑构件饰纹与泥塑、石雕图像

西夏陵建筑构件纹饰主要特点是，在传承中原建筑装饰的同时，又结合

西方艺术造型掺入了许多佛教文化艺术新的元素，表现为中西文化在建筑屋顶装饰中的又一次结合（图2-68、2-69）。

图2-68　六号陵出土绿釉鸱吻

图2-70　南越国宫苑遗址出土鸱尾

图2-69　三号陵出土套兽

1. 传承中原传统的正脊饰件——鸱吻与套兽

鸱尾最早形象为羽翼形，后来演变成月牙形，再发展到龙头鱼尾形称鸱吻。在西汉南越国宫苑遗址出土3件鸱尾建筑构件，残长12.8厘米、宽12厘米、厚3.2厘米。尾部上卷，表面刻篦梳纹，涂朱砂（图2-70）。这一时期鸱尾的翘角还比较小，造型简单朴素。[①] 可见鸱尾在西汉早期已经出现。宋《营造法式》转引《汉纪》曰："柏梁台灾后，越巫言海中有鱼，虬尾似鸱，激浪即降雨，遂作其象于屋，以厌火祥。"[②] 东汉时期在建筑物上装饰鸱

[①] 南越王宫博物馆筹建处，广州市文物考古研究所：《南越国宫苑遗址1995、1997年考古发掘报告》（上卷），文物出版社，2008，第121页、122页、295页。
[②] 梁思成：《营造法式注释》卷上，中国建筑工业出版社，1983，第36页。

尾脊饰已经流行起来。四川省博物馆收藏的一批1972年四川省大邑县出土东汉画像砖上，宫廷、酒肆、市井、庖厨、粮仓等房屋建筑的正脊和房檐四角，都装饰有鸱尾（图2-71）。魏晋以后，月牙形鸱尾的背上出现了鳍。史书中有高级建筑中使用鸱尾的记载，如《宋书》中记："（东晋）义熙五年（409年）六月丙寅，震太庙，破东鸱尾，彻壁柱。"① 《晋书》中则记为："义熙六年（410年）六月景寅，震太庙鸱尾。"② 山西省大同市博物馆收藏有北魏司马金龙（？～474年）墓出土的一组漆屏《列女古贤图》，图中所绘建筑屋顶正脊两端立有一对鱼尾形鸱尾（图2-72）。敦煌壁画中最早出现正脊末端有月牙形装饰的是莫高窟第275窟北凉壁画。

图2-71 四川省博物院收藏东汉画像砖建筑上有鸱尾

图2-72 北魏司马金龙墓出土漆屏绘屋顶装饰鸱尾

唐代鸱尾仍呈月牙形，但形象变得异常高大，主要用在太庙、宫门、寺观、陵墓等建筑中。如唐太宗昭陵献殿遗址出土黑釉质鸱尾，高1.5米，宽1.0米，厚0.65米（图2-73）。唐代史籍始称鸱尾为"鸱吻"。唐高宗总章元年（668年），西明寺沙门道世著《法苑珠林》中记："茜欲取重云佛帐珠佩以饰送终……须臾大雨横澍，雷电振击，烟张鸱吻，火列云中。"③

---

① （梁）沈约著《宋书》卷33，志第23，中华书局，1974。
② （唐）房玄龄等著《晋书·安帝纪》卷10，中华书局点校本，1974。
③ （唐）道世著《法苑珠林》卷第14，《中华大藏经》，中华书局影印本，1997。

图 2-73 唐太宗昭陵献殿遗址内出土黑釉质鸱尾

"及至寺中又见一神。状其伟大。在讲堂上手凭鸱吻下观人众。"[1]《旧唐书》记：唐高宗咸亨四年（673 年）八月"己酉，大风毁太庙鸱吻"[2]。玄宗开元十四年（726 年）"六月戊午，大风，拔木发屋，毁端门鸱吻，都城门等及寺观鸱吻落者殆半"[3]。这些记载说明，自魏晋以后至唐，鸱吻逐渐成为装饰在太庙、宫门、寺观、陵墓等高级别官式建筑中的正脊构件。五代至宋，敦煌壁画中出现鸱吻，如莫高窟五代第 61 窟，榆林窟第 19 窟。寺庙建筑中也运用，如辽代蓟县独乐寺和金代大同华严寺的鸱吻，都是龙头鱼尾，只在细节上略有差别。从晋至辽、宋、金、西夏，鸱吻仅出现在殿式建筑的正脊两端。鸱吻的出土成为判断中原传统大屋顶殿式建筑外形的最重要部件。西夏六号陵西碑亭、南门址，出土有绿釉陶和灰陶两种鸱吻。鸱吻呈龙头鱼尾形，高 1.52 米，宽 0.6 米，厚 0.3 米，高度超过唐昭陵鸱吻，说明西碑亭和南门屋是有正脊的殿式建筑。

套兽是屋顶装饰，形似龙头，象征福瑞。西夏陵出现的套兽有无角、双角、四角，形象各异，如此多的艺术形象西夏属第一，三号陵出土最多。汤晓芳等编著的《西夏艺术》中，第一次发布其构件形象。在雷润泽等著的《西夏佛塔》中，无角套兽装饰在塔檐仔角梁顶端，还装饰在塔的平座外侧和转角处。套兽用作仔角梁的是无角套兽，以防木构件暴露在外受到雨水侵蚀。如（宋）赵佶《瑞鹤图卷》（辽宁博物馆藏）（图 2-74），无角的颈长套在仔角梁上，有角的颈略短套在垂脊端头。在元代王振鹏绘制描绘宋开封龙舟比

---

[1] （唐）道世著《法苑珠林》卷第 26，《中华大藏经》。
[2] 《旧唐书·本纪第五·高宗上》，中华书局点校本，1975。
[3] 《旧唐书·本纪第八·玄宗上》。

图 2-74 宋赵佶《瑞鹤图卷》（局部）

图 2-75 元王振鹏《龙池竞渡图》（局部）

图 2-76 南宋李嵩《月色看潮图》（局部）

赛的《龙池竞渡图》（台湾故宫博物院藏）（图 2-75）中，有角套兽在屋面的位置清楚，或垂脊端，或正脊端，该图中在等级次于正殿的建筑正脊上也用有角套兽。南宋李嵩作《月色看潮图》（台北故宫博物院藏）（图 2-76），在椭圆扇面上所画的楼阁的正脊端头、戗脊端头也安有角的套兽。套兽作为正脊饰的还有级别较高的官员厅堂建筑正脊的两端，如明代刘俊作《雪夜访普图》（图 2-77）绘北

图 2-77 明代刘俊作《雪夜访普图》（局部）

图2-78 《辽墓轿夫肩舆图》（局部）

图2-79 五代《闸口盘车图》（局部）

宋开国皇帝赵匡胤雪夜访赵普，赵普的门楼、前厅、后寝的房屋正脊处都用有角套兽。可见五代、宋、西夏直至元明，最高级别官式建筑中有角套兽用在垂脊上；用在正脊上的，其建筑级别要略低。有一幅辽代《辽墓轿夫肩舆图》（绘于库伦旗一号辽墓墓道口南壁，内蒙古自治区博物馆收藏）（图2-78），画面中一架盔顶轿子的角梁上绘一有角套兽，反映墓主人的级别很高，有资格坐龙头轿子。五代《闸口盘车图》（上海博物馆藏）（图2-79）中，绘一官家作坊为中心的亭台楼阁建筑群，酒楼和作坊的正脊也是有角的套兽。有角套兽作正脊或垂脊装饰五代以后运用的比较普遍。被称为礼崩乐坏的五代，藩镇割据，豪酋纷起，建筑倒是开放了，藩镇建筑打破了唐代的营缮制度，除鸱吻外的其他龙形神兽多用于屋面装饰，不太讲究级别，反而推动了建筑装饰艺术的发展。

2. 表现西部地域文化——人像石座

西夏陵建筑构件中，出土了15通人像石座。尤其是六号陵的一通碑座顶上刻有西夏文，汉译"小虫旷负""志文支座""瞻行通雕写流行""砌垒匠高世昌"。西夏文注明了该装饰件是碑刻志文的碑座。其形象为裸体人像，双眉如角，眼珠外突，唇出獠牙，腕戴宝镯，双膝跪地。有的双乳下垂，有的突肚贴地。其刻画人物突出承重有力，为托碑力士形象。以裸体承重的人体造型，见于西部墓葬。从考古获得的资料，一是敦煌、酒泉等地魏晋墓券门照壁上的托梁力士形象；[①] 二是成都地区五代后蜀墓葬中的棺床石

---

① 图见俄军、郑炳林、高国祥主编《甘肃出土魏晋唐墓壁画》。

柱上雕刻的力士形象；三是青海墓葬中的画像砖。①（图2-80）

西夏陵碑座雕像

图2-80 成都五代后蜀孙汉韶墓棺床石柱雕刻力士

3. 受到佛教影响屋面装饰——兽面纹瓦件及嫔伽等脊饰构件

西夏三号陵出土的建筑构件还有兽面纹瓦勾头、滴水，脊饰有嫔伽、海狮、摩羯等，造型受到西方佛教文化影响。

兽面纹滴水、瓦当、瓦勾头和长条砖、方砖的莲花纹、忍冬纹，是西夏陵出土砖瓦件中最普遍的饰纹，这些纹饰与秦、汉的有很大不同（图2-81）。秦汉瓦当纹饰有云纹、神兽纹、文字纹。西夏陵出土的瓦当为兽面纹，主要刻画神兽狮面，与汉代四神瓦当刻画整体神兽形状不同，但与五胡十六国时期赫连勃勃建的统万城出土瓦当纹饰相同。说明瓦当的纹饰与中原传统不同，受到了西方佛教文化中狮子形象的影响。五胡十六国直到北朝，佛教兴盛，建筑艺术受到佛教影响，出现了狮面纹。西夏的兽面表现雄狮面部凶猛的鬃毛、突眼獠牙等刻画反映出西方佛教艺术的影响。西夏陵长方砖饰纹表现莲花的图案，有重层八瓣莲纹、联珠重层八瓣莲纹、重层四瓣莲纹。长方砖的忍冬纹蔓茎呈水波纹布局，每个窝内绘云纹形卷草（俗称唐草），也是受西方佛教文化影响而用于建筑装饰。尤其是屋面装饰件中的嫔伽、海狮、摩羯、四足兽（鳌）等，是佛教世界的神灵，其形象塑造有两

---

① 图见余军、郭晓红《试论西夏雕像石座》，《考古文物研究》，2002年第3期。

西夏 三号陵南门出土兽面纹瓦当

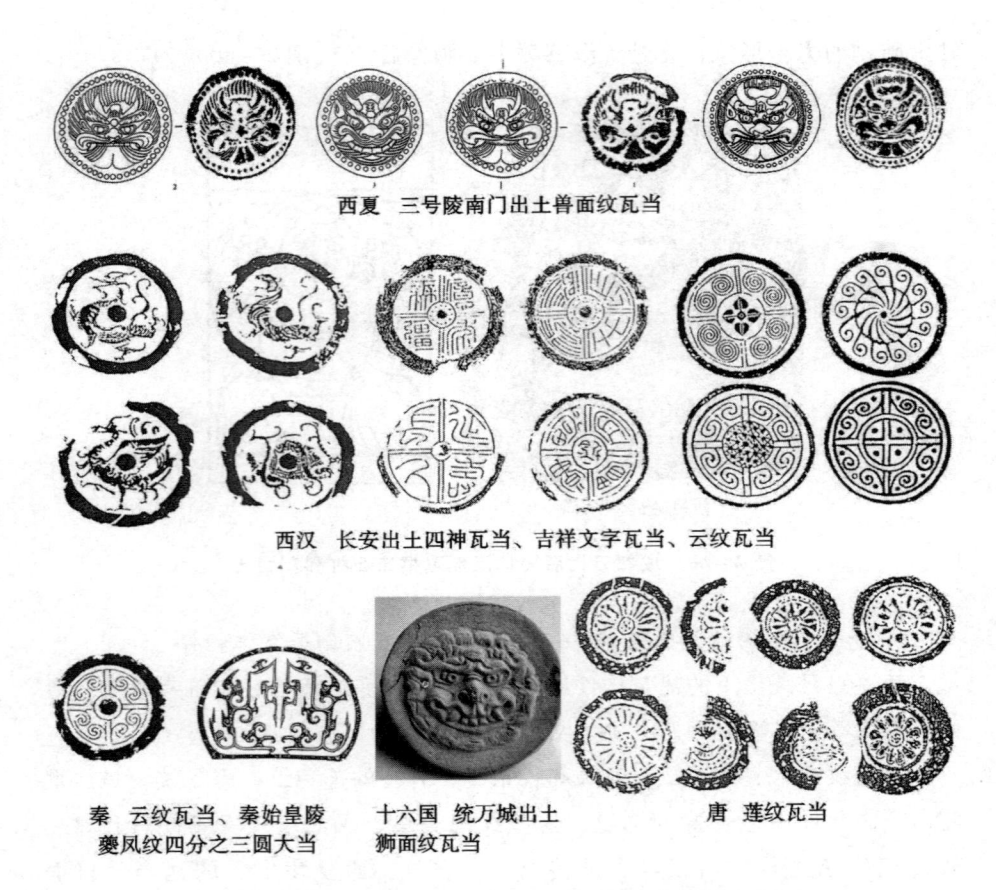

西汉 长安出土四神瓦当、吉祥文字瓦当、云纹瓦当

秦 云纹瓦当、秦始皇陵
夔凤纹四分之三圆大当

十六国 统万城出土
狮面纹瓦当

唐 莲纹瓦当

图 2-81 西夏、秦、汉、十六国、唐瓦当纹饰比较

种形态，一种是作展翅飞翔如迦陵频伽、摩羯，在背部或躯体两侧插翅；另一种是海狮、四足兽，其身模印流线纹作海里游行状。关于展翅的形状，是受到拜占庭文化影响的结果，作者有论文发表。① 这里言及"四足兽"，其四足有蹼，应该是鳖。在今札什布伦寺金顶脊装饰有铜金翅鸟和铜鳖，金翅

---

① 见汤晓芳《西夏三号陵出土迦陵频伽、摩羯的艺术造型》，文中认为西夏塑造的屋面装饰嫔伽和摩羯作展翅状受到佛教艺术影响是无疑的，还受到景教"天使"人物造型影响。11世纪初西夏占领敦煌前被封闭在藏经洞里的文书中有叙利亚的《圣经》和来自罗马天主教的信件，在西夏占领的丝绸之路上建有教堂。天主教天使的展翅形象对西夏建筑装饰造型有影响。反映了丝绸之路印度佛教艺术、拜占庭天主教艺术和中国中原艺术相互影响、交融的状况。载 2011 年《西夏学》第 2 期。

鸟三趾，鳌有蹼趾，是装饰在戗脊下叉脊的神兽。① 宋营造法式对戗脊小兽总结为蹲兽，蹲姿是中原屋面小兽的造型。西夏戗脊上的小兽呈"飞""游"态势而处于飞檐的脊背，更显佛教世界的灵动。有在天上飞的唱佛音的神鸟，有在大海遨游的神鱼、神鳌。通过佛国中护法的神兽，宣扬佛法护国。在西夏晚期蒙古大军压境的情况下，仍大量印佛经，祈求福音。这些均说明西夏建筑装饰与佞佛有关。

嫔伽、海狮、摩羯、四足兽等建筑装饰神兽在三号陵和北端遗址有完整件出土（图2-82）。所塑频伽造型在躯体两边留有插孔，专插展翅。用羽

嫔伽　　　　　　　　海狮

四足兽（鳌）　　　　摩羯（鱼）

图 2-82　西夏三号陵出土建筑屋面装饰构件

---

① 鳌是佛教世界神兽，也是佛教建筑屋顶装饰件。公元1254年，64岁的元好问夏游五台山，在吟咏五台山风景的诗句中写道："西北天低五顶高，茫茫松海露灵鳌。"五台山佛殿屋顶装饰的神鳌给诗人留下深刻印象。

翅表示飞翔与敦煌飞天用飘带表示飞翔的艺术语言是迥然不同的，前者是由西亚大秦和罗马引进，是外来品。用展翅表示天人、神兽的艺术形象，与中原传统的陵墓建筑装饰有所不同。汉墓画像砖中羽人着翼装，用曲线上扬表示飞翔；唐乾陵神道的翼马，双翼用高浮雕四层云纹紧贴马的两肋表示飞翔；明、清皇陵神道石兽没有出现两翼。西夏建筑艺术中的双翅神兽形象，可能直接受到西方艺术影响。一是受到佛教艺术传统影响。在佞佛的北朝壁画中有羽人画像，宁夏固原北魏漆棺画中也有此类形象出现。佛教艺术从一开始，如印度贵霜王朝时期佛像雕塑中其衣纹贴身、质感很强的表现手法，就受到古希腊、古罗马雕塑艺术的影响。二是西夏时期的建筑艺术中出现羽翅神兽，可能又一次受到西方艺术尤其是拜占庭艺术的影响。现存伊斯坦布尔圣索菲亚大教堂九世纪马赛克壁画"天使杰布拉欣"（图2-83）和穹隅上4个有翅膀的天使凯如宾（图2-84）的艺术形象，其背翅与西夏王陵出土的建筑饰件迦陵频伽、摩羯背插双翅形象十分相似。唐朝初年景教传入中国，11世纪以前的敦煌文书中就有三十多种景教手抄文书。12~13世纪北方许多草原部落如汪古部、克烈部、乃蛮部都曾信仰聂斯托里派，即东正教的一支。1032~1227年西夏控扼河西走廊和丝绸之路东段交通，西方艺术随着传教士和商人不断传入东方。这一历史演进过程，都为西方艺术的传入并对西夏产生影响创造了条件。

图2-83 伊斯坦布尔圣索菲亚教堂天使杰布拉欣（9世纪）

图2-84 圣索非亚教堂穹隅天使凯如宾（9世纪）

西夏陵建筑构件艺术形象受西方文化的影响，也与北方草原丝路上的民族大多数为游牧民族有关，其生活生产、迁徙流动，促成了经济贸易及文化的交流。佛教文化从汉代传入后，第一次发展高潮在五胡十六国到北魏，北魏政权佞佛，建筑了许多寺庙。《洛阳伽蓝记》记载了因统治政权的推动，佛教文化在中原传播的情况。山西大同云冈石窟中留下了北魏时期的许多佛殿建筑形象，在敦煌壁画和河西许多北朝石窟壁画中的佛殿建筑也融入了西域民族和西方建筑的艺术图像。

西夏陵的地面建筑被人为和自然因素破坏，只剩下残缺不全的各种形态的夯土建筑。通过近三十年的考古调查，尤其是三号陵、六号陵的考古发掘，所提供的各种数据、建筑构件资料（见彩页插图）和学者的初步研究成果等，为全面深入研究西夏帝陵建筑全貌提供了可靠的依据。在考古发掘初步研究的基础上，再深入挖掘文献资料、壁画图像资料，并放入中国建筑发展史的脉络中与同时代、异地域建筑进行比较研究，西夏陵建筑表现为以下诸多特点。

第一，选择地形的堪舆理论有所不同。宋陵按道教风水学说的"姓氏五音"说选择。南宋赵彦卫在《云麓漫沙》述北宋诸陵"皆东南地穹，西北地垂，东南有山，西北无山，角音所制也"。西夏陵选择陵园的形胜除风水学说外，主要考虑军事上防御的需要，利于坚守是选择贺兰山陵地的最要。

第二，建筑群体的布局传承中原传统庭院封闭式、中轴线为中心对称布局的形制，单体建筑为官式木构架大屋顶殿式。陵城各建筑群体布局自南向北基本呈中轴线对称的特点，陵城门的南门屋、门阙、献殿、北门屋在中轴线上，虽然陵塔、墓穴、墓道在陵城略偏西，但总体上仍居中间位置。因此《明嘉靖宁夏新志》有"仿宋陵而作"的记载。西夏陵的布局应该在李德明定都建宫殿时就确定下来。据清吴广成：《西夏书事》载，李德明注意对中原文化的学习，使党项上层"渐有华风"。景德四年夏四月，"德明以中国恩礼优渥，天使频临，遂于绥、夏州建馆舍二：曰'承恩'，曰'迎晖'。五百里内，道路、桥梁修治整饬，闻朝使至，必遣亲信重臣郊迎道左，礼仪中节，渐有华风。""大中祥符三年九月，契丹封德明夏国王，遂建宫阙于鳌子山。……役民夫数万于鳌子山，大起宫室，绵亘二十余里，颇极壮丽。"天禧四年冬十一月，"城怀远镇为兴州，定都之"。① 李德明在开始营建都城的同时就选址营造李继迁陵寝，陵寝布局和形制也随之定下来。据考证六号陵是李德明陵，六号陵布局形制成为西夏陵的模板。

第三，单体建筑类型丰富。陵园营筑包括殿、阙、塔、城、楼、亭、门、阙、门屋、地宫等各种类型。西夏陵遗迹中重要的单体建筑如门屋、献殿是木构架大屋顶殿式建筑，有面阔三开间、进深两开间的，有面阔五开间、进深三开间的殿式建筑，有攒尖顶四脊坡或多脊坡的亭顶建筑，有现在已经消失的西夏尚留遗址的阙台建筑，这些遗址、遗存和一些建筑构件，在敦煌壁画和榆林窟、东千佛洞西夏壁画的建筑界画中都有图像。在西夏榆林窟和东千佛洞壁画的大型经变画《文殊变》《普贤变》《西方净土变》《药师经变》的建筑界画中，把宫殿建筑和世俗建筑尤其是北方官式宫殿建筑、宗教建筑，按伦理等级描绘得准确、细腻。其中许多建筑画的台基形象在西夏陵遗址中可见其端倪。如果说敦煌壁画中的建筑图像集中世纪建筑之大成的话，那么西夏陵建筑遗存及考古资料数据，就是引领我们走进中世纪建筑的遗址博物馆。西夏陵遗址不仅保存了中国中世纪古代建筑的各种类型，而且又增添了中亚西亚建筑元素，营筑了别具一格的圆柱形阙、圆形碑亭等，成为中国中世纪建筑遗存、遗址的奇葩，在建筑史上的地位和价值不可低估。西夏建筑虽然在体量上不如唐代气势宏大，在精致上不如宋代秀美细腻，但在类型上超出了唐宋，其原因是西夏占据了陆路中西交通的咽喉和枢纽。西亚、中亚到东方的商人和传教士越葱岭前往蒙古草原各部落及达辽河流域的契丹，都要经过西夏。辽天会二年乾顺讨好辽，上表辽称："至如殊方异域朝觐天阙，合经当国道路，亦不阻节。"② 由于经西夏到宋廷的贡使往来要被西夏抽取一部分，至使宋不得已走海路，扩大海上交通。但西夏控扼的陆路东西交通，中亚、西亚的民间陆路贸易和文化交流并没有停止。据元代马可·波罗作为东罗马教廷的使者和贸易的商人，一路从东罗马至元上都，对各地的文化记载有天主教（唐代景教）的教堂和伊斯兰教清真寺，说明在元代占领西夏之地以前就有佛教以外的其他宗教建筑，这些宗教建筑元

---

① （清）吴广成：《西夏书事》卷6、卷9、卷10，清道光五年小砚山房刻本。
② 《辽史》，列传第45，中华书局点校本，1974。

素势必对西夏的建筑文化产生影响。西夏三号陵的圆柱形阙的营建,与拜占庭圆柱体纪念柱、中亚波斯塞尔柱的清真寺大殿周围的圆柱形唤礼塔建筑有关,西夏黑水城遗址西南角有清真寺建筑遗址,门厅两侧有粗大圆柱(图 2 – 85)。西夏建筑的多样性说明,一方面是对中国传统建筑的传承和积淀,另一方面是随着东西方建筑文化交流而出现的新的类型。传承和引进使西夏建筑显得丰富多彩。

图 2 – 85　西夏黑水城外西南角清真寺图

第四,突出佛教建筑艺术。建筑构件的装饰艺术突出佛教神灵,如兽面纹瓦当、滴水中兽面纹的图像,其边缘的变化,兽面的角、鬃毛的长短变化,繁衍出许多同类造型,但基本形象是狮面。狮在佛教艺术中是最凶猛的神兽,是从西方传来的。古希腊罗马艺术中雄狮形象的刻画影响了印度的佛教艺术。五胡十六国时期的佛教艺术中就有狮的形象。西夏在信仰上以佛教立国,佛教神兽的形象在西夏艺术中普遍出现,不仅瓦当是狮面,在著名的凉州碑的碑座饰纹中,西夏文的一面雕刻一对狮子,而汉文的一面是莲花纹。这显然是代表装饰艺术体系中不同于中原的"另类",是受到西方佛教文化影响的结果(图 2 – 86)。莲花纹在方砖上则呈几何图案变化,与秦汉瓦当上的青龙、白虎、朱雀、玄武等神纹及时代更早的夔龙纹也有根本的差异。西夏三号陵出土的莲花纹方砖种类繁多,用途不一,砖面莲花图案有 8 种以上,多呈几何对称布局(图 2 – 87),有的砖侧面饰有忍冬纹。莲花图案在西夏的建筑装饰中具有十分尊贵的地位,西夏法典《天盛改旧新定律令》中规定:"除佛殿、星宫、神庙、内宫等外,官民屋舍上不得装饰有莲花,不得涂大朱、大青、大绿。旧有亦当毁掉。"[1] 石榴纹、龟背菱纹也是西域常用的。狮子、莲花都是佛教艺术装饰中的重要元素,受到西域和中亚佛教艺术的影响。

---

[1]　史金波、聂鸿音、白滨译注《天盛改旧新定律令》,第七卷"敕禁门"。法律出版社,2000。

正面（刻西夏文）对狮　　　　　　右侧面麒麟

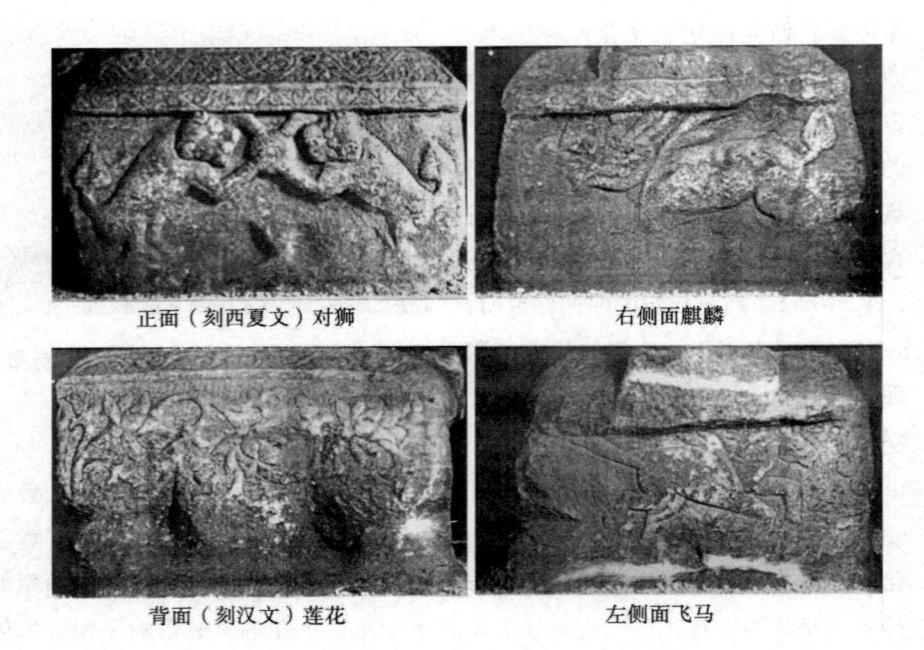

背面（刻汉文）莲花　　　　　　左侧面飞马

图 2-86　凉州重修护国寺感通塔碑碑座四面饰纹

图 2-87　三号陵南门、碑亭等处出土莲花纹方砖

在屋面建筑装饰件中各式佛教神兽的艺术形象有创新表现：龙头鱼尾鸱吻与唐代月牙形不同，迦陵频伽、海狮、摩羯等屋面神兽表现为佛教世界飞翔的神兽，其艺术形象充分表现了它们在佛教世界中的功能：迦陵频伽是天龙八部众中的神兽，既护法，又用美妙的声音传佛音；摩羯是大海里的巨形鱼，能吞噬其他小鱼；鸱吻的鱼尾形状，也与佛教世界四大部洲周围都是大海有关。迦陵频伽、摩羯等神兽的展翅形象不仅受到佛教艺术的影响，也受

到拜占庭艺术的影响。这与丝绸之路文化艺术的交流活跃有关。

考古出土的唐宋建筑琉璃件遗物不多,而出土西夏屋面装饰琉璃件品种不少。琉璃用于建筑溯源于北魏,其制造技术由中亚大月氏传入,[1] 北魏迁都洛阳后设专门机构营造。建筑装饰件的佛教神兽,十六国时期赫连勃勃营建的大夏统万城遗址中有兽面纹瓦当、滴水。十六国至北魏是佛教自汉代传入后第一次传播高峰期,也是中国传统建筑与域外宗教建筑相互交融创新营造时期。

西夏自称其族源出北魏帝胄,一方面喻义正统,另一方面效仿北魏大力推崇佛教建筑的营造,承北魏之传统,将佛塔引入陵园的营造中。在陵园建筑中,陵城中的陵塔位置显要,体量最大,集高台、陵塔、神灵等佛教建筑艺术于一身,彰显了西夏对佛教建筑的创造。

第五,受地域文化影响。西夏陵碑亭出土的 14 通石雕人像"志文支座"即碑座,现在已成为西夏陵的标志性建筑构件。六号陵出土男性人像石碑座突出男性垂肚,三号陵出土的女性人像石碑座突出垂乳,碑座雕刻体方形,正面雕人面像,两侧面雕跪下肢。碑座人物形象的创作,受到今甘肃河西魏晋唐墓券门门楼照墙上的托梁力士造型影响。嘉峪关一墓照墙上的托梁力士双手上举托梁椽,双腿叉开呈马步蹲坐式,还有一个垂乳赤肚两腿蹲式;托梁赤帻力士,圆目八字胡,双手托腮胡人相貌。酒泉唐墓有一柱础模印方砖,砖面为一男子,瞪目闭口,双手上举,上下赤身,突出双乳,系短裤,两腿半蹲。敦煌佛爷庙湾一西晋墓,方砖上雕刻一熊首力士,上肢上举,下肢曲蹲(图 2 - 88)。[2] 西夏碑座力士形象受到河西墓托梁力士形象的影响,稍加改造,增加臂钏、手镯,融入本民族佛教艺术形象的特性,从地下黑暗封闭的墓门挪到地面碑亭光天化日的空间,转为人人可见的西夏创造,形成了本民族建筑文化的元素。同时也更进一步反映魏晋十六国以来,

---

[1] 据《魏书·大月氏传》:"世祖时,其国人商贩京师,自云能铸石为五色琉璃,于是采矿山中,于京师铸之。既成,光泽乃美于西方来者。乃诏为行殿,容百余人,光色映彻,观者见之,莫不惊骇,以为神明所作。自此中国琉璃遂贱,人不复珍之。"《魏书·列传第九十·西域》。中华书局,1974。

[2] 西夏碑座力士见陈育宁、汤晓芳著《西夏艺术史》,第 209 页图 3 - 30 - 1、3 - 30 - 2。河西魏晋墓力士见俄军、郑炳林、高国祥主编《甘肃出土魏晋唐墓壁画》。

西夏三号陵出土女性人像石碑座　西夏六号陵出土男性人像石碑座　嘉峪关新城魏晋墓赤帻力士图

敦煌佛爷庙湾西晋熊首托梁力士　酒泉西沟唐墓柱础模印砖

图2-88　西夏陵、河西地区出土的力士像

中原、中亚、西亚多元文化对西夏的影响。

　　第六，墓道、墓室形制传承北魏传统，体现薄葬。西夏地下建筑墓道为阶梯式斜坡墓道；墓室为土洞式，墓室呈梯形平面，甬道绘有武士，随葬品为马具、牲畜等，形制基本同北魏。北魏大同方山冯太后墓，斜坡墓道长39.7米，宽2.9米，深8.1米；主墓室地面呈长方形，穹隆顶，长19.2米，宽12米，甬道有前后室；陪葬物也是牲畜、马具等。节闵帝元恭墓地处邙山南侧缓坡之上，其墓道也为斜坡式，墓室为单砖室，墓葬原有壁画，与北魏宣武帝景陵基本相同。西夏帝陵的墓道、墓室形制与北魏相似，体现了草原民族风俗习惯。陵区陵址选择山坡高地或山脚，背靠山、面临河，其堪舆观也是一致的。

　　第七，技术上，适应地域特点以夯土建筑材料为多，体量大，少砖作和石筑；最大的墩体三号陵塔遗址直径37.5米，周长118米，高21.5米；三号陵阙台基面 12 米，高 3 米；经考古专家估算，仅三号陵墙体土方就在 3 万立方米，9 座帝陵土方需有数十万立方米。

第二节 墓建筑

有关西夏墓建筑的文字记载，只见于西夏文献《番汉合时掌中珠》和《文海》等词书中的一些单词，关于墓的建筑形制，西夏文和汉文都缺少记录，但在西夏壁画和版画的图像中却有具体形象。如俄藏《观弥勒上生兜率天经》变相图左侧条幅式款题为"深入正觉"的图像中有墓的图像，与敦煌莫高窟绘出的西域墓室相同。[①] 对西夏陵陪葬墓进行的考古调查，其简报分别发表在《文物》1978 年 8 月和《考古与文物》1983 年第 5 期。武威（西夏时期的陪都凉州）和内蒙古鄂尔多斯，也有西夏墓考古资料发表。从已掌握的考古资料，西夏墓可分为西夏陵陪葬墓（西夏皇族贵胄、勋戚、高官墓）、（武威）地方官吏墓、党项贵族大姓墓等。

一 西夏陵陪葬墓

西夏陵区有 263 座陪葬墓，已经发掘 101 号、108 号。[②] 属党项上层权贵、王侯类人物墓。

（一）西夏陵园 108 号陪葬墓

地面建筑布局：封闭型院落形制（图 2-89）。

1. 墓园

夯土墙厚 1 米，内外抹白墙皮。门道地面有砖瓦，初建时应有门楼。

图 2-89 西夏陵 108 号陪葬墓布局图

[①] 莫高窟宋 449 窟北壁绘西域式墓园，墓园两重台基上建墓室，外形是一夯土筑高台，高台顶弧形，前开一券形门，一长者坐于墓室内。佛经中说"人命将终，自然行诣冢间而死"。高台形冢是西域式墓冢。见孙毅华、孙儒僩《中世纪建筑画》，第 90 页。

[②] 宁夏回族自治区博物馆：《西夏陵区 108 号墓发掘简报》，《文物》，1978 年第 8 期；《西夏陵区 101 号墓发掘简报》，《考古与文物》1983 年第 5 期。

2. 碑亭

墓园外东南角有碑亭台基一座，方形，边长10米（与101号碑亭基座大小相似），台基面铺方砖，高出地面0.8米。可能有四坡顶建筑。台基上出土349块汉、西夏文残碑块。碑首刻"梁国正献王之神道碑"字样。遗留有汉文、西夏文碑残块。墓冢设在子午线以西。[1] 墓冢为圆形不规则锥体。下部有两层夯土，外有白灰墙皮。

3. 墓道

墓道呈阶梯式，长16.4米，36级。甬道口三层木板封门，有木门扇遗迹；甬道外墓道两侧各立一长约2.15米长方木，上端雕人头像，与大同方山北魏孝文帝母冯太后墓门柱上刻画的人物相似。

4. 墓室

穹隆顶土洞式，地面方形，没有铺砖。

5. 遗物

在距地表2.2米和5.4米处发现两个四根长方木组成的井字形方架（报告估计是仿唐天井），棺钉44枚，三残体骨架。随葬有幼羊、狗骨架；甬道有通体圆雕石狗、石马（鲜卑墓葬中牛、马、羊骨架）；货币有开元通宝、祥符通宝、天圣元宝、皇宋通宝、熙宁元宝等；绿釉罐、白瓷碗残片；银丝、银帽（银饰品）；丝质品有烟色素罗、棕色异向罗、茂花闪色锦、工字纹绫、衣锦罗绫丝质服。[2]

墓主人正献王"嵬名，讳安惠"，被尊为"尚父"，任"太师、尚书令、知枢密院事，六部□□"等职，估计50～60岁。从残碑叙事年号推断，为1063～1129年居高位的皇族，曾与梁太后一起出征怀远军（梁太后即秉常妻，乾顺母）。"上即命公城中兴"——曾参与营造都城中兴府。为乾顺显陵陪葬墓。

墓形制：斜坡阶梯墓道，土洞单室墓（图2-90）。与北魏孝文帝母冯氏皇太后墓形制相似。为北方草原民族葬俗特征。

---

[1] 沈括《梦溪笔谈》记载："盖西戎之俗，所居正寝，常留中一间以奉鬼神，不敢居之，谓之神明，主人乃坐其旁。"墓室与墓冢位于墓园偏西，与西域传统习俗有关。

[2] 宁夏回族自治区博物馆：《西夏陵108号墓发掘简报》，载《文物》1978年第8期。

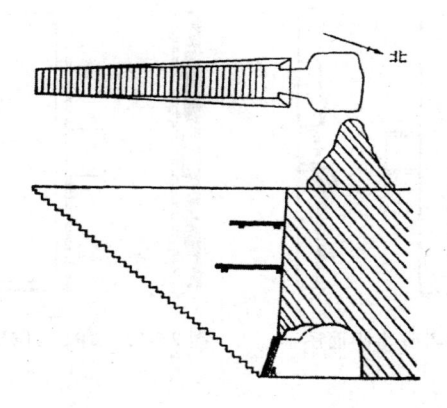

图 2 – 90　西夏陵区 108 号陪葬墓平、剖面图

（二）西夏陵园 101 号陪葬墓

西夏陵陪葬墓 101 号，1977 年发掘，有发掘简报发表。茔域内建筑自南向北地面建筑布局有碑亭、月城、内城（图 2 – 91）。

1. 碑亭

茔城南端对称布局两碑亭，间隔 43 米（图 2 – 92、2 – 93）。

东碑亭台基正方形，高出地表 0.96 米，边长 10.5 米，台基四周以长条砖包砌；台基面中部方砖铺地，东北两边存扁平石柱础两块，四周无墙痕，碑亭西侧有一宽 1.7 米、长 1.43 米斜坡踏道。

西碑亭略低于东碑亭，台基高出地表 0.78 米（与东碑亭找平），四周无砖包痕迹，台面无铺砖，台基四边残留土坯、石灰墙基，围墙呈正方形，边长 8.2 米，每堵墙内外均有两块扁平自然石柱础，周围有大量残砖、碎瓦，东侧正中为斜坡踏步，宽 1.53 米、长 1.30 米。台基上有建筑，西碑亭土坯墙内有一座四坡顶殿宇式

图 2 – 91　西夏陵 101 号陪葬墓布局图

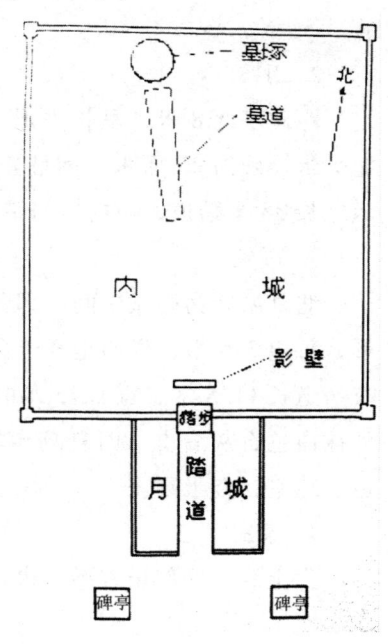

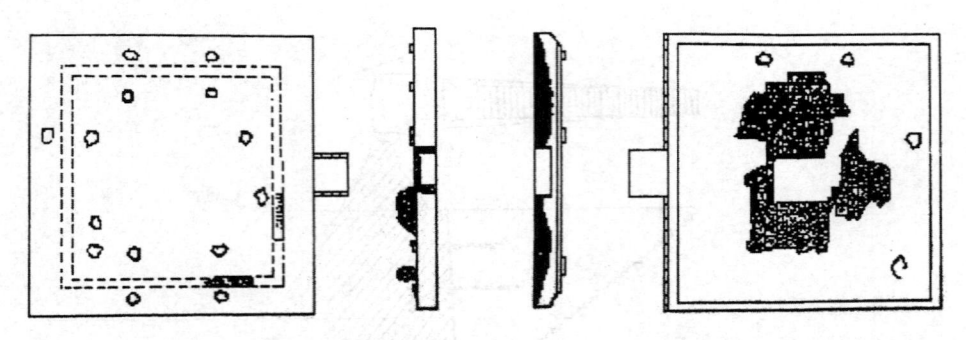

图 2-92　101号陪葬墓西碑亭平面图　　　图 2-93　101号陪葬墓东碑亭平面图

建筑。

两座碑亭台基上出土有汉文、西夏文碑残块101块。据汉文碑块"天盛二年庚午秋""都大勾当""兼知枢［密院］"及西夏文碑块汉译"庚戌四年，中书令"等字分析，该墓葬在仁宗仁孝天盛二年（1150年）以后，仁宗乾祐二十四年（1193年，仁孝卒）之前，墓主人是一位身份显著的贵族。

2. 月城

距碑亭北8米，呈长方形，东西37米，南北41.75米；东、南、西墙宽1米，残高25厘米。南墙正中有宽8.5米门道，向北有高出地面20厘米、长38米踏道，与内城门踏步连接，踏道两旁有放石象生痕迹。

3. 内城

北月城墙为内城中间一部分，内城筑夯土墙，四角有阙，角阙台基正方形，每边3.5米，说明是夯土台，台上有角楼建筑。内城距门址约10米处，有一道长11.5米、宽1.75米的影壁，残高40厘米~50厘米，壁身夯土筑，外抹白色石灰墙皮。西夏墓园城门内有影壁属首次发现。地下有墓道、甬道、墓室、夯土冢。

4. 墓室

为土洞，底部正方形，边长5米，穹隆顶，高6米（图2-94）。

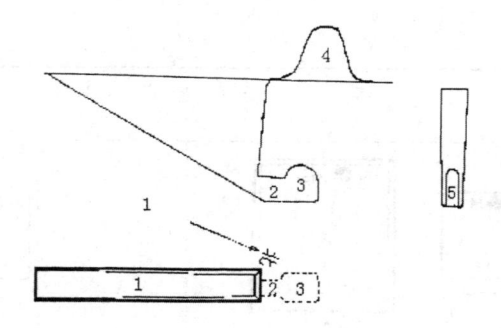

1. 墓道 2. 甬道 3. 墓室 4. 墓冢 5. 甬道门

图 2-94　101 号陪葬墓平、剖面图

5. 遗物

墓被盗过，劫后仍在甬道内出土重 188 公斤鎏金大铜牛 1 件，355 公斤大石马 1 件，铁狗 1 件（长 43 厘米，宽 22 厘米，高 26 厘米）、铁釜 1 件、铁矛 1 件（长 17 厘米，插杆端直径 3.3 厘米）、铜铃 2 件（直径 2.8 厘米，高 3.7 厘米）。还有面食点心、白瓷碗、褐釉陶罐、丝织物残片（锦、罗）、棱形镶金铜饰品、鎏金铜饰品（马具饰品）；多具遗骨，一中年男性，两个中年女性，一个老年女性。

墓形制：斜坡阶梯墓道，地面方形，顶穹窿形，木板封门。体现北方游牧民族生前住帐篷习俗。

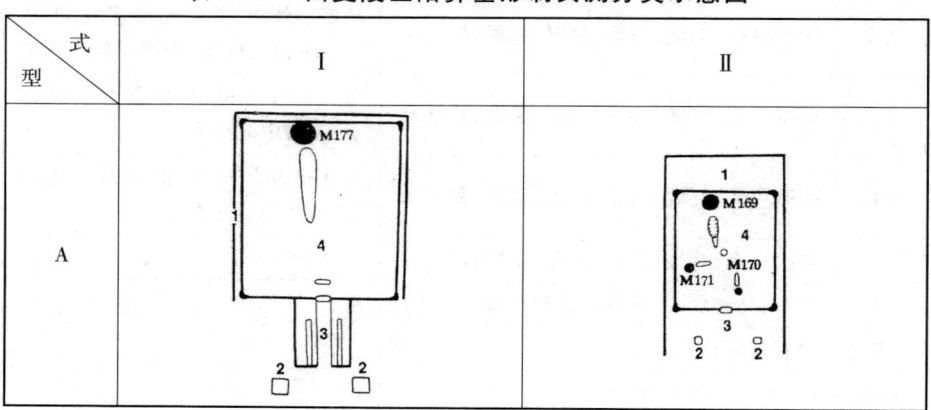

表 2-9　西夏陵区陪葬墓形制实测分类示意图

式 型	I	II
A		

续表

型\式	I	II
B	●M6 / ●M173	●M187
C	●M157 / ●M100 ●M101	
D	●M154	
E	●M76	

表 2-10　西夏陵区陪葬墓遗存状况一览表

墓园类型	构成内容	备注
AI	碑亭两座、月城、墓城、门址、照壁、墓冢台	马蹄形外城
AII	碑亭两座、墓城、门址、照壁、墓冢台	马蹄形外城,前面超出墓城,形成一个半封闭区域,作用类似于月城
BI	碑亭一座、月城、墓城、门址、照壁、墓冢台	与AI布局相似,但仅有一座碑亭,或居中或居右
BII	碑亭一座、墓城、门址、照壁、墓冢台	与AII布局相似,但仅有一座碑亭,或居中或居右
C	碑亭一座、墓城、门址、照壁、墓冢台	
D	墓城、墓冢台、部分有门址和照壁	
E	仅有墓冢台	
特型	如M126、M161、M178	

从各陪葬墓遗存状况统计表2-9、2-10可粗略看出以下特点。

第一，大型陪葬墓园，即诸王、勋戚之墓园，是仿照皇室陵园建制缩小规模而修建的，受到封建等级制度的制约。大型陪葬墓茔域面积2万平方米左右，墓冢高度10米左右，墓冢一律为夯土结构；墓园由碑亭、月城、墓城、门址、照壁和墓冢组成，少数设有外城。大型陪葬墓占陪葬墓总数的1%～2%。中型陪葬墓茔域面积1500平方米～5000平方米不等，墓冢高度5米～10米，墓冢一律为夯土结构；墓园由碑亭、月城、墓城、门址、照壁和墓冢组成；或只建有墓城、墓冢、门址和照壁。小型陪葬墓面积均在1500平方米以下，只建有一座墓冢，别无其他建筑。

第二，西夏陵区中陪葬墓多为埋葬西夏后妃与宗室和贵戚重臣，汉文和西夏文碑残块印证了陪葬墓主人的身份和地位。

第三，陪葬墓之间也有等级差别，反映了死者生前在宗室中的身份与地位，具体表现在其规模、结构类型和建墓工艺手法等方面。西夏陪葬墓的伦理差别除了茔域面积和墓园建筑结构、陪葬物不同外，地面墓冢的建筑材料和建筑方式上也有所不同，有夯土冢、积土冢和积石冢。另外，陪葬墓中还存在一种特殊的布局类型，有一域两墓或三墓的类型，有夯土墙围合成封闭四合院，或单体建筑有特殊结构的营造。如101号陪葬墓城门内出现影壁基座建筑，在西夏墓葬中属首次发现，此墓南有两碑亭、月城和墓城，除墓冢高台呈圆柱外，其他建筑布局几乎与西夏帝陵相仿。出土遗物有188公斤鎏金大铜牛，属于国宝级西夏遗物。无论是墓的形制，还是出土遗物，均显示其主人的特殊地位。

（三）西夏陵园陪葬墓地面墓冢夯土台形制

陪葬墓属党项族权高显贵、诸王、宗族一级的官员墓葬，在地面也筑高台，高台的外形、体量、级数与帝陵不同，夯土体量较小，出现了圆锥形、馒头形、圆柱形等不同形状的夯土台。[①] 在今河西走廊甘肃西部、新疆、河北北部故辽契丹、回鹘、吐蕃等族居住地区也有类似西夏墓冢夯土高台建筑（图2-95）。

[①] 参见牛达生《西夏陵园》，《考古与文物》1982年第6期。

圆锥形
（隐见3级、5级）　　馒头形　　圆柱形

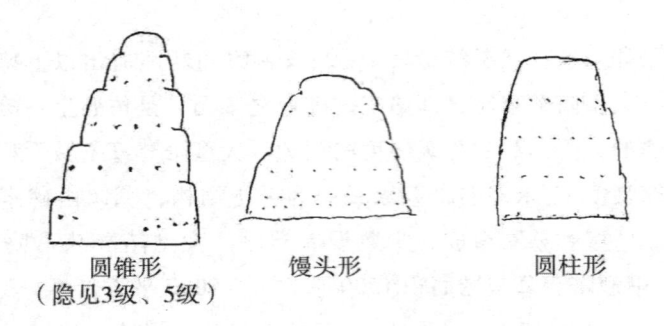

图 2-95　西夏陵园陪葬墓地面墓冢夯土台形制

二　火葬墓

1977年，在甘肃武威发现两座西夏火葬墓。

一号墓在北，墓门向东，墓室长1.3米，高1.2米，宽1.3米。墓室四壁砖叠砌，底部铺平砖，为人字形铺法。墓室后壁底部设二层台，长度同墓室内宽，长0.6米，高0.14米，台面用石灰抹平。墓门高0.75米，宽0.68米，深0.33米，单层砖拱形券顶，墓顶呈圆锥形，以卵石封门。

二号墓在南，墓门向东，墓室长1.6米，宽1.3米，高1.7米，墓门高0.8米，宽0.9米，深0.39米，单层砖拱形券顶，墓顶呈圆锥形。

两座墓火葬的葬式相同，墓室内放置木缘塔，未发现骨灰。据题记称木缘塔为"灵匣"，四周写有梵、汉文佛经咒语（图2-96）。二号墓的墓门内两侧和南北壁列有29块木板画：西壁二层台放两座木缘塔，塔前放男女墓主人肖像，二层台下正中为四幅随

图 2-96　武威火葬墓出土木缘塔

侍像，两幅正面像位于中央，一幅脸右向，一幅脸左向，二层台西北墙放鸡、狗、猪，南墙是屈腰人；南壁下列童子、五男侍、老仆、牵马人等，北壁下列童子、五女侍、老婢；墓门两侧各有三幅武士画。[①] 因墓室小，不能贴壁，而是从西向东依次排列，画面向墓门。其中还出土室内陈设：木碗、木茶盏、木唾盂、木条桌、木衣架、木笔架、木宝瓶等。

一号墓题记三处：

① "彭城刘庆寿母李氏，殖天庆元年正月卅日讫"，写在一块未经加工的木板上；

② "彭城刘庆寿母李氏顺娇，殖大夏天庆元年正月卅日身殁，夫刘仲达讫"，写在木缘塔内作盖子的六角形木板上；

③ "故亡考任西路经略司兼安排□两处都案刘仲达灵匣，时大夏天庆八年岁次辛酉仲春二十三日百五侵晨葬讫，长男刘元秀清记"。最后还有一行梵文，音译为"唵、嘛、呢、叭、咪、吽"（六字真言），题记写于另一座木缘塔作为盖子的六角形板上。

二号墓题记：

"故考妣西经略司都案刘德仁，寿六旬有八，于天庆五年岁次戊午四月十六日亡殁，至天庆七年岁次庚辰十五日兴工建木缘塔，至中秋十三日入课讫"，写在木缘塔内作为盖子的八角形木板上。

墓内的木缘塔题记指明这两座塔的年代是在西夏天庆元年至八年间（1194~1201年），是西夏晚期的墓葬。墓主人祖籍彭城（今徐州），是汉人，都在西夏地方为官，刘德仁任过"西经略司都案"，刘仲达任"西经略司兼安排□两处都案"。西夏文《番汉合时掌中珠》中有："受纳司，承旨，都案案头，司吏都监"；另一处书有："大人嗔怒，指挥肩分，接状只关，都案判凭，司吏行遣……"都案一职为文书，职在承旨之下，司吏都监之上，是文官。

墓室砖砌，面积很小，坟冢呈圆锥形，室内放灵匣木缘塔，塔内无骨灰，为灵魂所在。灵匣四周放置木板画，绘各工种侍从。墓门向东用卵石封堵。建筑门向东的习俗源自东胡系鲜卑等游牧民族东向拜日，与门面朝南的

---

① 见陈育宁、汤晓芳著《西夏艺术史》，甘肃武威西夏墓出土木板画，第117~126页。

汉族建筑不同。墓的建制受到佛教和地域少数民族建筑文化的影响。

据木缘塔题记，两墓主人为叔侄关系，是西夏凉州的地方官吏。木缘塔内无骨灰，为佛教徒建的纪念性建筑。

《马可·波罗行纪》第一卷第五十七章记载了在"唐古忒州"即西夏国的火葬习俗，其中也融入了佛教葬俗：

> 君等应知世界之一切偶像教徒皆有焚尸之俗。焚前，死者之亲属在丧柩经过之道中，建一木屋，覆以金锦绸绢。柩过此屋时，屋中人呈献酒肉及其他食物于尸前，盖以死者在彼世享受如同生时。迨至焚尸之所，亲属等先行预备纸扎之人、马、骆驼、钱币，与尸共焚。据云，死者在彼世因此得有奴婢、牲畜、钱财等若所焚之数。柩行时，鸣一切乐器。其焚尸也，必须请星者选择吉日。未至其日，停尸于家，有时停至六月之久。其停尸也，方法如下：先制一匣，匣壁厚有一掌，接合甚密，施以绘画，置樟脑香料不少于匣中，以避臭气。旋以美丽布帛覆于尸上。停丧之时，每日必陈食于柩前桌上，使死者之魂饮食。陈食之时，与常人食时相等。其尤怪者，卜人有时谓不宜从门出丧，必须破墙而出。此地之一切偶像教徒焚尸之法皆如是也。

三　党项族墓

2000年7月，银川市西夏陵区管理处对宁夏永宁闽宁村西夏墓部分碑亭等建筑进行清理。2001年8月到10月宁夏文物考古研究所对编号为M1至M7的七座墓和两座碑亭进行清理发掘。

地理位置：闽宁村西夏墓地位于永宁县西约25公里的贺兰山东麓洪积扇上，东北距银川市约40公里，距西夏陵区南端约23公里（图2-97至图2-102）。

墓分布：墓地呈东西带状。墓遗址14座，碑亭4座。

M1：西南有碑亭，编号B3、B4，M14编号B2。

M7：西南有碑亭编号B1，并出现残碑"天禧"两字，为宋年号。

碑亭形制：建在方形台基上，一种四面无墙，一种四面有墙，墙体不承担屋顶重量，由柱体承重，屋顶呈四面坡形。

墓道：墓道阶梯式，二十余米长。

墓室：土洞室，方形平面，四壁裸露，平顶或穹隆顶。

封土：地面封土平面呈圆形，高达3米~4米，封土外壁有一层厚0.5厘米~1.5厘米白灰皮。有的封土在墓室顶上，有的在墓室偏西。

葬俗：3座土葬墓，一座有棺无尸骨；两座有棺

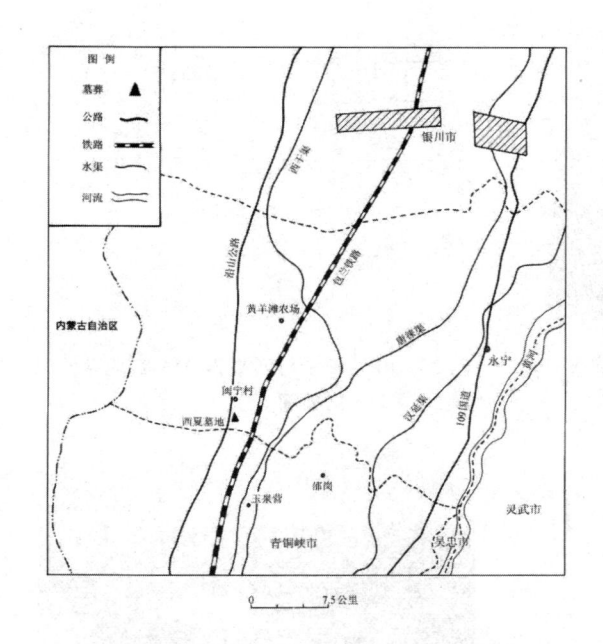

图2-97 闽宁村西夏墓地位置示意图

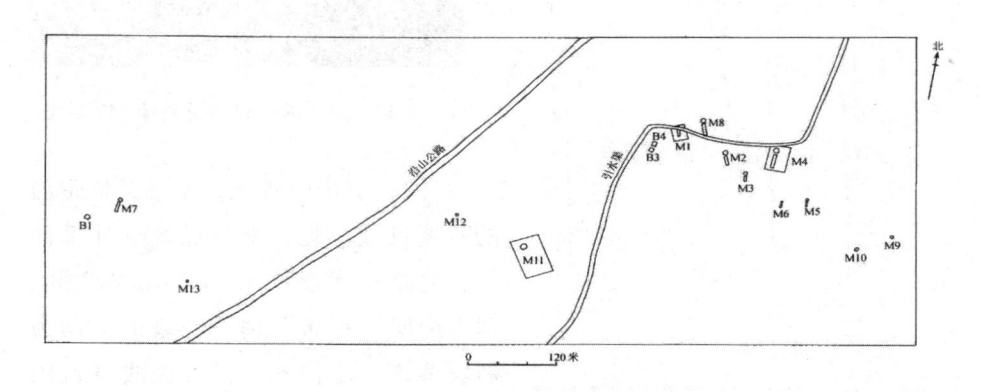

图2-98 闽宁村西夏墓墓葬分布示意图

木，有尸骨，5座火葬墓。尸骨经火化。

（1）据一碑刻有"天禧"两字，为北宋是宋真宗的年号（1017~1021年），墓葬当在李德明以前。

图 2-99　闽宁村西夏墓地沙梁地貌

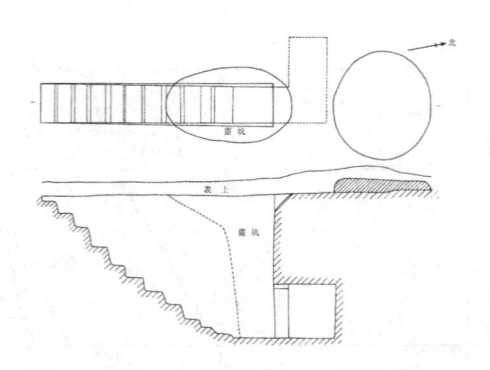

图 2-101　闽宁村西夏墓 M6 墓地平、剖面图

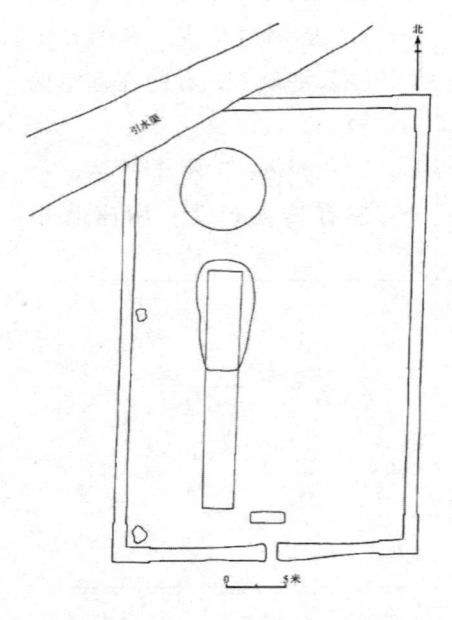

图 2-100　闽宁村西夏墓 M4 墓位置示意图

图 2-102　闽宁村西夏墓地 M7 封土

（2）离灵州较近，是元昊称帝前的西夏贵族葬地，李继迁曾选址都西平，墓葬断代李继迁与李元昊之间，即李德明"僭帝"时期。墓的形制为斜坡墓道单土洞式，位置偏西（传统自然鬼神崇拜），表现民族属性。

（3）建筑特征：墓道斜坡阶梯式，墓室方形，地面高台。

四　塔墓

高僧圆寂葬墓塔。黑水城周围塔群具有代表性。

黑水城塔墓位于黑水城遗址的西边，河床右岸。墓塔高出地面9米左右，由台座、台阶式的塔身和圆锥形的塔顶组成，在塔内台座中部的基础中心竖一起骨架作用直通塔顶的木杆，夯土台上砌筑土坯。塔内装藏有许多佛教经文、佛像、法器等。

1909年，俄国探险家科兹洛夫带领探险队到黑水城盗掘文物，挖开这座佛塔，在塔内北墙边一个台座上发现一副坐着的人骨架和大量西夏文物。他们砍下人头，连同掘得文物一起运回俄国。俄罗斯学者卡津根据文物中文书的日期等信息，确定这座塔墓建于1220年左右，即蒙古灭亡西夏之前，由此也确认这座塔墓及藏品是西夏时期的文物。从塔的体量规模和塔内出土的大量文物判断，塔内葬的应是一位西夏高僧，但采取的葬式不是火葬，塔内也无盛放骨灰的葬具，而是真身坐化于台座之上。这种葬法只有供人顶礼膜拜的"活佛"一级高僧有此类塔葬。

塔墓中出土文物数量极大，价值无与伦比。据卡津早年统计，有西夏文文献1400件，其中汉文文献78件，藏文文献13件，回鹘文文献1件，绘画作品约300件。此外，还有雕字版、画板、铜和镀金的佛像、木雕、泥雕、丝麻织品等。文献的内容十分广泛，有各种辞书、法典、儒家经典、兵书、官府文书、民间契约、医书、历书、卜辞、佛经等。为研究西夏的语言、文字、政治、经济、文化、军事、社会风习等各个方面提供了极其珍贵的资料。

宁夏青铜峡108塔，有的塔内有西夏文经咒，为西夏晚期高僧法藏墓塔。在拜寺口双塔周围也有高僧墓塔，其建筑大多为覆钵式塔（图2-103）。

图2-103 青铜峡108塔塔群

本章小结

通过考古发掘的西夏墓有帝陵、帝陵区陪葬墓、一般地方官吏墓、一般党项族姓墓、僧人塔墓等。墓园营造布局和结构多样，墓的建筑体现了以下特征。

第一，受中原文化影响，强调伦理等级制。帝陵级别最高，陵园建有宫殿式建筑群，有阙台、角台、碑亭、月城、陵城、陵塔等，陵塔是标志性建筑。各类建筑呈中轴线对称布局，传承中原传统布局形制。王侯、勋戚、高官墓等级次之，亦有墓城、碑亭等建筑，其中有象征身份和地位的各类型高台是标志性建筑。高僧墓的标志则是平地面起建覆钵形塔。地方官员一般为火葬墓，没有夯土台，葬俗受佛教影响。党项望族大姓的墓遗址虽无墓园建筑，但以碑亭建筑为标志。西夏墓的建制伦理为皇帝至高无上，地面建陵塔；其次是王侯，地面高矗灵台；再次是党项望族，有碑亭建筑。高僧大德用塔葬，一般汉族官吏用火葬。从中不难看出民族传统、佛教在墓葬制度中的影响。

第二，阴宅建筑简单，表现在墓道和墓室建筑上。最高级别的也只是墓道斜坡式，土洞式墓室，体现了草原游牧民族薄葬的特征。

第三，夯土建筑遗存多。陵墓园内筑夯土高台和夯土墙，地面的木构架建筑消失了，但夯土高台仍在，反映了陵墓建筑的地域特征。

第四，墓葬渗透佛教文化元素。无论建筑装饰还是墓的形制，体现佛教文化。帝陵中有陵塔，王侯墓中的陪葬物有经幢，一般官员墓火葬并有塔式灵匣，高僧塔葬，都是佛教文化的体现。

第五，西夏墓的建筑体现多民族文化的融合。地面殿、阙、城墙等建筑承中原形制，月城及其内在石象生布列反映北方草原都城特点；建筑装饰构件更多地融合中原文化、中亚文化、西亚文化，反映了多元文化的交流和建筑文化的民族大融合。

第三章　寺庙建筑

寺庙建筑包括宗教建筑和祭祀性建筑。佛教的寺、庵、堂、院，道教的祠、宫、庙、观，伊斯兰教的清真寺，基督教的礼拜堂等属于宗教建筑，民间信仰中的文庙（孔子）、武庙（关公）、宗庙祠堂、祭坛等属于祭祀性建筑。依据古文献记载和文物普查与考古勘察发现，西夏此类建筑遗存、遗迹、遗物都有。其中以佛教建筑为多，成为西夏寺庙建筑的主流；道教与伊斯兰教建筑仅有少量遗存，文庙、武庙、祠宇等祭祀类建筑有遗迹，而无实物遗存。西夏寺庙建筑文化，是以佛教建筑为主的多元融合的建筑文化。西夏佛教建筑中保留下的文化遗存以佛塔与石窟寺为多，地面上的寺庙建筑多毁失无存，仅存遗址和部分遗迹，已无建筑实例可寻。还能视其寺庙建筑形体构造与饰装概貌的，仅限于石窟寺窟前殿堂遗址和西夏壁画中西夏寺庙图像遗迹，还有部分古代经籍插图中西夏寺庙版画遗迹。本章以西夏故地地上遗存、遗迹、遗址较多的西夏佛教寺院和石窟寺，作为西夏寺庙类建筑文化的代表，对它的遗存分布与保存状况，对它的发现与研究状况，在进行回顾的基础上，对其组群布局、构造形制、饰装的特征和传承，进行探讨研究，略述及其他宗教类与祭祀类建筑。

第一节　石窟寺建筑遗存

西夏石窟寺建筑遗存主要是指河西的一些石窟寺、窟前殿堂遗址或重修装銮的洞窟壁画以及西夏文与汉文西夏印经的扉页或插图版画中所揭示的佛寺概貌、建筑形制和饰装特色。

一 西夏凿修和妆銮使用的石窟寺遗存与遗迹

依据西夏故地甘肃、宁夏、内蒙古、陕西四省区文物普查和考古勘测发现等信息资料得知，西夏时期妆銮和修建的石窟寺相当多，但保存至今可供观瞻、研究的，绝大部分都在甘肃。敦煌莫高窟和西千佛洞、安西榆林窟和东千佛洞、玉门昌马石窟、肃北五个庙石窟、酒泉文殊山石窟、武威天梯山石窟和亥母洞与小西沟岘修行洞、永靖炳灵寺石窟、景泰五佛寺石窟等，都有一定数量西夏时期开凿或重修妆銮过的佛窟遗存和遗迹。其中莫高窟和榆林窟的洞窟中属西夏时期开凿和妆銮的总计达八十多个，营造或重建了窟前木构殿堂 11 座，在莫高窟北区开凿僧房、禅窟、瘗窟 40 个。洞窟内西夏时期题记有 100 多处，近 2000 字，有 21 个西夏纪年；这些题记对考订西夏纪年、国名、建置、职官、佛事活动、语言文字、西夏占领沙洲时间、西夏洞窟的考订和分期等有重要参考价值，有些记载是史籍中罕见的。[1]在西夏古都银川近郊贺兰山也发现有西夏石窟寺山嘴沟西夏石窟。[2] 同时，在西夏故地周边的宋金辖区的固原须弥山石窟寺内，发现有西夏人活动留下的西夏年号题记遗迹。现就石窟遗存和遗迹分别作以概略介绍。

（一）敦煌莫高窟的西夏遗存

在南北长约 1600 米的悬崖上现存有 735 个洞窟，其中南区 487 个，北区 248 个，保存十六国北凉、北魏、西魏、北周、隋、唐、五代、宋、西夏、元等各代塑像 2000 余身，壁画近 4 万平方米。洞窟形制有禅窟、中心柱窟、殿堂窟、大像窟等。经石窟考古专家和美术史家反复考证、对比研究，西夏在莫高窟的前代洞窟中补绘和重修、营造与妆銮的洞窟，确认的西夏洞窟 77 个，其中分出西夏时期回鹘洞窟 16 个，西夏营造妆銮的洞窟 15 个，前期 65 个，后期 12 个。[3] 西夏在 11 座（27、29、30、35、38、39、

---

[1] 见马自树主编《中国边疆民族地区文物集萃》一书，上海辞书出版社，1999，第 232 页。
[2] 见宁夏文物考古研究所《山嘴沟西夏石窟》，文物出版社，2007。
[3] 见刘玉权《瓜沙西夏石窟概论》，文物出版社，1999。《中国石窟·敦煌莫高窟》第五卷第 174、175 页。也有学者认为西夏人营造的 28 个，其余为回鹘窟。

55、130、467、490、491）洞窟前修建过殿堂。① 另在北区发掘出多种形制的 243 个石窟中，有西夏凿修的僧房窟、瘗窟廪窟。具体洞窟编号如表 3 – 1 所示：

表 3 – 1　莫高窟西夏洞窟分类表

	前期（1036～1139 年）	后期（1140～1127 年）
西夏重修、补绘洞窟	6、16、27、29、30、34、35、38、65、70、78、81、83、84、87、88、140、142、151、164、165、169、223、224、233、234、252、263、265、281、291、326、327、328、344、345、347、348、350、351、352、353、354、355、356、365、366、367、368、376、378、382、400、408、420、430、450、460	206、395、491、4 号塔婆
回鹘窟	244（甬道）、306、307、308、363、399、418	97、148（甬道及后室局部）、207、237（前室、甬道）、245、309、310、330、409
西夏窟	37、55、239、252、324、326、327、330、350、352、354、356、367、464	491

（二）瓜州榆林窟西夏窟

现存 41 窟，分布于榆林河两岸崖壁上，东崖 30 窟，西崖 11 窟，过洞式，有中心柱、覆斗顶、穹隆顶、人字披顶四种形制。西夏在榆林窟除新营造妆銮 4 座（编号为 2、3、10、29）洞窟外，还在原有洞窟内补绘和重修了 6 座（编号为 13、14、15、17、22、26）洞窟。

（三）瓜州东千佛洞西夏窟

现存 23 窟，其中有壁画、泥塑造像者 10 窟。计西夏 6 窟、元 1 窟、清 3 窟，壁画总面积 486.7 平方米，彩绘佛、道壁画 290 幅，人物 1144 身，佛、道泥塑造像 46 身。洞窟形制为覆斗顶过洞式和穹隆顶穿道式两种。从第 2 窟水月观音、密宗曼荼罗、净土变、药师变、涅槃变，第 5 窟文殊变、普贤变、洞窟说法图、忍冬莲花等画面技法分析，均为西夏作品，还有穿插

---

① 见潘玉闪、马世长编著《莫高窟窟前殿堂遗址考古发掘报告》，文物出版社，1985，第 13 页。

着坛城、鸟兽花卉、双龙团凤、跌坐小佛、伎乐菩萨、金刚、力士、壸门等装饰图案。西夏在东千佛洞营造妆銮了4个洞窟（编号为2、4、5、7）。第7窟说法图中的宫室亭台楼阁、五代千手千眼观音绢画、宋代宣纸道教画以及西夏文、汉文、藏文、蒙古文经卷、木雕工艺品等，具有重要文物价值。

（四）瓜州旱峡石窟西夏遗迹

南、北2窟。南窟高3.5米，门顶部塌落，壁画抹泥三层，北魏、唐壁画被西夏壁画覆盖，现存壁画面积18平方米，有文殊变、普贤变、坛城、千佛、供养人，共129幅，人物146身，西夏文题记14方。北窟平面呈不规则长方形，宽4.2米、高3.4米、深5.2米，有五代彩塑造像5身，头部因窟顶塌落，被石块砸毁。[①] 从西夏文题记推测，该洞窟建于西夏时期，有过整修。

（五）瓜州碱泉子石窟西夏遗迹

现存24窟，东崖23窟、西崖1窟，平面呈方形，有覆斗顶、人字坡顶两种，仅西崖1窟保存壁画。半数洞窟开凿抹泥后废弃，少量洞窟开凿后未及抹泥，还有的只凿一半便废弃。东岸第8窟积沙中出有写有西夏文的毛边纸两块。[②] 西夏僧侣在此窟有过活动。

（六）敦煌西千佛洞西夏遗迹

甘肃省酒泉市敦煌市西35公里处的党河北岸，现保存有壁画与造像的洞窟22个，系北魏、西魏、北周、隋、唐、五代、宋、西夏历代营造传承使用的一处佛教圣迹。西夏占领沙州时，归服西夏的沙州回鹘着力营造补绘、妆銮了其中4座洞窟，即现编4、12、15、16窟。[③]

（七）肃北五个庙石窟西夏遗迹

开凿于党河西岸悬崖上，现存6窟，坐北向南。形制有两种，一为平面呈长方形的前后室人字披顶窟（2、3、4窟），一为平面呈方形的中心柱窟（1窟）。中心柱四面开龛，塑像已毁。各窟四壁均绘壁画，现存面积236平方米，主要存于1窟和4窟。有两层，下层北魏壁画模糊不清。上层为北

[①] 见《中国文物地图集·甘肃分册（下）》，测绘出版社，2011，第310、311页。
[②] 见《中国文物地图集·甘肃分册（下）》，第310、311页。
[③] 见刘玉权《沙州回鹘石窟艺术》一文，载《中国石窟·安西榆林窟》，文物出版社，1997，第216~217页。

周、五代、宋重绘，西夏重修了1、3、4窟，内容主要有"涅槃变""净土变""文殊变""普贤变"及"劳度叉斗圣变"等经变画。其绘画技法、特征与莫高窟同期作品相同。[1]

（八）肃南文殊山石窟西夏遗迹

位于肃南裕固族自治县祁丰藏族乡。始建于北凉，北魏续建，西夏、元、明、清重修。石窟分布在南北1.5公里、东西2.5公里范围内，依山势开窟，共百余处洞窟，有的若干洞窟以甬道连通。现存主要有前山千佛洞、万佛洞、后山古佛洞、千佛洞，四窟均中心柱式，平面近方形。前山千佛洞中心柱分三层，下层为方形台基，上两层四面开龛，尖楣圆拱，龛内塑一佛，龛两侧塑胁侍菩萨。窟顶绘伎乐飞天，窟壁上部绘千佛，中部绘一佛二菩萨，下部绘供养人。壁画采用晕染画法。西夏时期在前山千佛洞内绘弥勒经变图，四角绘镇兽天王等。据《有元重修文殊寺碑》载，北魏孝明帝时曾重修寺院，续凿石窟。西夏、元时期重绘壁画，清代在一些窟前建有窟檐。[2]

（九）肃南马蹄寺窟群中西夏遗迹

位于肃南裕固族自治县马蹄藏族乡，包括金塔寺、千佛洞、马蹄北寺、南寺、上中下观音洞7个较为集中的部分及零星窟龛，保存有北凉、北魏、唐、西夏、元、明、清各代窟龛70余个、塑像500多身、壁画250多平方米，其中以金塔寺、千佛洞、马蹄北寺为主。

金塔寺石窟，位于冰沟嘴子村，开凿于海拔2400多米的红砂岩壁上，东西共2窟，西窟平面长方形中心柱式，覆斗顶，前部均已塌毁。中心柱下为基座，基座以上四面分三层开圆拱形龛，龛内塑佛、交脚弥勒、思维菩萨，龛两侧塑菩萨或弟子，龛楣圆雕飞天，塑像多为北凉原作，元代重修或补塑。壁画有二到三层，下层为北凉原作，西窟中、上层绘飞天为西夏作品。

千佛洞石窟分为南、中、北三段，南、中段为石窟，现存洞窟10余个，有中心柱窟4个，存北凉、唐、明、清塑像和明、清壁画，4号窟中留有西夏"贞观十三年正月廿七日拜"（1113年）的题记。北段为元代浮雕塔林。

马蹄北寺，又名普光寺，现存窟龛30余个。3号窟又名三十三天，共

---

[1] 见《中国文物地图集·甘肃分册（下）》，第314页。
[2] 见《中国文物地图集·甘肃分册（上）》，第381页。

21个窟，分五层在崖壁上组成塔形，高40余米，内有甬道和石阶连接。窟内有元、明时期的影塑千佛和壁画。窟外原有木构窟檐和栏杆，已毁。7号窟为一平面长方形的平顶大窟，窟前开有三个门，门内为前堂，前堂后是凹形拜殿，正面设坛基，坛基后凿三个圆拱形龛，拜殿两侧及后面为甬道环绕，甬道两个开46个龛，龛内各塑一结跏趺坐佛像，为元代作品。前堂和甬道入口有元明代大型壁画。①

（十）玉门昌马石窟西夏窟

窟龛开凿在距地面10米~20米的崖壁上，共有洞窟11个，依山势分为南、中、北三段。中段的第2、4两窟为中心柱窟，保存较好。第2窟平面呈方形，前部为拱形顶，后部为平顶，窟宽4米、高3米、深4米，内凿中心柱，宽2米、高3米，分上下两层，上层每面开两龛，下层每面均开圆拱形龛。龛内有北凉原塑一佛二菩萨像，大部分被毁。四壁原有壁画无存，现存者全为西夏重绘，内容有文殊变、普贤变及一佛二菩萨、飞天、供养菩萨、供养人等。②

（十一）武威天梯山石窟西夏遗迹

位于武威市东南约50公里处的天梯山南麓。为北凉王沮渠蒙逊开创，历经北朝、隋、唐、宋、西夏、元、明，各代屡有增补。1927年，地震毁窟10处。现存窟龛17个，其中第1、4、18窟为中心柱式窟，被认为是北凉洞窟。第13窟为天梯山最大佛窟，高30米，宽19米，深6米，内塑弥勒像高约20米，两侧分别塑弟子、菩萨、天王各一身，为盛唐时作品，是我国早期石窟艺术的代表。③ 窟区出土过西夏文佛经与其他西夏文物，西夏曾在石窟内重修重绘壁画。

（十二）武威西夏亥母洞与下西沟岘修行洞

亥母洞遗址位于甘肃武威市郊新华乡缠山村寺底下南400米处，西夏始凿修，省重点文物保护单位。因山体滑坡石窟废弃，残窟坐西面东，分上、中、下3窟，洞窟出土有西夏文书及藏文佛经、小型泥塑护法神像、小泥

---

① 见《中国文物地图集·甘肃分册》（上），第379页、（下）第362页。
② 见《中国文物地图集·甘肃分册》（下）》，第251页。
③ 见马自树主编《中国边疆民族地区文物集萃》一书，第245页。

塔、帛布彩画等呈现藏密风格的西夏文物。[1]

西夏后期营造的武威张义下西沟岘修行洞，有造像遗迹、壁画、土塔、朱红西夏文题记，在曾封闭的2号东出土有西夏文书与文物近百件，系西夏中后期的遗迹与遗物。[2]

（十三）武威观音山石窟西夏遗迹

观音山石窟位于武威市凉州区张义镇堡子村50米观音山上。现存洞窟6个，中为观音窟，高3米，深约5米，宽3.2米，敞口穹隆顶，地面一周作凹字形坛基，坛基立面刻有西夏文字和飞天。南面其中一窟，保存有窟檐。[3]

（十四）武威石佛崖石窟西夏遗迹

石佛崖石窟，史称第五山石窟，位于武威市凉州区城西南60公里的金山乡小口子第五山中。石窟坐西朝东，分上下两层，现存洞窟12个，其中大窟6个。武威市博物馆工作人员曾在20世纪80年代在洞窟内外采集到3件泥塑罗汉和泥塑造像头，根据造型、发式推断为西夏时期作品。从目前残存的遗物来看，唐代、西夏时期对洞窟进行了重修或重塑。[4]

（十五）永靖炳灵寺石窟西夏遗迹

创建于西秦，北魏、北周、隋、唐、宋、西夏、元、明、清历代续凿或重修重绘，唐代达到顶峰。多利用天然岩壁开凿窟龛，现存窟龛主要集中在下寺沟西崖南北长350米、高40多米的峭壁上，附近的佛爷台、洞沟、上寺等处也有零星分布。较完整的窟龛共196个，其中下寺及附近有194个。遗存彩塑和石雕造像776躯，壁画900余平方米，摩崖石刻4方，墨书或刻石纪年铭文6处。[5]

（十六）中宁石空寺石窟西夏遗迹

洞窟开凿区始于唐代，面积4500平方米，凿于双龙山向南的崖壁上。

---

[1] 见白滨著《寻找被遗忘的王朝》一书，第173~184页。
[2] 见白滨著《寻找被遗忘的王朝》一书，第173~184页。
[3] 武威博物馆：《武威西夏遗址调查》（内部资料）。
[4] 武威博物馆：《武威西夏遗址调查》（内部资料）。
[5] 见《中国文物地图集·甘肃分册（下）》，第761页。

据方志记载："寺创制于唐时，就山形凿石窟，窟内造像皆唐制。"① 由西向东，分为上、中、下三个寺院，13 个洞窟。上寺有灵光洞高 4.5 米，宽 5.9 米，进深 8.9 米，顶为覆斗状。洞内泥塑地藏王菩萨等。石佛洞宽 6 米，高 4 米，进深 8.2 米，内塑佛、罗汉像，洞顶塑众多小佛像。中寺为九间无梁寺洞，宽 12.5 米，高约 25 米，进深 7.24 米。正中大龛塑一铺五身群像，本尊为释迦牟尼坐像，高 5 米。窟顶绘西番莲图案的藻井。下寺有 5 个洞窟。上寺与中寺之间五个马蹄形窟龛内，保存有五代至西夏壁画，有的损毁，有的被明清改绘改塑。②

（十七）海原天都山石窟西夏遗迹

共有石窟 6 座，大小殿宇 13 座。窟内造像在"文化大革命"时已毁坏殆尽，只保留长方形平顶直壁洞窟，宽 5 米~7 米，进深 9 米~13 米。窟群台院及山坡地面散布残砖碎瓦、龙头形琉璃屋脊兽等建筑构件。③ 西夏在天都山建南牟宫，天都山石窟有党项南山部活动，存在佛教遗迹，建有古城临羌寨。

（十八）贺兰山山嘴沟石窟

位于贺兰山中段东麓，西夏王陵区西山嘴沟内，沟内分布有 2 处西夏时期石窟。一处在沟内 8 公里处，洞窟宽 4.8 米，进深 4.8 米，高 2.8 米。后壁正中为一佛龛，进深 1.2 米，高 1.4 米，佛像被毁，地面有泥塑小佛像残块，洞右壁残留有高 2 米、宽 1.8 米的壁画，但破坏严重。另一处在山嘴沟葫芦峪沟北侧的半山腰处，分布着上下两排由天然崖洞略加修凿的 6 个石窟。其中上排洞窟保存较好，洞壁绘有壁画。壁画以小幅为主，有佛、菩萨、比丘、天神、动物等。西侧洞窟以大幅为主，有观音图、说法图等。壁画用石绿、赭石、墨等原料绘制。2005 年 9 月在洞窟积土下发现 200 多片西夏文残经卷。④

（十九）灵武市回民巷西夏摩崖石刻

在村北距地表高约 4 米的崖壁上有两处摩崖石刻。东壁在高 0.9 米、宽约 1.2 米的范围内有汉文题刻，楷书，其中有"五二""五十片""十言九

---

① 《陇右金石录》引《甘肃新通志》。
② 见《中国文物地图集·宁夏分册》，文物出版社，2010，第 356 页。
③ 见《中国文物地图集·宁夏分册》，第 385 页。
④ 见《中国文物地图集·宁夏分册》，第 258 页。

不真"等姓名、数字和不连贯句子。南壁左右并列阴刻两座塔形碑。碑由束腰须弥座、方形碑身和盝顶三部分组成,碑身阴刻楷体西夏文。其中左侧碑文有150字,有"白高大国""都大勾当""张伟"等文字,但多不连贯,其意不明。①

(二十) 阿尔寨石窟西夏遗迹

内蒙古鄂托克旗阿尔寨石窟俗称百眼窑,石窟与塔龛凿造在一处凸起的平顶山崖断面上。规模大体可分为大、中、小三种,以中、小型石窟为主。石窟的形制主要有中心柱式窟、平面呈方形和长方形的单间石窟等几种。石窟均为直壁、平顶,拱形或方形门。有的窟壁凿有壁龛及须弥座,有的顶部凿出网状方格,还有的顶部中心凿出莲花或叠涩藻井。有的石窟门前曾建有窟檐。许多石窟内绘有壁画,多数是藏传佛教本尊壁画。阿尔寨地区在西夏时期属宥州管辖,有藏传佛教活动。西夏亡后藏传佛教仍香火不断。仅元代壁画就达600余平米。另外还有大量反映当时现实生活的世俗壁画。部分石窟中保存有回鹘蒙文和藏文榜题。回鹘体蒙古文在蒙古征西夏时已广泛使用。在山体周围的石窟间,发现有22座浮雕石塔,除一座为密檐式塔外,其余均为覆钵式塔。在阿尔寨石窟周围还发现有塔基遗迹等。据石窟的形制、壁画绘制风格及内容等综合分析,阿尔寨石窟寺始凿于西夏,以蒙元时期最盛。阿尔寨石窟寺对研究成吉思汗晚年对西夏的战争在鄂尔多斯地区的军事活动,以及成吉思汗逝世后历代对他的祭祀活动等具有十分重要的价值。②

二 保存有西夏年号题记与遗迹的石窟寺

西夏王朝在与辽、宋、金三足鼎立的190余年中,其东南方边境的疆域前、后期有较大变化,一些地方西夏曾一度占领过,后又被宋、金收复,在双方沿边交界地区的石窟寺中,遗留有宋、西夏、金各代重修、妆銮、题记的遗迹。

(一) 固原须弥山石窟

坐落在宁夏固原市原州区西北陇山北麓寺口子的须弥山石窟,系北魏始

---

① 见《中国文物地图集·宁夏分册》,第274页。
② 见《中国文物地图集·宁夏分册》,第274页。

凿于高平水石门北岸山崖上的一座石窟寺，经北周、隋、唐三代的相继营造，形成一座132个洞窟与窟前建筑的大型石窟寺庙群。北魏、北周、隋、唐开凿的这些洞窟，分为八区凿造在东南向红砂崖壁面上，窟形有覆斗形塔柱窟、覆斗形塔庙窟、大像龛窟、禅窟，平面有方形佛坛窟、方形回廊窟、马蹄窟。经调查勘测发现，在石门关口沿山崖上隋唐开凿的1窟与5窟内，有西夏"奲都"（1057~1062年）、"拱化"（1063~1067年）题记，均为西夏第二代皇帝谅祚的年号。在山口下有西夏筑造的城堡并出土有西夏首领印，说明西夏攻宋强势时，控制过这一要冲之地，可能对这两窟进行过妆銮。该窟群的松树漥区有两座窟（112、114），雕造供奉有覆钵式塔，相邻禅窟内有藏文刻记。这处遗存呈现藏传佛教的元素，可能是西夏后期与金议和80年内西夏僧侣所凿造。①

（二）海原金佛沟石窟

金佛沟石窟位于宁夏中卫市海原县李俊乡牛家堡子村西，始凿于北宋，现存石窟5座，开凿于红砂岩崖壁上。风蚀较为严重，其中1号窟保存较为完整。窟内两侧立8尊石佛，高1米左右。佛身完整，面部有轻度损毁。窟门上方有"政和五年□□□重修"题记。窟群中最大的是5号窟，东西宽6.3米，南北长10米。窟内分布大小10多个佛龛，龛内佛造像已毁。②

（三）盐池苏步井尖尖山石窟

位于宁夏吴忠市盐池县花马池镇苏步井西南1.5公里。洞窟修建在一座向南的石山上。窟外开凿5座独立窟门，各宽2.3米，进深4.5米。窟室是连成一条高2.5米、宽5米、长22米的通道。通道两壁分成上、下栏，每栏有造像10余组，每组均为一佛二弟子或一佛二菩萨二弟子。主尊高0.55米，结跏趺坐于须弥座上。两侧菩萨、弟子侍立，面相清秀，体态纤长，衣纹流畅。窟室地面发现陶罐、泥模小佛像等。③

---

① 见宁夏文物管理委员会与北大考古系合编《须弥山石窟内容总录》一书，文物出版社，1997，第20、160~163页。
② 见《中国文物地图集·宁夏分册》，第385页。
③ 见《中国文物地图集·宁夏分册》，第321页。

第二节 西夏石窟寺的构造特征

　　石窟寺是佛教建筑的主要形式之一，也是佛教文化和佛教建筑艺术的主要载体。西夏在石窟寺的建设上，特别是早中期主要是利用前代开凿成型的石窟寺和洞窟，根据王朝统治者和民众的需求，进行养护；在维持原有遗存的前提下对洞窟进行重修、补绘、补塑、装銮，传承使用。这类利用前代重修、补塑的洞窟，显现不了西夏窟的构造特征。西夏后期，接受藏传佛教和藏密艺术的影响，在王朝统治者推崇下，或利用原石窟寺空置的崖面和遭损的洞窟，重新凿造出新的洞窟，进行塑画装銮，这类洞窟体现了西夏石窟的时代特征和民族特征。由于凿造方式的不同和所处的地域文化传承的差异，河西地区的西夏洞窟形制和都城兴庆府周边地区的西夏洞窟形制，又有较大差异，使西夏境内石窟构造形制呈现多样的特征。综览西夏故地保存下来众多石窟遗存、遗迹和遗址，就其构造与前代石窟相比较，可以从以下几方面归纳出它们的特征。

一　在河西地区西夏重修的洞窟形制

　　西夏在河西地区利用北朝至唐宋历代洞窟，进行重修、装绘，基本上保持了前代各种类窟型，其中以重修装绘的瓜、沙两州的洞窟形制最为多样而复杂。

（一）西夏重修重绘莫高窟各代洞窟的形制

　　西夏重修重绘的北朝窟主要是中心塔柱窟，窟室平面呈正方形和长方形两种。

　　正方形窟如文殊山石窟第1窟（万佛洞）和第2窟，均为西夏重修的北魏窟。窟室平面为正方形，单室，有中心柱，券顶，拱形门洞。其东壁绘大型经变画《弥勒上生经变》。第2窟（千佛洞）形制同第1窟，正方形，单室，有中心柱，券顶，拱形门洞。西夏重修时对中心柱壁画进行涂改，龛楣绘有西番莲卷草纹，前壁正中绘有西夏人特征的供养人像，位左人像着圆领衣、束腰带、手持博山炉，位右人像着交领衣、胸部束带、手捧花枝，中间供一覆钵式佛塔。长方形的窟后部中央凿通顶方形塔柱，柱身四面开龛造像，正面为大龛，其他三面皆为两层龛，前部人字坡顶，露脊枋，如莫高窟第254、285窟（图3-1、3-2），以263、246窟重修改造最为彻底。第263窟北魏中心柱被西夏改造为三面无龛、只在东向开一中心方龛的形式，第246窟中心柱虽保持四面龛，但壁画和塑像全部由西夏重画重塑，俨然成一个完整的西夏窟。①

图3-1 莫高窟第254窟北魏（隋、西夏重修）前部人字披顶，后部平棋顶，有中心柱，柱上四面开龛。南北壁前部各开一龛，后部各开四龛，门上开窗

图3-2 莫高窟第285窟西魏（中唐、宋、西夏、元重修）覆斗顶，西壁开三龛（一大二小），南北壁各开四禅窟

西夏重修重绘莫高窟隋唐时期开凿的洞窟最多，其中隋窟20余座、盛唐窟20余座、中晚唐窟20座。窟室形制，从隋代人字坡中心柱窟、方坛中心柱窟、覆斗顶殿堂窟，到晚唐中心龛柱窟、中心佛坛窟、方形深龛窟，变化较大，也较为复杂，②如莫高窟第97、158、196窟③（图3-3、3-4、3-5）。西夏重修重绘莫高窟五代与宋开凿的洞窟数量不多，但多是大型中心佛坛式洞窟。

---

① 见段文杰《早期莫高窟艺术》，《中国石窟·敦煌莫高窟（一）》，文物出版社，1999，第188、197、224、225页。
② 见李其琼《隋代莫高窟艺术》，《中国石窟·敦煌莫高窟（二）》，第162页。
③ 见段文杰《唐代后期莫高窟艺术》，《中国石窟·敦煌莫高窟（四）》，第162、167页。

第三章　寺庙建筑 | 195

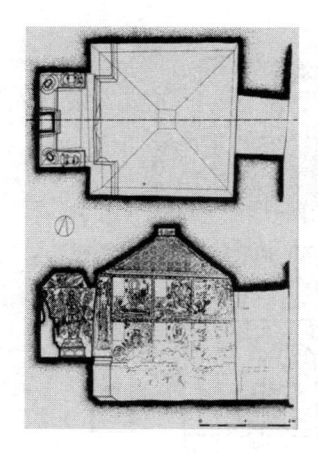

图 3-3　莫高窟第 97 窟唐（回鹘、西夏、清重修）覆斗顶，西壁开龛

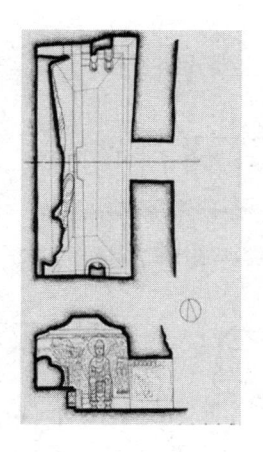

图 3-4　莫高窟第 158 窟中唐（西夏重修）长方形盝顶，西壁设涅槃佛坛

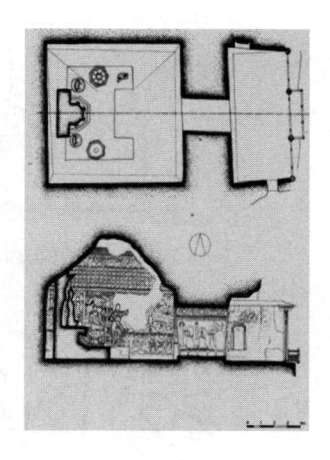

图 3-5　莫高窟第 196 窟晚唐（西夏重修）覆斗顶，设中心佛坛，坛上背屏连接窟顶

如莫高窟第 55、361 窟（图 3-6）。① 第 55 窟宋（西夏重修）覆斗顶，设中心佛坛，坛背屏连通窟顶；第 361 窟中唐（五代重修、西夏重绘）覆斗顶，西壁开一龛。西夏在承袭修用时，依晚唐在窟前构筑窟檐和殿堂样式，重修和构筑窟前殿堂 11 座，如莫高窟第 27～30 窟、39 窟西夏构筑的殿堂遗址就是见证②（图 3-7）。

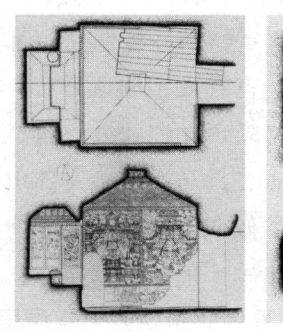

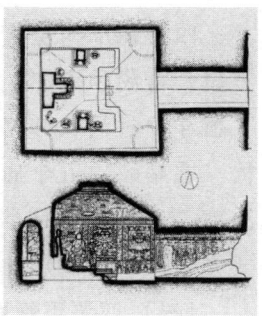

第 55 窟　　　　第 361 窟

图 3-6　莫高窟第 55、361 窟

---

① 见段文杰《莫高窟晚期的艺术》，载《中国石窟·敦煌莫高窟（四）》，第 161～163、233、234 页。
② 见潘玉闪、马世长编著《莫高窟窟前殿堂遗址考古发掘报告》，第 8、40、66、74 页。

莫高窟第27~30窟 窟前殿堂遗址平、剖面图　第27~30窟 前殿堂遗址西壁立面图

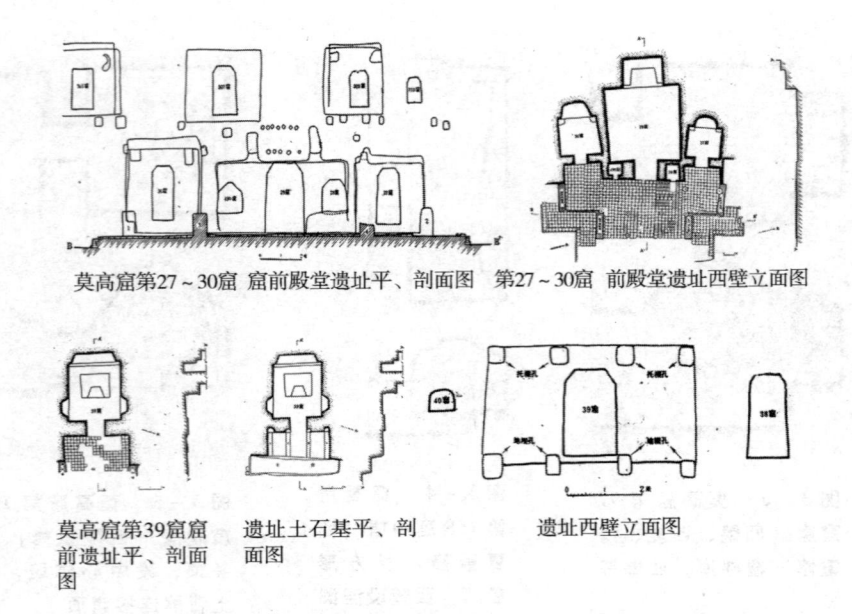

莫高窟第39窟窟前遗址平、剖面图　遗址土石基平、剖面图　遗址西壁立面图

图3-7　莫高窟第27-30窟、39窟殿堂遗址

（二）西夏重修重绘瓜州一些洞窟的形制

西夏在瓜州重修重绘的一些洞窟，都是中心柱式平顶方形窟和覆斗顶方窟、穹隆顶方窟，也有人字坡顶方窟。在瓜州东千佛洞主要是重修重绘了覆斗顶过洞式和穹隆顶穿道式方形窟，中央不设佛坛，窟前曾构筑有窟檐。在旱峡、五个庙、昌马沟门、文殊山、马蹄寺等石窟中，重修重绘的洞窟，基本上也是类似覆斗顶方窟、分前后室的人字坡顶长方窟、中心柱式方窟，或前拱形顶后平顶的长方窟。

（三）西夏重修重绘凉州地区一些洞窟的形制

西夏在凉州天梯山石窟和景泰沿寺石窟，对一些前代中心塔柱方窟进行重修重绘。这些重修重绘的遗迹因地震洞窟崖体坍塌的损毁，保存得不是很多。但也可说明西夏主要还是承袭了唐宋石窟寺构造的遗风，特别是在早、中期更为明显。

二　在河西地区西夏新凿造洞窟的形制

西夏晚期，西夏在瓜沙地区新凿23个洞窟（榆林窟4、东千佛洞4、莫

高窟 15）。这些洞窟的主要形制：覆斗顶（或穹庐顶），平面方形，中央设坛。以榆林窟第 3 窟与 29 窟为其代表（图 3-8）。

（一）东千佛洞西夏开凿的 4 座洞窟

东千佛洞西夏窟为覆斗顶过洞式和穹隆穿道式方形窟，中间不设佛坛，四周也未开龛。如第 2 窟和第 5 窟平、剖面图所示（图 3-9，3-10）。

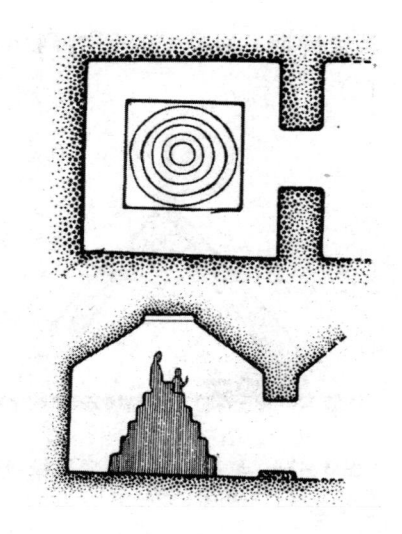

图 3-8 榆林窟第 29 窟平、纵剖面图（西夏晚期）

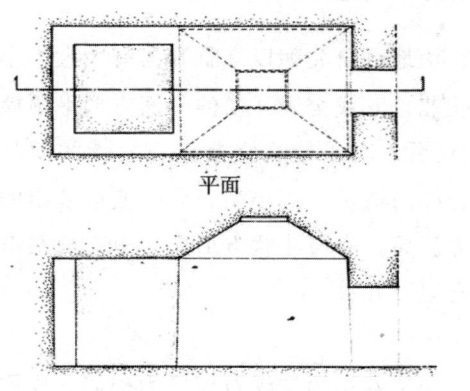

图 3-9 东千佛洞第 2 窟示意图

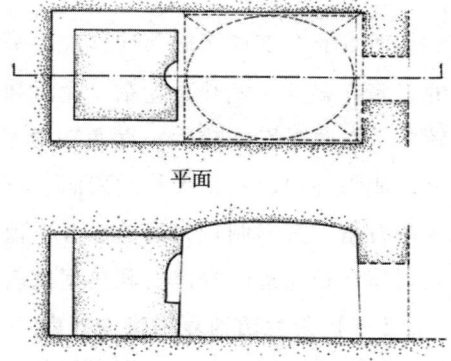

图 3-10 东千佛洞第 5 窟示意图

（二）莫高窟宕泉河东岸第 4 号塔婆式塔庙窟

莫高窟宕泉河东岸的第 4 号塔婆式塔窟是平面方形、穹庐顶、正壁设坛的一种仿"蒙古包"塔庙窟的形式，时间大约相当于西夏中晚期（图 3-11）。

西夏新凿造的洞窟，最突出的一个变化，是基本抛弃了窟内开龛的格局，而将各种偶像安置于中央佛坛上。晚期出现的新式窟形，则全为密宗的样式，它是西夏晚期密宗盛行之后的必然结果。这种密宗样式，不但流行于西夏晚期，而且一直影响到元代。① 如榆林窟第 4 窟实测图所示（图 3 - 12）。

图 3 - 11　莫高窟第 4 号塔婆纵剖面示意图

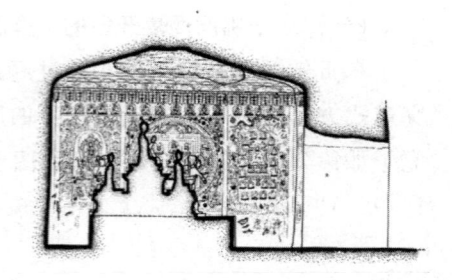

图 3 - 12　榆林窟第 4 窟剖面示意图

三　兴庆府都城周边地区西夏石窟寺的凿造形制

西夏的东部地区毗邻辽、宋、金，该地区自北朝以来就开凿有大大小小的石窟寺多处，尤其是陇东、陇西和陕北，五代至宋开凿的平面方形平顶窟较多，对西夏影响较大。西夏王朝建立后，在一些适宜凿造石窟寺的河崖上，或沟谷内，利用天然的岩洞、石缝隙凿造了一些小型石窟。凿造装绘的这些石窟，其形制较为简单，有平顶方形窟，有覆斗状方形窟，也有马蹄形拱顶窟和长通道圆券。其典型代表有以下几种。

（一）贺兰山西夏山嘴沟石窟

该窟从地理位置和石窟形制来看，与武威小西沟岘石窟极为相似，均位于深山之中，系利用自然岩洞略加修整而成。1 号窟室呈长拱形；2 号窟室分为外室与后室，呈长通道葫芦形；3 号窟室呈不规则凹形；4 号窟室较为规整，是上窄下宽拱门马蹄形。特别是山嘴沟 2 号洞窟，由上下两层狭长的岩洞组成。武威小西沟岘石窟和山嘴沟石窟皆出土一批藏传佛教佛经和藏文文献。这些石窟均位于人迹罕至的深山之中，是当时藏传佛教重实修仪规的

---

① 见刘玉权《瓜、沙州西夏石窟概论》一文，载《中国石窟·敦煌莫高窟（五）》，第 174 ~ 175 页。

修行洞。在 2 号窟后室两壁中间各有一位白衣上师像，头戴白色桃形莲花帽。这种帽式与榆林窟第 29 窟南壁东侧的西夏真义国师戴的冠完全一致。在洞外北壁中部有墨书西夏文"佛"字，旁边不远处还有西夏文题刻，惜多已模糊不清。在八字形通道北壁外侧绘有菩萨像，其身后绘一儿童。儿童形体较小，免冠，髡发，与榆林窟第 29 窟南壁西夏壁画中儿童的形态和髡发样式相近。山嘴沟石窟开凿于西夏，壁画也当在西夏时期绘制，可能一直沿用到蒙元时期。西夏前与西夏后仍有大量僧人在贺兰山中修行。[①]

（二）中宁石空寺石窟

该窟区在沉积层砾石崖上开凿出长方形、方形拱顶窟 3 座、马蹄形单室拱顶窟 3 座、长通道洞窟 1 座，多已坍毁，残存有西夏壁画遗迹。

（三）内蒙古鄂托克旗阿尔寨石窟

该窟俗名百眼窑，多为单室方形或长方形小窟，也有中心柱式窟，均为直壁平顶，方门或拱门，内有西夏和蒙元时期壁画遗迹。

西夏王朝使中国佛教建筑的石窟建筑艺术在西部地区再度兴起发展，在传承石窟构造形制、壁画绘制与装饰的同时，吸收了回鹘、吐蕃佛教建筑的一些元素，加以糅合创新发展，使西夏石窟从构筑形制到壁画绘制的题材内容与布局，从洞窟的内外景观到装饰色调，呈现显密并呈、藏密为主、汉密为辅的宗教特色和时代风格、民族风格，为中国佛教建筑文化增添了新的内涵。

第三节　寺庙建筑遗址、遗迹

一　寺庙名称与遗址

（一）《西夏佛教史略》中考证出的西夏寺庙

史金波先生经多年调查和对西夏文佛经题记、跋、序、发愿文等的考证，在其著作《西夏佛教史略》中首次公布了一批西夏有名称可考的寺庙，如表 3-2：

[①] 见宁夏文物考古研究所编著《西夏石窟山嘴沟（上）》，文物出版社，2007，第 290~291 页。

表 3-2　《西夏佛教史略》中考证出的西夏寺庙

序号	寺庙名称	简　况
1	戒坛寺	在兴庆府,西夏第一代皇帝景宗元昊之妃没藏氏曾在此出家为尼,号没藏大师。此寺可能系一大型寺庙。其始建时间和具体寺址不详。
2	高台寺	在兴庆府东,建于景宗元昊天授礼法延祚十年(1047年)。其寺址的遗迹已在银川市兴庆区掌政镇北发现。
3	承天寺	在兴庆府西偏,建成于毅宗福圣承道三年(1055年)。
4	海宝寺	此寺是银川市北郊黑宝塔所在的寺庙,它建于前代,在西夏时仍为一个大寺庙,传承使用至今。
5	大度民寺	乾祐二十年(1189年)仁宗仁孝时为刻印《观弥勒菩萨上生兜率天经》,在这里作大法会共十昼夜,延请国师诵读佛经,散发佛经二十五万卷,还作饭僧、放生等佛事。应在兴庆府近郊。
6	贺兰山佛祖院	在兴庆府以西的贺兰山中,该寺院具体方位不详,据史金波先生推断是大量雕印汉文佛经的一个中心。
7	五台山寺	《西夏地形图》贺兰山内记有"五台山寺"。西夏效法山西五台山,在贺兰山修建五台山寺。清凉寺、五台净宫应在西夏五台山寺庙群之中,地点可能为今贺兰山拜寺沟寺庙遗址。
8	慈恩寺	在贺兰山石台岩云谷。该寺始建时间和具体寺址不详。
9	大延寿寺	该寺始建时间和寺址不详。应在兴庆府近郊。
10	田(定)州塔寺	应为西夏时定州的一大寺庙。或为以田州塔为中心的寺。
11	康济寺	在宁夏同心县韦州旧城东南隅。
12	大佛寺	景宗元昊时建。明嘉靖年间栋宇尚存。
13	安庆寺	在宁夏中宁县鸣沙。
14	一〇八塔寺	在青铜峡口内河西岸。
15	护国寺	在凉州,又称大云寺。
16	圣容寺	此寺当为凉州的一个寺庙。始建时间及具体寺址不详。
17	崇圣寺	始建时间及寺址不详。
18	卧佛寺	在甘州,又称宏仁寺、大佛寺。
19	崇庆寺	在甘州,崇宗永安元年(1098年)建。

续表

序号	寺庙名称	简况
20	诱生寺	在甘州
21	十字寺	在甘州
22	禅定寺	在甘州
23	众圣普化寺	始建时间及寺址不详。
24	温家寺	"温家寺经院"应是个印经场所。始建时间及寺址不详。
25	仁王院	始建时间及寺址不详。
26	黑水城寺庙	在黑水城内

表3-2所列佛寺塔庙名称中是否有同一寺庙在不同朝代有不同命名，还需进一步考证，其中有些已确认出其寺址，有些已有推测的寺址，有些暂未找到其遗址。

（二）西夏维修传承使用的前代寺庙遗存与遗迹

西夏立国后的辖区内，有许多佛寺塔庙是北朝以来就兴盛的佛教圣迹，西夏皇室继承其传统，加以维护继续使用。宁夏、内蒙古、甘肃及陕西等省区文物考古部门经过二十多年的勘测调查，结合古文献与碑石、题记的记载，对一些古遗址的考证与研究，又发现了一些西夏时期传承使用和修建使用的寺庙，介绍如下。

1. 灵州佛寺禅院

据宋《高僧传》和《续高僧传》记载，唐至五代灵州就是一处佛教香火旺盛之地，有从东方前往西土取经求法的新罗、百济大德高僧，在此州城中的佛寺禅修传法。据此推测，灵州城唐与五代时的佛寺规模不会太小。史载李继迁深知此地久习华风，尚礼好学，于咸平五年（1002年）攻下灵州城，第二年从夏州迁都灵州，改为西平王府。景德元年（1004年）其子李德明于灵州袭位后，向北宋提出到五台山修功德为母卒祈福，乞赐宋藏，扩修怀远镇城升为兴州，于天禧四年（1020年）迁都兴州，至此灵州作为西平王府共18年；元昊称帝改兴州为兴庆府后，西平乃为河东重镇，设翔庆军，继续维护使用灵州佛寺禅院。西平府所在的灵州城毁于元代洪水，其城内原有寺庙已不存在。清末民初在灵武城砖墙内发现上百卷西夏文佛经，灵武崇兴寨有西夏台子寺遗址和窖藏，出土许多西夏文物。而灵武城内保存明清修建的高庙和城南郊的镇河塔及所在寺庙，还有城北马鞍山名闻河套地区的喇嘛庙甘露寺，其长方形二进院落、塔在寺中、高台建筑、抛物线造型塔、藏传佛教风格等，均有西夏寺庙建筑遗风，应是该地的佛教文化传承。①

2. 银川海宝寺

相传始建于十六国时期大夏国赫连勃勃。赫连勃勃，小字屈丐，系降汉南匈奴刘氏后裔，因与其父刘卫辰率领铁弗部众投靠后秦苻坚和姚兴，攻魏被派镇朔方而势力作大，筑统万城，自称"大夏天王"，遂改为"赫连氏"，而后称"皇帝"。赫连勃勃在位19年（407～425年），子赫连昌、孙赫连定继位，后被河西北凉、吐谷浑攻破，被魏灭。因其据有河套以南之地，以古夏州为中心实现短暂26年的割据，史称"大夏国"（407～433年）。赫连氏推崇佛教，在各地修建了许多佛教建筑，史志记载其在银川平原创建海宝塔。海宝寺是银川平原最早建立的一座大型佛教圣迹，香火延续至今。现存寺院和佛塔是清朝两次大地震后于乾隆四十三年（1778年）再次重修之遗构（图3-13）。

图3-13 银川海宝寺

西夏立国之后，这座近在都城近郊的寺庙，攀附大夏国王、皇室贵胄的跖跋氏后裔，必将继续传承使用。西夏皇室使用此寺时，是否冠名为戒坛寺、大度民寺、大延寿寺或圣容寺，不得而知；但现寺名海宝寺，当地又俗称"黑宝寺"，相传与赫连勃勃的名字有关。塔居院中，建在高台上，平面呈十字折角形，布局有西夏遗风。寺院坐西面东，符合大夏国和西夏国崇尚金德旺在西方的五行取向，故此寺应是西夏传承前代维修使用的一处重要佛寺。②

3. 贺兰山拜寺沟内寺庙遗址群（初步发现有三处寺址）

1986年在组织加固维修拜寺口双塔时，深入沟内三十余里探查，在分

---

① 见国家文物局编《中国文物地图集·宁夏分册》，第267、268、272、275页。
② 见国家文物局编《中国文物地图集·宁夏分册》，第250页。

水岭下发现一座废弃寺庙遗址和一座十三级密檐式方砖塔，初步断定为西夏早期建筑遗存，1990年11月此塔不幸被犯罪分子盗宝炸毁。经考古人员对废墟堆积进行清理，对沟内周围建筑遗址进行勘测调查，证实拜寺沟方塔为西夏大安二年（1075年）惠宗秉常重修。在沟北沟南的山冈台地上有几处建筑遗址亦为西夏皇室修建的大型寺庙群（图3-14）。方塔所在寺庙遗址的东部已被山洪冲毁，但塔前的台基、石阶和塔西的石砌墙基尚存。沟南西端丛林中有一高台，隔沟与方塔相望，四壁用条石砌护，有的地段石条有四层，宽度超过1米，台面上暴露有铺地方砖遗迹。经实测，高台台面南北长约80米，东西长约50米，居中是一个高出地表50厘米的倒凸字形建筑基址，基址后部宽27米、深10米，突出部分宽13.5米、深9.7米。估计高台上原为前有抱厦、面阔五间的殿堂建筑，建筑总体布局采用传统均衡对称方式。

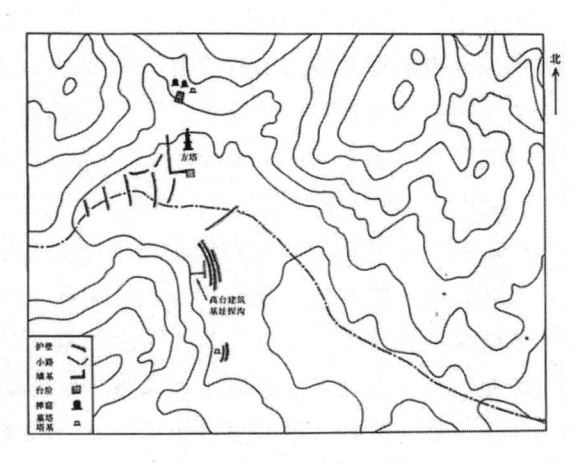

图3-14　拜寺沟内方塔区遗址示意图

殿台子遗址位于拜寺沟西端贺兰山分水岭下，距方塔约5公里。殿台子三面环山，背靠分水岭，坐西向东，呈八字形展开。从西向东分为6级台地，每级台地均有遗址可寻，总面积约5万平方米。遗址局部地表砖瓦非常密集，其中琉璃构件占很大比例，与方塔区出土的不同，绝大部分为白色瓷胎，大都色泽光亮，质地坚硬，造型规整。[①]

从拜寺沟方塔的古朴造型与塔柱木上的汉文题记和其他出土物的文字记述说明，塔和所在的寺庙是西夏之前就有的建筑物。西夏惠宗秉常成年亲政，皇室再次重修并盖造佛殿，重新塑画装銮，作功德祈福"风调雨顺、国泰民安、皇朝永固"。因夏宋冲突不断，婉拒西夏东去山西五台山朝山礼

---

① 见宁夏文物考古研究所编《拜寺沟西夏方塔》一书考古篇，文物出版社，2005，第306页。

佛，故西夏以贺兰山为基地，在拜寺沟建造本土的五台山寺庙群。

据参与方塔清理和主持沟内遗址调查的孙昌盛研究员考释，西夏文类书《圣立义海》中有"五台净宫"；《西夏地形图》中，在贺兰山侧标有"五台山寺"；辑于西夏天庆七年（1200年）的汉文佛经序落款有"北五台山大清凉寺出家提点沙门慧真编集"；"北五台山大清凉寺僧沙□（门）□光寺主……"以上所指"北五台山"应是西夏的五台山，"清凉寺"或"大清凉寺"或许就是"五台山寺"的一部分，或许是同寺异名。贺兰山中的"五台山寺"就位于拜寺沟内，而方塔寺院就是"五台山寺"的一部分，即"清凉寺"。方塔附近还有两处寺庙遗址，方塔废墟内出土有崇宗贞观年西夏文题记的木牌和仁宗乾祐十一年（1180年）御制印经发愿文，说明方塔从始建到西夏末期一直备受西夏统治者重视。[①] 据此分析，方塔寺庙遗址很可能是西夏的大延寿寺、清凉寺或慈恩寺遗址。

史金波先生在《西夏佛教史略》中，也论述此五台山或为"贺兰山五台山的一部分"，五台净宫"应系西夏的五台山寺"，并认为"拜寺口寺庙遗址"可能是"五台山寺"故址。据近年调查发现来看，似乎说"五台山寺"在方塔区更符合实际。方塔区以方塔为中心，沟南沟北都有遗址，出土了不少建筑琉璃构件。说明这里是一个寺庙群所在地，设计形制与"五台山寺"类似，塔庙布局依山势而建。方塔区地处深山峡谷，四面环山，环境幽雅，山间禅窟，密林掩蔽，似乎更适合"禅僧修禊"之用。西夏在方塔区白草谷内重修的三处寺庙，应是西夏五台山的主体组成部分，沟口双塔两座寺庙群，共有五座，合为五台较为贴切。

4. 灵光寺遗址

位于宁夏中卫市海原县西安州西华山顶，原是宋代寺址，西夏攻占西安州，屯重兵作为攻宋基地，修葺其寺继续使用。[②]

5. 护国寺遗址（唐大云寺遗址）

这是西夏在辅郡凉州传承维修使用的又一处历史悠久的佛寺。位于今武威城大云寺遗址内，该寺始建于前凉名宏藏寺，唐武则天天授元年（690

---

① 见宁夏文物考古研究所编《拜寺沟西夏方塔》一书考古篇，第342页。
② 见国家文物局编《中国文物地图集·宁夏分册》，第369页。

年）改名为大云寺，北宋景德年间维修，西夏称护国寺进行维修使用。在其遗址内保存有西夏天佑民安五年立西夏文与汉文《凉州重修护国寺感通塔碑》，碑铭详细记述了该寺的历史沿革和瑞象，以及西夏重修塔寺的实况与所进行的佛事活动。明代日本僧人志满在此主持募捐维修。该寺与塔毁于1927年武威大地震。在寺址内还保存有清代重修钟楼一座，悬挂着唐代铸造2.4米高、口径1.45米的大铜钟一尊；明代重刻唐景云二年（711年）记述修庙事《凉州卫大云寺古刹功德碑》一通，碑高2.58米、宽0.85米、厚0.25米，额高0.83米，额篆"碑铭"二字。[①]

6. 圣容寺遗址

是西夏在河西地区传承维修使用的一处历史悠久的著名佛寺，位于甘肃永昌县城关镇金川西村山谷内（图3-15）。

据武威北城墙东端城壕出土的刻于唐天宝元年（742年）的《凉州御山石佛瑞像因缘记碑》记载，圣容寺始建于北朝周武帝保定元年（561年），取名"瑞像寺"，隋大业五年（609年），隋炀帝西巡，御笔改名"感通寺"。中唐后，吐蕃据河西，改名"圣容寺"，俗称"后大寺"，现仅存寺院台基和石佛像、石刻与寺后山冈上的砖塔。据考古考察，该寺遗址范围与规模较大，文化层堆积丰厚，寺址坐北面南，流水小溪绕寺往东蜿蜒而去，从流水冲刷的寺前堆积物断面勘察，有大量砖瓦构件与瓷器散落在地层中有

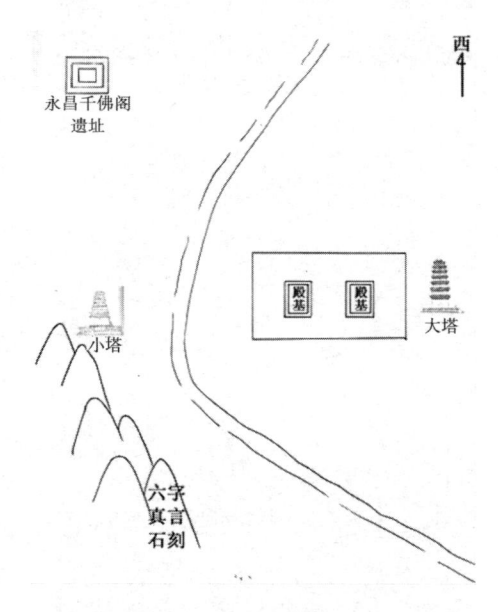

图3-15 永昌圣容寺与千佛阁遗址示意图

60厘米厚，表层散落的建筑残件中，有与西夏陵和拜寺口双塔庙院相同的琉璃瓦件、黑白瓷片等物。从遗址面观测此寺，有三进院和两侧跨院，寺后

---

① 见国家文物局编《中国文物地图集·甘肃分册（下）》，第205页。

基址高于前院一米许，且堆积愈丰厚。在寺址东溪口崖壁上，有汉、梵、藏、西夏文六字真言刻记。在寺址西1公里许开阔的谷地上，有西夏千佛阁遗址。上述遗存遗迹说明，这是西夏皇室曾经维修使用过的佛教圣迹。该地水草土地肥美，是草原游牧民族畜养马、牛、羊的一处绝好牧场，出谷又是农田阡陌，隋唐至宋夏王朝十分重视此地，故有皇室倡修的寺庙。①

7. 白塔寺遗址

萨迦班智达灵骨塔

重修后的萨迦班智达灵骨塔

图3-16 凉州白塔寺遗址

白塔寺遗址位于甘肃武威市武南镇白塔村刘家台庄，原占地300亩。西夏之前就是一处佛教寺院，西夏时维修加以使用，并作为迎请藏区后弘期各派大德高僧到兴庆府中转寺院。宋淳祐七年（1247年），西藏代表萨迦派首领萨迦班智达与蒙古皇子西凉王阔端在白塔寺举行了"凉州会谈"，西藏纳入中国版图。萨班即位白塔寺驻锡讲经，并以凉州为中心，建成东南西北四部寺，象征世界四大部洲。其中东部幻化寺，汉语称白塔寺。殿宇巍峨，佛塔林立，规模为凉州诸寺之冠。1351年萨班圆寂于此寺，阔端为其建高百余尺大塔一座（图3-16）。寺元末毁于兵火，明代重建，赐名庄严寺。塔寺毁于1927年凉州大地震。现存白塔塔基，高约8米，周长25米。塔内出土明宣德年间汉、藏文对照修建塔碑记两通，塔前立有清康熙时重修碑记一通。凉州白塔寺作为西藏正式纳入中国版图的历史见证而载入史册。原寺院有佛城、灵骨塔及塔院、塔

---

① 见国家文物局编《中国文物地图集·甘肃分册（下）》，第77页。

林（百余座）等建筑，现仅存白塔塔基、殿基、几座小型墓塔、萨班铜像等。其中，塔基为土心砖表结构，土心呈十字折角形，残高5.1米，外部砖饰为明代重修。基座下有两层方形台基，黄土夯筑，边长26.75米。[1] 白塔寺遗址是西夏寺庙建筑承前启后的又一实例。

8. 和尚沟庙宇遗址

位于敦煌莫高窟东南3公里处，原为唐至五代的寺庙，后为宋和西夏传承使用，随后废弃成遗址。平方呈长方形、面积250平方米。围墙残高2.4米，西墙有一宽1.9米的缺口，似为庙门，门外有台阶痕迹。主殿遗迹面阔5间，进深8米，北侧又有僧舍遗迹数间，东西长5.8米、南北宽2.6米。墙壁上残存部分壁画，仅露出一力士脚。西南2.8米处有一残高0.1米的土塔遗迹。庙内外多见石榴纹、卷草纹方砖。[2] 在该遗址旁保存有两座宋代土坯塔：一是平面呈八角形花塔（成城湾花塔），另一平面呈八角形塔。塔室平面方形、中空穹隆顶，有壁画漫漶，应是该寺庙保留下的一部分西夏建筑遗存。寺名不得而知。

9. 老君堂庙宇遗址

位于敦煌莫高窟东8.5公里处，原为宋代寺庙，后为西夏传承使用，随后废弃成遗址。残存台基，平面呈长方形，南北长15米、东西宽10米、残高1.3米。散见较多莲花纹方砖，出有圆形石柱础，直径0.6米、厚0.12米，刻有八瓣莲花。[3] 在该遗址内保存有一座土木混构的单层亭阁式塔，应是该庙宇保留的西夏建筑遗存，后被迁建于莫高窟区予以保存。老君堂是道教庙宇，西夏寺名不得而知。

10. 锁阳城塔尔寺遗址

位于瓜州县锁阳城西北角，榆林窟之东北十余公里处，始建于唐初，初称开元寺，宋与西夏传承使用，元代重修更名为塔儿寺（图3-17）。寺坐北向南，面积1.7万多平方米，由南、中、北三组建筑组成。南部建筑已坍塌，堆积大量雕砖、琉璃瓦。中部有2.5米高的夯土方台，上建土坯筑舍利

---

[1] 见《全国重点文物保护单位》第Ⅲ卷第一批至第五批510页。
[2] 见国家文物局编《中国文物地图集·甘肃分册（下）》，第261页。
[3] 见《全国重点文物保护单位》第Ⅲ卷第一批至第五批510页。

图3-17 锁阳城附近塔尔寺遗址

塔，高14.5米，塔内原藏有大量唐、宋、元写本经卷，1944年散失。北部靠北墙有小型土坯空心舍利塔9座。外有围墙，东西长136.4米、南北宽127.4米。墙体夯筑，基宽2.4米、顶宽1.7米、残高3.5米，夯层厚0.12米~0.16米。清雍正年间（1723~1735年）寺基内曾出土唐张仪潮归唐授爵碑一通，现不存。周围散见大量唐代素面灰陶片、褐釉瓷碗片，宋、元瓷、陶器残片，并有少量开元通宝、大观通宝、至正通宝等钱币。① 该遗址附近其他建筑遗址较多，如古城址、古墓葬群、陶瓷窑址、覆钵式土坯塔与夯土塔等。说明唐至元明这里较为繁荣，故此地佛教香火旺盛，是西夏一处承先启后的佛寺塔庙建筑遗址，随后废弃。从该寺的建制与组群布局和单体建筑造型遗迹分析，应属高昌回鹘和北庭回鹘佛寺建筑的风格。西夏使用寺名不得而知。

（三）西夏修建的寺庙遗存与遗址

西夏王朝在皇室倡建和推崇下，在各都府、州镇、军民定居地，建造了许多寺庙。根据宁夏、甘肃、内蒙古、陕西等省区勘测发掘，迄今为止获得的文物信息，西夏建造和修葺使用的寺庙遗址与遗存有18处。

1. 兴庆府东高台寺（洼路村遗址）

位于银川市兴庆区正东市郊15里掌政镇北。1987年在此平整田地时发现一条宽0.55米、高0.25米、长30多米的砖砌下水道。后经试掘，在地下1米处发现了单砖砌成的墙基和方砖铺设的地面，并出土大量绿琉璃兽面瓦当、琉璃兽脊、鸱吻、槽形瓦、白瓷板瓦等建筑构件和白瓷碗、高圈足碗、白瓷盆等瓷器残件。清吴广成《西夏书事》十八卷载，西夏天授礼法延祚十年（1047年），元昊"于兴庆府东一十五里役民夫建高台寺及诸浮屠，俱高数十丈，贮中国所赐大藏经，广延回鹘僧居之，演绎经文，易为蕃

---

① 见国家文物局编《中国文物地图集·甘肃分册（下）》，第309页。

字"。所指示方位与该遗址方位相吻合，断定该遗址为高台寺址。据《嘉靖宁夏新志》载："高台寺城东十五里。有废城台居其东。元时呼门下省。""高台寺在城东十五里。夏废寺，台高三丈，庆恭王重修之。下有大湖千顷，山光水色，一望豁然。"说明此寺的院墙与高台尚存，后毁失，仅存地下寺院之残迹。① 寺名似是后人俗称，西夏冠名不知。元昊创建该寺，是否借鉴仿效辽上京与祖州皇家寺院三塔并列的组群布局形式，有待进一步研究。

2. 兴庆府中承天寺

位于银川市兴庆区老城西南。据《嘉靖宁夏新志》卷二载："（寺）在光化门内东北，夏谅祚所建。洪武初，一塔独存，庆靖王重修之，增创殿宇，怀王增毗卢阁。"又记，该寺曾存有一方《夏国皇太后新建承天寺瘗佛顶骨舍利轨》，碑铭录文记载，此寺建于天祐垂圣元年（1050年），"大崇精舍，中立浮屠……金棺银椁瘗其下"。清乾隆三年（1738年）寺塔被地震毁，嘉庆二十五年（1820年）重建承天寺与塔。现存坐西面东之寺塔为清代之遗构。据1992年整修承天寺勘测探查，在现地面之下1.6米～1.8米地层中发现西夏承天寺原始地面和庙殿基址，证明该寺坐西面东，塔居寺中，在塔前塔后均有庙殿建筑遗存，其规模与清代重建规模相仿（图3－18）。寺院的平面组合布局，类似山西长子县的法兴寺（唐代称慈林寺，北宋治平年间更名）和创建于北宋大中祥符九年的崇庆寺。

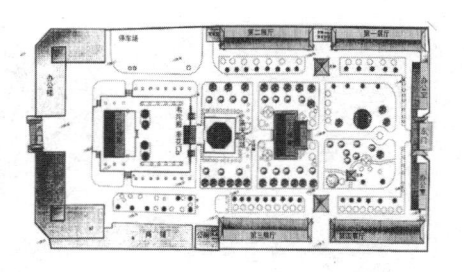

图3－18 承天寺平面布局示意图

3. 宏佛塔寺遗址

位于银川市贺兰县习岗镇王澄村东北500米田野中（图3－19）。该寺庙遗址占地约26亩，清末废弃，庙址中仅存一残塔。据1990年至1992年拆卸维修此寺址中复合体砖塔时，从天宫与地宫遗址中出土许多寺庙建筑装饰构件琉璃残件与瓦当，以及彩塑造像、佛画、西夏文木雕印经版、幡

---

① 见国家文物局编《中国文物地图集·宁夏分册》，第247页。

带等物，这是一处西夏早期修建的皇家寺院，西夏中后期又两次重修。据整修塔院时请洛阳文物工作队探工探查，西夏寺庙在现地塔后与左右均有庙殿房屋建筑，规模较大。据塔下堆积物中西夏与清代层下1.8米处，在塔前的遗物，以及塔基夯层

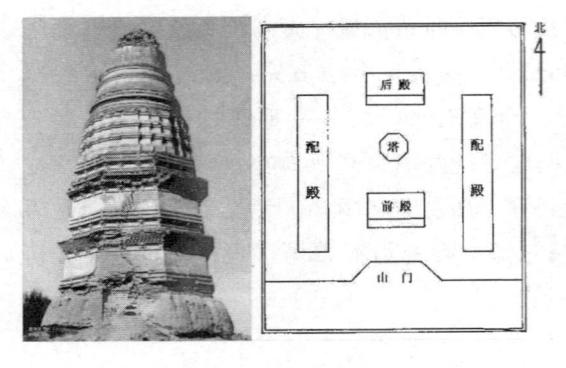

图3-19 宏佛塔寺遗址及平面示意图

和天宫出土的大量琉璃饰件与西夏文物显示，此寺应是西夏一处重要皇家寺院或印经院（图3-20）。又据《嘉靖宁夏新志》，此寺当在府城东北三十余里"三塔湖"的方位处，说明这里原有三座塔寺。很有可能是史金波先生考证出有寺名又无法肯定寺址的温家寺、众圣普化寺或圣容寺。此寺塔为其中一处塔寺，此寺至清代还有信众作功德奉香火，其他附近塔寺明

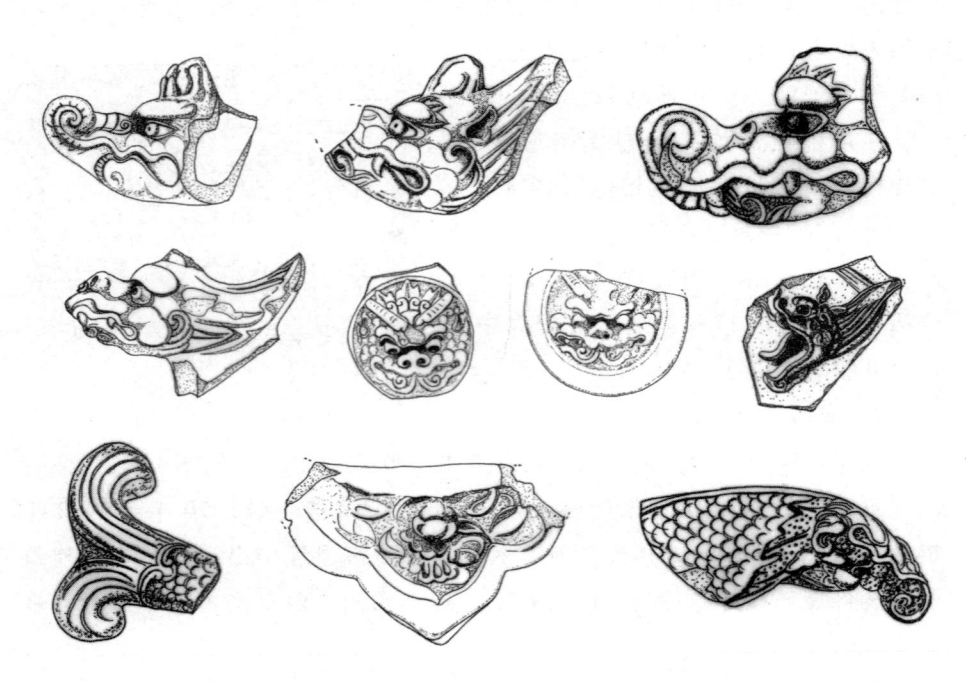

图3-20 宏佛塔遗址出土的琉璃龙头，瓦当、滴水等建筑残件

清之际毁弃不存。①

4. 拜寺口双塔寺遗址

位于贺兰县洪广镇金山村西南 10 公里、贺兰山拜寺口沟口北坡台地上，是一处较大寺院遗址。《嘉靖宁夏新志》卷 1 已称其为"废寺"，明初形胜图在贺兰山拜寺口标有两塔，现存东、西两塔及院北 62 座土塔塔基，还有双塔之前与塔后的庙殿基址（图 3-21）。从双塔塔室面南开门所在方位看，两寺坐北面南。1986 年加固维修双塔时，发现双塔是西夏时期重修的两座八角十三级密檐式砖佛塔，在随后的塔院整修和清理泥石流堆积的发掘中，发现塔院在东塔前院地下 1.8 米地层中有大量砖石琉璃堆积和原建寺庙地面砖、散水道、墙基、踏步砖道与夯土台，应是此寺早期构筑。现存西塔应是西夏中期建造，东塔是西夏后期重建，故构造形制和装饰有差异。西塔后殿址开间较大、东殿后殿址仅三开间，分为上下两寺，自成格局、各开山门。在西塔后殿基护坡台上山坡处，有不太规则成排的 62 座十字折角座覆钵式土塔塔基座，应是西夏后期寺院僧侣的灵骨塔。拜寺口双塔是明代以来的俗称，明代庆靖王朱㮵次子安塞王朱秩炅游历贺兰山拜寺口赋诗云："文殊有殿存遗址，拜寺无僧话旧游。"② 指明此寺建有供奉文殊菩萨的庙殿。从双塔所处高低错落的地层关系和塔的构造特征与饰装分析，两塔不是同时所建，应是相邻的两座重修的西夏皇家佛寺塔庙，建筑规模较大，较为宏伟，供奉的是文殊菩萨，与山西宋金五台山供奉的主尊相同。与沟口对面

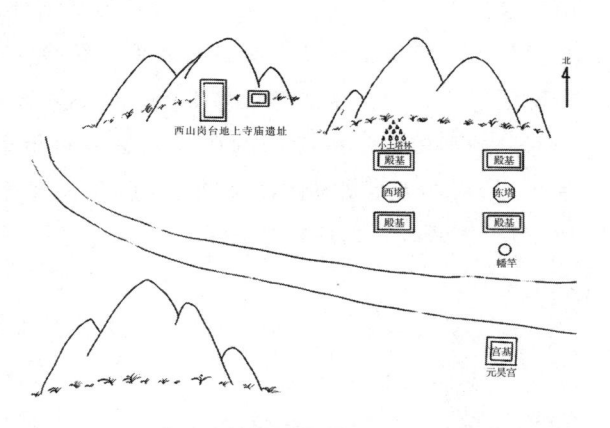

图 3-21　贺兰山拜寺口寺院遗址分布示意图

---

① 见雷润泽《宏佛塔西夏珍宝发现抢救散记》，载宁夏回族自治区政协文史资料第 24 辑《宁夏考古纪事》，宁夏人民出版社，2001，第 143~148 页。
② （明）胡汝砺编，（明）管律重修，陈明猷校勘《嘉靖宁夏新志》卷一《宁夏总镇》，第 16 页。

山坡台地上《嘉靖宁夏新志》记载的元昊所建避暑宫遗址遥相对应，说明此寺与元昊建皇帝避暑宫有必然联系。综合文献记载和遗址分析，该处寺庙验证了史金波先生的考证与推测，应是西夏本朝建造的五台山寺庙群的一部分，其相邻的两寺庙的西夏名称有可能是大度民寺、佛祖院或奉天寺①（拜寺沟方塔塔柱木汉文题记中提到奉天寺僧人曾参与方塔重修活动）。

5. 贺兰山北武当庙寿佛寺

图3-22 贺兰山北武当庙寿佛寺

位于宁夏石嘴山市大武口区西郊贺兰山麓的北武当山岗上（图3-22）。寺坐向东南，背靠山面对黄河，呈长方形布局。现存寺庙和寺中多宝塔，是一座清康熙年间在原寺址上重修的三进院落喇嘛庙，俗名寿佛寺。寺内原有藏密题材的塑像、壁画"文革"中被毁。寺院正中的多宝塔是一座十字折角形五级楼阁式砖塔，高25米，底边长5.25米，四壁出轩，每层塔身各面有券洞门与佛龛，刹座覆斗形，上承桃形攒头宝顶，塔内有楼板可登临，造型与银川海宝塔相像。据寺院山门前清代《武当庙建立狮子碑记》称：此寺"乃西夏名兰"，后年久失修，清初山后额鲁特蒙古郡王于康熙四十八年（1709年）捐资扩建重修。②寺庙处贺兰山腹地，有通往山后大武口的便捷通道，山有泉水。从塔的十字折角平面布局，寺庙供奉的主尊与造像题材分析，都是西夏藏传佛教文化的传承。附近山崖上有多处西夏刻凿的覆钵式浮雕塔。此寺塔应是碑文所述西夏时期的一处寺庙遗址。有可能是西夏文献题跋与功德记中所指的北五台寺址，后误传为五当山寿佛寺了。

6. 平罗姚伏田州塔寺遗址

位于宁夏石嘴山市平罗县姚伏镇东，该遗址内仅在夯土高台上存一清乾

---

① 见雷润泽、于存海《拜寺口双塔维修与考古》，孙昌盛：《拜寺口北寺塔群遗址考古散记》两文，载宁夏回族自治区政协文史资料第24辑《宁夏考古纪事》一书，第124、136页。
② 见国家文物局编《中国文物地图集·宁夏分册》一书，第278页《北武当庙》。

隆四十八年（1783年）重修的一座六边形七级楼阁式佛塔，塔门上存砖雕《田州古塔》门额与重修刻记，寺庙建筑"文革"期间被毁。塔高38米，底边长7.5米，由过洞式塔座，楼阁式塔身和复钵式塔顶构成的空心砖塔，底层较高，并施有雕饰的塔檐，其余各层级为叠涩砖檐。从过街塔的构造形制分析，应是沿袭宋元之际的西夏遗存。[①]

据文献记载，田州本是唐代定州的故址，是一处塞北重镇，宋与西夏沿袭其建制，仍称定州。明代《弘治宁夏新志》称，元朝创建田州城时，"古迹宝塔尚存"，改称田州。从高台遗址与寺塔沿革历史考察，史金波先生认定该寺塔是西夏时期遗存下来的一处佛寺塔庙是可信的。

7. 鸣沙州安庆寺遗址

位于宁夏中宁县鸣沙镇西黄河东南岸台地上。寺废弃，仅在寺中存有一座明代重修的六级半八角形楼阁式残砖塔，称永寿塔。塔室内原有木梯，可逐级攀登远眺。鸣沙州自北朝至唐宋以来为灵州与会州之间重镇，地处黄河东南岸红柳沟入河口，是西夏一处重要的水陆码头。据《嘉靖宁夏新志》记载，"寺内浮屠相传建于谅祚之时"。据《重修鸣沙州安庆寺碑》[②]记载："嘉靖四十年（1561年）坤道弗宁，震动千里，山移谷变，寺宇倾颓。""自隆庆三年（1569年）以来，屡施营膳之费，工程浩大，未易速竣。万历八年（1580年）三月上旬告完，僧复起塔名为'永寿'。"[③]康熙四十八年（1709年）永寿塔又因地震复崩其半，仅存下部六层半塔身。1985年加固维修时，恢复了塔身上半部，加筑刹座宝顶，始成为十一级。加固修复时发现塔身砌有多块"隆庆四年庆府重造"戳记砖，出土"开元通宝""元熙通宝"古钱币数枚，清理出土明代《重修鸣沙州安庆寺永寿塔碑记》一通，印证了《乾隆中卫县志》中关于明代安庆寺存有二座石碑的记载，说明此寺庙自西夏至明清传承未衰。明代重修的永寿塔，保留了西夏早期八角楼阁式的建筑形制和风格。[④]

8. 韦州康济禅寺遗址

位于宁夏同心县韦州镇西夏古城内。寺早已废弃，寺址内存有一座西夏始

---

① 见国家文物局编《中国文物地图集·宁夏分册》一书，第287页《田州塔》。
② 碑已亡佚，《乾隆中卫县志》中存其录文。
③ 见《重修鸣沙州安庆寺永寿塔碑记》录文。
④ 见宁夏文管办《宁夏中宁鸣沙永寿塔》一文，载《文物》月刊1992年第8期，第63页。

建的八角十三级密檐式空心砖塔，上部四级与塔刹为地震后明代增修。韦州自唐至西夏以来一直是降服羁縻少数民族的要地，西夏曾在此设静塞军司，筑城、藏兵、建据点，与北宋长期抗衡，并修寺建塔，作为该地古代军民从事宗教活动的场所。1985年勘测加固维修时，将近代支护八角塔座拆除。在维修加固塔身和九层以下塔檐时，发现在塔檐31.5厘米×15.5厘米×7.5厘米的长砖和33厘米×33厘米×6厘米的方砖中，有西夏手印痕砖和墨书西夏文，与西夏陵和拜寺口双塔手印痕砖相似。经史金波先生译释系西夏时期的人名姓氏，作功德留下的墨迹。参照塔身顶层佛龛内发现的四块墨书西夏文砖和二十块刻有大明万历九年（1581年）四月二十日重修宝塔施财功德主姓名的方砖，还有底层塔檐角朽木洞中发现的《金刚经》和《陀罗尼经》卷上捐修人"大明嘉靖六年九月修葺"的题款，以及塔下保存的明万历十年《重修敕赐广济禅寺浮土碑》记，知康济寺和塔始建于西夏。又据史载："西夏雍宁三年（1118年）春二月，熙河、环庆、泾原地震，旬日不止，坏城壁、庐舍，居民压死者甚众，人心慌乱。"西夏大庆四年（1143年），兴庆府地区又发生大地震，"经月不止，人畜死亡者以万计"[①]。地震使塔九级以上塔身和刹顶坍毁。明嘉靖六年（1527年）于"九级以上更增四级，升顶缀铃，凡三载乃成"。不幸又被嘉靖四十年（1561年）的地震毁坏。明万历九年（1581年）民众捐资在九级塔身之上再次复增四级，升顶于巅，缀铃于角，并勒石立碑而成。保存至今的塔体是西夏始建和明万历九年在九级其上增修的遗构。塔下寺址内还存有清代碑石，风化文字漫漶不清。塔位于寺中心位置，寺址内塔前塔后与左右有寺庙基址的残迹。说明此寺自西夏始建以来，其佛事活动延续至明。[②]

9. 青铜峡108塔寺遗址

位于宁夏青铜峡市峡口内西岸108塔群正前方的河滩地上。寺院方形，面向东南，塔群在寺后，面对黄河，后因修青铜峡水库被库区淹没。地处古代商旅交通沿河滩的道路旁，东北至灵州（西夏改称西平）15公里，至兴庆府（今银川）75公里，西南至鸣沙州25公里，东南至韦州40公里。香

[①] （清）吴广成：《西夏书事》卷35，清道光五年小砚山房刻本。
[②] 见宁夏文管办《宁夏同心康济寺塔及出土文物》一文，载《文物》月刊1992年第8期，第59页。

火自西夏延续至明清，近代公路开通后日渐衰落（图3-23）。据明代方志记载："峡口山西，有一〇八塔寺与元古寺"。又据1987年维修108塔时，发现的出土文物与山石题记，说明这里是西夏王朝时期始建的一处佛寺塔庙群，有一座藏传佛教的大寺院，延续至元，明清还有信士化缘重修过寺庙和佛塔，寺名未见记述。① 现寺庙遗址建为旅游公园广场。

图3-23　青铜峡谷108塔寺遗址在塔群前的台地上

10. 中宁石空大佛寺遗址

坐落在宁夏中宁县石空镇西南贺兰山麓的双龙山下，地处河套平原通往河西沙漠绿洲的古通道旁（图3-24）。该佛寺背靠石空寺石窟，在窟前台地上散布着大佛寺的寺庙群建筑遗址。这些寺址均依山崖洞窟而建，应是石窟前带窟檐的殿堂遗址，明清重修扩建向前延伸为寺庙群。在明代甘青史志与《嘉靖宁夏新志》中有该寺的简单记载。该寺的香火延续到20世纪50年代，后被风沙所掩埋。20世纪80年代应民众要求，将被掩埋的石窟和窟前寺庙遗址清理出来。经文物考古部门对寺庙遗址、遗存的洞窟壁画、造像、碑石残迹进行分析后，认为该寺庙与石窟造凿始于五代，经西夏延续至

图3-24　石空寺石窟外景及修复后的九间无梁殿

---

① 见雷润泽、于存海《一百零八塔维修与考古发现》一文，载宁夏回族自治区政协文史资料第24辑《宁夏考古纪事》，第149页。

明清，扩建成为一个大型寺庙群，即文献上记述的西夏建造的大佛寺址。[1]

11. 西凉报慈安国禅寺遗址

西凉报慈安国禅寺遗址位于甘肃武威凉州区古城镇陆林村西南5公里处上方寺林区内一低缓山坡上。建筑遗址呈长方形，东西长100米、南北宽50米，文化层堆积厚达1米，有部分残存墙体，村民从遗址内挖出铜、铁、瓷器等23件。铜器上铭文大部分清晰可辨。其中的一件铜炉底部斜面上铸"至正元周五十三年十一月二十五日，苟金刚宝铸就"等阳铭文，据此推断此批窖藏文物属元代寺院僧人日常生活用品及供器。该寺院在西夏时期是一座较有影响的寺院，元代成为藏传佛教寺院。该遗址还出土了大型琉璃垂兽、套兽及瓦当、滴水、板瓦等建筑构件，与西夏王陵出土的琉璃垂兽、套兽极为相似，遗址中还发现有西夏瓷器残片。此遗址应是始建于西夏后期、延至元代的一处高等级的寺院。[2]

12. 武威市古浪县寺瓦寺院地遗址

平面呈长方形，东西长700米、南北宽500米，面积约35万平方米。散布有大量的筒瓦、砖块等建筑遗物及西夏白、黑釉瓷片。曾出土有铜斧1件、铜铃10件及30余件白瓷罐、碗和黑瓷瓶、罐等瓷器。推测为始建于西夏的一寺院遗址，[3] 但西夏寺名不得而知。

13. 武威市天祝旦马上寺遗址与百灵寺

旦马上寺占地东西长1000米，南北宽250米。坐北向南。始建于西夏、元之际，清同治年间（1862～1874年）地面建筑全被烧毁无存。遗址内出有铜碗、灯、饰件、陶灯、木盘等遗物242件，唐到清代钱币1174枚。[4] 西夏寺名不得而知。百灵寺位于天祝县大红沟乡下西顶村西北10公里处山坡上。百灵寺在西夏时期香火很盛，是西夏时期这一地区一座重要的寺院。

14. 张掖大佛寺

位于张掖市区内大佛寺巷（图3-25，3-26）。西夏永安年间（1098～

---

[1] 见国家文物局编《中国文物地图集·宁夏分册》一书，第356页。
[2] 武威博物馆：《武威西夏遗址调查》（内部资料）。
[3] 见国家文物局编《中国文物地图集·甘肃分册（下）》一书，第219页。
[4] 见国家文物局编《中国文物地图集·甘肃分册（下）》一书，第229页。

1100年）始建，原名迦叶如来寺，元称十字寺，明清两代先后敕名宝觉寺、宏仁寺，清乾隆年间修复。因寺中供奉一尊泥塑大卧佛，俗称大佛寺。卧佛木胎泥塑，金装彩绘，身长34.5米，肩宽7.5米，是我国现存最大的室内卧佛。① 该寺是西夏时期兴起的长方形二进院落，卧佛殿居中，还有后殿。

图3-25 张掖大佛寺卧佛殿

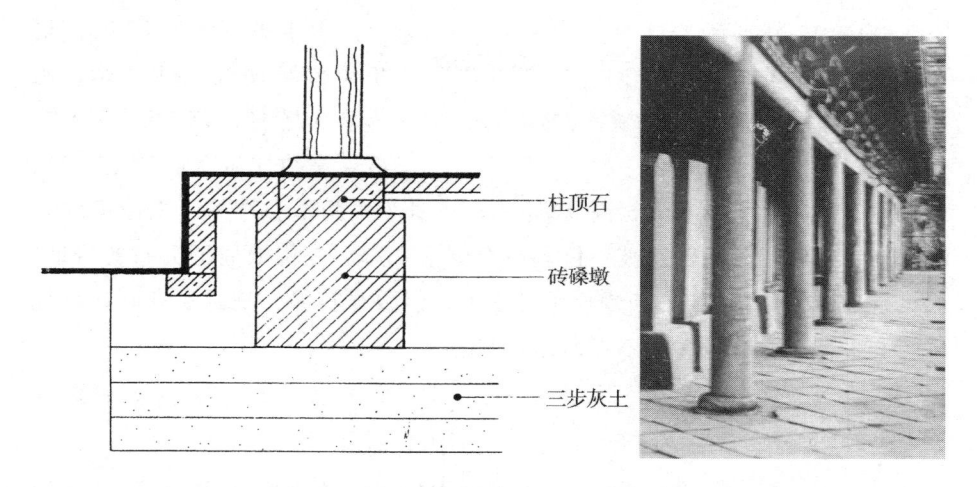

图3-26 张掖大佛寺大佛殿廊檐柱石受力结构示意图及檐下斗栱

15. 酒泉市瓜州县小火焰山佛寺遗址

坐落在瓜州县南岔镇六工村西南的山丘上。分三排共8间房屋，平面均呈长方形，东西长12米、南北宽10米。土坯砌墙，残高1米~4米。门南开，宽0.85米。清理出有毛边纸3张，上印西夏文，另有彩塑佛像顶光等。推测为一处西夏佛寺遗址。② 寺名不得而知。

16. 额济纳旗小庙遗址

此遗址距西夏黑水城较近，位于吉日嘎郎图苏木敖瑙图音赛日嘎查东南

---

① 见国家文物局编《中国文物地图集·甘肃分册（下）》一书，第351页。
② 见国家文物局编《中国文物地图集·甘肃分册（下）》一书，第303页。

15公里（图3-27）。遗址风蚀，1963年发掘佛殿和覆钵式喇嘛塔各1座。佛殿坐西朝东，由廊和内室构成，内室宽5.62米，进深4.65米，墙壁用土坯垒砌，上涂红地，再绘以墨线画。殿内发现佛像、弟子、菩萨、供养人、金刚力士等彩塑像25尊。塔位于佛殿西北约100米，由塔基、塔身、相轮三部分构成，高约3米。塔基呈方形，用土坯筑成，边长2.7米，高0.25米；塔身为多角形叠涩式，上绘墨线花纹和朱绘莲瓣；相轮已残破，仅剩一个圆形木牌。在佛殿周围分布有房址、灰坑、墓葬等。[①] 此类寺庙规模不是很大，但数量较多，是西夏寺庙在该地区的一大特点，寺庙名称不得而知。

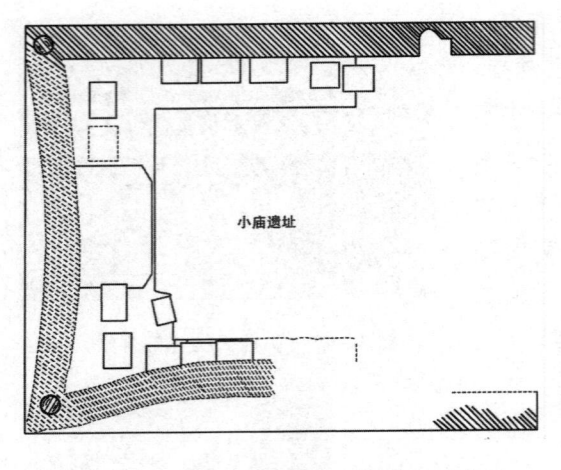

图3-27 额济纳旗小庙遗址平面示意图

17. 额济纳旗绿城塔庙遗址

此遗址距西夏黑水城稍远，在小庙遗址之东，位于吉日嘎郎图苏木沙日陶勒盖嘎查约10公里的古城西（图3-28）。城西发现八处寺庙址、数十座塔基和方形木。在寺庙址内有各式彩绘纻麻泥胎塑像和贴塑菩萨像、多种西夏文文献与佛经。1909

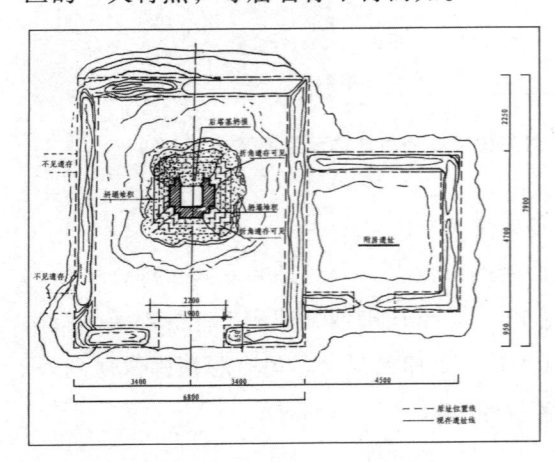

图3-28 额济纳旗绿城塔庙遗址示意图

---

① 见国家文物局编《中国文物地图集·内蒙古分册（下）》，西安地图出版社，2003，第641页。

年俄人科兹洛夫曾盗掘一座塔基，内有坐姿人骨和大量西夏文物。庙东现残存五座覆钵式土塔，均为西夏遗构。①

18. 额济纳旗黑城子寺庙遗址（蒙元）

位于亦集乃路故城城墙上和城内的中心高台地上，共发现 10 余处（图 3-29、3-30）。其中塔庙型佛寺屋宇连片。正殿作斗栱梁架琉璃瓦结构，殿内彩绘壁画。中型佛寺（F6）建在高约 1.3 米的夯土台基上，由殿堂和庭院组成。殿堂坐北朝南，平面呈长方形，面阔三间 9.52 米，进深五间 16.6 米。正殿前后各开一大门，前门有东西侧门。殿内设佛坛，西、北和东墙残留部分彩绘壁画，周围有回廊。庭院为土坯砌筑，自大殿两侧扩展，围绕殿前，呈长方形，东西 15.2 米，南北 11.7 米。大殿出土有柱梁、檩、枋、瓦及琉璃脊饰等建造构件；佛坛右侧土坑内出土有玉壶春铜瓶 1 对；殿内鸟巢或鼠洞出土西夏文《音同》残页。② 沿袭西夏遗风，蒙元时期又被修缮扩建继续使用，废弃于明中期。各寺庙名称不详。

综上所述，西夏传承重修佛寺塔庙遗存与遗址有 10 处，寺庙 12 座；西夏新建佛寺塔庙遗存与遗址已发现 20 处，

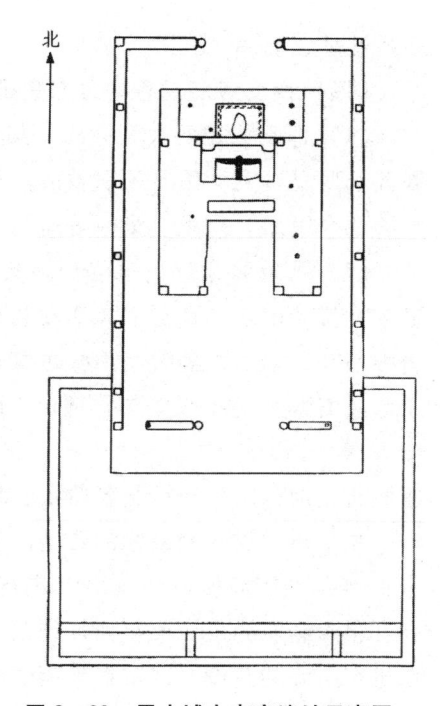

图 3-29 黑水城中寺庙遗址示意图

图 3-30 红庙遗址示意图

---

① 见国家文物局编《中国文物地图集·内蒙古分册（下）》，第 640 页；史金波、翁善珍：《额济纳旗绿城新见西夏文物考》，《文物》1996 年第 10 期。
② 见国家文物局编《中国文物地图集·内蒙古分册（下）》，第 641 页。

庙殿基址遗址 48 座。

（四）西夏寺庙遗存的分布特征

（1）西夏修建的大型寺庙，集中分布在都城兴庆府和凉、甘两州之地，服务于西夏皇室所倡导的宗教活动和礼仪活动之需求，形成西夏的佛教寺庙中心。今银川、武威、张掖等原西夏疆域内寺庙遗址与遗存、遗迹较多。

（2）西夏修建的皇家寺庙，集中分布在贺兰山中段，服务于西夏党项贵族对贺兰山的崇拜与宗教活动和礼仪活动之需求，形成西夏五台山佛教寺庙中心。元末明初到贺兰山寻古探幽的文人有"云锁空山夏寺多"，"拜寺无僧话旧游"的感叹诗句，道出当时所见众多寺院坍毁破败的实情。

（3）西夏修建的一般寺庙，集中分布在农商经济发达与人口密集的交通枢纽之地，服务于社会各阶层，形成满足商旅民众需求的西夏佛教寺庙中心。在瓜州与黑水城及绿洲各地的佛寺塔庙遗迹遗址较多。

（4）利用河西地区石窟寺建筑文化的传统优势，以修补妆銮和改造原有石窟寺洞窟为主。西夏西部统治中心在沙州，地近回鹘与吐蕃，特别重视沙州石窟寺的建设，以求在丝绸之路交汇地树立崇佛弘法的良好形象，增强在西部地区的影响力。

二 佛教寺庙建筑画遗迹

（一）壁画中的建筑

由于木结构建筑易于损坏，加之在历代战乱兵祸中往往使一座城市转瞬之间就变为废墟，留存下来的古建筑实物很少，甚至没有一座唐代以前完整的组合建筑群落留下。梁思成先生曾说："中国建筑属于中唐以前的实物现存的大部分是砖石佛塔，我们对于木构的殿堂房舍知识十分贫乏，最古的只到 857 年建造的（佛光寺）正殿一个孤例。而敦煌壁画却有从北魏至元数以千计或大或小、各型各类各式各样的建造图，无异为中国建筑史填补了空白的一章。"[①] 西夏壁画中留下的建筑图像，也为西夏建筑的研究提供了大量的图像资料。

1. 榆林窟第 3 窟西夏时期绘制的经变画中的建筑

榆林窟第 3 窟的壁画中表现了多种形象的建筑画，有组合的佛寺院落、

[①] 梁思成：《敦煌壁画中所见的中国古代建筑》，载《文物参考资料》1951 年 05 期，第 2 页。

佛塔以及群山之间隐出的楼台亭阁、神圣洞府、田家农舍，用笔极为工整细致，再配以浓墨淡彩，形成鲜明的建筑物象。第3窟南壁和北壁中间各有一铺大型经变画，南壁绘《观无量寿经变》（图3-31），整个寺院用两排以廊庑相连的三座过殿分成前后两进院落。前院殿前华池中无建筑，后院三殿中间的主殿为九脊殿，两侧为重檐歇山攒尖顶殿；宝池两边，左右对称布局着两座重檐歇山顶单层亭、两座"十"字折角形重檐歇山顶有龟头屋

图3-31　榆林窟第3窟南壁中间观无量寿经变（局部）寺院建筑群

抱厦的多层阁，重檐阁四面各出一单檐亭，有楼梯从龟头屋通向池中；单体建筑殿、阁、亭、行廊、平座、曲栏等主要建筑，都是等级最高的，斗栱、屋面等细部装饰异常精美。建筑群落规模宏大，画面表现的是佛经中"七宝池、八功德水"的意境。北壁所绘《净土变》，天宫寺院建筑布局、活动场面、绘画风格与南壁壁画中的相似，也十分细腻。主要建筑屋顶都是重檐重楼式，唯前排主殿两侧的殿宇由九脊殿变成了重檐攒尖顶殿，后排只绘了中间的一座九脊主殿，主殿两侧的殿宇则将回廊一直画到界框，表示建筑延伸到画外空间去了，宝池中左右两座的"十"字形重楼结构也作了简化。榆林窟第3窟建筑壁画的特点，是将建筑物整体和结构如斗栱、栏杆、须弥座及构件细部上的彩画装饰等，都用浓墨勾画得极其细致，远看似很逼真。所绘建筑与山西繁峙县岩山寺金代的壁画非常相似，其中一座十字平面佛殿，和建于宋皇祐四年（1052年）河北正定隆兴寺摩尼殿建筑实物十分相似。这是西夏与中原加强文化交流与联系，在寺院建筑上受中原影响的反映。西夏在安西榆林窟3窟的建筑画，单体建筑各不相同的寺院，建筑的斗

栱、曲栏、屋顶、楼梯等充分表现出来，这是西夏之前的各代壁画中没有出现过的建筑形象。① 十字折角平面殿阁是方形佛殿，四面正中出抱厦，使建筑立面更加富于变化。十字脊楼阁在此前还没有发现过，这是第一例。是世俗社会建筑在壁画中的表现。

西壁甬道两侧的两铺《文殊变》《普贤变》（图3-32，3-33），画面上方群山之间隐出楼台亭阁，布局于自然之中，突出表现建筑的环境，随山势而不拘泥于对称，说明中国传统建筑中各个单体之间可以自由搭配组合，形成新的群落，使建筑和山水之间取得高度自由协调。

图3-32　榆林窟第3窟西壁北侧《文殊变》（局部）中的重楼佛殿建筑

图3-33　榆林窟第3窟西壁南侧《普贤变》（局部）中的寺庙建筑

西夏榆林窟第3窟的建筑画中，不但正脊有鸱吻，其他垂脊、侧脊、戗脊端头都有神兽，虽无法看到其清晰形象，但大致可以看到大殿正脊是龙形鸱吻，其他脊端兽头口向外，头上有三至五个不等的卷角，好似西夏陵出土的龙头形套兽。西夏建筑画斗栱，于一座建筑上根据不同的部位分别作四种形式：位于水池栏杆下的斗栱用四铺作出单抄；位于水中平座和二楼平座斗栱用五铺作出双抄，无昂；下层屋檐斗栱用六铺作一抄两昂。②

2. 文殊山万佛洞西夏重绘弥勒经变壁画中的建筑

万佛洞中西夏时期重绘的《弥勒经变》（图3-34）壁画是本窟的主要

---

① 见樊锦涛主编《解读敦煌·中世纪建筑画》一书，华东师范大学出版社，2010，第140、207、209页。
② 见樊锦涛主编《解读敦煌·中世纪建筑画》一书，第140、207、209页。

内容，占据主要位置。表现一座高级别寺院建筑，高墙门院，开三座大门，上有门楼，门楼之间有长廊相连。院内是碧波荡漾的水池，横向的曲栏水桥架于池上。主体建筑是一进横向排列的前殿和后殿，中轴线上有廊相接的"工"字形庭院，殿侧各有角楼（四座），并有双塔形的高层建筑（四座似阙形），庭院之中纵立着图案化

图 3-34 文殊山石窟万佛洞东壁（右壁）《弥勒经变》（局部）

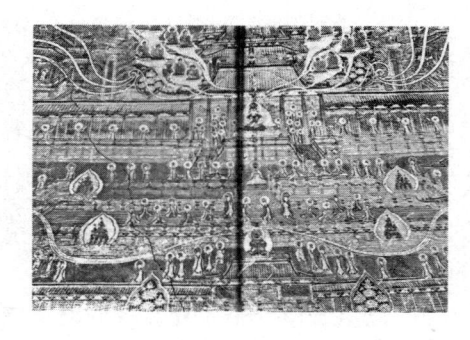

"桃形"树冠的菩提树，水池的莲花之中有各为八人的菩萨四组。从建筑布局上来看，这个兜率天宫建筑采自当时高墙门院和"工"字形庭院建筑的图样，画中的弥勒藏式装束，处于五开间大殿，殿两侧有回廊。在构图上力求对称，达到左右均衡，上下呼应。栏杆和花砖布列于殿宇之间，增添了构图上的变化。以建筑装饰构件的华丽突出主体建筑。

西夏时期这样大幅弥勒经变画的出现，与崇信佛教，特别是极度信仰弥勒菩萨分不开的。据记载：西夏乾祐二十年（1189年），仁宗在大度民寺延请国师作求生兜率内宫弦弥广大法会，"散施番汉《观弥勒上生兜率天经》十万卷，汉《金刚普贤行愿经》《观音经》等各五万卷"。[①]

3. 东千佛洞东方药师变壁画中的建筑

东千佛洞第 7 窟左壁西夏《东方药师变》壁画中心，描绘的是药师佛的世界法会场面（图 3-35）。在一个

图 3-35 东千佛洞第 7 窟《东方药师变》描绘的药师佛宫殿

[①] 张宝玺《文殊山万佛洞西夏壁画的内容》一文，载甘肃省文物考古研究所编《河西石窟》一书，文物出版社，1987，第 128、129 页。

极为庄严的宫殿式建筑全封闭的天宫里，其建筑布局是以中轴线为基线，前后排列有序、左右对称布局、前有高耸山门和由长廊连接着左右角楼，后有巍峨的重檐歇山顶大殿，左连悬挂着金钟的钟楼，右连开着门扇的经楼，中有左右配殿列于两侧相呼应。前院是一进加护着栏杆极为庄严的七宝莲池，池上架设着两座桥梁。池内莲花怒放，莲蓓中坐着化生童子，还有伽楼罗等神灵。

以上石窟寺中西夏装銮的洞窟壁画中的建筑形象，较为完整清晰地再现了西夏时代寺庙组群的壮观场景，勾画出西夏寺庙建筑中殿阁亭台、回廊勾栏的宏伟造型、华丽繁复的彩画饰装，不仅体现出传承唐宋寺庙建筑的传统风范，也彰显出西夏寺庙建筑的发展和创新。

（二）西夏经籍文献插图版画中的佛寺庙塔建筑

在近几十年整理编校出版的海内外遗存的西夏文献典籍中，有大量西夏文与汉文佛经，其中插有许多版画。对版画中建筑图像的释读和参照西夏考古出土的建筑构件进行研究，对于进一步揭示西夏社会生活、佛教对西夏文化艺术的影响、各民族之间的文化交流有十分重要的作用。从以下公元1146～1195年西夏皇家刊刻的部分佛经的版画插图中所反映的西夏佛教建筑，[①] 可领略到西夏寺庙建筑的构造形制、装饰特色及其历史面貌和风韵。其中一些建筑依原画绘线描图列在本标题的最后。

1. 俄藏《妙法莲华经》变相图

俄藏编号 TK1、3、4、9、10、11、15。为汉文七卷本《妙法莲华经》，木刻本，经折装，折面宽 8.5 厘米，高 18.5 厘米，各卷首有经变版画一幅，为净土变相。画和文字之间刻版本卷次及刻印地点、日期和刻工姓名。此版本为西夏"上殿宗室御史台正直本"，刻工为"善惠、王善圆、贺善海、郭狗埋"，刻印日期："大夏国人庆三年岁丙寅五月……"（即1146年6月11

[①] 20世纪90年代中期以来，我国相继编纂出版了《俄藏黑水城文献》（上海古籍出版社，1996～2000年，目前出版18册世俗文献和4册佛教文献）、《中国藏西夏文献》（甘肃人民出版社、敦煌文艺出版社2007年出版，17卷20册）、《中国藏黑水城汉文文献》（国家图书馆出版社2008年出版，10册）、《英藏黑水城文献》（上海古籍出版社2005年出版）、《法藏敦煌西夏文献》（上海古籍出版社2007年出版）。在发布的西夏文献中，许多是佛经印本，刊刻了一些佛经版画。

日至7月10日)。卷首版画由两部分组成,右侧是释迦牟尼佛说法,左侧是经文变相,宣传大乘佛教三乘归一,即"声闻"(听佛说法),"缘觉"(自我修行),"菩萨"(利己利他普度众生)。全经共二十八品,叙述释迦牟尼在耆阇崛山(汉文经典称灵鹫山)与舍利弗、须菩提、摩诃迦叶等尊者说法,各卷经文内容不同,通过大量形象的比喻故事画面,如"闻法布施""持戒忍辱""忍心善软""供养舍利""造塔画像""写经念诵"等,叙述消灾免难,能进入极乐世界。

卷一包括《弘传序》《序号第一》《方便品第二》,有版画四折面(图3-36)。画面宽34厘米,高15厘米,画刻人物六十余身,右三折是佛说法,佛说法环境是西方净土世界:佛、菩萨、天人、护法置于一建筑高平台,高平台的台面为左小右大两个台面组成,左面的小台面亦称月台,有五级台阶,阶梯两侧有垂带,四周有砖面散水。月台面上跪着尊者和天人。右面的台面较大,台面上有坐于莲花座上的佛和两胁侍菩萨,周围站着众护法天人和一童子。台面呈白色,说明是夯土结构;佛前有一围着帷幔的长条供桌,六位佛弟子双手合十围着桌子跪在佛前。第四折有造塔供养,绘莲叶台上有一攒尖顶舍利塔,从塔顶盖面绘四脊来看,估计该塔为重檐攒尖塔。图和经文的中缝刻有"奉天显道耀武宣文神谋睿智制义去邪惇睦懿恭皇帝"即仁宗仁孝(1139~1193年)。

图3-36 俄藏《妙法莲华经》卷一插图

2. 俄藏《妙法莲华经》卷四变相图（图3－37）

卷四第二折右上角绘一高台基四坡攒尖顶亭式建筑，亭顶安高相轮宝顶。左上角绘祥云中的佛宫一角，宫中有佛下凡人间说法。

3. 俄藏《妙法莲华经》卷六变相图（图3－38）

图3－37 俄藏《妙法莲华经》卷四插图

图3－38 俄藏《妙法莲华经》卷六插图

卷第六第二折右上角祥云中有一座庑殿顶三开间建筑，当为佛殿，左下角有两座平檐攒尖顶舍利塔。

4. 中国藏西夏文《妙法莲华经》卷二经变图

木刻本，页面高33.1厘米，宽10.6厘米，卷首有四折页插图（图3－39）。在第三、四折页有多种建筑描绘：第三折页右下有一高等级建筑，从有图案的御路踏道分析，是一个三开间有抱厦的佛殿建筑，屋顶饰有鸱吻；左下有一个穹隆顶大券门修行冢。第四折页下方亦有一座三开间抱厦佛殿建筑，式样与第三折的相似，上方绘有一座宅院，院门外有羊车、鹿车、牛车和大白牛车，描绘的是经中"三车四车"的故事情节。

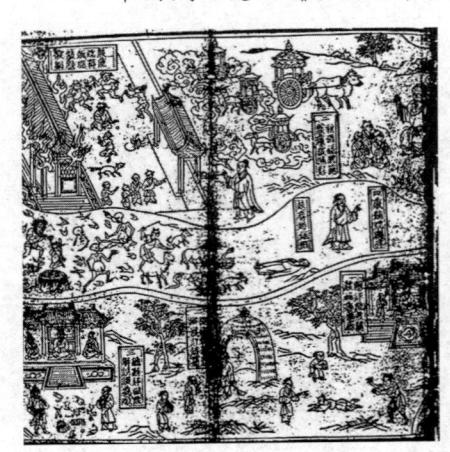

图3－39 中国藏《添品妙法莲华经》卷二插图

5. 俄藏《大方广佛华严经入不思议解脱境界普贤行愿品》插图

木刻本、经折装，折面宽9厘米，高21厘米（图3-40），第1-6折面幅面高15.5厘米、宽55厘米。第五折面右下榜题"五随喜功德"，有补题"随喜及涅槃\分布舍利根"，绘出一金刚座覆钵形舍利塔，自上至下绘日月、塔刹、刹基、粗大相轮、相轮基座（基座上有仰覆莲）、覆钵、金刚座。第六折页左下的"十普皆回向"补题"极重苦果\我皆代受"，绘有一座燃烧的城，有门钉的城门紧闭。此经有

图3-40 俄藏《大方广佛华严经入不思议解脱境界普贤行愿品》

题记，有发愿文："刻印此经称作《大方广花（华）严经普贤行愿品》，它帮助人们像毗卢一样登上脱离尘世的道路，像普贤一样找到主要的道路，摆脱苦孽，免除恶根。因此皇太后罗氏在仁宗皇帝（1139~1193年）逝世三周年之际，为了他（仁宗）及早升天，为了'萝图''宝历'（皇祖）军政官吏、皇室人员（玉叶金枝）兆民百姓幸福，祝愿他们得到尧时的荣誉、舜时的安乐，特命各寺庙焚香三千三百五十遍，设斋会十八次，起读大藏经三百二十八部，其中主要的经二百四十七套，其他经八十一部，各种小经……"①根据发愿文题记，此经刻印于仁宗皇帝三周年忌辰"天庆乙卯二年九月二十日"（1195年10月8日）。为了纪念仁宗皇帝逝世三周年，各寺庙刊印了不同版本的华严经，俄藏此经的一残页描绘佛宫建筑为一大型歇山顶建筑，佛殿前有勾栏，立柱上斗栱有两出跳，屋面琉璃筒瓦、瓦当等建筑构件一一描绘仔细清晰。

6. 俄藏编号TK8、12、13《佛说转女身经》

木刻本、经折装，折面宽10厘米，高21.5厘米，卷首有《佛说转女身经》变相图（图3-41），尾题称罗太后为纪念去世的仁宗皇帝特施印经三万卷，施印日期"天庆乙卯二年九月二十日/皇太后罗氏发愿谨施"

---

① 〔俄〕孟列夫著《黑水城出土汉文遗书叙录》，王克孝译，第128~129页。

(1195年10月8日)。画面出现妇女生产、生活实景及各式宫殿、民舍、庙宇建筑。第五折页右下榜题"得闻引经,信解欢喜",边有攒尖顶亭阁,内有一僧人在供桌后展卷颂经,亭外台阶下跪着三名女子双手合十聆听。第六折页左上绘有一座前出抱厦的三开间佛殿的左半,抱厦左边有两榜题"佛说转女身经变相""厌离女身供养佛菩萨处"。抱厦中有佛和左胁侍菩

图3-41 俄藏《佛说转女身经》插图

萨像,像前台阶下有长方形帷幔供桌,供桌前一女子正在跪拜,供桌两旁各有两名女子双手合十躬身致礼。佛殿左明间旁有榜题"供养父母师长处",殿中央长方形供桌后,坐有一双手合十的僧人,供桌两旁坐有一对年长夫妇似在听讲,两女子相对侍立在殿前陛阶下。画面中央还有两处榜题"怀子在身生得受大苦痛"和"女人为他所使捣药舂米若熬若磨",图像内容与榜题相呼应,绘有女子在歇山顶高台基建筑内分娩、在磨房内推磨以及舂、捣、簸、熬、缝等辛苦劳作的场景。

7. 俄藏编号TK58《观弥勒上生兜率天经》

木刻本,经折装。该经是乾祐二十年(1189年)仁宗继位五十周年,皇帝发愿散施的,有仁宗皇帝发愿文:"朕谨于乾祐己酉二十年九月十五日……就大度民寺作求生兜率内宫弥勒广大法会……散施番、汉《观弥勒菩萨上生兜率天经》一十万卷……奉显天道耀武宣文神谋睿智制义去邪睦懿恭皇帝谨施。"[①] 经首变相图有八折面,画幅宽87.5厘米、高23.5厘米(图3-42)。第1~2折面绘弥勒在宫内说法图;第3~6折面描绘弥勒净土盛会,其中宫城建筑规模宏大宫门四扇,宫墙起脊覆瓦有立柱;九开间大殿,殿面用条瓦覆盖,飞檐上翘,檐下斗栱层层,殿前有九根金柱,为皇宫级别的殿宇建筑。殿后有回廊,台阶和桥通向殿前平台,平台下有水池。第八折面绘六幅德行图,榜题"花香供养""深入正受""修诸功德""读诵

---

① 〔俄〕孟列夫著《黑水城出土汉文遗书叙录》,王克孝译,第133~144页。

图 3-42 俄藏《观弥勒菩萨上生兜率天经》（局部）

经典""盛仪不缺""扫塔涂地"。图中绘出种种德行，德行图中有庙宇、高台基的房子、修行冢；左下方是两人躬腰扫塔涂地，有金刚座覆钵形舍利塔建筑，覆钵内有三个摩尼宝珠供养。

8. 中国藏西夏文《金光明最胜王经》

有西夏文题款："兰山石台严云谷慈恩众宫一行沙门慧觉集""奉白高大夏国仁尊圣德珠城皇帝敕重校"，此经为惠宗秉常时期译，仁宗时期校，神宗时期重译并疏义，在西夏流布时间较长。圣德珠城皇帝为仁宗皇帝仁孝。此版画绘于仁宗皇帝重校后刊刻的佛经插图（1193 年前），在卷一、四、五、十经首皆有插图，计有四种经变图，画刻建筑较细腻。卷一插图第三、第四折中缝的上部和中部，各有一座粗相轮束腰式窣堵波（图 3-43）。卷

图 3-43 中国藏《金光明最胜王经》卷一插图

四插图第三、四折面描绘该卷《净地陀罗尼品第六》中十种菩提心因，其中有一座光芒四射的楼阁式宝塔，塔有四层高台基，二、四层出檐，每层级向上收分，攒尖顶式（图 3-44）。这座塔是第五种菩提心因的喻相。卷五插图的建筑画面表现丰富：有三开间佛殿，有门楼、围墙；有起脊小阁，一围墙内有四阶梯高台基起脊建筑，正

图 3-44 中国藏《金光明最胜王经》卷四插图

脊两端设吻兽，脊中有一对站立鸟，屋面上有两只展翅飞翔的鸟，台基地面有散水方砖，台基邦壁绘花纹，台基四周有勾栏，栏板绘莲花图案（图3-45）。卷十插图第二折页，上方有一舍利塔，绘出塔刹、相轮、覆钵、塔座（图3-46）；第一折面右上角绘一座城的一角，城墙上开两门，城门上有门钉，城墙上有雉堞（具有高昌坞壁和波斯城堡风格），城内绘一起脊、飞檐殿式建筑，殿内绘一床，床上卧一佛。

图 3-45 中国藏《金光明最胜王经》卷五插图

图 3-46 中国藏《金光明最胜王经》卷十插图

该经由唐义净从梵文译出十卷，西夏文《金光明最胜王经》从汉文转译。插图建筑中的屋面装饰"鸟"和城墙的"雉堞"与中原建筑不同，有西方建筑文化元素。

9. 藏西夏文佛经《慈悲道场忏罪法》经首插图《梁皇宝忏图》

插图版画为四折页，有两画面描绘梁武帝为雍州刺史时，夫人郗氏性酷妒，化为巨蟒入后宫的故事。《西夏艺术史》中收有两种版本的《梁皇宝忏图》，一种是中国藏四折页，一种是俄藏二折页。两版本画面的建筑形式、人物方位等构图相似，而画面中人物多寡、神情衣饰、殿宇修饰等风格迥异。

中国国家图书馆藏西夏文《慈悲道场忏罪法》插图版画为四折页（图3-47），右两折页佛说法，左两折页为宫殿内梁武帝与高僧对话。宫殿地面铺花砖，建有一个高出地面五个阶梯的地平，台阶两侧的垂带呈白色；地平靠墙绘有立柱，立柱顶为梁坊，坊下绘幔帐；地平前有勾栏，两端立望柱，柱头绘出莲花，栏板是几何图案菱形内绘一莲花，（南朝）梁武帝坐在靠背的龙椅上与高僧对话。除高僧外，其他人物皆作宽袍大袖的汉服打扮，官员则手持笏板。建筑及人物的各处细节，甚至包括版画边框的卷草纹都刻画得十分精细。

俄罗斯藏《慈悲道场忏罪法》版画描绘宫内建筑画面与中国藏基本相同（图3-48），更突出额坊上的斗栱和地平、栏板，垂带彩绘，彩绘图案是缠枝卷草，更带有西方特点，与西夏陵出土墓碑残片的卷草图案相似。

图3-47 中国藏《慈悲道场忏罪法》插图

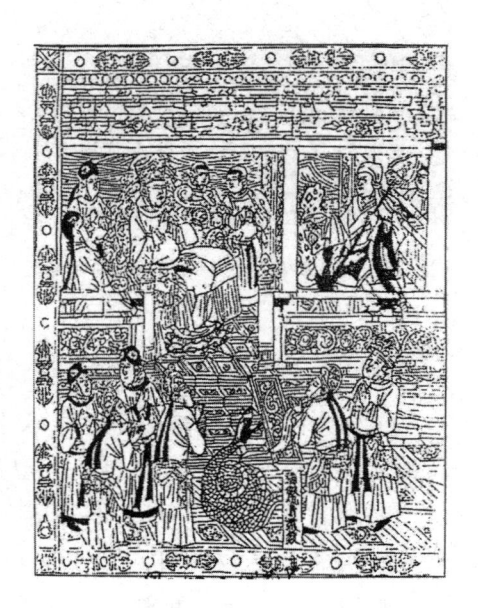

图3-48 俄藏《慈悲道场忏罪法》卷十插图

梁武帝大腹便便，脚踩莲花，坐在宽大的高靠背的龙椅上与高僧对话。除梁武帝着汉服外，其他宫女、侍从、官员都是西夏人打扮。相对而言，此幅版画刻制较为简略和粗糙，画面人数减少，建筑装修装饰简化，但画中男侍秃发、女侍插花裹巾、武官头戴镂冠腰系护髀的西夏人形象却十分鲜明，弥足珍贵。版画边框更以佛教法器金刚杵取代卷草纹作装饰，加上画中人物个个双手合十、梁武帝脚踏莲花，更加突出西夏人对佛教的崇信。这两种构图相似而风格却相差极大的西夏文佛经版画，对宫殿内建筑构件的描绘，尤其突出斗栱和额枋，在这一点上二者是相同的。

10. 西夏文佛经《现在贤劫千佛名经》卷首的《西夏译经图》展示了译经殿室内建筑，译经坊设在宫殿地平建筑内，主译人国师白智光高高在上坐在如意宝座上，其前放有译经桌和供桌，供桌上有莲花座上的经卷，经卷前有五供养。惠宗秉常皇帝和皇太后坐第一排，地平有勾栏，高出大殿地面。勾栏的装饰讲究，有莲花柱头的望柱，还绘有卷草纹的栏板，地栿、华板、蜀柱、辱杖等，勾栏结构绘制十分细腻（图3-49），增加了译经殿的神圣和华丽。

图3-49　俄藏《现在贤劫千佛名经》卷首西夏译经图

从以上西夏佛经版画中出现的种种结构、形式、功能、类别各不相同的建筑，可以看出西夏佛寺塔庙建筑的如下特征。

首先，西夏佛寺塔庙建筑传承中原建筑伦理和布局。建筑形式多样，有佛宫、高台基、阶级、勾栏、望柱、须弥座、廊庑、回廊、庙宇、城墙、瓦肆商铺、民舍、桥、佛塔等，其中起脊佛宫、大型庙宇为三开间或五开间，最大的九开间，长方形土木结构，屋顶有庑顶、歇山顶、攒尖顶、盝顶、十字脊、重楼（二重楼、三重楼），屋面有瓦、瓦当，顶脊的装饰有正脊鸱吻和垂脊神兽、戗脊兽。建筑的开间、装饰等传承中原建筑的等级制。西夏《天盛改旧新定律令》规定："诸人为屋舍装饰时，不许用金饰。若违律……依前述罪状告赏法判断。所装饰当毁掉。""佛殿、皇宫、神庙等以外，官民屋舍上莲花除外，不允许涂大朱、大青、大绿。旧有亦当毁掉。"① 佛殿、寺庙的建筑属于官式建筑，开间多，装饰繁复。民舍等属杂式建筑，开间小，装饰简单，如德行图中出现的建筑民舍，其围墙土建或用竹篱笆围合，磨房两坡无脊，民居瓦肆的折角建筑没有高大的正脊和造型优美的脊饰，反映了非官式建筑的低等级。佛宫建筑布局为四合多进多院式，大型佛宫为封闭庭院式，或一进二进合院式，小型佛宫以佛殿为中心的封闭合院，属宫殿式庭院。四周用墙围合，宫门、佛宫等主要建筑分布在佛殿（位置或靠后或居中）为中心的中轴线上，次要建筑呈对称分布（侧殿、亭阁、曲桥等），有的围墙用廊庑替代。这种宫殿型多院式殿阁组群，呈现宏伟、庄严的气势，具有强烈的建筑艺术表现力。尤其是正脊的鸱尾和垂脊神兽，角梁抬高殿翼起翘，屋面勾头滴水形成弧形檐口，使庞大的建筑显得轻巧。佛宫的建筑形象类似于帝王的宫殿，帝王举行朝政典礼及祭祀活动的殿堂也是多院多进制，各级官吏行使统治权力的厅堂建筑也是多院制的。

其次，西夏佛寺塔庙建筑艺术受到佛教和西方艺术影响，后期尤其受到藏传密宗建筑影响。佛塔建筑出现两种形式：一是楼阁式，二是窣堵波式。窣堵波舍利塔由印度传入，半圆形实心覆钵，周围有栏杆平座供瞻仰，正中立一竿，竿上串联三层伞盖（即相轮）。西夏窣堵波塔突出粗、高相轮，呈圆锥台体，而覆钵较矮小，须弥座与印度佛舍利塔桑齐大塔半圆形大覆钵建筑略有不同，这是早期藏密覆钵塔的形制。此形制佛塔造型，在西夏之前的佛经版画中不曾出现过。图像出现在西夏佛经版画中有两种可能：一是西夏时期的西方僧人（天竺、回鹘）从西域通过丝绸之路传入密教而发展起来的建筑；二是藏传佛教僧人从古格王朝引入的藏式喇嘛塔建筑，在 10 世纪古格王朝的壁画中此种塔的图像频频出现。② 建筑装饰受到藏密艺术和西方建筑装饰艺术的影响。佛、菩萨金刚座的纹饰多种多样，反映了绘画及雕刻艺术在建筑体的发展运用。金刚座繁密的花纹，尤其是仰覆莲纹、几何纹、缠枝卷草纹等受到印度、西藏、西域艺术的影响。窣堵波式舍利塔塔刹下对称的缯带装饰直接受到古格王朝藏密艺术的影响。西夏文《金光明经》插

---

① 史金波、聂鸿音、白滨译注《天盛改旧新定律令·卷七·敕禁门》，第 282~283 页。
② 参见孙振华《西藏古格壁画》，安徽美术出版社，1989 年。

图中屋面上的展翅飞鸟表达会跳舞的迦楼罗，城墙雉堞同高昌等西域城的城墙，受到了西方和回鹘建筑艺术的影响。绘画中的形象在西夏王陵的考古发掘中有实物出现，如人面鸟身的迦陵频伽（会唱佛音的妙音鸟）（图 3－50）、鱼头或兽头的摩羯（佛教中护法的鱼中之王）。

图 3－50　西夏陵出土迦陵频伽

西夏佛经版画中的建筑线描图

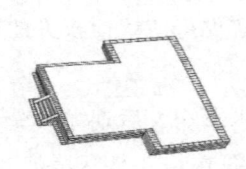

图 3－36 中五阶高台基　　图 3－36 中重檐攒尖顶塔　　图 3－37 中高台基攒尖顶亭

图 3－37 中祥云中佛宫一角　　图 3－38 中庑殿顶建筑　　图 3－38 中单檐攒尖顶舍利塔

图 3－39 中三开间殿式建筑　　图 3－39 中修行冢　　图 3－39 中三开间殿式建筑

第三章　寺庙建筑 | 235

图 3-40 中覆钵塔 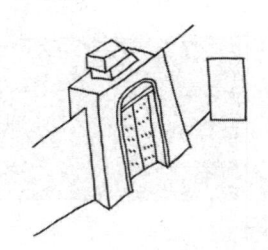　　图 3-40 中有门钉城门 　　图 3-41 中的坡攒尖顶殿亭

图 3-41 中磨房 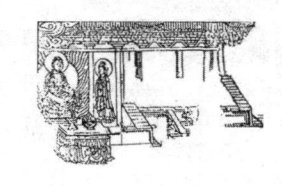　　图 3-41 中三开间佛殿与起脊覆瓦回廊

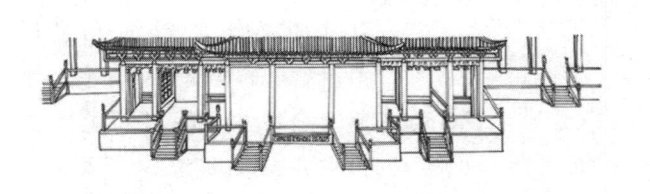

图 3-42 中九开间弥勒佛殿，两侧各有三开间挟屋 　　图 3-43 中窣堵波

图 3-43 中受古格艺术影响带飘带的覆钵塔 　　图 3-44 中七宝楼 　　图 3-45 中屋顶有展翅飞翔紧那罗的高台基建筑

图 3－46 中有雉堞城墙与城中殿式建筑

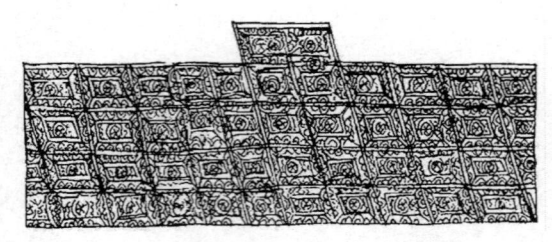

图 3－47 中地砖

图 3－48 中地砖

图 3－49 中译场摆设与栏杆

图 1－24 中的护城壕、桥

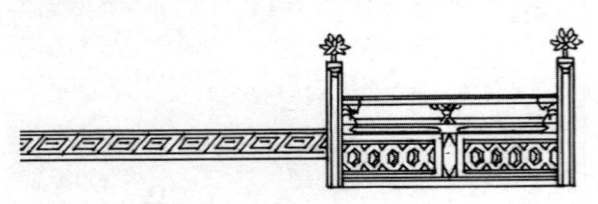

图 1－35 勾栏

图 1－24 中的瓦肆建筑

图 3－41 中的柱、枋、础石结构

图 1－23 中的院落

俄藏汉文《清凉注心经要》中高僧座椅（见《西夏艺术史》图 Z.106－1）

图 1－29 有挟屋的歇山顶大殿

图 1－33 有柱础的两坡亭

（三）西夏其他道观、文庙、清真寺等庙宇建筑遗址与遗迹

经文物考古勘测调查发现，在西夏故地有道教寺庙的遗址、儒家的文庙、民间信仰的龙王庙、伊斯兰教礼拜寺的遗存。

道教宫观庙殿建筑有玉皇庙、三清观、东狱庙等；儒家庙祠建筑有文庙、魁星阁、魁星楼等；民俗类庙宇建筑有关帝庙、城隍庙、火神庙、土地庙、龙王庙等；还有家庙、宗祠等建筑。

1. 始建于西夏时期的武威文庙

武威文庙位于武威市城东南隅，原由儒家、圣庙和文昌宫三座单体建筑组成，现存忠烈祠、节孝祠、圣庙、文昌宫两组。经考证文庙内各代碑刻与相关文献认定：该建筑是西夏后期在凉州修建的文庙旧基址上，明正统二至四年（1437～1439年）重修、清代扩建的遗构。西夏修建的文庙到元代还存世，随后倾圮，明正统年在此重修扩建（图3-51）。①

孔子与儒学在西夏亦受到推崇，特别是西夏中后期被乾顺朝与仁孝朝两代帝王推崇提倡。《西夏书事》卷三十一记载，崇宗乾顺命令于番学之外，"特建国学（汉学），置教授，设弟子员三百，立养贤务以禀食之"。仁宗仁孝在人庆三年（1146年）尊孔子为"文宣帝"，令各州郡主庙祭祀。从仁宗仁孝开始各地建文庙。都府之地设

武威文庙　　棂星门
大成殿　　尊经阁
大成殿正立面

图3-51　武威文庙

---

① 武威博物馆：《武威西夏遗址调查》（内部资料）。

太学、修孔庙、封孔子为文宣皇帝，奉祀至圣先师孔子，成为一种时尚。文庙在西夏境内开始大兴，大量儒家经典被刊印发行。

据现存《凉州卫儒学碑》《重修凉州卫儒学碑》《重修文庙碑》等碑刻记载，武威文庙重修于明正统二至四年（1437~1439年），后经明成化、清顺治、乾隆、道光及民国年间陆续增建和重修，占地面积1.53万平方米，素有"陇右学宫"之称（图3-51）。建筑群组成坐北向南，分相连的东、中、西三院。东院文昌宫以桂籍殿（供奉文昌帝）为中心，前有山门，后有崇圣祠，中有东、西二门、戏楼，左右有刘公祠和东西二庑；中院总称孔庙，以大成殿为中心，前有大成门，后有尊经阁，自南而北依次为泮池、棂星门、戟门（大成门）、大成殿、尊经阁。大成殿、尊经阁均为重檐歇山顶建筑，分别坐落在高2米有余的砖包高台基上。现建筑是武威最高大的古代重楼建筑。左右有名宦、乡贤祠和东西庑；西院为儒学，今仅存忠孝、节义两祠。整座建筑群布局匀称，结构严谨，其内收藏十六国到清代碑刻30余通，现为武威市博物馆所在地①。

2. 张掖龙王庙遗迹

张掖黑河两岸较大的龙王庙遗址有三座，均建于西夏，元末毁圮，明清又重修。②

3. 西夏黑水城西南角的礼拜寺

位于今内蒙古额济纳旗黑水城遗址（图3-52）。西夏黑水城是草原丝绸之路从中亚到蒙古宫廷所在地哈喇和林的交通枢纽，中亚、西亚的穆斯林商人在黑水城居住，为适应其宗教生活需要，在黑水城的西南建造了一座礼拜寺。该寺坐西面东，土坯砌筑，四方形基座，墙体往上略收分，

图3-52 黑水城礼拜寺遗址

---

① 见《中国文物地图集·甘肃分册（上）》，第361页。
② 见崔之胜《西夏建张掖龙王庙史迹考述》一文，载《西夏学》第二届西夏学国际论坛专号（上）第七辑，第64~65页。

上覆以半球形穹隆顶；西墙正中设有尖拱形壁龛，殿门有较短的甬道通门厅，门厅顶与殿东墙外侧连接处有圆形叠涩过渡，形状如蜂窝，为 10~13 世纪突厥塞尔柱王朝礼拜寺装饰风格。黑水城遗址还发现有《古兰经》残页和波斯文《七智者》伊斯兰文学作品，还有波斯商人、答失蛮财产婚姻纠纷案卷和文稿残卷。

第四节　西夏寺庙的建制、布局与构造

丝绸之路开通，影响中国建筑的佛教文化开始从印度经中亚传入，于东汉永平十年（67年）来华传教的白马驮经僧侣，落户都城洛阳官方驿馆鸿胪寺，随即又专门建造一座庭院，即白马寺。这是佛教传入中国内地营建的第一座寺院，随后佛寺塔庙等佛教建筑也随之在内地渐次兴起，石窟寺的开凿自印度经中亚也相继引进到河西地区和中原，并迅速扩展开来，至南北朝与隋唐达到兴盛繁荣期，遍布全国各地。

西夏立国前，西夏故地就散布着各类寺庙和石窟寺的构筑物，并由当地民众进行养护供奉和祭祀礼拜活动。西夏立国之后，继承了这类文化遗产，并借鉴唐宋此类建筑文化传统，大规模进行新建和重修等营造活动。无论是营造，还是雕凿与绘画，都是引进或利用当地工匠和画师。所以，西夏寺庙的建制与构造，基本上是继承了前代此类建筑的传统，包括吸收回鹘和吐蕃建筑文化传统加以糅合改造，使之呈现西夏独特的时代风格、民族风格和地域风格。

一　佛寺禅院建筑的基本构造和布局

西夏佛寺禅院建筑是中国古代建筑的一部分，其基本构架传承汉唐以来木构架建筑体系和土木混合的建筑形制，受到等级制度的影响，是属于古代建筑中上位建筑文化的"官式建筑"，其建筑有规定的部件表现建筑的程式（图 3-53）。官式建筑大致有以下八个方面的构造。

台基。高出地面的台基。分夯土、砖砌、砖石混合体等多种。台基的高低与建筑的作用、地位、地形、地理环境有关。有的建筑前面还筑以月台，供祭祀、礼拜和朝谒使用。台基和月台前面（或两侧），多有台阶或礓磋式

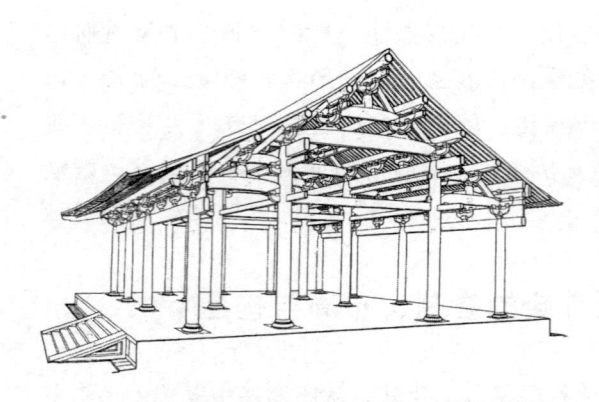

图3-53 宋《营造法式》大木作制度示意图

边坡。

柱子。多系木质，是传统建筑负荷的主要部件，柱底垫以石质柱础，坚固耐腐，不易破碎，上面雕饰各种花纹图案，成为一种装饰艺术。四周的柱子向内微倾，叫作"侧脚"；角柱较平柱（正身柱子）增高，造成"生起"，使屋顶结构负荷向中心聚集，在结构上增强建筑的稳固力，在外观上体现和谐的曲线美。

斗栱。是中国古代建筑中特有的构造，位置在柱头上，或柱与柱之间，用许多斗形木块和曲形栱材层层叠架，用以减少立柱和横梁之间的剪力，减少梁枋上的净跨负荷，承托深远翼出的屋檐，使建筑体轮廓秀丽，气势壮观。斗栱的产生阶段，根据目前发掘资料获悉，应在战国，汉代已普遍应用，至唐代完善成熟，对斗栱的运用已出现等级区分，不同形式的斗栱，被用于不同等级的建筑上，到宋代应用得更为娴熟，西夏也是如此。

梁架。是中国古建筑中的骨骼。屋架上的梁是多层的，上层最短。架前后两椽称之为"平梁"，亦称"二椽栿"；向下逐渐加长，横跨几椽，就称几椽栿，如四椽栿、六椽栿、八椽栿等。上下两栿之间，有小立柱（即蜀柱或驼峰）支撑，纵向之间施以椽（檩子）材、襻间（纵向的联络材），形成下大上小的局势。转角处设角梁挑承，两山用丁栿荷载。这种建筑屋顶下大上小、逐步收缩的构造，称之为"举架"。由于几层举架的不同，瓦顶坡度檐头平缓，脊部陡起，形成屋顶和缓的曲线美。

榫卯结构。建筑在结构部分的交接处，一般都不附设加固构件，在木构件自身开凿榫卯相互连接。柱头与阑额和栌斗的连接有榫卯，栱子与小斗的连接也有榫卯。梁材交接处有榫卯，檩子交接处也有榫卯。榫卯结构使梁架连接得严实牢固，负荷有力。构件交接处的外露部分，如梁头、耍头、额头、枋头等，制成单浮云、三浮云、霸王拳、六分头、蚂蚱头、麻叶头，以及龙头、如意头、卷头等，成为建筑的装饰部分。

屋顶装饰。有屋脊、鸱吻、沟头、滴水、兽头、脊刹等各种构件。自汉代至清末，沿袭相承，早期简单，晚期复杂。尽管有简繁与形式上的变化，但这些艺术部件始终存在着。尤其是一些大型建筑屋顶上使用黄、绿、蓝三彩琉璃艺术构件，更是富丽堂皇，独特精致，给我国建筑增添了壮丽的色泽。

小木作。建筑上的装修，有门、窗、格扇、横披、平棊（天花板）、藻井、花罩、门楣等多种。板门上的门钵、门钉，窗户上的棂条式样，格扇和横披上的棂花图案，平棊的大小和花纹，藻井的斗栱和雕饰，花罩和门楣的各种形制与雕造艺术等，都是我国建筑中装饰性很强的部分。

彩绘和色泽。建筑上的各种木结构，为了防腐和美观，都要给予彩绘和油饰。不同的建筑彩绘着不同的色调。宫殿和寺观里多以石青、石绿为主，深沉肃穆；大型建筑的外观，朱色涂抹，给人以浑厚的感觉。用琉璃烧造瓦当和脊饰件装点屋面，红墙绿瓦，松柏掩映，似乎已成了中国古代建筑的格调。

西夏佛寺禅院的布局与建制，有反映初期以佛殿（或佛塔）为中心轴线，左右对称的单院式简单组合，也在以回廊围合的封闭院落，或前后纵置的双院式，或横列、纵列三院式，成为殿、阁、亭、楼等多种单体、多重院落错落有致的大型寺院组群布局。

上述特征，构成西夏建筑传承中国建筑的独特体系和风格。尽管在图像中的建筑形象和考古遗址中反映的不同结构有所变化，但基本上一直没有超越中国建筑的法则和规范。

二　寺庙的建制和类型

西夏王朝建立之时，正值中国佛教文化发展和寺庙建筑文化的兴盛时期。寺庙从相地选址、组群布局、功能配属、结构造型、材质使用、施工工艺、饰装色调、彩画装修、室内布设与置配，都依据封建王朝礼制和宗教教义与崇信的风水规则，形成较为完整的寺院建筑建制。西夏在维修利用前代寺庙的同时，学习借鉴唐宋时期佛寺塔庙建筑的优秀成果，与西部地区寺庙建筑的地域文化传统相结合，为满足皇室贵胄和民众宗教信仰与礼拜祭祀的需要，在境内大兴土木，建造与其崇佛大国政治地位相匹配的佛寺塔庙。首先是遵循唐宋时期通行的寺庙建制，寺前有山门、寺后有殿阁、居中有塔，或有大殿，两侧有配殿楼台，用廊道与墙围合分割的布局，依次递进进行寺庙建设。同时西夏又是以党项族为主体，由西夏拓跋氏贵族联合汉、回鹘、吐蕃、契丹等多个民族而建立的割据政权，地处西北，受西部传统文化与民族文化的影响，其官式寺庙建制中，吸收和夹杂了诸多回鹘、吐蕃寺庙建制的元素与成分。与同时代宋、辽、金朝的寺庙建制虽相通，但又有一定区别。特别是寺庙朝向、夯土结构、圆形建筑等更具地域化、民族化特色。

（一）西夏皇家寺庙的建制

西夏王朝建立后，为了体现王朝的形象和威严，昭示与辽、宋的平等地位，彰显其崇佛的信念，在朝中设立了专门的职司机构，按照唐宋寺庙建制传统与营造模式，组织修建皇家的佛寺禅院，用于贮藏大藏经，延请回鹘等地大德高僧译释经文、讲经说法，举办大型宗教活动，弘扬佛法，借取宗教的影响力和凝聚力，巩固其割据政权的统治。皇室所倡建的寺庙，是高级别的官式建制。从发现和发掘的西夏佛寺塔庙的建筑遗存与遗迹，对照唐、宋、辽、金寺庙遗存与遗迹分析，西夏寺庙建筑建制特征可归纳如下。

（1）沿用宋代盛行的五行风水堪舆术，在都城近郊或自然环境优越的山林幽谷选址建造寺庙，便于皇室主持礼佛、作大法会等纪念活动，或主持译释、刊刻、印行、施经活动。如位于兴庆府东李元昊建的高台寺，位于兴庆府西谅祚与没藏氏修建的承天寺，秉常与梁太后在贺兰山拜寺沟内重修的方塔寺，西夏五台山寺庙群，崇宗乾顺在兴庆府东北重修的宏佛寺，在西京凉州重修的护国寺、圣容寺，在甘州建造的卧佛寺等，均临近帝后皇室活动地区。

（2）佛寺塔庙的坐向，沿袭东胡、鲜卑东向拜日的风俗和传统，坐西面东，如海宝寺、承天寺。在群体布局上传承中原王朝官式建筑的传统，始终保持严格的轴线对称、布列均衡的方形或长方形，以殿为中心，用门楼、配殿、廊墙分割与围合成一进、两进院落的形式进行修建，以构成一座完整而又单纯的庙院建制。如甘州卧佛寺、凉州圣容寺等。

（3）西夏沿袭前代传统，以方形塔院为佛寺建筑的主流，院中楼阁式塔或密檐式大塔为其主体建筑，山门、台楼、殿、堂、配殿，以塔为中心依序展开。如承天寺、海宝寺、拜寺口双塔寺、宏佛寺等都属这样的寺院。未见如辽宋将塔建在寺前、寺旁的实例。

（4）西夏寺院单体建筑类型，依据遗存与遗迹实例，常见的有殿、塔、亭台、楼、阁、门、廊等，其使用的建筑材料，以砖木为主，配以石材和琉璃瓦饰件，其营造法式应用宋式传统技艺和手法，依皇家建筑规格修建。典型的实例如甘州大佛寺，其卧佛殿为西夏构筑，虽经后代翻建，但还保留原有的构架和形制。大殿面阔九间、进深七间，两层重檐歇山顶，抬梁式结构。殿内正中有长 34.5 米的卧佛，后塑十身高 5.8 米的弟子像。殿内两侧塑十八罗汉，一层和二层共绘壁画 530 平方米，内容为佛、菩萨、弟子、说法图、观音变等。从开间与两层重檐歇山顶抬梁式结构看，应是西夏佛殿规格体量等级最高的构筑。与宋代建造晋祠圣母殿有点相像，显然是受中原庙殿的影响。另外，佛塔有楼阁式、密檐式空心砖木塔实例较多，且多承宋代塔与辽塔的风范。新建的塔大都建造有地宫与天宫。建筑体于高台基上起建，筑有殿台、塔台、碑台、楼台、阁台、亭台、门台，大多是砖石包砌的夯土台。寺内有碑亭、碑楼建筑，武威出土重修护国寺感通塔碑两面各刻有西夏文、汉文碑铭，是寺内重要建筑的实例，据清张澍描述，碑原矗立于碑亭之内。银川承天寺发现有西夏文与汉文碑刻，说明西夏寺庙内原有碑刻置于碑亭之中。山门楼、藏经阁、廊庑等虽未见遗存实例，但在西夏修造和装銮的石窟壁画与经籍插图版画中，都有写实描绘其建筑造型。

（二）西夏时期民间构筑的寺庙建制

西夏时期为满足民间日常的宗教信仰、礼拜、祈福、祭祀的需求，官府或民间出资出力修建寺院。这类佛寺塔庙的建造呈单座塔院或庙院，无复杂的组群，并多为塔庙单体建筑，比较简陋；但数量很多，遍及辖境各地。从调查与普查获得的这类建筑遗存、遗迹信息，可将其归纳为如下几种类型。

1. 按官式建制修建的佛寺塔庙

在西夏王朝皇室的倡导带动下，西夏各重要州府民众出资出力，仿效皇家官式建制的寺庙，新建了一批大型塔寺庙宇。虽无琉璃装饰的皇家寺庙气派，但也保持了官式建筑的风韵，如安庆寺、康济寺、田州塔寺、108 塔寺、寺口寺、旦马上寺等。

2. 塔庙式建筑

此类建筑是将塔与庙宇相结合的构筑体，即将礼拜、祭祀、瞻仰的功能集中于有限空间内的一种简便实用的宗教建筑。此类建筑在西夏各地民间十分兴盛，类似中原各地的土地庙、山神庙、祠堂、龙王庙、娘娘庙、狱王庙、观音庙一样普及，但其构筑手法与造型又具有地域和民族特色。它们大多模拟西部地区传统寺庙建筑的形体构造，采取土砖，或土石、砖木等易得的材料砌筑、夯筑、搭构建造，在体量上一般不超过三间五架，不用斗栱，台阶不超过一级。装饰允许雕镂柱础，显得建筑等级仍然高于庶民的房屋，如黑水城西夏遗址内的"小庙"，仅为方形一开间。

3. 殿阁式塔庙

如永昌千佛阁，用夯土在其内夯筑土塔柱，作为支撑，在其四周搭建一方形四角攒尖顶木阁，土塔台上置放塑像，台壁上绘制壁画，形成绕行礼佛的廊道。类似石窟寺中塔庙窟。

三　寺庙单体建筑的构造特征

西夏立国之际正处于我国古代建筑结构成熟定型期。至宋朝由于商品经济发展，建筑的造型、规模、结构和工艺手段，在唐代基础上规整完善，进入了发展的创新阶段，尤其殿式建筑构件轻盈、注重装饰，富于变化。宗教建筑与祭祀建筑，逐渐从森严神圣的程式化殿堂走向世俗和现实生活中。佛寺塔庙的空间布局与组合方式发生变化的同时，殿、塔、楼、阁、亭、台等单体建筑，更注重结构的优化与装饰美。宋崇宁二年（1103年）编印刊行的《营造法式》，是对前人营造活动的总结，也是对唐宋以来建筑行业遵循法度细化的操作指南。西夏王朝借鉴应用这套成文的、理论与实践相结合的指南，吸取西部地区建筑传统，由汉族工匠和各族宗教职业者按照西夏王朝统治者的封建政治理念、宗教信仰、民族祈求、审美情趣，进行寺庙建造和修缮活动，使西夏寺庙的构筑在组群布局、构造形制、建筑饰装与配置，既遵循了中国封建社会寺庙建筑的传统建制，又使各单体建筑体现了时代特征、地域特征、民族特征。西夏大型寺庙单体建筑是官式建筑，其构造特征与殿式建筑和厅堂建筑一样，主要体现在如下几个方面。

（一）西夏寺庙的台基与装饰

中国古建筑十分重视台基的基础建设。封建社会的宫殿、都城、坛庙、寺院、陵墓，都属地标性官式建筑。为了树立君临天下、四方威服的崇高地位，引起人们视觉的关注，保障建筑的稳固与安全，按照五行学与堪舆术选择吉地，将寺庙的佛塔庙殿建在高出地面的台基上。西夏王朝继承这一建筑传统，在建造佛寺塔庙前，先行夯筑各单体建筑的地基基础和台基与月台，并将台基筑造得很高，有的高达三、五、七米，一般台基也在一米上下，大多为方形、长方形，或凸字形、八角形。这些高台与台基用夯土结合砖石包砌；正面（或两侧）留有踏步、台阶和礓磜式边坡。然后在台上构筑塔殿或楼阁。据统万城发掘报告，在大夏国赫连勃勃筑造的统万城遗址中，发现西夏王朝的先祖在五代时建造的大型建筑方形台基，长宽近40米，四面斜坡，高2米。说明党项族在立国前修建木构建筑时，就已先行夯筑台基，将大型建筑建在高台之上。[①] 西夏皇家和官员倡建的佛寺塔庙，一般都循习建在高台基之上，如高台寺、海宝寺塔、田州塔寺、拜寺沟里外的塔寺等。

从西夏单体建筑的台基遗存与遗迹观测，西夏有独特的台基处理技术。西夏寺庙台基建造分为三步程序：首先用黄土或带瓦磜垫层夯筑其地基；然后在地基之上用砖石包砌保护夯土的台壁，有的呈覆斗状，有的四壁垂直，有的四壁束腰，正中辟设有斜坡踏步台阶，有的还设有礓磜边坡，台基面上墁设地面砖；然后在台基之上按建筑形制体量布局柱网，埋造间架之间磉墩和摆布柱顶石，以立柱起架。从拆卸复原宏佛塔的维修工地发现，此塔的地基方形，深入地下1.5米，用黄土加瓦磜垫层分层夯筑，共七层（黄土7厘米、垫层6厘米），略大于塔台。莫高窟窟前殿堂遗址的清理发掘中，发现西夏构筑的窟前殿堂遗址台基多为长方形或南向凸字形，如130窟前下层殿堂遗址。前三面用砖包砌。有的台基立面包砌，上下出檐呈束腰形。如35窟前遗址就是一座包砖束腰台基式殿堂建筑[②]（图3-54）。

西夏建筑台基的形状有平面方形、十字折角形、长方凸字形、圆形、八角形等多种形状，立面向上略有收分，台基或月台前面（或两侧）多辟设台阶或礓磜边坡和散水沟坡。西夏大型殿阁建造带有出抱厦的殿阁台基。高台基辟设台阶踏道，有外设和内设门洞道或暗道之分，供礼拜、祭祀、拜谒登

[①] 见赵建兰《"匈奴故都"统万城惊现建筑基址》，《中国文化报》2013年9月26日3版。
[②] 见敦煌研究院潘玉闪、马世长编著《莫高窟窟前殿堂遗址考古发掘报告》，第48、60、102页。

莫高窟130窟前下层殿堂遗址平、剖面图

莫高窟130窟前上层殿堂遗址平、剖面图

莫高窟35窟前殿堂遗址下土石基平、立面图

莫高窟35窟前殿堂遗址台基立面图

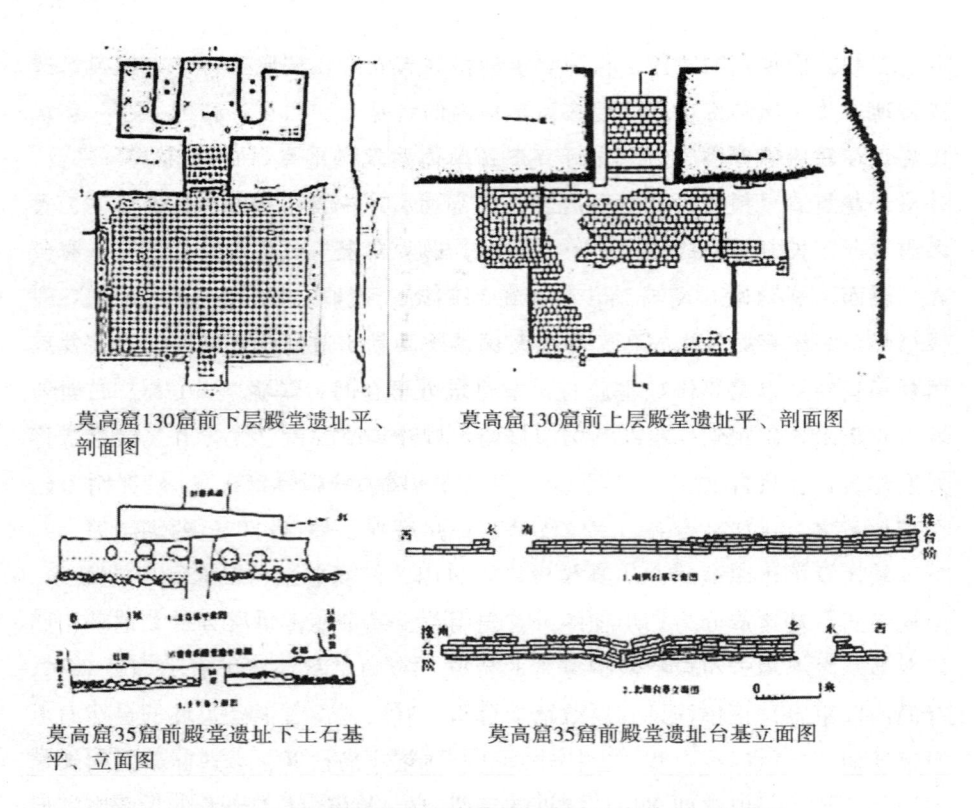

图3-54 西夏构筑的洞窟前的殿堂遗址台基平、剖面图

临之用。高等级的建筑台基多用石材包砌，装设有踏跺、栏杆、排水石兽螭首，形制同正定北宋隆兴寺摩尼殿十字折角形台基，小型楼阁台基用砖包砌。

　　台基面铺砖，高级别的台基铺花纹砖。西夏重修洞窟窟前殿堂遗址和寺院庙殿遗址出土的柱础石和地面墁铺的花纹砖纹样较多。莫高窟窟前殿堂台基遗址出土有十二种花纹砖，其中西夏修建的殿堂遗址中和铺墁的甬道中有七种，主要是八瓣莲花云头纹、桃心卷瓣莲花和火焰宝珠纹。如467、35、38、39窟的铺地花砖是八瓣莲花云头纹，这种花纹在敦煌地区的墓葬中也有出土（图3-55）。在西夏寺庙遗址和西夏陵区建筑遗址中，也清理发现有戳记或手印的素面长砖和方砖、勾纹或绳纹砖，以及花纹琉璃方砖和异型砖等，是西夏特有的花纹砖，成为识别西夏建筑的一种遗迹（图3-56）。

图 3 – 55　莫高窟西夏窟前殿堂遗址台基面上的七种西夏花纹砖

图 3 – 56　西夏寺庙遗址和西夏陵区各建筑遗址清理发现的地面砖纹饰

（二）西夏寺庙的立柱

单体古建筑承重负荷的主要部件是柱子，传统古建筑的殿、堂、楼、阁、亭的柱，大多使用木材加工制作，木柱大都采用松杉加工制作，多为圆柱，也有方柱、八棱柱，视使用的部位不同而有区别。为保障柱子的坚固耐腐朽，不易破损，在柱下垫以石柱础。柱础多雕凿成中间有柱窝的立方体或圆弧体，并雕饰有花纹图案。从西夏建筑遗址中的木柱和木柱遗迹，可知西夏寺庙立柱工艺沿袭了这一传统。如拜寺沟方塔和拜寺口西塔塔柱木为八棱柱。柱有檐柱（或廊柱）、金柱、脊柱（或中柱），在山墙里的为山柱。殿、阁、塔、楼四周的柱子都向内微倾，形成"侧脚"，立柱的柱子四周角柱较正身柱子（内柱）增高，造成"生起"，使屋顶结构负荷靠向中心聚集，在结构上增强建筑的稳固性，在外观上形成和谐的曲线美。西夏寺庙建筑这一构造特征十分明显。正因为如此，寺庙建筑坍塌焚毁，其台基基址和台基上建筑物的柱础石或柱础石坑窝等遗迹，就成为研究古建筑最直接的珍贵资料。如莫高窟窟前殿堂遗址中491窟，西夏构筑的窟前殿堂为两进三开间，就是依据柱础坑窝确认的（图 3 – 57）。又如西

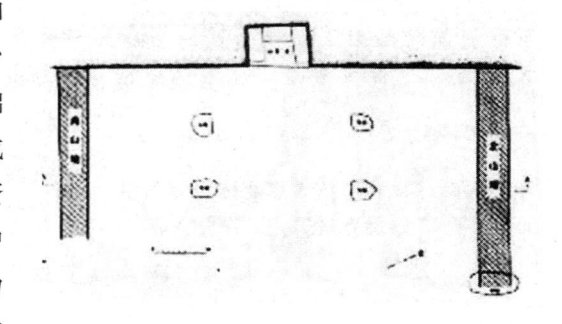

图 3 – 57　莫高窟 491 窟龛前遗址平面图

夏三号陵城的南、东、西门楼的门址与门台基的柱网柱列，显示门楼有夯土台基与边坡，其中南门台基为长方十字形五开间两进的门道与悬山门楼。当中间两列柱距3.7米，两次间和两稍间柱距3.5米，当中间柱距较宽，且在台基南北均建斜坡慢道。据此可知，当心间是供祭祀时出入的。东西门台为长方形三开间两进墁有花纹砖的门道与山门楼，因无边坡与斜坡慢道，是门的象征性构筑。① 由柱洞遗迹，结合建筑废弃堆积残存的出土物，就可考证建筑物的类型功能和构造特征。所以，立柱是构筑建筑物的基本材料和构架基础，立柱间架也是衡量建筑空间布局与形体的基本尺度。

（三）西夏寺庙的构架特色

构架是建筑物中支撑屋顶的梁枋，即承载和稳定屋脊顶重量和稳定的整体骨架，也称之为"举架"。由于架设在柱网间柱上的梁栿与枋额的层次不同，而使屋面呈现出不同坡面的瓦顶和屋脊造型。西夏寺庙中木构殿堂、楼阁、廊庑、亭榭，主要仿效采用唐宋木构举架的一些技法，依照西夏喜爱的庙殿造型与风格进行修建与构筑。西夏的殿堂构架大都坍毁无存，仅有门楼、台阁、殿堂、廊庑的基址和台基遗迹，但可依照这些基址和柱网柱列间架遗迹，对照石窟寺西夏洞窟内、西夏建筑画中的寺庙、宫廷各类建筑的构造形制，分析它们的构架特征。建筑史学家萧默先生在考察了敦煌等地石窟寺构造形制和壁画之后，对照壁画中的寺庙建筑画进行研究，揭示出西夏寺庙建筑画反映的西夏寺庙布局、组群构造特征（图3-58）。他说：

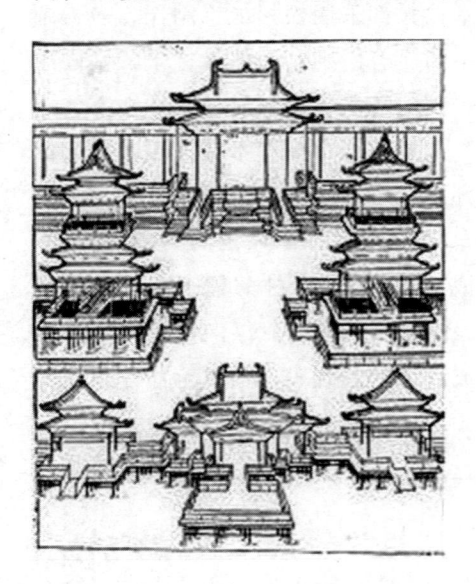

图3-58 榆林窟第3窟北壁经变画中的佛寺建筑

---

① 见河南省文物管理局编《河南文物精华·古迹卷》，文心出版社，1999，第95、96、123、142页。

两幅精美的西夏壁画，它们分别画在榆林窟第 3 窟内南、北壁的中央，都是西方净土变，系 13 世纪初西夏晚期的作品。其构图、设色、用线都与唐宋以来的壁画风格大异其趣，而和中原南宋绘画及稍后的元代永乐宫壁画作风十分接近。图中所绘建筑的结构、造型也与唐代流行的样式有很大区别，却和内地宋、金建筑风格相通，尤其与正定县隆兴寺建筑更为接近，在整个敦煌壁画中，呈现出新颖的面貌。两幅壁画中佛寺布局相近，都画出了寺院后部中轴线一线的建筑。最后部正中大殿三间，重檐歇山顶，坐落在颇高的须弥座上，须弥座样式犹如《营造法式》所述。在殿前台基左、右或左、中、右分设踏道通至平地。殿左右接后廊。南壁所画后廊的左右端有重檐尖方亭。殿前庭院左右各一水池。池中各立一座两层楼阁，重檐歇山顶，并有平座层。南壁的楼阁下层四面各接出一个歇山面向前、面阔一间的龟头屋。由此二楼再往前的建筑配置，南壁的较简单，是在左、中、右三座门屋之间连以廊。这三座门屋都是三间单层，覆重檐歇山顶。北壁的较复杂，其正中建筑是一座单层重檐歇山顶殿堂，殿堂四面又各接出一个龟头屋，也是歇山面向前。南面的龟头屋为三开间，其余龟头屋为一开间。在此殿左右各有一重檐攒尖方亭。这三座建筑都分别立在木台上，木台架立于水中，三座木台间可相交通，但没有廊子连接。重檐的作法，在全部敦煌壁画中，尚只见于西夏晚期，此二图的所有建筑除廊子外全部都是重檐的。①

从萧默先生对西夏寺庙建筑画的研究，归纳起来，西夏寺庙的构架特色有如下几点。

（1）西夏佛殿一般多为五开间、进深三间的长方形歇山顶佛殿，也有五开间、进深五间，前后带抱厦的十字折角方形二层重檐攒尖顶殿阁，还未见庑殿顶的佛殿。有九开间、进深七间的二层重檐歇山顶大佛殿，仅是个别的特例。这类殿阁均使用三架梁栿或五架梁栿、翼角梁、抱头梁，用枋和檩，用榫卯互相连接。在檩上铺设椽飞直托屋面，在檐柱上与廊柱柱头和柱

---

① 见萧默《莫高窟壁画中的佛寺》，载《中国石窟·敦煌莫高窟（四）》，第 175~189 页。

枋上装设斗栱，作为结构承重的一部分，减少立柱和横梁之间的剪力与净跨负荷，承托深远的翼出屋檐。

（2）西夏寺庙中的门楼、碑楼、钟楼、角楼开间较小，多为三开间二进或三进的硬山顶和悬山顶或歇山顶的构筑，也有单层或二层十字攒尖顶的重檐楼，多数在楼檐柱头和枋间施用斗栱。

（3）西夏寺庙中楼与阁的显著区别基本消失，殿顶喜爱用歇山顶、十字脊顶、攒尖顶，殿顶前后勾连抱厦（龟头屋）的屋顶形式建造修缮殿阁、楼榭等单体建筑，增加屋面脊顶的结构和类型变化。

（4）西夏寺庙中单体木构建筑在檐柱头和枋间施用的斗栱，也依据部位的不同，采用不同的铺作形式，多数为双抄、偷心五铺作，或一斗三升交麻叶之简单铺作，并开始在柱上设阑额及交叉出头普柏枋，代替人字栱与栌斗的施用。

（5）由于西北地区高寒多风沙的气候和地域建筑的文化传统，除主要殿堂和楼阁用木构举架外，寺庙中附属建筑多采用仿木构砖筑，或用夯土筑其上加木构檐顶，避免使用木举架。

（四）西夏寺庙的屋顶与装饰特色

屋顶形式是封建社会划分定级的重要标志。西夏寺庙中单体建筑的屋顶，依据建筑的等级不同而有区别。屋面形式在同一座寺庙中又反映了各单体建筑的主次关系。皇家的寺庙其主要的建筑单体，即中轴线上的主要建筑门楼、大殿、大楼阁，全部葺瓦，多数是施有琉璃瓦件的九脊歇山顶和十字脊顶，有的有重檐，屋面翼角翘起。屋正脊两端装设大鸱吻，垂脊、斜脊和戗脊的端头，有脊头瓦筒瓦，并在其上装佛教题材的神兽饰件；檐边装有兽面勾头和滴水，使建筑变得明快富有生气，提高了建筑审美的视觉效果。西夏屋顶葺瓦和装设的脊兽，独具民族特色和地域特色，与辽、宋、金在造型和内涵上有别。

1. 屋脊上的鸱吻

从西夏陵建筑遗址出土物中发现，西夏殿式建筑屋面正脊施有绿琉璃制件，也有陶制件。无论琉璃件还是陶制件，其大小体量不同，造型基本相同，与宋、辽、金代遗存相对比，在造型与技法上有较大差异，比宋、辽、金的鸱吻显得更为活泼有神韵（图3-59、3-60、3-61）。以下图片采用

图 3-59　武威永昌关帝庙出土的鱼形鸱吻

图 3-60　西夏陵遗址出土的龙首鱼尾纹鸱吻

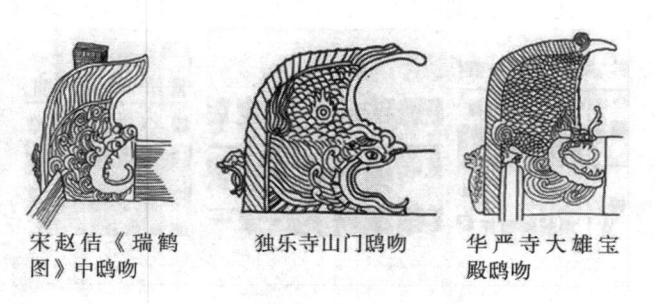

宋赵佶《瑞鹤图》中鸱吻　　独乐寺山门鸱吻　　华严寺大雄宝殿鸱吻

图 3-61　宋、辽、金的鸱吻

的均为西夏陵出土屋顶装饰件，由于西夏天盛律令规定庙宇建筑装饰同宫殿，因此除大小尺寸外，其造型基本相似。

2. 皇家寺庙屋面上的神兽

西夏陵出土屋面脊兽与皇家寺庙屋面脊饰相同。参照从西夏建筑遗址的堆积物中，发现有屋面垂脊上装设的各种造型的脊兽与莲台座。戗脊上装设的迦陵频伽、海狮、摩羯、鸽子等饰件。有琉璃件，也有灰陶件。这类富有佛教色彩造型的饰件，在宋、辽、金建筑遗存中未能见到（图3-62）。

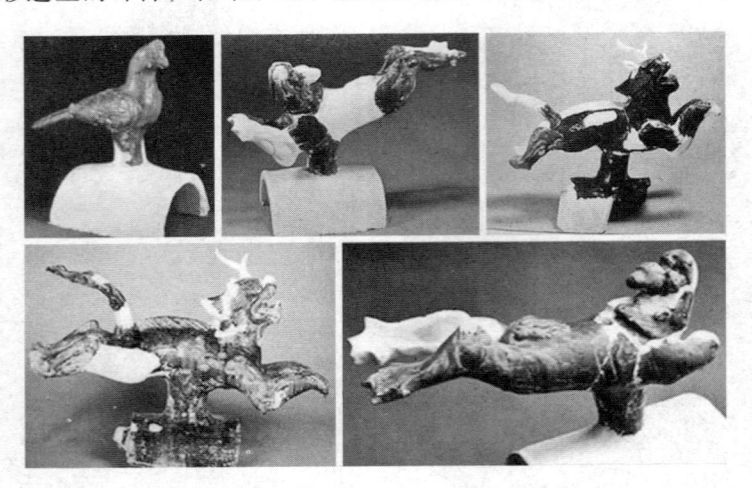

图3-62　西夏陵北端遗址出土琉璃屋面饰件

3. 角梁上的套兽

在西夏殿庙与佛塔建筑遗迹和建筑遗存中，发现两种造型各异的角梁套兽，有琉璃件，也有灰陶件，造型相同、体量稍有差异（图3-63、3-64）。

图3-63　宏佛塔出土琉璃饰件

4. 西夏建筑上的瓦当和滴水

西夏寺庙建筑遗址的堆积中，发现最多的是砖瓦件，其中以兽面纹饰的琉璃瓦当和灰陶瓦当，最有浓郁的民族特色和地域特色，也可以把这类兽面纹饰的勾头与滴水看做是西夏建筑文化的标志之一（图3-64、3-65）。

宋、辽、金都未施用此类造型纹饰的瓦当。这类瓦当中的勾头兽面，在造型上大致相同，稍有差异处是犄角长短、粗细形状不一，有的眉间有王字，有的无字。

图 3-64　拜寺口双塔寺庙出土琉璃饰件

另外，在寺庙建筑遗址废墟堆积中，发现大量的黑白瓷制槽型瓦和大型黑白瓷制件，经考古专家鉴定，认为是建筑物屋顶和檐墙上装饰用的构件残迹。说明西夏对寺庙外立面屋顶的装饰十分重视，琉璃饰件与瓷制饰件并用。

图 3-65　拜寺口双塔寺庙出土屋面饰件瓦当、滴水、勾头

（五）西夏寺庙的装修与彩绘

西夏寺庙木构建筑门窗、格扇、横披、天花、藻井、花罩、门楣、龛楣的装修和木构架的彩绘，都是建筑中抢眼的部分。因无遗存和遗迹实例，仅能从石窟寺西夏洞窟内建筑画中的寺庙殿堂、楼阁装饰的图形与敷彩，结合洞窟壁画纹饰与色泽，来对照进行研究。

1. 单体建筑的装修

装修主要是门窗、格扇、顶棚、外檐装修，还有庙殿内间格、藻井与陈设的装修两部分。这两部分的装修，基本上仿照中土唐宋寺庙内外装修的程式与木构技法进行，但在选取的雕凿装修纹饰上，除承袭中原传统风尚之外，受吐蕃、回鹘建筑装修纹饰与纹样的影响，夹杂了许多西夏喜爱的纹饰与图样，进行木作装饰。特别是庙殿内格扇、花罩、神龛、壁藏转轮经藏的装修，突出了建筑装饰的地域风格和民族风格，如曼荼罗、金刚杵等纹饰，彰显藏传佛殿的风韵。

西夏寺庙单体建筑的装修，因西夏地处高寒多风沙的西部地区，木构建筑除正面装设门窗，多用砖或土坯砌筑较厚实的墙体。这类墙体不承重，仅起防风、霜、雨、雪的侵袭和热辐射围护作用。无论外檐下的檐墙、山墙、廊墙、槛墙，或在屋室内扇面墙、隔断墙、佛坛和龛座台墙，墙面与地面和台面，多用花砖与雕花砖砌筑，磨砖对缝进行装修，土坯墙则用灰泥抹光，以浮塑壸门、花卉再施彩画进行装饰，与木构和屋面形成动人的外观效果。西夏寺庙遗址内佛塔塔身壁面上装饰遗迹，见证了这种装饰技法。河西西夏石窟寺中内也有类似的装饰，如佛坛下贴塑或砖雕出壸门并彩绘。

2. 单体建筑木构之油饰和彩画

为了防止和延缓木构件的腐朽与干裂翘变，增强建筑装饰的美观，所有木构件都要进行油饰与彩绘。西夏寺庙木构建筑全部毁失，无遗存实例可研究其油饰彩绘特征，仅能依据石窟寺西夏洞窟里的彩绘壁画和藻井装饰进行探索。西夏油饰与彩画，使用的材料、工具、工序、彩画布局、彩画纹饰、色调，遵循唐宋寺庙油饰彩绘的工序与作法，在前期多采用石青、石绿矿物颜料，使单体建筑显得深沉肃穆。后期受藏密艺术的影响，有所变化。如大佛寺卧佛殿门框木雕三层几何纹和植物纹并着彩，突显藏传佛教寺院装饰特色。该佛殿虽经明清重修，但西夏的传统风格仍然十分明显。与中原地区宋、金寺庙一般为一色赭红油漆有所区别，而与西藏地区 12～13 世纪修建的寺庙有相近之处，这是西夏与吐蕃地区密切交往互动的结果。

3. 佛殿内的彩绘壁画

西夏寺庙殿阁内两侧墙壁都有彩绘壁画。以石窟寺壁画为例，内容多为佛、菩萨、水月观音、千手千眼观音、弟子、说法图、经变图等。在后期重修和装銮的殿阁与庙殿内绘制有藏传佛教供奉的壁画，其内容有法王、金刚萨埵、塔龛千佛图、佛母图、坛城画等，呈现唐密与藏密融合的特征。内容丰富，色调鲜明。

（六）西夏寺庙的建筑环境装饰

西夏寺庙的组群布局中，承袭了唐宋寺院建设的传统，还构筑了许多小品，布设在寺院主体建筑之间，用于装点寺院环境。除在庙殿前构筑宽大月台外，在山门内两侧构筑有钟楼与鼓楼；在院内构设有幡竿、经幢、石灯、石塔、香炉，修造有水井、水池与小桥、曲栏、望柱、碑楼或碑亭、花墙、月门；在主体建筑廊檐下悬挂有匾额、佛幡等，种植有树木和花草。寺庙院内添建的这类小品，与高大的主体建筑高低错落，相映成趣。八菱形石经幢、石碑、石栏柱等，已有出土物和发现的遗存实例。

四 寺庙里的陈设与装饰

中国的寺庙分为两类：一类是满足人们信仰、从事礼拜、祈祷和宣教活动需求的宗教建筑，另一类是满足人们慎终追远祭奠先祖、崇尚圣贤、祈求福禄寿财、风调雨顺、国泰民安的祭祀性纪念建筑。因其功能的需要，室内均有为陈列供奉物品而置的家具。文物考古发现佛殿塔庙内出土的陈设供奉物和家具不少，有供桌、木椅、花瓶、绢花、绸缎花罩与龛帘、画幕残片等（图3-66），成为探索研究西夏寺庙陈设供奉与装饰的实物标本。西夏佛寺禅院内供奉的主尊，前期以大乘为主，密教为辅，后期在密教中以藏密为主，汉密为辅，并努力将各宗各派融合在一起，以适应境内各民族信仰与审美的需要。西夏寺庙修

图3-66 拜寺口西塔天宫出土西夏木雕花瓶、绢纸插花、彩绘木桌椅

建者，根据主尊在宗教中的不同身份，或在各教派中的推崇地位，将它们设置在各个殿内进行塑造，有主有从。这些塑造的神祇，依照封建社会政体与宗法礼仪，定位排序进行供奉装銮。佛座、供桌等陈设式样和大小尺寸均不同。一般在庙殿内，正中或正面辟设束腰须弥座式佛坛和莲台座，在宽大的佛坛上，塑造主尊佛像，围绕主尊，布置塑造弟子像、胁侍菩萨、金刚、童子、供养人像等，构成一铺群像。分别列于莲台、朵云、岩石等不同级别的装座上，如甘州大佛寺的卧佛殿即是此种体例（图3-67）。主尊涅槃睡卧在莲花佛床上。西夏黑水城附近一座寺庙

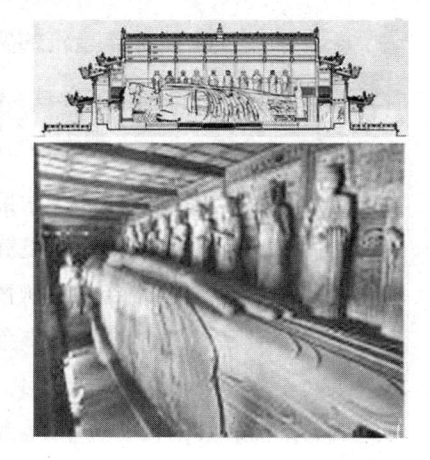

图3-67 张掖大佛寺大佛殿立面、殿内塑像

废址中，出土了一批西夏彩塑。庙内西部正中为一佛像，上部已残，双腿跏趺坐于莲花座上，佛座饰以精美图案，蓝底金花，异常绚丽；左侧立一童子，莲座下伏一狮。有的佛庙装设佛龛与宝盖，佛坛台基壁面有彩塑或彩绘。一般寺庙在佛坛前设有香案与供桌，塑造或置放小塔或香炉、花瓶、法器、八宝、八吉祥、经卷等物。在坛前有的还装设帐幔、幡帘等供奉物。如西夏拜寺口西塔天宫出土物。

寺庙里的陈设彩绘装饰主要是指佛龛、像龛、佛坛和佛台座与像座的装饰，还有供案、供桌的装饰。从观察西夏佛寺塔庙遗存中各类遗迹分析，这类陈设装饰也存在两种类型：一种是中原唐宋之际束腰须弥座式佛坛，莲台座与龛形龛式和中原式供案与供桌；另一种是藏式传统风格的叠涩束腰座、十字折角座、仰覆莲座，龛形龛式和供案供桌上的雕饰与彩画，也仿藏密式图案纹饰进行彩画。这是西夏寺庙供奉装饰在两个不同阶段的不同风格。

本章小结

将西夏寺庙和石窟寺放入中国寺庙与石窟寺的建筑文化大系中，依建筑学的视野将文献记载，遗址留存和出土文物等与同时代同类型古建筑进行对比研究，从中可以大致揭示出如下特征。

一　承袭了中国寺庙建筑的文化传统

寺庙建筑是宗教建筑和祭祀建筑的综合体，它既是实用性建筑，同时又兼具纪念建筑的寓意，在中国古代建筑中占据着重要的历史地位。因为西夏大力推崇佛教，佛教寺庙成为永续不衰的建筑，被代代维护翻修、传承、延续而保存下来，为我们认识西夏建筑和研究中国古代建筑提供了一些实物标本。西夏的寺庙与石窟寺是中国西部地区承先启后的古建筑，它承袭了中国寺庙建筑文化的优秀传统，创新发展了中国的建筑文化。

西夏王朝在立国之初，崇奉佛教为国教，大兴土木建造和修复佛寺禅院，使之成为崇佛的象征和弘法基地。西夏历代统治者大肆重修和装銮寺庙，以护法者的身份，借修建寺庙和组织大型宗教活动，进行教化宣传，实现怀柔统治。西夏王朝用法律的形式将寺庙建设纳入官式建筑的范围。因此视佛宫如皇宫，使政治统治蒙上宗教统治的色彩，宗教建筑自然也成为王朝的标志性建筑之一，彰显了王权。

在营造技艺上，完全遵循唐宋之际成熟的古建筑营造法式进行维修和建造。在组群布局体例上，以主体庙殿或塔为中心，采取中轴为主对称均衡的手法进行建造。单体建筑均以台基为基础，采取立柱举架搭盖瓦垄屋顶的方法进行操作，并用榫卯、斗栱等进行连接支撑，用门窗隔扇等进行殿屋楼阁装修，对木构件和墙壁进行油饰彩画与粉装。石窟寺的重修重绘和凿造新修，依然遵循着唐宋的传统进行。尽管西夏寺庙和石窟寺的修建，在组群布局和单体建筑的构造形制与装饰上，有自己本民族本地域的特色，如夯土体量大等，但建制体例和营造法式上，都彰显了中国古建筑和石窟寺的特征。

二　借鉴吸收周边各地寺庙建筑文化元素，创新发展了中国寺庙建筑文化，体现了党项民族建筑风格装饰的文化

西夏是以党项族为主体，联合汉族与回鹘、吐蕃、契丹等部族建立的联合政权，又处在宋、辽、金、回鹘、吐蕃周边各民族政权的中间地域，西夏从宋朝求赐大藏经，请回鹘僧人演绎说法，请吐蕃高僧当上师、国师、帝师，而高僧又精通庙宇营造，因此西夏所继承和修建的寺庙，受四面八方各种宗教派别的寺庙与建筑文化影响，使其寺庙的建筑造型与装饰风格出现了繁杂交融的特征，在中国西北地区创新发展了宗教建筑文化。

由于西夏地处干燥高寒多风沙的西部地区，建筑要适应自然环境和民族习俗，因地制宜进行修建。因而其寺庙建筑与装饰风格呈现较强的地域特征。如高台寺庙夯土量大，大量使用砖石与土坯筑造厚实的墙体，一方面是就地取材，另一方面适应自然气候。建在山林的寺庙随地形而造，有的打破中轴对称布局，如贺兰山拜寺沟内寺庙建筑群坐落于山坡平缓地带。西夏晚期藏密流行，在佛庙建筑装饰上出现了藏密造像、八宝、八吉祥、金刚杵等，在河西也建筑了藏密寺庙。在石窟的装饰艺术中出现藏密的曼荼罗艺术，在石窟寺窟门处建窟檐，而且受到回鹘等草原民族影响，建筑装饰中突出金饰，在洞窟壁画中绘制带有民族特征的供养人，突出建筑装饰的民族化，是各民族文化相互影响在建筑中的反映。这些特征与辽、宋、金朝中原寺庙的建筑风貌有一定的差别。

第四章 佛塔建筑

塔的原型及其宗教含意起源于印度，传入中国后与中国传统的建筑文化相融后，形成一种宗教建筑物，先被称为"浮屠"，后正名为"塔"，成为中国佛教及佛教文化的物化象征。西夏王朝在继承中国古代佛教建筑文化传统，构建佛塔的过程中，与地域建筑文化相结合，推陈出新，营造了具有本民族文化元素的佛塔，对中原传统佛塔等建筑进行了创新发展。西夏佛塔建筑是西夏建筑重要的组成部分。

第一节 西夏佛塔的发现与遗址调查

在宋、辽、金、元、明等古代史志文献中，曾有西夏立国后修建佛塔的零星记载，在西夏碑石刻记和佛教典籍的题跋中，也有西夏修建佛塔和从事营造活动的记载。西夏佛塔遗存的发现与研究，缘起于清代金石学家对西夏文字的碑石研究，和近代外国探险队在西夏故地发掘西夏建筑遗址内残塔的考古发现。而对西夏佛教建筑遗存详细调查和研究，是20世纪80年代始于宁夏重点文物保护单位古建筑（佛塔）的加固维修，对塔体结构、形制、饰装、遗迹、装藏物等的分析和鉴定，推动了西夏佛塔的深入调查和特征研究。

一 佛塔的发现

（一）明、清学者从西夏碑石记载中的发现

明代开国皇帝朱元璋的第十六子庆靖王朱㮵（1378～1438年）学问宏

深，好古博雅，15岁就藩宁夏韦州，23岁徙国府城，享藩48年，终老宁夏。这期间遍历宁夏山川形胜，凭吊古迹。朱栴在组织重修府城承天寺时，从发现的两方残断石刻《夏国皇太后新建承天寺瘗佛顶骨舍利碑铭》和《大夏国葬舍利碣》的碣铭文字中得知，该寺佛塔是西夏第二代皇帝谅祚母后没藏氏为"顾命承天、册制临轩"，以保幼子登基、皇权永固而建的承天寺塔。同时，西夏开国之君李元昊曾在兴庆府建造过埋藏佛舍利的金棺银椁铁匣石匮锦衣宝物的地宫，上构连云之塔。该方碣铭仅记载和颂扬了这一史迹，未说明该塔的确切方位。此两方碣铭石刻后来不知所终，碣铭之文则辑录在明代不同版本的方志中。又据明代方志和金石录记载：鸣沙州的大佛寺亦"元昊时所建，在边外，迄今栋宇尚存"，"鸣沙州安庆寺永寿塔系谅祚时所建"。

清吴广成的《西夏书事》卷十八中有元昊"于兴庆府东……建高台寺及诸游图、俱高数十丈，贮中国所赐大藏经，广延回鹘僧居之，演译经文，易为蕃字"的记载。

清嘉庆九年（1804年）赋闲在家的甘肃武威学者张澍（1777~1848年），从武威城北清应寺（大云寺）一座砖砌的碑亭内发现一方巨大碑石，一面刻有西夏文，一面刻有汉文，高约2.5米，宽90厘米、厚30厘米，这就是著名的《凉州重修护国寺感通塔碑》。[①]碑铭系统记述了凉州城护国寺内曾修建有一座保存八百余年的七级佛塔，至西夏天祐民安三年（1092年）冬凉州大地震，佛塔倾斜，正要派人维修加固时，塔又自行恢复了原状。为了旌表佛塔的"灵应"，天祐民安四年六月（1093年），西夏皇太后梁氏和小皇帝乾顺诏命重修，于五年（1094年）完工。碑铭颂扬了组织重修是塔的过程及其功德，可谓是中国建塔史上最完整的一块修塔纪念碑。1927年武威大地震，清应寺（大云寺）倾颓成瓦砾场，感应塔碑与其他碑刻均移至文庙。[②]这块历经三迁的碑石，叙述了该塔（即大云寺塔）的楼阁式形制和彩绘饰装状况。据吴广成《西夏书事》十八卷记述，元昊天授礼法延祚十年役民夫在高台寺建诸浮屠俱高数十丈。据《嘉靖宁夏新

[①] 见陈炳应《西夏文物研究》第三章第一节《感通塔碑》，第106~114页。
[②] 见白滨《寻找被遗忘的王朝——黑城一瞥》，第161~162页。

志》宁夏总镇条内有"三塔湖在城东北三十里"的记载推测,应指宏佛塔所在的东南方附近。历史上这里曾有三座塔在湖周围,故该地被称为"三塔湖"。碑文载元昊1038年和1047年所建的佛塔为有地宫的楼阁式木塔或砖塔。

(二) 沙俄探险队在西夏故地黑水城的发现

1908年3月19日,以科兹洛夫为首的沙俄皇家地理学会探险队,在蒙古向导贝塔的引领下,第一次抵达额济纳旗的黑水城遗址,对该座古城址进行了勘测。第二年(1909年)5月22日,科兹洛夫及其伙伴再次来到黑水城,从古城西北角一座舍利塔内,挖掘出丰富的西夏经书典籍、佛教卷轴画、木版画、彩塑造像、雕版等珍贵遗物。根据科兹洛夫的日记和著作中的有关记载,该塔的大致情况是:这是一座覆钵喇嘛塔,高约10米,方形基座,阶式上收的塔刹,塔顶半陷。塔内底部约12平方米,四周平台上摆放着木胎泥塑彩色佛教人物。还摆放着大型的梵夹装经卷,叠放着成百上千册西夏文书籍、经卷和卷轴画。[①] 科兹洛夫返回俄国的第二年(1910~1911年),将获取的部分遗宝在圣彼得堡公开披露展示后,世人才知道黑水城的佛塔是西夏时期的建筑遗存。

二 当代对西夏佛塔的遗址调查

(一) 西夏塔的图像

当代对西夏佛塔图像的发现,一是在调查石窟寺时,在壁画中出现的塔的图像。20世纪六七十年代,在河西地区对西夏石窟寺调查中,发现了许多西夏时期佛塔壁画。二是考古调查发现建筑实体,尤其是八九十年代宁夏对古塔的维修,较全面地揭示了塔的结构和营造方法。还收获了唐卡和绢画中关于西夏塔的图像描绘。图像包括以下几处。

1. 西夏壁画中的楼阁式塔

西夏开凿的安西榆林窟第3窟,东壁南侧累头如塔状的五十一面观音立像上方壁画中,绘有方形楼阁式木塔图三座(图4-1)。每座塔下有低台基,台基正中设阶道,塔身七层三开间,塔顶绘束腰座上建有较粗壮的相

[①] 见白滨《寻找被遗忘的王朝——黑城一瞥》,第59~60页。

轮，轮顶覆有大宝盖，盖上出刹立宝珠。① 该图像完整地勾画出西夏楼阁式塔的构造特征，其形象与四川通江千佛崖唐浮雕七层木构楼阁图、圣德寺塔、南充无量宝塔等宋塔造型相似，也和敦煌莫高窟第 61 窟西壁五代后晋所绘五台山图中木塔接近。据考证该壁画系西夏中晚期的作品，承袭的楼阁式塔形系中原唐制。②

图 4-1　安西榆林窟第 3 窟东壁南侧五十一面千手观音变（西夏）

2. 西夏壁画与唐卡中的覆钵式塔

在西夏佛塔出土的唐卡中出现过此型塔的图像。如宁夏贺兰县潘昶宏佛塔出土的一幅《八相灵塔图》残画中有八座两侧有西夏文与汉文榜题的灵塔，就是此型塔的典型。③ 还有俄国探险队从黑水城土塔中掘获的西夏绢质佛画中，也有一幅类似的《八大灵塔图》，其中八大灵塔图形较完整。④ 莫高窟第 465 窟前室西壁有元代典型球状塔身的图像壁画，承袭了西夏的遗风。在莫高窟东岸一残土塔内出有印本西夏文《妙法莲华经观世音普门品》内版画页中和青铜峡 108 塔群北侧一残塔基址内出土有 8 页西夏文印经残页，其中一残页中有此型塔的图像（图 4-2）。西夏瓜州东千佛洞第 2 窟前室前壁绘四臂文殊端坐于覆钵塔内。

图 4-2　108 塔区出土西夏文印经残页中的扁圆状覆钵塔

---

① 见敦煌研究院编《中国石窟·安西榆林窟》，文物出版社，1997，第 144 页与 244 页图文。
② 见宿白《西夏古塔的类型》，载文物出版社，1995，《中国古代建筑·西夏佛塔》，第 1～15 页。
③ 见宁夏文管办编印《中国古代建筑西夏佛塔》《贺兰县宏佛塔》，文物出版社，1995，第 61、193 页。
④ 见台北"国立"历史博物馆 1996 年 6 月编印《丝路上消失的王国·西夏黑水城的佛教艺术》展览图录，第 119 页。

3. 壁画中的单层亭阁式塔

西夏瓜州东千佛洞第5窟绘八塔变相，有"降魔成道"大塔、"从忉利天降下"大塔、"诞生"大塔、"调服醉象"大塔、"初转法轮"大塔、"猕猴奉密"大塔等。塔的形状属单层方塔，其结构由基座、塔身和塔顶三部分组成：有的塔一层，单层塔身两边绘立柱，立柱用红、蓝等色绘八宝；塔顶为5层平台基座，上绘黑柱相轮，相轮上有幡带，顶端绘日、月、宝珠。瓜州东千佛洞八塔变相中的塔图是典型的波罗式佛塔，华丽而精美。在拜寺沟方塔出土两幅印刷版画《顶髻尊胜佛母》，主尊端坐于方形束腰莲花座单层亭阁式塔，塔顶置华盖宝顶，为中原亭式建筑。

4. 壁画中叠涩尖锥型塔

单层叠涩尖锥顶塔的图像，出现在敦煌莫高窟第285窟北壁西侧禅窟后壁，后壁壁面上画4身西夏供养人捧花礼一塔（图4-3）塔底层正中设门，底层之上递次窄短叠涩10层，上方树刹，刹顶有宝盖。塔下墨书西夏文题记十行，汉译文略云："雍宁乙未2年（1115年）9月23日麻尼则兰、嵬立盛山……一行八人，同来行愿。"雍宁系西夏第4代皇帝乾顺纪元年号，说明此型塔流行在西夏中期。

图4-3 莫高窟285中叠涩尖锥塔

5. 西夏花塔之壁画图像

榆林窟第3窟东壁中间九塔变壁画（图4-4），提供了西夏花塔的图像资料。壁画两侧各绘四塔，正中画降魔塔。此九塔相轮部分皆绘相同的莲花藏世界，相轮与塔身之间绘出颇似密檐式的多层束腰座，殊为别致。正中降魔大塔相轮部分的莲花藏世界左右两侧各立一小方塔。疑此莲花藏世界四隅皆应有小塔一座，后面两侧的形象或为前方小塔掩蔽不显。[1]

---

[1] 见宿白《西夏古塔的类型》，载《藏传佛教寺院考古》，文物出版社，1996，第308页。

图 4-4 安西榆林窟第 3 窟东壁九塔变正中降魔塔、两侧四塔图

（二）考古发现

1985~1990 年，宁夏文物部门在实施加固维修古塔的工程中，陆续发现了一批西夏佛塔。据宁夏、甘肃等地文物考古部门调查勘探，西夏佛塔的遗存信息如下。

表 4-1 西夏重修和构筑的砖塔（5 处 7 座）

名称与类型	所在地	备 注
拜寺沟 13 级密檐式实心方塔	宁夏银川贺兰山	20 世纪 90 年代初被盗宝人炸毁
拜寺口 13 级密檐式空心双塔	宁夏银川贺兰山	两塔造型体量不同
宏佛塔 3 级八角楼阁与覆钵式复合变体塔	宁夏贺兰县潘昶乡	落架修复
康济寺 13 级密檐式空心砖塔	宁夏同心韦州古城内	城内北侧还有一覆钵式砖塔
圣容寺南北 7 级密檐式方砖塔	甘肃永昌	

表4-2 西夏构筑的土塔与土塔遗址（5处约200座）

名称与类型	所在地	备注
108塔覆钵式土砖塔	宁夏青铜峡口	除塔群外，邻西还曾有3座塔
覆钵式土砖塔塔林遗址	宁夏拜寺口双塔庙院	62座
覆钵式土塔塔群	甘肃敦煌莫高窟前党河两岸	约20余座
覆钵式土塔塔群	内蒙古额济纳旗黑水城与绿城一带	约10余座

表4-3 西夏塔址遗迹与在塔址上后代重修的砖塔（7处6座）

名称与类型	所在地	备注
承天寺八角11级楼阁式砖塔	宁夏银川兴庆区	清嘉庆年重修
海宝寺亞字9级楼阁式砖塔	宁夏银川兴庆区	清乾隆年重修
田州六角7级楼阁式砖塔	宁夏平罗姚伏镇	清康熙年重修
永寿八角11级楼阁式砖塔	宁夏中宁鸣沙安庆寺址内	明隆庆年重修
寿佛寺亞字5级楼阁式砖塔	宁夏石嘴山武当山	清康熙年重修
金刚宝座弥陀千佛砖塔	甘肃张掖大佛寺内	元代重修
重修护国寺感通塔（方砖木塔）	甘肃武威大云寺内	塔毁现存西夏碑

表4-4 西夏石刻塔3处60余座

名称与类型	所在地	备注
崖刻石塔	宁夏石嘴山市贺兰山大武口沟口	两处7座
线画石刻塔	内蒙古阿拉善右旗曼德拉山岩画石上	2座
崖刻石塔群	甘肃永昌县金川西村龙首山断崖上	50余座
西夏遗风石刻塔	甘肃张掖马蹄寺石窟千佛洞北崖面塔龛群内、甘肃永靖炳灵寺石窟塔龛中、宁夏固原须弥山石窟两窟内、内蒙古鄂托克旗阿尔寨	4处

另外，西夏陵区有帝王陵园内9座陵塔。

中国古塔始于东汉，盛行于南北朝，隋唐以后有了创新和发展。纵览各地各时代古塔建筑遗存实例与图像遗迹，依塔身平面划分有方形、圆形和多边形（六边、八边和十二边形）；从艺术造型和结构形式分类，除楼阁式塔和密檐式塔两种主要类型外，还有亭阁式塔、覆钵式塔、金刚宝座式塔、过街塔及门塔、宝箧印经塔等；从建筑材料划分又可分为木塔、砖塔、石塔、铁塔、琉璃塔、陶土塔等。西夏时期佛塔呈现中国佛塔第二期以八角形楼阁式塔和八角密檐式塔为主要形式，亭式塔减少，并出现了一些楼阁式与密檐式及亭式塔相结合的变体式复合塔——花塔等造型繁多的特征。覆钵式塔唐宋之际中国地区未曾出现，先在卫藏地区生成，后陆续在西夏、辽、金统治的地域出现，并与楼阁式塔相结合，创新为复合式变体塔。[①] 西夏时期与辽、宋、金同处中国古塔的繁荣创新发展期。西夏的佛塔类型呈现种类繁杂、造型粗犷朴实、饰装简练、功能实用齐全的时代特征与地域和民族特征。

第二节　西夏佛塔的类型与构造特征

通过西夏文物古迹调查和考古勘测，获取的西夏佛塔文物考古信息资料，结合中国古塔类型与分期研究及各类遗存实例，对西夏的佛塔遗存和遗迹进行疏理，可以看出，我国各种类型的佛塔在西夏境内基本都有。依塔体平面划分，有方形、八边形、六边形、多边亚字形、圆形；从建筑艺术造型区分，有楼阁式、密檐式、亭阁式、叠涩式、覆钵式、金刚宝座式、花塔式、复合变体式；从使用的建筑材料上区分，有木构塔、砖木混构塔、砖塔、石塔、土塔、陶塔；从内部构筑方式上区分，有空筒式塔、实心塔，有塔心室塔、有地宫塔、有天宫塔、有塔心柱塔、无塔心柱塔，有楼梯可登临塔、无楼梯塔。总之，其类型与构造比同时代宋塔、辽塔、金塔、吐蕃与回鹘塔繁杂多变。宿白先生将西夏佛塔归类分为七型十式，并绘制了一份

[①] 见张驭寰、罗哲文《中国古塔精粹》，科学出版社，1988，第37~40页、49页。

《西夏佛塔类型示意图》①（图4-5），提出了自己对这些遗存实例的分期见解，对于西夏佛教建筑文化的研究具有重要的指导意义。结合近期的发现与各类塔的研究成果，对西夏佛塔的类型与构造，作如下探讨。

一 楼阁式塔

楼阁式塔是西夏早期构筑的形制。西夏前期创建和重修构筑的佛塔，承袭中原唐宋的传

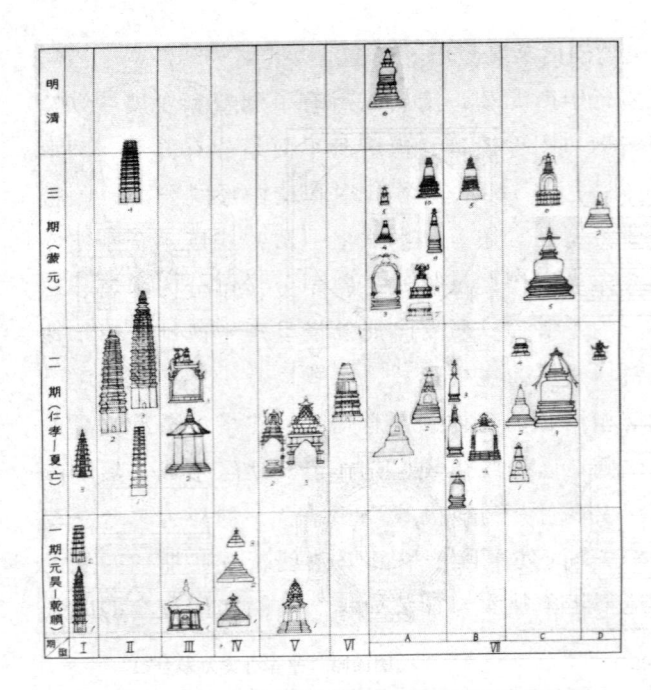

图4-5 宿白先生绘制的西夏佛塔类型示意图

统，多为楼阁式塔。迄今尚未见到完整的西夏楼阁式塔原建实例，现存唯一实例是位于银川近郊贺兰县潘昶乡的宏佛塔下半身三层楼阁式塔身，另外还有明清在西夏佛塔原址上重修的几座构筑如承天寺塔等。西夏楼阁式塔的图像遗迹，在西夏创修的安西榆林窟第三窟东壁壁画中保存有三座塔的图形。另外，在西夏重修佛寺塔庙的碑文（凉州碑）与古文献中，对修建的楼阁塔有简要记述。这些实例和资料与宋塔对比，其外形属简化的楼阁式塔，但塔体结构保持早期楼阁式塔的特点，挺拔、高耸，突出地表现了"聚集、高显"的外形特征。塔身作多层楼阁状，平面呈方形或八角形、六角形、四面出轩的亚字形，塔内呈空筒形结构；各层塔身筑有叠涩檐、平座，隐出柱枋或简单的斗栱，各层塔身上开设门、窗、龛，塔心室内有折上式楼梯与楼板，可登临。其塔有木构、砖木混构、砖构三种。②

---

① 见宿白《西夏古塔的类型》，原载《中国古代建筑·西夏佛塔》，第1~15页。
② 见雷润泽《宁夏佛塔的构造特征及其传承关系》，载《中国古代建筑·西夏佛塔》，第22页。

（一）西夏营造的楼阁式塔遗存实例

宏佛塔塔身下三层。宏佛塔坐落在宁夏银川北郊贺兰县潘旭乡王澄堡村郊的废寺址内，是西夏建造的一座楼阁式塔，现只留存底身为三层八角楼阁式，上部是一座完整的十字折角束腰须弥座覆钵式塔，是早期楼阁式塔坍塌后续建的，为西夏皇家寺院或王朝译经和印经院的部分遗存（图4-6、4-7）。平地起塔的三层八角空心楼阁式塔身，通高15.81米，每层又由塔身、塔檐、叠涩棱角牙砖平座三部分组成。

第一层高5.31米（其中塔身高3.45米，檐高1.32米，檐下斗栱及阑额、普柏枋高54厘米），塔身内外砌体损毁严重，塔门部位坍塌，有后代补砌痕迹。围绕塔身打夯土墙，补砌砖码头，用以加固支护濒临坍塌的塔身，塔外地面升高，故底层塔身壁面遗迹无法辨认。

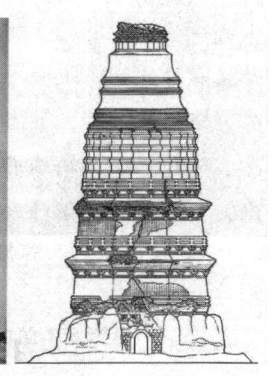

图4-6 宏佛塔未维修前状况及立面图

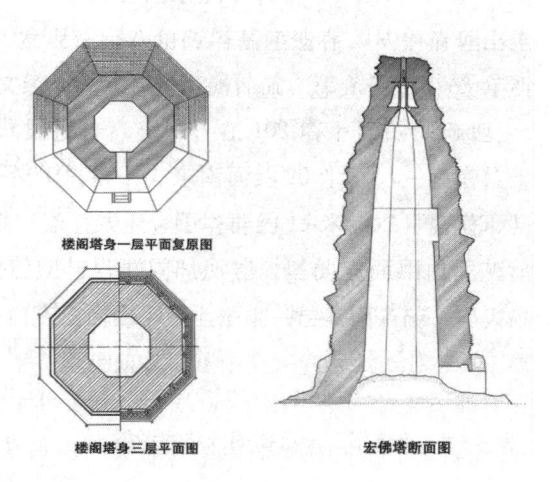

图4-7 宏佛塔断面、塔身平面图

第二层高4.68米（其中斗栱平座栏杆高1.4米，塔身高1.39米，塔檐高1.39米，檐下斗栱及阑额、普柏枋高50厘米）；塔身向上略有收分，下部平面直径10.18米，外边长4.25米；上部平面直径10.04米，外边长4.12米。向上略收分，砖砌体厚2.65米，外壁面抹黄泥与白灰草泥皮两层，里层彩绘痕迹已被外层白灰皮覆盖，白灰皮上残存有画线勾勒出的棂窗、隔扇门，线条纤细多施绿色；二层塔身上部用砖砌出仿木构阑额、普柏枋，普柏枋下砌砖雕柱，柱高15厘米、宽11厘米、厚4.2厘米；普栢枋上承托砖雕斗栱，斗栱高34厘米，栱宽47厘米，栱上施红绿彩，每面转角斗栱各一垛，补间斗栱两垛，为一斗三升交麻叶式；栱眼壁上有彩绘花草纹饰和墨色绘出的圆面纹饰；斗栱上承托塔檐，塔檐叠涩砖，下出十皮，上收六皮，出檐78厘米，下出的三、五、七皮砖砌成菱角牙子；塔檐叠涩砖全部用红绿勾边，菱角牙子施红、蓝、绿三色；塔檐转角处装有木角梁，未发现套兽，仅见有铁铎风铃。

第三层高4.39米（其中斗栱、平座栏杆高1.38米，塔身高1.23米，塔檐高1.3米，檐下斗栱和阑额、普栢枋高48厘米）；在第二层塔檐之上砖砌出的平座栏杆是仿木构形制，平座栏杆之上为塔身，塔身下部平面直径9.2米，外边长3.85米；上部平面直径9.11米，外边长3.77米。塔身砖砌体厚2.6米，出檐85厘米；第三层的结构、装饰、彩绘与第二层基本相同。在第三层塔檐之上也出有砖砌仿木构的斗栱和平座栏杆，高1.43米，形式与第二层塔檐上斗栱和平座栏杆相同（图4-8）。

图4-8 宏佛塔下三层楼阁式仿木结构

第一层塔身正南辟有进入塔心室的券洞门，塔心室自底层直贯覆钵式塔身中部，高约23.5米（图4-9）。二层底部平面直径5.48米，向上内收叠涩砌筑封顶，使塔室呈八角尖锥形。塔身充分展现宋代楼阁式塔的形体构造特征，是西夏仿木楼阁式塔的范本。[①]

经发掘发现，塔身第三层楼阁式塔檐东北角砖面（第135层）砌层内有宋钱十二枚（皇宋通宝三枚，熙宁通宝三枚，太平通宝、天禧通宝、

[①] 见于丛海、何继英《贺兰县宏佛塔》勘测维修报告，载《中国古代建筑·西夏佛塔》，第55、62~75页。

天圣通宝、元丰通宝、祥符通宝各一枚），治平、绍圣、景佑元宝各一枚。在三层塔檐砖（第129层）上发现熙宁元宝和政和通宝各一枚。这十七枚北宋钱，铸造最晚的是1111年的政和通宝。说明此楼阁塔系北宋末年、西夏崇宗乾顺即位年初建造。

由于历代堆积与周围农田灌溉泥土增高，塔身陷于今地表下1.35米处，在塔前地表下1.9米~2米处，有西夏寺庙基址，说明塔处于寺址中央较高地基上。经发掘发现，该塔是在高1.5米、11米见方的夯筑地基上平地起塔。夯基中央有一椭圆形坑，坑口沿直径2米×3.5米，坑深1.8米，口大底小，被灰土填埋，在坑底发现十余件泥塔模（俗称小擦擦），疑为被毁弃的地宫。塔基共有七层纯净黄土夯层，每层厚13厘米~15厘米。黄土夯层中夹杂有六层建筑残件陶瓷瓦磋垫层，每层厚约6厘米~8厘米，所垫建筑残件以灰陶与红陶筒瓦、板瓦和绿黄琉璃瓦当、滴水等构饰件为大宗，还有少量瓷片。绿琉璃构饰残件有深绿、浅绿两种。圆雕有龙首、龙爪、龙牙、龙耳、龙尾、龙眼、脊兽等；浮雕有龙首、龙身、龙爪，扇形花草纹、卷云纹、鳞纹、波浪纹、螺旋纹残块；黄色琉璃构饰件有莲瓣、龙眼、乳白连珠残件；瓷片主要是碗盘等器具，有白瓷、黑瓷、褐色瓷几种碎片（图4-10，4-11）。[①]

天宫出土装藏物：该塔上身覆钵式塔的刹顶已毁，在塔顶相轮十字折角座中天宫槽室内，出土有西夏绢质佛画十余幅，彩塑佛头像、佛面像、力士像、弟子像、罗汉半身像十余躯，西夏文木雕印经版大小残块千余

图4-9 宏佛塔塔心室

[①] 见雷润泽《宏佛塔西夏珍宝发现抢救散记》，载宁夏回族自治区政协文史资料第24辑《宁夏考古纪事》，宁夏人民出版社，2001，第143~148页。

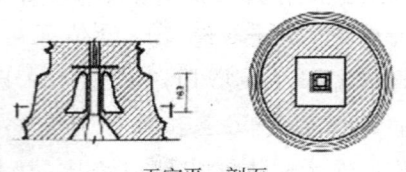

天宫平、剖面

清理出土遗物

图4-10 宏佛塔夯筑地基及地基第五垫层填充物

图4-11 宏佛塔天宫平、剖面及清理出土现场

块，琉璃与瓷残饰件近百块，还有木雕伎乐与观音像、敬奉发愿幡带、西夏文护塔律文与木简木塔模等。经鉴定，出土的佛教圣迹遗物分为中原唐宋风格艺术品和藏密艺术品两类。[①] 其中最具代表性、最有价值的精品文物是：中原画风的绢彩佛画《大日如来佛图》《玄武大帝图》《千手千眼观音图》《护法力士图》，《炽盛光佛图》2幅；藏密艺术风范的唐卡《塔龛千佛图》《喜吉金刚图》《护法神图》《八相塔图》，《坐佛图》2幅；佛头像2尊，佛面像2尊，彩塑罗汉头像6尊，彩塑力士头像2尊，彩塑罗汉坐像2尊，罗汉身像5尊，彩绘木雕菩萨像，彩绘木雕女伎乐像；木雕塔模，木幡顶2件，西夏文木简2块，佛画轴杆6根，汉文发愿幡带1条（长225厘米、宽23.5厘米）；西夏文木雕印经版大字号版1块，西夏文木雕印经版大字号残版7块，西夏文木雕印经版中字号残版8块，西夏文木雕印经版小字号残版4块，西夏文书残页《护塔律文》，《番汉合时掌中

---

① 见雷润泽《宁夏佛塔的构造特征及其传承关系》三（一），载《中国古代建筑·西夏佛塔》，第22页。

珠》书页1页。

宏佛塔建造年代：从遗迹遗物分析，该塔所在的寺院是西夏王朝一处皇家寺院，也是译经与印经院，是西夏修建使用时间最长的一处佛教圣迹，寺塔在西夏时期曾两次重建，下部楼阁式塔身是西夏早期元昊至谅祚时期创建的楼阁式塔，西夏崇宗朝乾顺亲政后在震毁的基础上重修砖塔幸存的一部分，后又因地震或其他灾害再次遭毁；西夏仁孝朝后期，在三层未毁的楼阁式塔身上增筑一覆钵式塔，使该塔变体为一复合式砖塔。其依据：一是在楼阁塔身下筑基中撒布有绿黄琉璃残饰件与宋瓷垫层，是在毁弃的皇家寺庙的旧址上重修时保存下的遗迹；覆钵式塔身顶部相轮十字折角座中天宫出土的装藏物中，有中原风格卷轴画和唐风的彩塑像与藏密唐卡两类，不同时代的佛教圣迹，不同字号西夏文印经木雕版与护塔律文，说明该塔寺佛事活动延续的时间长，贯穿西夏王朝始终。二是在逐层拆卸宏佛塔身的过程中，在上部覆钵式塔身顶砌层内未发现撒有钱币等物，仅在下部楼阁式塔身三层砌层内发现北宋钱17枚，说明该部分塔身是在北宋灭亡前修建的。从出土碑文与佛经题跋得知乾顺朝皇室倡修的塔构为楼阁式。这座塔是西夏乾顺雍宁五年（1118年）兴庆府发生强烈地震后重修的七级楼阁式塔。仁宗大庆五年（1143年）兴庆府又一次遭强烈地震，其上四级坍毁，直到仁孝朝后期才在幸存的三层楼阁式塔身之上又续建了覆钵式塔身。因为天宫藏物中有西夏后期兴起的藏密艺术品唐卡，还有一块粘《番汉合时掌中珠》印文纸页的泥团和金代德顺州一信士敬奉发愿黄幡长带，应是在1191年后修塔时放入天宫的。仁孝1139年即位，1194年薨，享年70岁，在位55年。《番汉合时掌中珠》成书印本是在1191年，西夏与金联好也是在仁孝后期。三是楼阁式塔身每层塔檐平座之间仿木构阑额、普柏枋、斗栱，补间斗栱两垛、转角斗栱一垛，为一斗三升交麻叶式营造法式，承袭的是辽宁义县奉国寺大雄殿（辽开泰九年，即1020年建），宋天圣年间（1023~1032年）所建山西太原晋祠圣母殿的木作做法。说明西夏早期朝五台山求取大藏经学习借鉴效法而为。四是据拆卸宏佛塔时，从采取的塔心柱木、柁梁标本，经中国文物保护技术研究所作C14检测，塔心柱木、树轮校正年代距今1080±105年，横梁木树轮校正年代距今995±95年，比拜寺口双塔检测数据年代早近200年，证明该塔的塔柱木和柁梁是西夏早期塔的遗存。五是楼阁式塔身彩画与粉装灰皮有多层,而上部覆钵式塔身粉装灰皮仅有一层,说明下部塔身彩绘在前,其最外层灰皮与上部覆钵塔身灰皮为同时施作。① 从下三层八角楼阁式塔身与塔檐平座造型结构和体量观察,与始建于辽圣宗太平十一年(1031年)内蒙古释迦佛舍利塔和始建于北宋元符年间(1098年)甘肃东华池塔十分相像(图4-12),应是借鉴邻近地区辽宋楼阁式塔而建造。

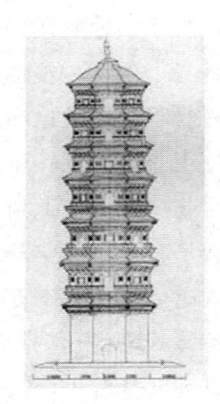

图4-12 宏佛塔(左)、内蒙古释迦佛舍利塔(中)、东华池塔(右)立面图

综上所述,宏佛塔下身三层楼阁式塔的形体与构筑特征完全承袭中原唐宋楼阁式塔的风范,成为认识和研究西夏早期佛塔建筑型制与建筑文化的典型实例。

(二)在西夏寺址上重修的楼阁式砖塔遗存实例

1. 承天寺塔

坐落在宁夏银川市兴庆区西南隅的西夏皇家寺院承天寺内。据《夏国皇太后新建承天寺瘗佛顶骨舍利碑铭》载,西夏开国皇帝李元昊死后,皇太后没藏氏为保未满周岁的毅宗李谅祚承袭的王朝长治久安,于天佑垂圣元年起建承天寺。福圣承道三年(1055年)竣工后,没藏氏将宋朝所赐《大藏经》"贮经其中,赐额承天,延回鹘僧登座演经"。② 碑铭记载了建寺塔的由来和时间,也概述了始建承天寺塔的构造形制。当时建有地宫和高大

---

① 见中国文物保护技术研究所实验室对宁夏文管会送检塔柱木C14检测报告单。
② 见明胡汝砺编《嘉靖宁夏新志》卷二,第153页。

的白玉石塔座与用砖垒砌逐层增高的仿宋楼阁式塔身。这座皇家寺院和高显聚集的砖塔，不幸毁于清乾隆三年银川大地震。现存高64.5米的承天寺塔系嘉庆二十五年（1820年）在原址上重建之构筑（图4-13）。据《朔方道志》记载，清嘉庆重建之塔，保持了"西夏承天寺塔的结构与形制"。重修之遗构造型与简练饰装风格，也符合碑铭记载之原貌。这座八角十一级楼阁式砖塔，塔身下有方形基座，塔身由叠涩棱角牙砖檐分隔，方形塔心室内置有木构楼梯、楼板；下三层未开塔窗，四至十层，每层四面开拱形门窗，交错布置。塔身其他各层正中辟有拱形假门，或称盲龛；顶层各面凿出圆形大窗，可登高远眺；塔身顶檐以上斜收成八角锥形刹座，其上做出比例高大的桃状绿琉璃宝顶。此外塔壁上密密麻麻的脚手架眼，也用绿琉璃砖镶嵌，使塔身显得挺拔秀丽，

图4-13 承天寺塔及立面

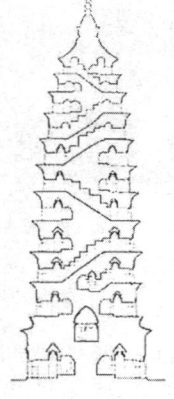

图4-14 河北定县开元寺塔立、剖面图

凝重活泼。该塔位于寺院正中。承天寺塔与同时期开元寺塔外形和结构相仿（图4-14）。

2. 安庆寺永寿塔

始建于西夏毅宗谅祚时期的一座八角楼阁式砖塔，俗名鸣沙塔，坐落在宁夏中宁县鸣沙镇黄河东岸台地废寺内（图4-15）。鸣沙州自北朝至唐宋以来为灵州与会州之间重镇，地处黄河南岸红柳沟入河口，是西夏一处重要的水陆码头。据《嘉靖宁夏新志》记载，"寺内浮屠相传建于谅祚之

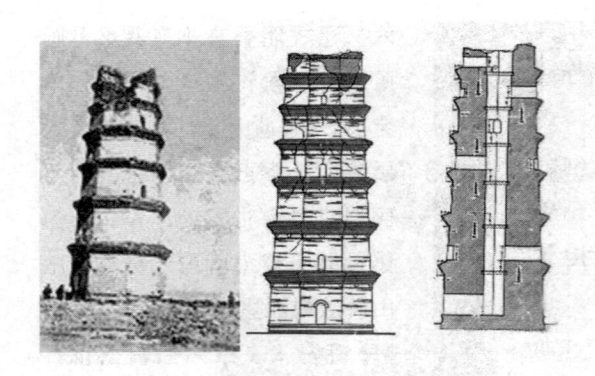

图 4-15 永寿塔维修前正立面、纵剖面图

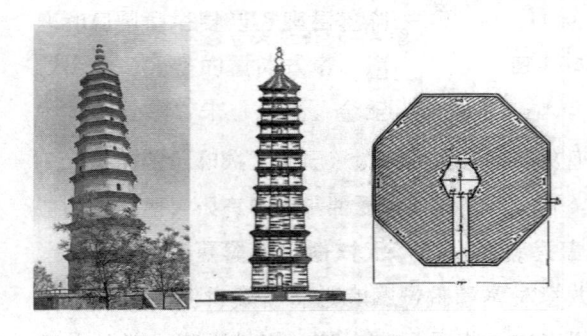

图 4-16 永寿塔修复后立面、底层平面图

时",又据《重修鸣沙州安庆寺碑》记载,"嘉靖四十年坤道弗宁,震动千里,山移谷变,寺宇倾颓",西夏建的安庆寺古塔坍毁。据残塔"隆庆四年庆府造"铭文砖与铭文铁铎得知,保存至今的六层半残塔是于明隆庆四年至万历八年(1570~1580年)西夏旧址上重修之塔。康熙四十八年(1709年)地震又毁其上部,仅存下部六层半塔身。1986年加固维修,恢复塔身上半部,加筑刹座宝顶,始成为十一级(图4-16)。该塔平面为八角形,残高21.4米。直接在夯土上以砖起砌,砖与砖之间用黄泥浆粘接,外用白灰勾缝。塔身八角底边每边长3.16米~3.2米,底径7.9米,塔室直径1.72米,壁厚3.09米。塔身自下而上逐层内收,体量尺寸逐渐缩小,至第7层时塔身外径缩至5.4米,塔室直径1.6米,壁厚1.9米。底层塔身高3.79米,第1层塔檐出檐高1.02米;第2层以上尺寸递减,至第6层塔身高1.57米,塔檐出檐高0.87米。塔身底层南面正中辟有高1.7米、宽0.7米的券门洞,可通往塔室;室内原装有楼梯板,可攀缘而上。塔身南北面的2、4、6级和东西面的3、5级正中辟有小券门洞。每级塔身有叠涩砖檐出挑,檐下每面又饰有砖雕的一斗三升转角栱2朵,补间斗栱1朵。

在加固修复时发现塔身砌筑有"隆庆四年庆府重造"戳记砖多块,出土"开元通宝""元熙通宝"古钱币数枚,清理出土明代《重修安庆寺碑记》一通。明隆庆年重修时保留西夏塔之风格,八角楼阁式塔应是西夏早期塔的形制。① 与今河北景县开福寺北宋舍利塔的形制相同（图4-17）。

3. 银川海宝塔

海宝塔是一座方形九层十一级楼阁式砖塔，建在银川市北郊的海宝塔寺内中心位置一边长约20米的方形台基之上，始建年代不详。据明代《弘治宁夏新志》记载："黑宝塔，在城北三里，不知创建所由。"《万历朔方新志》记载，黑宝塔，赫连勃勃（381～425年）重修。清代《乾隆宁夏府志》又称"盖汉晋间物矣"。塔曾毁于康熙年间大地震，乾隆三年（1738年）修复，后遇强震坍毁，现存塔系乾隆四十三年（1778年）减去两层重修之遗构。②（图4-18）塔通高64米，两层台基高约10米，塔身高54米，台基东面正中有石阶可登临塔座门。塔身四隅向内收折两角，平面呈"亞"字形。塔身四面正中出轩，形成三开间三门五立面形制，在中国古建筑楼阁式塔中为独有的一例。塔室方形，四壁直通塔顶，

图4-17 河北景县开福寺舍利塔

（东） （西）

图4-18 海宝塔及其东、西立面

中间以木梁楼板隔为9层，缘木梯攀登154级可达顶层。自顶层塔檐顺四角与出轩部分向上斜收成四角攒尖刹座，上覆四棱桃形宝顶。高大的方形

---

① 见宁夏文管会办公室编写《中宁鸣沙塔勘测维修简报》，载《文物》月刊1992年8期，第59~65页。
② 见雷润泽《宁夏佛塔的构造特征及其传承关系》，姜怀英《宁夏佛塔的型制和结构》，载《中国古代建筑·西夏佛塔》，第16、30页；现藏海宝塔寺院《宁夏卫重修海宝塔记》碑。

台座与有腰檐的楼阁式塔身和四角攒尖座的桃型刹顶，构成一座完美而又雄浑厚重的筑体。海宝塔以其独特的外立面成为中国十大名塔之一。

海宝塔的创建见证了银川地区的崇佛历史。银川地处构造断裂带，历史上毁灭性地震发生过多次，赫连勃勃重修之佛塔不可能保存至清代，故清初震毁的塔，应该是西夏时期皇室所倡修重建、传承使用的一处近在都城的佛寺禅院中的塔。推测它为西夏重修之塔的依据：一是塔建在寺院中心的高台之上，在中国古塔中比较少见。战国、秦汉、三国时期倡导高台建筑，藏传佛教也提倡高台建筑。大夏国与西夏应袭了这一传统。二是平面方形四边居中出轩，呈亞字形，这是西夏中后期佛寺塔兴起的平面布局，使塔身壁面成三个门洞窗五个立面，在日月星光下呈现虚实形影，增加立体美感，也是西夏继承楼阁式塔型和藏传佛教建筑布局的创新重修之作。三是塔由两层高台座和九层四面出轩塔身和蓝绿色桃型刹顶三部分构成一个沉稳、厚实的一组建筑，融合了中国古建筑不同历史时期的传统和地域特色。十字折角的亞字形平面布局，融入藏传佛教建筑元素，现在的海宝塔具有西夏和清代的构筑风格。

4. 多宝塔

位于宁夏石嘴山市大武口区武当山寿佛寺（图4-19），塔高25米、边长5.25米，亞字形平面，五层，四壁出轩，每层塔身各面置有券门和佛龛，刹座为覆斗形，上承桃形攒尖宝顶。现存砖塔系清康熙年重修。据武当山寿佛寺门前清代《武当庙建立狮子碑记》称，此寺"乃西夏名蓝"，说明该寺自西夏以来就是一处知名佛教圣地。一般来说，"亞"字形的佛塔多为藏传佛教所取覆钵式塔的布局。据此，多宝塔的始建年代有可能是西夏。①

5. 田州塔

坐落在宁夏平罗县姚伏镇西夏田州旧寺址内（图4-20）。塔平面为六角形，高

图4-19 寿佛寺多宝塔

---

① 见宁夏文管会文化厅编《宁夏文物普查资料汇编》。

七层 38 米、底边长 7.5 米，由过洞式塔座、七级楼阁式塔身和覆钵式宝顶组成，空心筒壁结构。底层塔身较高，施以砖雕斗栱、椽飞、瓦垄构成的塔檐，其余各层为砖叠涩檐。塔顶形式与灵武镇河塔相似。该塔始建年代不详，但元朝创建田州城时，文献记载"古迹宝塔尚存"，这说明寺内塔是元代以前的遗物。毁于清代地震。据现存塔门上"田州古塔"砖刻门额上方的重修刻记，系乾隆四十八年（1783 年）由维新和尚化缘重修。[①]但其造型承袭宋代和西夏楼阁式塔的风韵。这是在西夏故地发现的唯一一座过洞式（过街式）塔。

图 4-20　平罗县田州塔

6. 镇河塔

位于宁夏灵武市东塔寺内（图 4-21）。镇河塔平面为八角形，高十一层、43.6 米，空筒厚壁结构。塔内原有木板楼层，沿梯可登塔顶。塔的外轮廓呈锥体状，端庄凝重。在塔顶曾发现过元代的铜佛、铜塔和经卷，塔的始建年代当不晚于元代。镇河塔在清康熙四十八年（1709 年）和五十八年（1719 年）的两次地震中倾圮，清康熙六十一年（1722 年）重修时，基本保持了早期楼阁塔的形制，至少受到西夏密檐塔建筑的影响。[②]

综上所述，从西夏楼阁式佛塔的各遗存实例得知，西夏楼阁式佛塔基本遵循唐宋楼阁式传统型制和营造法式而建。限于当地的自然条件和当时经济实力与工艺技术条件，以及党项等游牧民族粗犷的民族风尚，皇家营筑的塔结构是严谨的，层层向上收分，外观稳重，中空可登高望远，雄姿挺拔。

图 4-21　东塔寺镇河塔

---

① 见明《弘治新志·平虏城·古迹》载文，天一阁藏明代本，上海书店，1990。
② 见宁夏文管会文化厅编《宁夏文物普查资料汇编》。

二 密檐式塔

西夏境内留存许多密檐式砖塔，这种塔的塔身底层较高耸，自二层以上各层级上下檐间距离显著缩短，形成密密麻麻的一圈圈塔檐，塔身呈抛物线外廓，故名为密檐式塔。多为空筒式砖塔，不能登临。西夏时期建的这种型塔，保存下来的遗存较多，有方形实心密檐式塔，如贺兰山拜寺沟方塔，为方形空心密檐式砖塔；甘肃永昌圣容寺方砖塔。有八角形空心密檐式砖塔，如贺兰山拜寺沟口双塔、同心韦州康济寺塔。虽然都属密檐式砖塔，但饰装较为简练，不像辽代与金代密檐式塔饰装较为繁复华丽，构造形制各有特点。

（一）西夏密檐塔遗存实例

1. 贺兰山拜寺沟方塔

坐落在宁夏银川市西郊贺兰山拜寺沟内纵深山谷处，是一座有明确纪年的由西夏皇室重修于西夏惠宗大安二年（1075 年）的十三级密檐式方形实心砖塔[①]（图 4-22、4-23）。其造型继承了唐塔四面八方的传统风格，立体线条直中有折，方正而有变化；各层外壁向上内收，叠涩砖檐使塔身层次分明、简洁庄重，黄泥浆勾缝；其内部结构也是早期木塔的法式，直径 28 公分的木柱，自塔刹贯通塔心直下塔基，在地基上直接起塔的 36 米高的方塔；是一座具有唐代密檐式方塔典型风范的西夏实心砖塔。此塔不幸于 1990 年秋冬被盗贼炸毁。于存海先生于 1986 年对方塔作初步考察时，从不同角度拍摄下该塔照片，并详作记述，留下十分珍贵的构造型制资料。记述数据为：

正面（南—北）　　东面　　东南—西北向　　残存的西北角

图 4-22　贺兰山拜寺沟方塔资料图像

[①] 拜寺沟方塔在被炸毁后，宁夏考古研究所对遗址作了清理，详细资料见宁夏文物考古研究所《拜寺沟西夏方塔》，文物出版社，2005。

"第三级塔身高1.92米,下边长6.2米。塔身南壁正中开一方形门道（后证实为塔心室）。塔身之上为腰檐,腰檐高1.02米,由叠涩砖挑出十皮,由下往上,第一、二皮平转挑出,第三皮为菱角牙子,第四皮平挑,第五皮为菱角牙子,第六至第八皮各平挑一皮,腰檐最外端檐口由第九至第十皮平转挑出。檐口之上用反叠涩平转内收七皮,砌成坡顶形式,直接承接上层塔身。""第四级塔身高1.56米。塔身南壁正中开一方窗（形似浅龛）,龛内原抹白灰皮已脱落。腰檐高0.96米,其砌法与第三级腰檐相同,即叠涩挑出十皮。檐口之上反叠涩内收七皮,挑出的第三、五两皮砌为菱角牙子,第三皮出菱角牙子二十二个,第五皮出菱角牙子二十五个。""第五至第十三级塔身,腰檐的砌法与第三至第四级相同。塔身南壁亦各开一方形门窗,其中第五级至第九级、第十一级、第十三级为方窗,窗内抹白灰皮,白灰皮上用

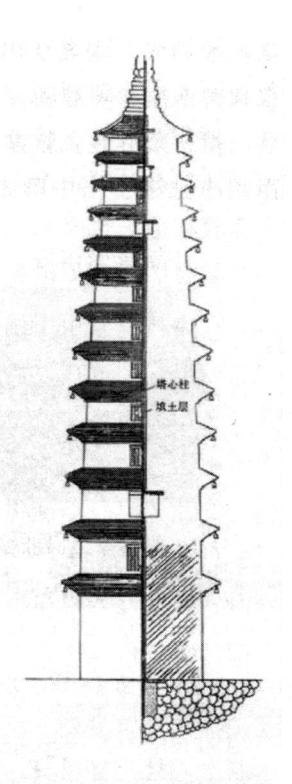

图4-23 方塔原构推定示意图

朱红色画三至四条直线,将方窗饰成直棂窗形式；第十级、第十二级塔身南壁正中为方形门道（后证实为塔心室）。各级腰檐挑出的第三、第五两皮亦砌出菱角牙子,仅菱角牙子数略有增减。如第五级腰檐的菱角牙子均出二十二个,第六级腰檐的菱角牙子则均出二十三个,无规律可循。各级腰檐四角基本残毁。""第十三级腰檐之上应为塔刹部分,惜已全部塌毁,仅在腰檐上有少量残砖堆置。""拜寺沟方塔通体抹白灰,并施彩绘,惜白灰皮已大部分脱落。从残存情况看,白灰皮先后抹过二至四层,应为历代维修时所抹,各层白灰皮上均有彩绘。"[1]

---

[1] 见于存海《拜寺沟方塔调查记述》,载宁夏文管会办公室编著《中国古代建筑·西夏佛塔》,第41~42页、161~163页。

从该塔未毁前调查时拍摄记录的细部照片，对照被毁后残存塔身各壁面与各断面彩绘遗迹和剥落的粉装彩画灰皮得知：每层砖壁面分别为三间的立柱、柱头、额枋、栌斗、阑额具有唐风的仿木构朱绘，应是重建后原始装銮，而塔身各层正壁面，除三、十、十二层正中留有塔心室窗口外，其余各层面直棂假窗也是朱绘。还有藏密艺术风格的彩绘灰皮，与拜寺口双塔壁塑彩画题材图案相似的流苏、兽面、日月纹饰的表层彩绘灰皮。综观拜寺沟方塔，此塔为正方形平面，整体处理简洁，造型朴实，更多地保存了隋唐塔的风格，如西安香积寺善导塔（始建于唐中宗神龙二年，706年）、陕西周至八云寺塔（始建于唐中宗景龙二年，708年）、嵩山法王寺密檐塔（始建于隋文帝仁寿二年，602年）（图4-24），其构筑以

西安香积寺塔　周至八云寺塔　嵩山法王寺

图4-24　方形密檐塔实例

木制塔心柱贯穿塔身，围绕塔心柱满堂砖砌筑法，用黄泥浆砌筑，不设基座、叠涩出檐短促，无繁复饰装，用柱枋、阑额、栌斗，将塔身面分为三开间等手法，都是隋唐至五代佛塔惯用的传统技法。

1991年考古人员对倒塌的废墟进行发掘清理，发现和出土有汉文与西夏文修塔题记的八棱塔柱木、西夏文发愿木牌、木刀、铜铎、丝织物、麻绳、草绳、舍利子、善业泥、小塔婆、钱币和数十种西夏文、汉文文书与版画、捺印画等物；其中最重要的发现和出土物是一部九册蝴蝶装，有经名标签封面的白麻纸精印西夏文佛经《吉祥遍至口和本续》和白麻纸西夏文草书长卷；还有记录和揭示该塔重修纪年史绩的汉文与西夏文题记的塔柱木和发愿木牌，由此得悉塔的重修年代与倡修人。据中国文物研究所C_{14}实验室检测（WB91-8号报告单），方塔横梁木标本年代测定为距今895±90年，树轮较正年代距今855±100年。检测数据比拜寺口双塔早几十年。

拜寺沟方塔塔心柱最上部一段八棱形松木，从木柱面多处各种文字墨

书残迹和剖削后书写的汉文与西夏文题记观察，是重修方塔时再次起用的一根八棱柱木（图4-25）。柱木残长2.87米，直径25厘米。上半段为画有70厘米高栏框的汉文墨书题记，八棱柱面均竖写行体汉文，其中七面为双竖行，一面为单行，总共十五行，每行二十字，因柱木头劈裂，部分文字漫漶不清。"顷白高大国大安二［年］寅卯岁五月，重修砖塔一座，并盖佛殿，缠腰塑画佛像。至四月一日起立塔心柱"。这段修塔发愿文题记，不但说明方塔的修建是奉皇家圣旨于西夏大安二年而行的功德，同时也说明西夏佛寺禅院的机构设置和寺院维修管理派差，有一套完善的体制。西夏寺院僧官与监修人有汉人、党项人、吐蕃人。柱木下半段，仅两棱面有西夏文题记，共七竖行，其中前四行书写在一柱面，后又用刀刮去留存有痕迹，后三行书写在另一面，共44字，三行下另写9个小字。上半段柱木下缘还残留有未刮净的汉文、西夏文、回纥文残迹。柱木上不同的文字遗迹，说明这是再次起用的一段柱木，在惠宗大安二年重修方塔前，这里就已有古老寺塔。①

方塔残存彩绘栌斗额枋遗迹　　塔心柱上重修方塔汉文（左）、西夏文（右）墨书题记

图4-25　方塔遗址清理出土物

---

① 塔心柱汉文题记全文如下："顷白高大国大安二［年］寅卯岁五月，□□大□□□，特发心愿，重修砖塔一座，并盖佛殿，缠腰塑画佛像。至四月一日起立塔心柱。奉为皇帝皇太后万岁，重臣千秋，雨顺风调，万民乐业，法轮常转。今特奉圣旨，差本寺僧判赐绯法忍，理欠都案录事贺惟信等充都大勾当。□□本衙差贺惟敵充小监勾当，及差本寺上座赐绯佰弁院主法信等充勾当。木植□□垒塔，迎僧孟法光降神，引木匠都□、黎□□、黎□□、黎怀玉、罗小奴。仪鸾司小班袁怀信、赵文信、石伴椽、杨奴［复?］。大毫寨名□，自荣部领工三百人，准备米面杂料。库［勒?］吃罗埋、本寺住持、食众、勾当、手分、僧人等。……［我?］永神缘，法号惠昊、行者岂罗。……禅、净［尼?］罗□□座禅。西番芎毛座禅，□□□□□，奉天寺画僧郑开演"。见孙昌盛《方塔塔心柱汉文题记考释》，载文物出版社2005年4月版《拜寺沟西夏方塔》下篇第337页。

2. 甘肃圣容寺塔

两座砖塔一大一小，均为七级密檐式塔，有方形基座，隔山谷相望（图4-26）。大塔通高16.2米，塔台基边长10.8米，塔身底边4.5米，由底层渐次向上收分。各层南面辟门。塔檐以砖叠涩挑出，呈内凹曲线。第一、第二层叠涩13皮，第三、第四层叠涩11皮，第五、第六层叠涩10皮，第七层叠

图 4-26 甘肃圣容寺塔大塔（左）立、剖面图及小塔（右）立面图

图 4-27 房山云居寺石塔

涩10皮。塔顶砖砌宝顶。塔中空，内原有木梯，第一层内有壁画，已漫漶不清。小塔位于大塔南约400米，通高4.9米，塔体收分较急，仅第一层南面辟门。塔中空，内外均素面。各层塔檐以砖叠涩五层挑出。据有关资料介绍说小塔是元代重修之塔，[①] 故不如大塔唐塔遗风浓重秀美，受藏密的影响，显得粗犷。与8世纪上半叶修建的北京房山云居寺唐代石塔极为相似（图4-27），传承唐密檐方塔形制。

3. 拜寺沟口双塔

坐落在宁夏银川市西北郊贺兰山拜寺沟口北岗台地上（图4-28）。西夏中后期修筑的两座八角十三级密檐式空心砖塔，高逾三十余米，两塔相距八十米东西对峙，无基座，平地起塔，砌筑厚实，白灰浆勾缝；塔身底层较

---

① 见《中国文物地图集·甘肃分册（上）》，第348页《圣容寺塔》。

高，二层以上逐级缩短，以叠涩棱角牙子砖檐分隔，塔身遍施粉装彩绘，二层以上保留有壁塑与贴塑；塔顶有八角束腰须弥座和圆形粗短壮实的相轮刹顶，与11世纪卫藏盛行的"噶当觉顿"（喇嘛塔）相似；每层塔檐角装有悬挂铁铎风铃的角木和琉璃套兽，与西夏陵出土的绿琉璃套兽完全相同。塔心中空，有自底层直贯顶层尖锥形

图4-28 拜寺口双塔

塔室，底层面南正中辟一券洞门可入塔室。① 与始建于宋元祐二年（1087年）的山西潞城市原起寺中青龙塔十分相似（图4-29）。②

（1）西塔

西塔塔身为十三层，高30.44米。每层又由塔身、塔檐两部分组成（图4-30）。第一层塔身，高6.24米，约占塔身总高度的1/5。塔身平面为八角形，下部平面的边长为3.15米，直径7.6米；上部平面的边长3.14米，直径7.58米，向上略

图4-29 原起寺青龙塔

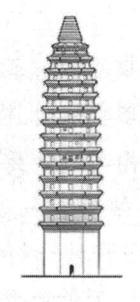

图4-30 拜寺口双塔西塔及其立、剖面图

---

① 拜寺口双塔维修清理后的一部分资料发表在《西夏佛塔》，文物出版社，1995年。因考古报告未见公布，本书资料为参与维修的人员首次公布的第一手资料。
② 国家文物局主编《中国文物地图集·山西分册（上）》，中国地图出版社，2008，第430页。

有收分。塔身砖砌体厚 2.8 米，南面开一券形门洞，高 1.5 米、宽 50 厘米。塔身表面白灰皮多已脱落，白灰皮有几次修补的痕迹。第二层塔身高度骤减为 1.08 米，往上各层塔身依次递减，至第十三层塔身高仅 74 厘米。第二层塔身下部平面的边长 3.1 米，直径 7.48 米，往上逐渐缩减，至第十三层塔身下部平面边长仅为 2.28 米，直径 5.5 米。① 第一至第十三层塔身高度、边长、直径详见表 4-5：

表 4-5　拜寺口西塔尺寸表

单位：厘米

层数	塔身高	出檐高	边长 下边	边长 上边	塔径 下径	塔径 上径
一	624	112	315	314	760	758
二	108	112	310	310	748	748
三	110	106	308	309	744	746
四	108	105	306	306	738	738
五	94	107	303	304	732	734
六	92	106	299	298	722	720
七	94	106	295	292	712	704
八	76	108	288	286	696	690
九	87	100	284	280	686	676
十	83	100	272	265	656	640
十一	74	100	261	253	630	610
十二	70	94	247	240	596	580
十三	74	94	228	218	550	526

第一层、第十三层塔身上部，皆有叠涩塔檐。第一层塔檐高 1.12 米，出檐深 0.52 米，砌土皮叠涩砖。其中第二、四、六皮砖砌成菱角牙子，第十皮上部做成瓦垄勾头。勾头由单个圆形宝珠组成，每排排列十三个宝珠。

---

① 见于存海、何继英《贺兰县拜寺口双塔》，载文物出版社，1995，《中国古代建筑·西夏佛塔》，第 77~83 页。

宝珠为圆形，直径11厘米。每层塔身瓦垄勾头的细部稍有不同。其中奇数层瓦垄勾头为单个宝珠；偶数层瓦垄勾头由三个宝珠组成，宝珠上一下二呈三角形。塔身各层檐角处皆留一方孔，方孔边长15厘米～20厘米，进深60厘米，孔内存有朽木残块。在第九层塔檐上皮中部，还发现一个琉璃兽头。此兽头长40厘米、宽23厘米，似为挂于檐角上起装饰作用的。西塔的塔檐皆涂色，惜多已脱落。从残留处可见，第一皮涂红色。第二、四、六皮菱角牙子砖上用红、蓝、绿三色相间。第二层至第十三层的塔檐基本相同，但尺寸略异。第一至第十三层塔檐叠涩砖的尺寸详见表4-6：

表4-6 拜寺口西塔塔檐叠涩砖尺寸表

单位：厘米

层数	出檐深	一皮深	一皮高	二皮深	二皮高	三皮深	三皮高	四皮深	四皮高	五皮深	五皮高	六皮深	六皮高	七皮深	七皮高	八皮深	八皮高	九皮深	九皮高	十皮深	十皮高
一	52	2	8	7	8	2	8	8	8	2	8	8	8	2	8	7	8	7	8	7	40
二	52	2	8	7	8	2	8	8	8	2	8	8	8	2	8	7	8	7	8	7	40
三	51	2	7	7	7	2	8	8	8	2	8	8	8	2	8	6	8	6	8	8	36
四	51	2	7	7	7	2	8	8	8	2	8	8	8	2	8	6	7	6	8	8	36
五	51	2	7	7	7	2	8	8	8	2	8	8	8	2	8	6	8	6	8	8	37
六	51	2	7	7	7	2	8	8	8	2	8	8	8	2	8	6	8	6	8	8	36
七	51	2	7	7	7	2	8	8	8	2	8	8	8	2	8	6	8	6	8	8	36
八	51	2	7	7	8	2	8	8	8	2	8	8	8	2	8	6	8	6	8	8	37
九	48	2	7	7	8	2	8	8	8	2	8	8	8	2	8	8	8	8	37		
十	46	2	8	7	8	2	8	7	8	2	8	8	8	2	8	8	8	8	36		
十一	47	2	8	7	8	2	8	8	8	2	8	8	8	2	8	8	8	8	36		
十二	44	3	8	8	8	3	8	8	8	3	8	8	8	3	8	8	8	8	38		

由第一层塔身门洞可以进入塔心室。塔心室的平面为圆形，底部平面直径2米，下大上小，呈圆锥形。塔心室内放置数根横梁，其中最下层的横梁

系一根方木。方木之上数米处，又平行放置两根横梁，与下层横梁垂直交错。在塔心室底层朝向门洞的一面，凿有一拱形佛龛。此龛深65厘米、高60厘米，龛内现已空无一物。第一层的八个壁面平素无饰，第二至十三层的八个壁面各开一长方形佛龛，佛龛及各转角处皆装饰影塑、彩绘。

同一层位的八个佛龛的尺寸大体相同，不同层位的佛龛尺寸大小有别，其具体数据详见表4-7：

表4-7　拜寺口西塔佛龛、影塑造像尺寸表

单位：厘米

层位	佛龛 高	佛龛 宽	影塑造像 高	影塑造像 宽
二	78~81.5	60~64		
三	76.5~78.5	61.5~63	61~64	30~34
四	72.5~76	62~63	58~62	23~24
五	66.5~68	59.5~60	48~53	26~30
六	67~67.5	58.5~62	53~54.5	27~32
七	68~69.5	59.5~61	54.5~56.5	32~35.5
八	60~61	58~59	41~43.5	27~39
九	62.5~63	57~58.5	56.5~57	34.5~38
十	61~62.5	59~60	41~43.5	7~7.5
十一	61~62	50~51.5	39~42	7~7.5
十二	56~56.5	48~50	33.5~39	7.3~28
十三	65.5~66	46~47	33.5~36	15~31

西塔塔刹。第十三层塔檐之上为塔刹。塔刹顶部塌圮，仅存刹座和相轮两部分，残高5.52米。刹座高2.42米，为八角形须弥座。须弥座束腰的八个转角处，各置跪式力士塑像一尊。八位力士形态、尺寸相同，皆高60厘米、宽45厘米、厚30厘米~35厘米。力士头戴冠，面相方正，粗眉上翘，双目下视，下颌紧贴胸部，双乳下垂，双膝屈跪，背负塔刹，给人以力大无比之感。束腰之上为一周仰式莲花瓣。莲瓣高45厘米，宽35厘米~40厘米。莲瓣宽而厚实，莲尖稍向外翻。莲瓣用白灰泥做出轮廓，再用红、绿、蓝色勾出云头状莲瓣尖。莲座上方砌出八角形平台。平台的八个转角处各置一石柱础。其形制、大小相

同，直径为46厘米、厚12厘米。石柱础为圆形、平底，表面微弧，饰覆莲花瓣浅浮雕，莲瓣磨损不清，仅存痕迹。石柱础中部有一孔，孔径7厘米，孔内存有朽木屑，这说明石柱础孔内原来各插一根长木，八根长木用来支撑和加固相轮上面的宝盖。平台上部，又用砖砌出一周仰式莲瓣。莲瓣的形制、彩绘与下层的仰式莲瓣相同，仅尺寸稍小。单个莲瓣高30厘米、宽20厘米。两层仰莲上承托相轮。相轮残存十一层，残高3.1米。第一层相轮平面直径为3.35米，往下逐层内收，至第十一层相轮的直径缩为1.4米。

西塔天宫。塔刹束腰座西壁正中有未压碴砌筑的60厘米×40厘米方孔，敲击有空洞声，且方孔有被二次拆堵的痕迹。打开后，发现刹座内辟设有专门奉供和装藏佛教圣迹的天宫。入室发现圆形穹室壁面用朱砂书写有七周圈569字梵文字母咒语，经译释大意为"圆满菩提会成佛，解脱妙法会解脱，清净清净会清净，普遍解脱遍解脱，一切清净佛世尊，以大手印为依身"。此经咒应是噶当噶举派倡导的大手印经咒。在穹室梵文第三行第九字与第十字之间下部用朱砂斜写两西夏文楷书小字，汉译为"上师"（图4-31）。中心塔柱木、大柁木、架中木上均有朱书或墨书梵文和西夏文，因木材缩裂漫漶不清，无法辨认识读，仅八棱塔柱木东北面和西面上部部分西夏文字尚可识出，汉译同为

图4-31　拜寺口双塔西塔天宫壁面朱书梵咒及西夏文"上师"

"九月十五日"，依史志文献与经籍汉文发愿文题跋记载：仁宗继位五十周年（1189年），仁孝于此年九月十五日在大度民寺举行长达十昼夜的大法会，恭请宗律国师、帝戒国师、大乘玄密国师、禅法师僧众等参加，塔柱木书"九月十五日"应是修塔竣工举行大法会节庆活动的重要日期记载。

（2）东塔

东塔与西塔一样，同为十三层八角形密檐式空心砖塔，残高34.01米，由塔身和塔刹两部分构成，不设基座（图4-32）。东塔塔身高31.11米。每层由塔身、塔檐、平座三部分构成。第一层通高6.95米，其中塔身高

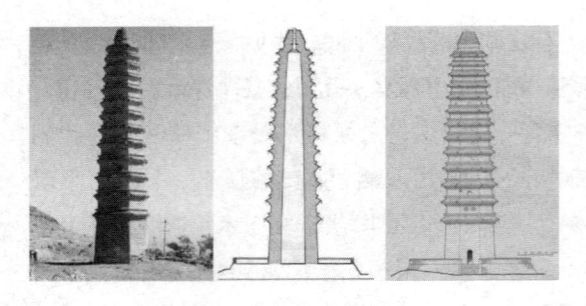

图 4－32　维修前的拜寺口双塔东塔及立、剖面图

5.8米，为十三层塔身中最高的一层，约占塔身总高度的1/5。第二层塔身高度骤减为1米。往上依次递减，至第十三层塔身高度仅为33厘米。第一层塔身下底平面直径7.24米、边长3米，上部平面直径6.68米，边长2.77米。往上逐渐收分，至第十三层塔身的下底平面直径4.08米，边长1.69米，上部平面直径1.56米（表4－8）。第一层塔身南壁开一门洞，门洞高2.2米，宽70厘米。第二层至第十三层塔身不开门洞，只在第三层塔身南北两面、第四层塔身西南面、第九层东南西北四面、第十二层西面各开一券形窗洞。第一层塔身壁面平素无饰，第二层至第十三层塔身壁面及转角处皆有彩绘、影塑等装饰。塔身之上为叠涩砖砌塔檐。第一层塔檐高1.15米，塔檐下出十一皮，上收五皮，其中下出第二、四、六皮砌成菱角牙子。第二层至第十三层塔檐与第一层塔檐形制相同，仅叠涩砖皮数和尺寸不同。第二、三、四层塔檐下出十一皮，上收五皮；第五、六层塔檐下出十皮，上收四皮；第七、八、九层塔檐下出九皮，上收四皮；第十、十一层塔檐下出八皮，上收四皮；第十二、十三层塔檐下出六皮，其中第十二层塔檐上收四皮，第十三层塔檐上收五皮。各层塔檐尺寸见表4－8、4－9：

表 4－8　拜寺口东塔尺寸表

单位：厘米

层数	塔身高	出檐高	平座高	下平面 边长	下平面 直径	上平面 边长	上平面 直径	窗洞 高	窗洞 宽
一	580	115		300	724	277	668		
二	100	118	52	274	662	268	648		
三	86	115	50	265	640	263	634	65	60
四	73	110	48	257	620	249	602	60	56
五	72	102	55	256	618	241	582		

续表

层数	塔身高	出檐高	平座高	下平面 边长	下平面 直径	上平面 边长	上平面 直径	窗洞 高	窗洞 宽
六	63	100	52	243	586	229	552		
七	57	93	51	232	560	215	520		
八	54	98	47	224	540	213	514		
九	59	89	47	210	508	200	482	40	45
十	43	80	47	203	490	191	462		
十一	43	78	41	191	462	180	440		
十二	33	65	41	180	440	167	404	20	20
十三	33	86	35	169	408	156	376		

表4-9 拜寺口东塔塔檐叠涩砖尺寸表

单位：厘米

层数	出檐深	下出 一皮 深	高	二皮 深	高	三皮 深	高	四皮 深	高	五皮 深	高	六皮 深	高	七皮 深	高	八皮 深	高	九皮 深	高	十皮 深	高	十一皮 深	高	上收 一皮 深	高	二皮 深	高	三皮 深	高	四皮 深	高	五皮 深	高
一	65	7	13	7	6	2	6	7	6	2	6	7	6	2	6	7	6	2	6	7	6	10	14	12	7	12	7	12	6	12	7	12	7
二	64	7	13	6	6	2	6	7	6	2	6	7	6	2	6	7	6	7	7	7	7	10	14	12	7	12	7	12	7	12	7	12	7
三	64	7	13	6	6	2	6	7	6	2	6	7	6	2	6	7	6	7	6	7	6	10	14	12	6	12	6	12	6	12	6	12	7
四	64	7	13	6	6	2	6	7	6	2	6	7	6	2	6	7	6	7	6	7	6	10	13			12	6	12	6	12	6	12	6
五	64	8	13	8	6	2	6	8	6	2	6	8	6	2	6	8	6	8	6	10	14			12	6	12	7	12	7	12	7		
六	64	8	13	6	6	2	6	8	6	2	6	8	6	2	6	8	6	8	6	10	14			12	6	12	6	12	6	12	6		
七	59	9	13	9	6	2	6	8	6	2	6	8	6	2	6	7	6	10	14					12	6	12	6	12	6	12	6		
八	52	7	13	7	6	2	6	7	6	2	6	7	6	2	6	8	7	10	14					12	7	12	7	12	7	12	7		
九	52	7	13	7	6	2	6	7	5	5	5	7	5	2	5	8	6	10	14					12	6	12	6	12	6	12	6		
十	50	9	12	5	2	5	2	6	2	6	2	6	10	13											12	6	12	6	12	6	12	6		
十一	50	9	12	9	5	2	5	8	5	2	5	10	13													12	5	12	6	12	6	12	6		
十二	53	8	10	8	5	5	5	10	5	10	5	12	13													12	5	12	6	12	6	12	6		
十三	51	8	10	8	5	5	6	10	5	10	6	10	14													8	8	8	8	8	8	10	8	8	8

备注：1. 叠涩砖的皮数自下而上计算。2. 出檐尺寸以下塔身为准。

塔檐之上为叠涩平座。第二层平座高52厘米，平座下出三皮，上收二皮。第三层至第十层平座皆下出三皮，上收二皮。第十一层至十三层平座下出二皮，上收二皮。各层平座的尺寸见表4-10：

表4-10　拜寺口东塔平座叠涩砖尺寸表

单位：厘米

层数	平座深	下出						上收			
		一皮		二皮		三皮		一皮		二皮	
		深	高	深	高	深	高	深	高	深	高
二	35	9	12	9	10	9	10	14	10	21	10
三	35	9	10	9	10	9	10	14	10	21	10
四	35	9	14	9	9	9	8	14	8	21	9
五	35	9	15	9	10	9	10	14	10	21	10
六	35	7	12	7	10	7	10	14	10	21	10
七	24	7	13	7	10	7	10	13	10	21	10
八	33	7	15	7	8	7	8	13	8	20	8
九	30	7	11	7	9	7	9	10	9	20	9
十	31	7	10	7	8	7	7	10	10	21	8
十一	31	9	15	9	9			10	9	21	9
十二	31	9	15	9	9			10	9	21	8
十三	31	10	14	8	7			10	7	21	7
备注	1. 叠涩砖的皮数自下而上计算。2. 平座深度以上收尺寸为准。										

东塔的塔心室为圆锥形，底部平面直径3.5米。第一层塔心室内残存有隔板。塔内原有木板楼梯，可以盘旋而上。塔身砖砌体厚1.87米。塔砖的规格一般为36厘米×18厘米×6厘米（图4-33）。

东塔塔刹。第十三层塔檐之上为塔刹，残高2.9米，残存刹座和相轮。刹座高1.13米，为束腰仰覆莲瓣刹座。十三层塔檐之上有一个八角形平台。平台的八个转角处均放置一石柱础。石柱础高16厘米、直径50厘米，为圆形平底，表面雕凿双层覆式莲瓣。其中部凿一圆孔，孔径7厘米，孔内存有朽木碎块。平台之上用叠涩砖先放上收四皮，再下出四皮。每皮的平面为圆形，周围置白灰泥做成的仰覆莲瓣。刹座上承托相轮。相轮残存八层，残高1.77米。第一层相轮直径3.12米，往上层层内收，第八层相轮直径缩为1.66米。每层相轮粗短壮实，相轮中心立一根铁管。铁管高2.2米，外径40厘米，内径32厘米，由三节铁管用子母口套接而成。铁管表面铸有四个角形钮，用来起固定作用。铁管高出相轮约25厘米。

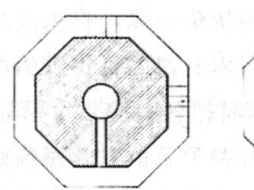

西塔一层、十二层平面图

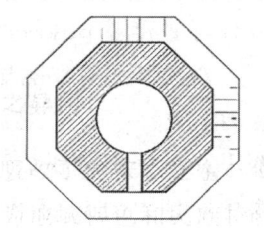

东塔一层、十二层平面图

图4-33 拜寺口双塔一层、十二层平面图

（3）西、东两塔构造装饰上的区别。西塔底边长3.15米、平面直径7.6米，塔体粗壮雄浑呈抛物线形，显现凝重高大；东塔底边长2.9米，平面直径7.24米，挺拔秀丽。西塔有塔身和塔檐，无平座，东塔有塔身、塔檐、平座三部分构成。西塔二层以上各层每面正中各开一长方龛，东塔二层以上无龛，仅于塔身三层正南、正北，四层西南，九层正东、正南、正西、正北，十二层正西开有透光券形洞窗。西塔二层以上各层各面正中龛内影塑有造像，龛两侧壁面塑有流苏兽面，塔身转角处塑火焰宝珠或云托日月饰装（图4-34）。东塔则无龛像，仅于塔身每层每面壁塑两兽面，在两兽面之间彩绘云托日月图案，在各转角处塑火焰宝珠角饰；西塔壁塑兽面较大，兽眼用墨色勾勒；东塔兽面是模制贴塑，形体较小而规整（图4-

图4-34 西塔上部塔身装饰、塔刹平座转角力士雕塑

图4-35 东塔兽面贴塑、转角火焰宝珠贴塑

35）。西塔在八角束腰须弥座的八个转角处各塑造一护塔力士像，其座上砌上下两层的仰莲花瓣座，在莲座平台八个转角处置八个石柱础，并在座内辟设一装藏圣迹的圆穹室，穹室壁面，有用朱砂书写的梵文经咒和西夏文上师题记，在室内出土一批文物；东塔塔顶砌成八角平座，平座转角处置八个石柱础，圆形刹座外围则为仰覆莲瓣，没有力士塑像和座下辟设的天宫，因而未发现装藏文物。西塔刹顶塔心柱为八棱木柱，四周有4根架柱木，每面朱书有梵文和墨书有西夏文题记；东塔刹座中心柱上半段为铸铁管，无架柱木；西塔塔心室仅隔层有井子撑木，无木梯；东塔塔心室原有木梯可以盘旋而上登。

从东、西两塔在形体构造和装饰上的差异，可知两塔不是同一代同一施主所建：西塔中心柱木的C_{14}测定年代为距今875±60年，树轮校正年代为距今835±70年；西塔角梁的检测年代为距今850±60年，树轮校正年代为距今815±70年，而东塔角梁的检测年代为距今810±60年，树轮校正年代为距今775±70年。测定数据证明西塔早于东塔建造数十年。从西塔塔身上发现的西夏文题记"九月十五日"与汉字"吏司□""任□□"功德龛遗迹分析，应是塔落成日子。西夏文佛经发愿文有"乾祐己酉二十九年（1189年）九月十五日，恭请宗律国师……等，就大度民寺作大法会，十昼夜"的记载，这是为庆祝仁宗继位五十周年所作的法会，故西塔应是为纪念仁宗继位五十周年而修建的。随后在西夏晚期至蒙元时期数次粉装维修过，故在天宫装藏中放置有唐卡上师图、胜乐金刚图与像，还有中统元宝交钞和大朝通宝银币等物（均系元朝立国前蒙古时期发行货币）。东塔无天宫与出土物，塔身上未发现文字题记和塑画佛像，且构造形体和修造手法与西塔有差异，说明它晚于西塔，可能由西夏末期住寺的僧官与信士建造。

4. 韦州康济寺塔

坐落在宁夏同心县韦州镇西夏古城东南隅的废寺内（图4-36）。是一座建于西夏时期的八角十三级密檐式空心砖塔。砖塔残高39.2米，加固修复后高为42.7米，由塔身、叠涩塔檐、平座、八角束腰须弥刹座与相轮宝顶几部分构成。该塔底层较高（通高6.45米，底外边长3.65米、内边长1.47米，塔心室底内径3.6米），平地起塔，二层以上被层层叠涩塔

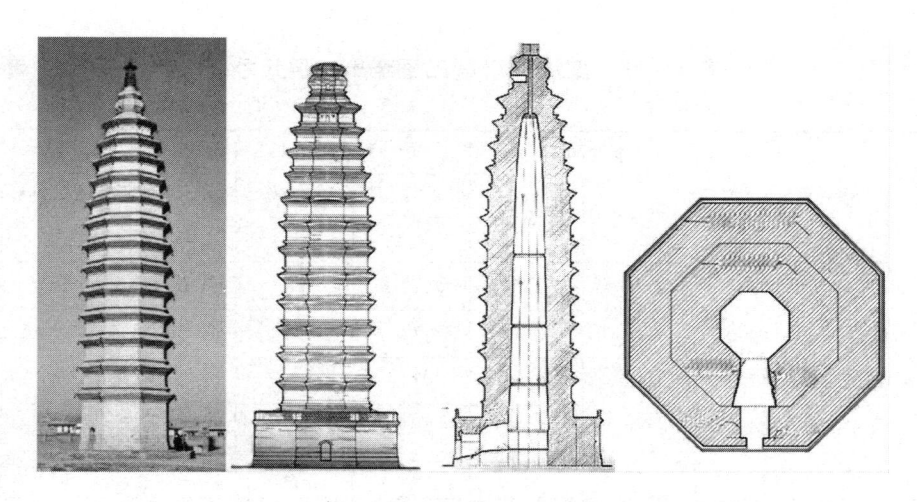

图 4-36 未维修前康济寺塔及立、剖面和一层平面图

檐平座紧箍，往上逐渐收分，与两层八角束腰须弥座刹顶有机结合，形成刚劲有力的抛物线外廓，显得凝重柔美，展现了我国早期密檐塔的风韵。该塔外形与拜寺口双塔极为相似，仅塔刹造型不同。塔身通高 35.58 米。塔体是在夯实的黄土地上用黄泥浆将长 31 厘米、宽 15.5 厘米的长方形和边长 33 厘米、厚 7.5 厘米的正方形砖混合往上平砌，并按一定尺寸和收分比例在塔身上砌出叠涩腰檐和平座，用以增加塔身厚重、密实、多变的形体。除了底层南面开有通往塔心室的券门和第十三层塔身各面砌装有垂柱帐形砖雕假门龛及角柱，其余各层塔身均为素面，无门龛。每层檐角均装有角木，挂有铁铎。塔心室高 33.8 米，随外形往上内收至十三层合拢。其内壁共砌出四道台檐，并在其间装有四道交叉梁。底层，通高 6.45 米。底面外八角边长 3.65 米，内八角边长 1.47 米。塔心室内径 3.6 米，塔壁厚 2.58 米。第二层，通高 2.7 米，塔身下部面宽 3.32 米，上部面宽 3.28 米。在已毁的第一层腰檐上出有平座。平座高 40 厘米，平出 27 厘米，每面有棱角砖十七块。第二层塔身高 1.28 米，腰檐高 1.02 米，腰檐叠檐涩挑出九皮，挑出 72 厘米。其间有三层棱角砖，下层每面棱角砖为十九块，中层棱角砖为十八块，上层棱角砖为十七块。第三至十二层，除了塔身高、面宽、腰檐、平座尺寸有变化，其余结构基本与二层塔身相同，其具体尺寸详见表 4-11。

表4-11 康济寺塔第三层至十二层尺寸表

单位:厘米

层 数	层 高	塔身面宽		腰檐		平座	
		下部宽	上部宽	出檐深	棱角砖（块）	出檐深	棱角块（块）
三层	267.5	325	325	72	18	26	16
四层	257.5	320	320	72	18	28	16
五层	247.5	318	318	73	17	29	16
六层	248	318	318	74.5	17	29	16
七层	252.5	315	315	69	16	28	15
八层	237.5	312	312	73	16	27	15
九层	226.5	300	300	57	15	28	14
十层	228.5	281	279	55	14	27	14
十一层	215	260	260	65	14	25	13
十二层	204.5	225	221	61	13	25	12

第十三层通高2.58米。塔身下部面宽1.91米，上部面宽1.88米。平座下部叠涩砖间仍出棱角砖一皮，其上平出24厘米。腰檐挑出62厘米，叠涩砖间仍出棱角砖三皮，每面棱角砖均出十二块。塔身各面砌装出垂柱帐形砖雕假门龛和角柱。龛门宽37厘米、高60厘米，龛深16厘米；垂柱宽14厘米、高38.5厘米；角柱宽18厘米、高88厘米；帐面宽1.6、长14厘米。塔刹基座是一个八角形两级束腰须弥座式砖砌体。基座底面直径3.66米，顶面直径1.3米；座底八角形边长1.52米，座顶八角形边长44厘米；基座通高3.62米。

塔心室呈八角尖锥空筒形，底层南壁正中劈有券洞门可入塔室，内隔层撑有架木梁。该塔近代遭战火，底层残损严重，被用夯土和砖包砌一八角塔座，进行支护加固。1986年组织勘测维修加固时，将近代支护八角塔座拆除。在维修加固塔身九层和九层以下塔檐时，发现所用的长砖（31.5厘米×15.5厘米×7.5厘米）和方砖（33厘米×33厘米×6厘米），在檐砖上发现有墨书西夏文和手印痕砖，与西夏陵和拜寺口双塔手印痕砖相似。砖上墨书西夏文，经史金波先生译释系西夏时期的人名姓氏，作功德留下墨记。参照塔身顶层佛龛内发现的四块墨书西夏文砖和二十块刻有大明万历九年（1581年）四月二十日重修宝塔施财功德主姓名的方砖，还有底层塔檐角朽木洞中发现的《金刚经》和《陀罗尼经》卷上捐修人"大明嘉靖六年九月修葺"的题款，以及塔下保存的明万历十年《重修敕赐广济禅寺浮土碑》记，证明康济寺塔始建于西夏，修葺于明嘉靖。又据史书记载："西夏雍宁三年（1118年）春二月，熙河、环庆、泾原地震，旬日不止，坏城壁、庐舍，居民压死者甚众，人心慌乱。""西夏大庆四年（1143年），首都与兴庆府地区又发生大地震，经月不止，人畜死亡者以万计。"地震使塔九级以上塔身和刹顶坍毁。嘉靖六年（1527年）于"九级以上更增四级，升顶缀铃，凡三载乃成"。嘉靖四十年（1561年）又遭地震毁坏，使"前功用虚"。明万历九年民众捐资在九级塔身之上再次复增四级，升顶于巅，缀铃于角，并勒石立碑。保存至今的塔体是西夏始建，明嘉靖六年、万历九年在西夏九级以上增修的遗构。此塔型体结构较好地承袭了中国古代密檐塔的传统，其外廓身形与河南金代重修的洛阳白马寺齐云塔和三门峡宝轮寺舍利塔相像，体现了西夏中晚期密檐式塔简练、圆润、柔和的风格，无华丽的饰装，与拜寺口双塔中西塔型体相仿[①]（图4-37）。

图4-37　洛阳白马寺齐云塔（左）、三门峡宝轮寺舍利塔（右）

三　覆钵式塔

覆钵式塔是中国古塔中最接近古印度窣堵波的一种佛塔，尤其与印度笈多王朝时期石窟寺中的佛塔造型更为相似，俗称"始生塔"。这种形制的

[①] 见宁夏文管会办公室编著《中国古代建筑·西夏佛塔》《同心县康济寺塔》，第117、153、155页。

| 296 | 西夏建筑研究

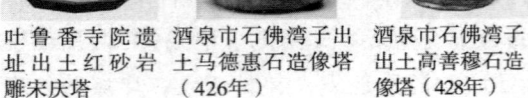

吐鲁番寺院遗址出土红砂岩雕宋庆塔

酒泉市石佛湾子出土马德惠石造像塔（426年）

酒泉市石佛湾子出土高善穆石造像塔（428年）

图4-38 北凉石雕覆钵塔

塔，公元5~6世纪在中国石窟雕刻与壁画内曾出现过。吐鲁番寺庙遗址出土的北凉宋庆石塔、酒泉石佛湾子出土的北凉马德惠石造像塔和高善穆石造像塔等，就保留了较多犍陀罗覆钵式塔的造型特征（图4-38）。

（一）西夏覆钵式塔遗存实例

西夏党项本与吐蕃就有密切接触和关系，西夏自乾顺朝与吐蕃青唐联姻，打通了西夏与吐蕃腹地的联系，到仁孝时期藏传佛教各派高僧纷纷北上西夏，受到皇室尊奉和礼遇，盛行藏地的覆钵式塔被西夏帝王引进陵墓的葬俗之中，推进了西夏建造各式覆钵式塔的迅猛发展。西夏故地保存下来的各类覆钵式塔，都能从卫藏之地古塔中找到其原型。

宁夏贺兰宏佛塔楼阁式塔身上的覆钵式塔，青铜峡108塔和拜寺沟口双塔院北坡台上的土塔群是各型覆钵式塔的最典型实例。

1. 宏佛塔上部十字折角座覆钵砖塔

图4-39 宏佛塔上部覆钵体、覆钵折角及基座图

宏佛塔的三层楼阁式塔身上部，砌筑一完整的十字折角座束腰覆钵式塔，是西夏佛塔中最早出现的覆钵式砖塔的典型实例（图4-39）。塔残高12.53米，由高5.5米、底径8.57米的三层十字折角底座，高1.86米、底径7.34米的圆形束腰须弥座，高4.37米、底径6.56米的带肩覆钟式塔身、高1.27米、底径3.65米的十字折角刹座、残存的两层相轮组成（伞盖宝顶已毁）。在三层八角楼阁式塔身上对接砌出覆钵塔的十字折角底座，再上砌圆形束腰须弥座和覆钟塔身，再上砌十字折角刹座，刹座之上的伞盖、宝顶毁坍。上部覆钵式塔残高12.53米。在覆钵砖塔塔身上部与十字折角刹座下，围绕塔

柱木封顶的塔砌体中，辟设有四方形梯形槽室，高1.63米，底边长2.2米，四壁由下至上砌砖19层，逐层向内收分，上边长不足0.2米，被砖封口，作为该塔的天宫，装藏塔院毁弃寺庙内的西夏圣迹（见本书第193页），是西夏佛塔类型中的又一创新，为西夏、元、明、清覆钵式塔的唯一一例。

2. 青铜峡108塔

为坐落在宁夏青铜峡市峡口镇黄河峡口西岸山坡上的西夏各型覆钵式塔集群（图4-40）。塔群随山凿石，用砖石分阶而建。108座塔构建在阶梯式十二级护坡平台上，由下至上逐级递减增高，第一级护坡平台高5米、长54米、宽5.6米，第十二级护坡平台高3.07米、长12.2米、宽8.1米。108座覆钵式塔依19、17、15、13、11、9、7、5、5、3、3、1之数分筑在十二级护坡平台之中，组成高为31.63米，底宽55.7米、纵长54米的等腰三角形塔群。明清时信士为维护此圣迹，又在其外用砖包砌。塔群三角形布局寓意佛国莲花藏世界壮观美景。

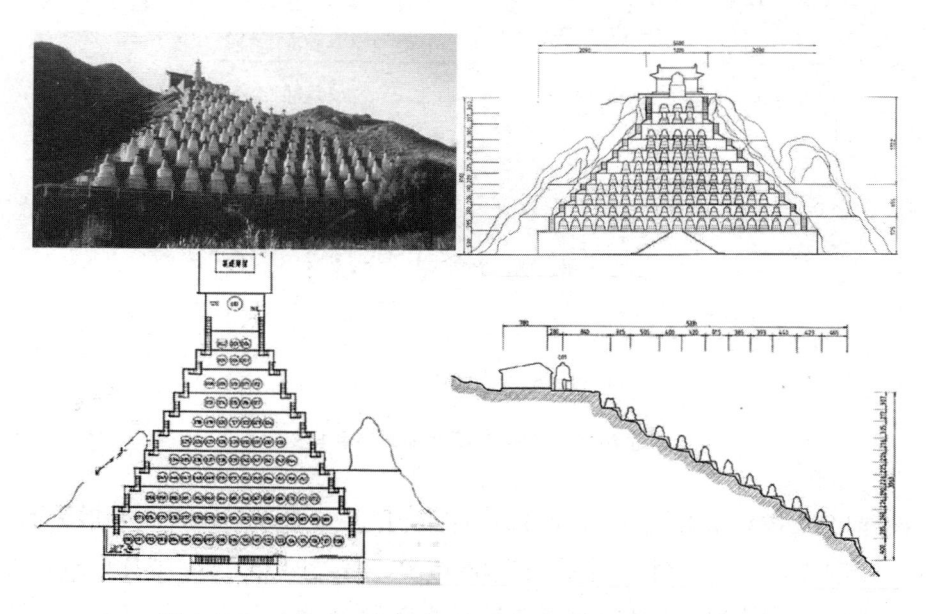

图4-40 青铜峡108塔及立面和各层平面、阶梯式剖面

勘测发现，塔基座的构造有十字折角座和八角束腰座两种，塔身的构造形制大致分为覆钟状、球状、桶状、折腹状四种（图4-41）。塔群中建在十字折角束腰须弥座上的覆钟式塔有20座，即第一级平台（最上层）上开

1号覆钟状塔塔心室平、剖面

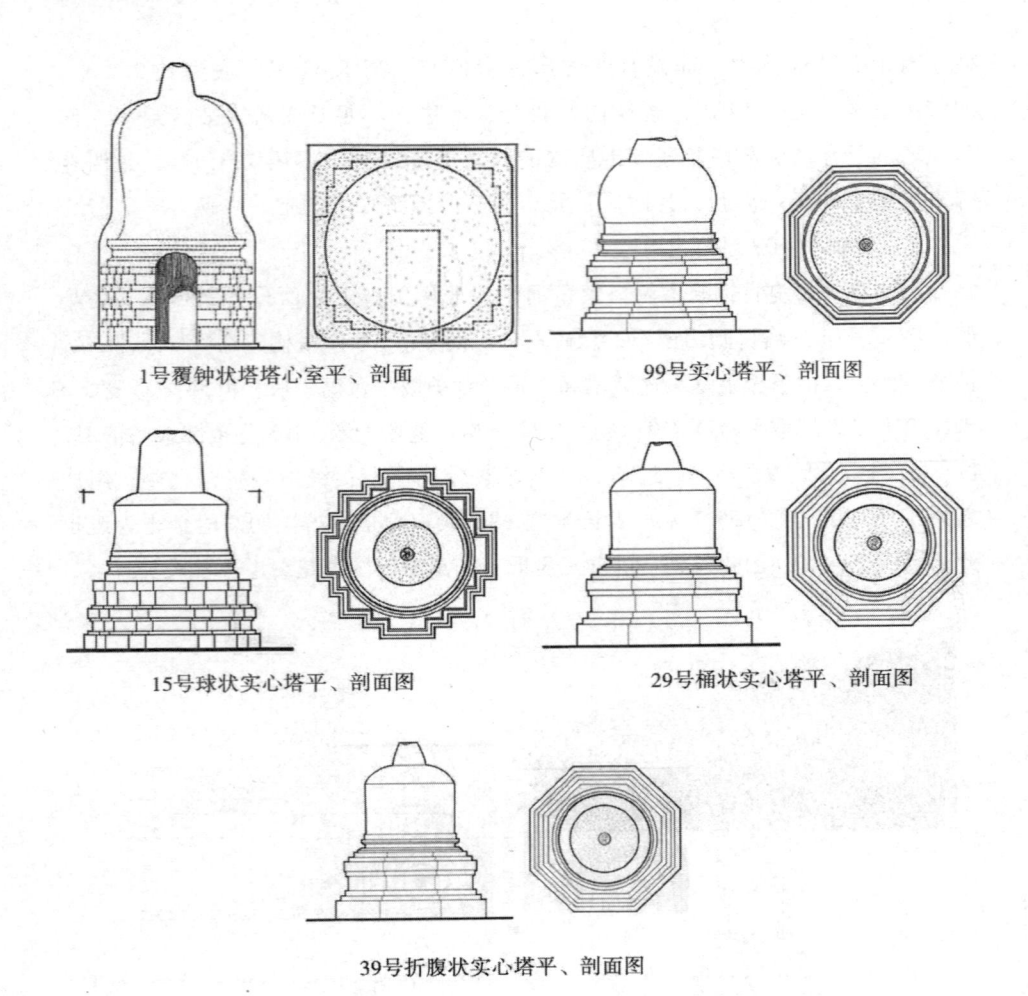

99号实心塔平、剖面图

15号球状实心塔平、剖面图

29号桶状实心塔平、剖面图

39号折腹状实心塔平、剖面图

图 4-41　108 塔覆钵呈现多种样式

有券门龛的塔和第 12 级平台（最前一排）上的 19 座塔。以 099 号塔为例，塔残高 2.74 米，十字折角束腰座高 86 厘米、座宽 210 厘米，塔身平面为圆形，腹部微向内收，高 112 厘米，塔刹残高 76 厘米；建在八角束腰须弥座上的球状塔有 23 座，即第二级与第三级平台上的 3 座、第四级与第五级平台上的 5 座和第六级平台上的 7 座塔；建在八角束腰须弥座上的桶状塔有 9 座，即第七级平台上的 9 座塔；建在八角束腰须弥座上的折腹式塔有 56 座，即第八级平台上的 11 座、第九级平台上的 13 座、第四级平台上的 15 座和第十一级平台上的17座。包砌在砖塔之中的土坯塔，虽大部坍塌，但保存下来的十字折角与束腰须弥基座和圆肚式塔身、粉装彩绘的花纹图案，彰显出西夏覆钵式土坯塔的筑造风范（图4-42）。001、009、017、041、085、101号塔内发现彩绘泥塑造像4尊、泥塑卧像1尊和浅浮雕砖雕佛造像8块、陶塔模103件、陶塔刹3件。

西夏始建时的土坯塔　099号砖塔　土坯包砖

图4-42 维修前的108塔样

　　在塔群北侧的山水沟畔坡上，发现一座八角砖塔基座遗存，从中清理出土陶钵1件、泥塔模10余个，西夏文经书一残卷。另据钟侃、郑介初于1963年所写的《青铜峡百八塔下二座小塔试掘报告》得知，在108塔下面的河滩地上，还有两座小型覆钵塔，其中一座塔位于塔群下方东南面约20米；另一座塔位于塔群下方正中，与001、099号塔在一条直线上，距塔群约15米。二号塔塔形与108塔相同，为覆钟式，应是西夏后期与塔群同时所建。塔的表面用白泥灰涂抹，灰皮有两层，厚0.5厘米，在白灰皮内由下至上平砌一层素面条砖，揭去砌砖，露出土坯，土坯由下至上，一平一竖砌筑。塔正中立一直径约6厘米~7厘米的木柱，从塔顶直通塔底的地表下约45厘米处，竖于用板状石块砌成的柱洞之中。在距地面高20厘米处的塔基座内，发现彩绘绢质佛画两幅，各自成卷，夹于麦草之中为《大日如来千佛图》，与拜寺沟口双塔西塔出土的胶彩卷轴画布局、尺寸及装裱方法完全相同。从塔群附近先后发现的三座覆钵式残塔内，出土有西夏文千佛名经残经1卷、陶钵1件、泥塔模10余件。这群布列有序各种造型覆钵式塔和西夏藏密风格的出土文物的发现进一步证明，108塔创建于西夏，是西夏承袭藏密建筑艺术和藏密文化传统的创新杰作，成为佛塔建筑文化史上的一枝奇葩。[①] 西夏被蒙古灭亡后，蒙古黄金家族的汗王们信仰藏传佛

---

① 见雷润泽、于存海《青铜峡一百零八塔》第二与四节，载《中国古代建筑·西夏佛塔》，第103、108、110页。

教，西夏时期流行的覆钵式喇嘛塔建筑随之进入元大都。至元八年（1271年）忽必烈延请尼泊尔工匠在元大都修造的妙应寺白塔，是一座大型覆钵式砖塔（图4-43）。此型塔随后在内地的其他地方相继出现。

图4-43 北京妙应寺白塔及平、立面图

3. 拜寺沟口双塔北坡台上覆钵式土塔群遗址

1999年清理整修塔院山洪泥石流堆积时，在西塔塔身正北的殿址后护坡墙外山坡地带，发现出土有泥塑小佛像与菩萨像残件、泥塔婆等，经发掘清理，有一排排依山势建造的十字折角座彩绘土塔基57座，八角形土塔基3座和方形土塔基2座，共62座。各塔塔座以上均毁，土塔基址北半部多掩埋于土层下，南半部已毁，有的裸露地表（图4-44）。该塔群大致呈三角形排列在山坡的十层台地上，每层平台前和左右都有高低不一的石砌护壁，每层平台上的塔数具有一定规律：第一层1座，第二层3座，第三层5座，第四层7座，第五层6座，第六层7座，第七层12座，第八层9座，第九层10座，第十层2座；其中第五层至第十层破坏严重。土塔彩绘粉装灰皮纹饰各不相同，有弧形纹和卷草纹，有单线和双线。塔基内清理出包骨灰的较大彩绘陶塔婆，说明这是寺院里僧侣、喇嘛的灵骨塔。从土塔的造型、粉装彩绘、装藏风格分析，它承袭了拜寺口双塔西夏藏密艺术与仪轨传统，应是西夏晚期至蒙元时期寺院遗存的组成部分。[①]

图4-44 拜寺口双塔塔院北坡台地上土塔群遗址

---

① 见西保考《西夏文物考古近年来的新成果》，载宁夏文管办《宁夏文物》1999年第8期，第48、49页。

4. 敦煌莫高窟前党河两岸的覆钵式土塔

在甘肃河西地区敦煌莫高窟前，党河两岸的台地和沙山丘上，散落着许多各种形制的土坯塔，其中多数为十字折角座覆钵式土塔，也有方形四坡攒尖顶空心土塔、圆形尖锥顶空心土塔、八角形花土塔。其中有些是空心塔，在其塔室彩绘有壁画和西夏文题记与泥塑，实心塔身有粉装彩绘（图4-45）。从该类西夏故地土塔的造型与构筑手法分析，应是受西州回鹘各类土塔影响的构筑物，

莫高窟前党河东南岸西夏至蒙元各型土塔

莫高窟前党河西北岸西夏至蒙元各型土塔

锁阳城遗址塔尔寺大塔　青铜峡108塔塔群中土塔　高昌古城回鹘土塔

图4-45　敦煌莫高窟前党河两岸的覆钵式土塔

时代在10~13世纪，正当是西夏时期。这类覆钵式塔，形体较小，高多在2~3米不等，但造型与构筑技法与锁阳城塔儿寺大塔、青铜峡108塔群中西夏土坯塔、高昌故城中小土塔柏孜克里孜石窟寺前小土塔，基本相同。其特征是塔的十字折角座粗壮高大，覆钟形塔身相对较短，上置十三天相轮顶。

5. 西夏黑水城地区覆钵式土塔

内蒙古额济纳旗在西夏黑水城内外与城上、绿城、红庙、小庙遗址中，残存着许多大大小小的覆钵式土塔（图4-46）。这类土塔，都有方形或十字折角大塔座，上覆覆钟形或圆球形塔身和相轮宝顶，均为黄土夯筑和土坯砌筑。在塔中辟有空心塔室，绘制有壁画、塑供佛像，装藏有佛教经卷咒语。这类土塔的造型和构筑技法，与河西敦煌地区和西州回鹘时期土塔存在着相同之处，但也有一定差别。差别就是覆钵式塔座高大、塔

身短小，多为圆球，塔刹顶变得尖细，渐呈三角形尖锥状，具有向蒙元时期转型的时代风格。

图4-46 西夏黑水城地区覆钵式土塔

（二）西夏覆钵式塔的四种构型

依照形体结构和平面布局，我们按照宿白先生亲自勘察研究提出的4种亚型标准，将西夏覆钵式塔各类遗存归类分为如下四型。

1. 覆钟状塔身覆钵式塔

此型塔的塔身作覆钟状，塔座有方形、圆形、十字折角形，覆钟塔身之上饰有仰莲座的相轮和宝盖、宝珠。年代较早的形制简单，呈三角形；年代晚的塔座愈高，塔身覆钟高长。西夏故地残存的覆钟式覆钵塔较多，最典型的实例是位于银川近郊贺兰县潘昶乡宏佛塔塔身上部的覆钵式塔。青铜峡108塔群和内蒙古额济纳旗黑水城、绿城遗址中也散布有此型土坯塔[1]。河

---

[1] 见国家文物局编《中国文物地图集·内蒙古分册（下）》，第641、642页13～16条。

西武威的白塔寺遗址中，有圆形台座和单层十字折角塔座和覆钟状塔身向外移出的土塔残迹（图4-47）。元太宗窝阔台次子王子阔端为萨班贡噶坚赞于1251年修造的墓塔，即是覆钟状覆钵式塔（见本书第155页），承袭了西夏晚期此类型塔的遗风。

此类型塔的刻石遗存在西夏故地也较多，位于宁夏石嘴山市贺兰山涝坝沟口北崖上浮雕石刻塔（图4-48）。两塔东西并列，相距1.5米，造型相同。塔的覆钟呈三角形，由须弥座塔座、覆斗形塔身和宝珠形塔刹等三部分组成。塔身近下部凿有方形佛龛。西面一座高2.15米，底宽0.95米。东面一座高1.5米，底宽0.8米。其表面风化严重。宁夏石嘴山市大枣沟摩崖塔在沟南离地面高30米的崖面上共刻有石塔5座，其中南侧3座，西侧2座。塔座多为三层须弥座，中间凿佛龛。塔身为覆钟式，外侧以阴刻线条勾画轮廓。塔顶有刹座、刹身和塔顶。最大者高2.66米，底宽1.6米，小者高2米，底宽1米。

花大门石刻塔群位于甘肃永昌县西北金川西村北龙首山余脉断崖上。崖面上刻有50余座各式浮雕塔（图4-49），高度从0.5米、1.6米到2米不等，大小不一；造型有覆钵式、楼阁式、密

图4-47 宁夏石嘴山涝坝沟口北崖上西夏石刻覆钟状覆钵塔

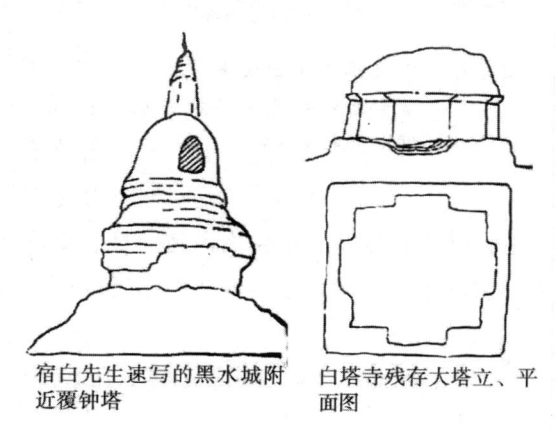

宿白先生速写的黑水城附近覆钟塔

白塔寺残存大塔立、平面图

图4-48 西夏覆钟状塔

图 4-49 花大门石刻塔

2. 高桶状塔身覆钵式塔

图 4-50 宏佛塔天宫藏木塔（左）、俄罗斯冬宫博物馆藏黑水城出土木塔（右）

檐式，其中以覆钵式为多。覆钵式塔造型大致相同，有塔座、塔身、塔刹三部分组成，塔座为三层须弥座，第三层中间开龛，安放和供奉僧人骨灰；塔身为覆钟形，外侧阴刻背光线；塔刹为相轮上置宝珠。该石刻塔群地近圣容寺，分析认为，系西夏后期圣容寺塔僧人所凿造，用以安放僧人骨灰。[1]

此型塔的塔身作高桶状，塔座有束腰圆形、束腰十字折角形与六边形、八边形，塔顶多作带束腰座的"噶当觉顿"式刹顶，从形体外廓看高如桶状。遗存实例一个是西夏宏佛塔天宫出土的小木塔，另一个是俄国探险队从黑水城古塔掘走的彩绘小木塔（图4-50）。该彩绘木塔高44厘米，塔身高壮，下具较高的束腰基座，塔身上覆盖一束腰莲座的"噶当觉顿"塔刹顶，塔身彩绘护法天王神像，呈现高壮圆润的形体特征。[2] 该型塔的图像保存在安西榆林窟西夏创建的第3窟南壁东侧六臂观音曼陀罗壁画正中塔龛图中，唯塔身较宽，相轮之山施仰月、日轮与基座作十字折角形。[3] 在安西东千佛洞第5窟东壁也绘有此类型塔（图4-51）。

---

[1] 武威博物馆：《武威西夏遗址调查》（内部资料）。
[2] 见台北"国立"历史博物馆编印《丝路上消失的王国·西夏黑水城的佛教艺术》图录，1996，第136~137页。
[3] 见敦煌研究院编《中国石窟·安西榆林窟》，文物出版社，1997，第153页。

3. 球状塔身的覆钵式塔

此型塔塔身略作圆球状，基座有叠涩方形、六边形、八角形、十字折角形、圆形等多种，塔顶多为束腰"噶当觉顿"，伞盖宝顶，其原型出自西藏桑耶寺红塔。此型覆钵式塔西夏故地遗存较多，在西夏都城兴庆府附近的贺兰山下、青铜峡108塔群中、拜寺口双塔塔院北坡台地上的塔群中，以及甘肃河西地区和内蒙古额济纳旗黑水城、绿城遗址内外都有。

2013年4月在武威市北城区建筑工地出土一件覆钵式圆雕石塔（图4-52），通高89厘米，其中塔基高22厘米，塔座高10厘米，塔身高28厘米，塔顶高29厘米。塔基雕饰云纹，塔座莲瓣图案，覆钵型塔身，正中雕凿有高19厘米、宽16厘米的长方龛，龛深7厘米，内雕一佛二弟子像。塔刹5层叠涩相轮残高22厘米，显得粗壮，类似吐蕃后弘期的"噶当觉顿"式塔刹。据武威市文物考古人员分析，认为是西夏晚期藏传佛教盛行时的制品，应是放置在寺庙中的陈设品[①]。

4. 扁圆状塔身覆钵式塔

此型塔的塔身呈扁圆状，或折腹扁

安西榆林窟第3窟南壁东侧观音曼荼罗中的高筒状覆钵塔　东千佛洞第5窟东壁佛塔线图

图 4-51　高筒状覆钵塔

图 4-52　武威圆雕石塔

---

① 武威博物馆：《武威西夏遗址调查》（内部资料）。

圆状，其基座有叠涩方形、六角、八角、十字折角形，塔顶多为束腰"噶当觉顿"式宝顶。其原型出自西藏桑耶寺绿塔与白塔。内蒙古鄂托克旗阿尔寨石窟的窟间崖壁上浮雕覆钵式塔24座。宁夏固原须弥山石窟松树漥区第112窟和114窟内各凿刻一塔，由叠涩式基座和扁圆型塔身与方座相轮刹顶构成一完整的覆钵式塔。窟中有多处唐、宋、西夏、金纪年年号的题记和藏文题记，说明西夏人曾到这座石窟寺敬佛礼佛作功德的活动。这两座塔窟，很有可能是西夏僧人所凿[①]（图4-53）。

阿尔寨石窟扁圆状浮雕覆钵塔　　固原须弥山扁圆形覆钵式塔

图4-53　扁圆状塔身覆钵式塔

（三）西夏覆钵式塔对元、明、清佛教建筑的影响

西夏王朝将藏传佛教和藏传佛教覆钵塔式建筑引进西夏，从西夏故地考察的各类土塔资料看，其中有灵骨塔，有庙塔；有空心、有实心；有排列规律的塔群和无排列规律的塔群，有石塔、砖塔、土塔、木塔、石刻塔、陶塔等，遍散西夏故地。这是中国古塔建筑文化史上只有西夏时期出现的现象，并且影响到元、明、清的佛塔建筑。西夏覆钵塔不但成为传播和普及藏传佛教的工具，又是保存西夏佛教文化和藏密艺术的重要载体。元、明、清覆钵式各型塔的大量营造，从北方地区扩散到南方江南等地，显示了西夏覆钵塔建筑文化的影响力。

四　单层亭阁式塔　叠涩尖锥顶型塔

（一）亭阁式塔

亭阁式塔是中国古塔中保存较多的一类，是中国传统建筑中的亭阁与印

[①] 见宁夏文管办编印《固原须弥山石窟》，文物出版社，1988，第161页112窟、162页114窟。

度窣堵波相结合的产物。西夏承袭了此类塔的建造传统，广泛应用，其遗存实例较多。

1. 敦煌莫高窟前老君堂慈氏塔

慈氏塔原在老君堂，现移建于敦煌莫高窟前，始建年代不详（图4-54）。塔高2.44米、底边1.5米。塔八角单层，内下砌叠涩座，座上建土坯塔身，外绕木构廊柱一匝，柱上设阑额交叉出头的普柏枋和双抄偷心五铺

图4-54 敦煌莫高窟前宋代慈氏八角亭塔及立、剖面图

作斗栱，双抄头皆斫作批竹昂式。檐椽以上铺柴泥起圆攒尖顶，顶端建葫芦形宝珠。唐制不用普柏枋，从使用普柏枋结构推测，慈氏塔建于1035年西夏攻占沙州之后迄仁孝即位（1140～1193年）之前这一时期，① 承袭辽、宋中原亭式塔的传统。② 河西地区壁画中建筑使用普柏枋最早之例，见于榆林窟第3窟南壁观无量寿经变壁画和张掖文殊山万佛洞东壁弥勒经变壁画，此两处壁画皆绘于西夏中晚期。

2. 武威西郊林场发现的西夏刘氏墓中装藏骨灰的木缘塔

武威西郊林场发现的西夏天庆元年迄七年刘氏墓中所出装藏骨灰的木塔，是座木制亭阁式佛塔（图4-55）。塔由底座、塔身、塔顶与刹四部分构成，高75厘米，塔顶边沿宽47厘米。塔八角单层，下叠涩四阶座饰红色，上设塔身，塔身用长34厘米、宽12.5厘米、厚2厘米的八块木板合成，涂蓝色，塔身外壁用金黄色书梵文《归依三宝》《圣无量寿一百八名陀罗尼》《一切如来百字咒》《药师琉璃光王佛咒》《圣日光天母心咒》五种经咒。塔身之上起八角攒尖顶，系用八块小木板作榫卯与塔身相连接，涂红色画斗栱。塔顶以八块平面呈近三角形的曲板组成，每块木板表面下部绘云

---

① 见宿白《西夏古塔的类型》，载《中国古代建筑·西夏佛塔》，第1～15页。
② 内地古建筑中使用普柏枋，最早见于辽宁义县辽开泰九年（1020年）所建的奉国寺大雄殿和宋天圣年间（1023～1032年）山西太原所建的晋祠圣母殿。

图 4 - 55　武威西郊林场西夏墓出土亭阁式木缘塔

纹，中间各书朱红梵文咒语，正中立刹，刹作覆钟式覆钵塔状。塔刹底周围由八块小木板组成刹座围栏，涂红色，塔顶八角木板内墨书汉文题记，记西夏天庆七年为西经略司都案刘德仁之死而建此木缘塔。①

（二）叠涩尖锥顶形塔

叠涩尖锥顶形塔，其塔座多为方形，从四面逐层往上收分叠涩构成尖锥形塔身，顶装伞盖宝顶，外廓呈三角形。这种造型构筑仅在西夏故地遗存中出现，其他地区少见，应是西夏人推崇密宗的一种创新建筑形式。在宁夏石嘴山市大武口区贺兰山韭菜沟西崖上，并列雕刻有七座高10厘米～16厘米、宽6厘米～10厘米西夏叠涩尖锥顶形塔，有繁简两式：繁者叠涩层次与形制和莫高窟壁画接近；简者叠涩层次少，并表示出刹柱自下向上贯通于宝盖之上。此型石刻塔，在内蒙古阿拉善盟阿右旗曼德拉山岩画石刻中有一幅，几座叠涩尖锥塔与西夏字、毡帐图像等刻制在一起，展现了党项、藏等游牧民族生活场景②（图 4 - 56）。

在甘肃永昌县城北金川西村北海子河谷内圣容寺的西南侧滩阜上，残留有一方形三层夯土塔台址和散落的建筑残件堆积，据考古调查是西夏千佛阁遗址。遗址中有一座西夏叠涩尖锥形塔遗迹，出土有与西夏陵、圣容寺址残存相同的绿琉璃残件（图 4 - 57）。党寿山在《被埋没的西夏千佛阁遗址》一文中介绍了勘测清理情况：

---

① 见陈炳应《西夏文物研究》，第 191 页。
② 见国家文物局主编《中国文物地图集·内蒙古分册（上）》，第 349 页。

图 4-56　曼德拉山岩画叠涩尖锥塔图像　　图 4-57　永昌圣容寺附近西夏千佛阁遗址

西夏建筑千佛阁遗址中间清理出一座正方形土塔，残高 2.7 米。方塔底层边长 12.55 米、高 1.27 米。底层四角各有一条、四边各有五条竖直的等距离柱痕，直径约 30 厘米，下边有柱石。底层之上，又残存三级塔层，逐级内收。第一层边长 9.91 米，第二层 8.82 米，第三层 7.83 米，第一、二层约高 0.80 米左右，第三层高已残，当与一、二层同高。以现存三层高度及敦煌莫高窟第 285 窟北壁西侧小龛内所绘方塔推测，这是一座 10 层土塔，上方树较大的椭圆形刹，刹顶当有尖锥形宝盖，高约 14.20 米。塔底层处理很坚固。生土层上用大块石料铺地，上砌黄粘土块，周围用石料包边，中间空隙处用黄土垫实。底层之上叠涩层用黄粘土块衬砌。土塔外表全用草泥作底，白灰抹面。塔身层次分明，简洁庄重。墙体的柱痕，当为檐柱的位置；塔底层的柱痕，当为内柱的位置。说明这可能是一座平面呈正方形，面宽、进深均为六间，周围绕廊，高约 21 米的楼阁式建筑。[①]

遗存的题记有三则："大德己未五年二月二十九日灵务人巡礼到千佛阁"；"丁酉七年八月十六日……"；"天盛五年廿七日巡礼到……"

千佛阁内的土塔，系西夏构筑的一座单层叠涩尖锥顶形土塔，依尖锥土塔之四周增建一座方形出檐廊的大方阁，将塔护持在阁中，供人巡

[①] 党寿山：《被埋没的西夏千佛阁遗址》，载杜建录主编《西夏学》第七辑，上海古籍出版社，2011，第 225 页。

图 4-58 西夏千佛阁内单层叠涩尖锥顶土塔原构平、立面示意图

礼膜拜，也是佛教塔庙建筑的创新构筑，其他地区未曾发现（图 4-58）。从题记年号"大德五年"（1139 年，系乾顺朝纪年）、"天盛五年"（1153 年）、"丁酉七年"（1177 年，仁孝朝纪年）与圣容寺相互关系及遗存构筑物残件推断，应是乾顺朝皇室倡修之物。

五 花塔与金刚宝座塔

（一）中国中世纪出现的新塔形——花塔

花塔是寓意莲花藏世界的构筑物，其造型特征是将塔身上部作出三角尖锥形莲花藏佛国世界。自五代以来，受莲花藏密宗的影响，佛塔的建造出现了一种变体的新造型塔，习惯上称之为花塔或华塔。现知西夏境内有一例遗存。

西夏花塔——敦煌成城湾花塔。位于莫高窟南成城子湾古城北（图 4-59）。平面八角形，单层，直径 3.98 米，边长 1.65 米，通高 9 米。下叠两层束腰基座和一层莲座，上立收分显著的塔身。塔身每角各塑出八角倚柱，柱间塑阑额，柱上塑把头绞顶造上承替木的简单铺作，塑出的泥道栱作翼形栱状。补间铺作与驼峰相似的变形叉手。铺作之上以混枭、仰莲出檐，顶塑垂脊八，再上为束腰座，座上粗壮之相轮部分四周错落塑出莲瓣七匝，每瓣尖端各立单层方塔，共 80 瓣，每瓣塑小方塔 1 座，现存 56 个小塔。最上一匝莲瓣的中间，建八角基座，上置大型方塔一座。方塔顶露有木刹柱。该塔塔身外四斜面原塑天王像，布局与前述慈氏塔同；塔内室壁画风格亦近慈氏塔。但此塔只用阑额，不施普柏枋，与莫高窟现存四座宋初窟檐同，因疑其建年较慈氏塔略早。

图 4-59 敦煌成城湾花塔

花塔擦擦。西夏寺庙、佛塔遗址内出

土有大量陶模塔（又称塔婆、擦擦）塔模多呈球桶状尖锥体，尖锥体塔身上堆塑刻画出莲花藏的三角形尖锥体，周围一层层、一圈圈刻塑出密密麻麻小佛塔，有的塔模腹身彩画成莲瓣花纹，形状和色彩表现为莲花藏花塔。如青铜峡108塔区出土的陶模塔、拜寺沟口双塔后院堆积中出土彩绘小陶塔（图4-60）。

图4-60　108塔区出土擦擦（左、中）、拜寺口双塔北岗土塔林遗址出土的彩绘擦擦（右）

（二）金刚宝座塔

金刚宝座塔是佛教密宗金刚界供奉五部主佛舍利的塔，此类塔以方形台座为界，中央大塔，四角边立小塔组成一个完整的构筑体。西夏皇室在甘州创建的大佛寺，原本中有一金刚宝座土塔，因毁于地震，坍塌无存。现存弥陀千佛土塔是受到西夏金刚宝座塔建筑影响的明代重修之物（图4-61）。大佛寺创建于西夏永安元年（1098年），原名"迦叶如来寺"，元代改称"十字寺"，明成祖敕命"宝觉寺"，清康熙敕改"宏仁寺"。弥陀

图4-61　张掖大佛寺弥陀千佛塔

千佛塔位于寺中轴线卧佛殿后，砖土结构，原名弥陀千佛塔，属密宗覆钵式金刚宝座塔。主塔高33.37米，下为高大的四方形台座，座四周有重层回廊环绕。基座为两层十字折角形须弥座。塔身覆钵粗大，其上又为须弥

座，座四周开小龛，内置佛像。塔顶为十三重相轮，再上为刹盘，盘上置宝顶。八座小塔作双层，即在第一、二层台座四角上各建一塔。大佛寺承袭西夏佛寺建筑的遗风，藏密艺术风范很浓，故推测该土塔系仿原建型制而重修。①

六　复合变体塔

自唐代以来由于佛教文化的普及和密宗的大兴，带动了佛教建筑艺术的创新发展，使五代以后佛塔的构造形制和饰装出现了争奇斗艳的转变。西夏在承袭中原古塔传统的同时，将自己本民族本地域接受藏传佛教影响的风俗，引入修造佛塔之中，发展了佛塔修造技艺和工艺，因而出现了显现西夏独特文化的复合型变体塔。

（一）宏佛塔

宏佛塔是西夏早期修建的楼阁式塔，后地震损毁了其三层楼阁式塔身之上的部分，西夏中后期由于藏传佛教的东进，喇嘛上师在残存的三层楼阁上增修了覆钵式塔，以彰显藏传佛教的兴旺。现存宏佛塔的复合式建筑结构，有楼阁式塔、覆钵式塔这两种形式合二为一的特点，显示了汉传佛教和藏传佛教在同一时期的融合与包容，也显示了西夏汉传佛教发展在先，藏传佛教弘传在后的时代特征（图4-62）。

宁夏贺兰宏佛塔 　　辽宁大城子塔 　　房山云居寺塔 　　蓟县独乐寺塔（复原图）

图4-62　复合变体塔

---

① 见国家文物局主编《中国文物地图集·甘肃分册（上）》，第352页、下册320~321页。

（二）西夏陵陵塔

西夏王朝将佛教信念和文化引入陵墓建制与葬俗中，陵台修造成塔式，称陵塔，有九级、七级、五级之分。位于陵城西北隅、墓室的正后方。这种塔式陵台是西夏塔建筑中的独创。① 以三号陵地面建筑遗迹为例，陵塔外貌似尖圆顶的窝头状，全部用黄土夯筑而成（图4-63、4-64）。塔基呈圆形，直

图4-63 三号陵全貌

径37.5米，周长118米，塔身7层，每层均呈斜坡状残台面，台面上有板瓦、筒瓦、瓦当、滴水和兽头等建筑构件残片。根据考古资料，平地起建为圆形塔基座，其上夯筑七层实心塔。夯土塔体内有一层层的横贯长枋木，每层横木均通到塔体表面。横木挑出塔体的端头，可支撑塔檐。陵塔壁面均抹有赭红色墙皮，塔的每层檐面铺有板瓦和筒瓦，檐头装饰瓦当和滴水，斜脊前端套饰兽头，其上安坐嫔伽。塔顶平台上留存一圆木坑，估计为相轮等塔刹支柱。从正面看陵塔外装修，应是红色塔身绿色琉璃塔檐，色彩分明鲜亮，塔体敦实而雄美。②

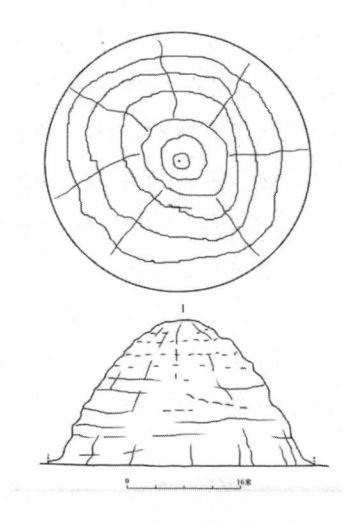

图4-64 陵塔平、立面示意图

---

① 见宁夏文物局委托中国文物研究院编制的《西夏陵保护规划》2001年7月印发文本41页《宫城的塔式建筑》。
② 见宁夏文物考古研究所与西夏陵区管理处编印的《西夏三号陵——地面发掘报告》第三章第九节，第284、322页。

西夏王陵的建造还吸收了吐蕃藏王赞普墓与回鹘王逐级起建灵台的传统。[①] 将帝王陵墓的陵台修造成中国传统的密檐塔与覆钵式塔相融合的复合变体塔式陵塔，这在中国古代帝王陵寝建筑史上是一大创新。

第三节　西夏佛塔的建筑特征与装饰风格

西夏佛塔早期继承了唐宋佛塔建筑传统，中后期受到藏密的影响，在建筑结构、造型和饰装风格上有了显著的变化，显现了西夏佛塔建筑的时代特征。

一　建筑特征

（一）建筑结构特征

1. 西夏前期重修和倡建大型佛塔的建筑特征

主要表现在塔室下和塔身上构筑有地宫与天宫。据碑刻记载，西夏立国之初，"构筑舍利连云之塔"，建地宫、天宫，埋藏和贮藏佛舍利的金棺、银椁、铁匣、石匮、锦衣、宝物和大藏经。西夏建有天宫装藏供奉法物的塔有拜寺口双塔西塔天宫和宏佛塔天宫（图4-65、4-66），出土了大量精美的法物如佛头等雕塑、唐卡、绢画等。与唐代陕西扶风法门寺舍利塔地宫、[②] 天水永安寺舍利塔地宫、泾川古城覆斗式舍利石函、[③] 河北定州静志寺塔基地宫、[④] 安徽无为宋塔地宫、辽朝阳北塔天宫、[⑤] 藏有石函、舍利、金银法物等的建筑形制相——此类塔又被称作法藏塔。

西夏大型佛塔，塔檐和塔刹宝顶的构筑与饰装较为讲究。有向上内收的叠涩和棱角牙子砖，有砖雕仿木构斗栱、普柏枋、角柱等。拜寺沟方塔与拜

[①] 见国家文物局编印《全国重点文物保护单位（第六批）》图册，西藏古墓葬：西藏山南地区琼结县公元7~9世纪历代吐蕃赞普墓，郎县金东乡公元9~12世纪列山墓群，就有圆形和方形墓台的陵台、陵塔类构筑图文介绍。

[②] 见国家文物局主编《中国文物地图集·陕西分册（上）》，陕西地图出版社，1998，第460~461页。

[③] 见国家文物局主编《中国文物地图集·甘肃分册（下）》，第118、535页。

[④] 见国家文物局主编《全国重点文物保护单位（第六批）》，文物出版社，2008，Ⅳ卷第175页。

[⑤] 见国家文物局马自树主编《中国边疆民族地区文物集粹》，上海辞书出版社，1999，第106页。

图 4-65　拜寺口双塔西塔刹座下正中圆形穹隆顶天宫侧室内预留门洞

图 4-66　宏佛塔刹座下正中方天宫被叠涩方砖覆盖

寺口双塔都有彩绘。从双塔西塔粗壮的塔柱木和刹座平台上的八角石础中架柱木，也可看出华丽的宝顶伞盖。拜寺口双塔西塔上部塔檐上放置一绿琉璃套兽，东塔塔檐平座上放置一灰陶套兽，造型、尺寸与西夏陵区出土的套兽完全相同。留存的实物显示西夏佛塔较为华丽壮观。总体上体现出皇权与神权的威严、凝重、高显。

2. 西夏后期重建和创建的佛塔建筑特征

西夏中后期由于与青唐联姻，与吐蕃的交往关系，后弘期各流派大德高僧纷纷北上，受西夏皇室之礼敬和接纳，藏传佛教礼仪和建筑文化被大量引进，各型覆钵塔、单层亭阁塔、单层叠涩尖锥塔、复合变体塔等在西夏辖境各地纷纷兴起。

（二）装饰特征

拜寺口双塔中的西塔，是现今所能看到被华丽塑画饰装过的西夏佛塔中较为完整的唯一实例。东塔虽有饰装，但较简陋粗糙。

1. 拜寺口西塔塔身装饰

此塔除底层平素无饰外，第二层至第十三层塔身和塔刹上均有彩绘影塑造像和兽面、流苏与角饰，各层塔檐也有檐上瓦垅与檐面上宝珠塑绘，及棱角牙子砖上的敷彩。塔身二至十三层八面正中各开一长方龛，共 96 龛，每龛各影塑一尊佛教造像，至今保存较完整者 67 尊，部分层面龛存像毁，仅留下壁面造像针孔墨线粉本。这些龛内影塑造像，有精心设计的布置规律（图4-67）。三层四层各龛内为各种姿态造型的中式立僧像，五层六层各龛内为各种姿态神情的中式罗汉坐像；七层九层各龛内为持有不同法器的藏式护法金刚像，八层、十层至十一层各龛内为不同姿态的供养天女像；西塔塔

西塔二至五层龛中唐密式造像影塑

西塔七层以上龛中藏密式影塑造像

西塔上部塔檐平台上发现的琉璃套兽

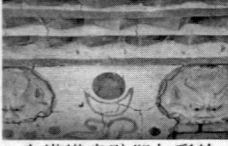

西塔塔身二层以上各面正中佛龛中有影塑，塔身彩绘

西塔塔刹八角莲座台角部力士塑像

东塔塔身贴塑与彩绘

西塔第三层龛脱落影塑露出炭粉与针孔线遗迹

图4-67 拜寺口双塔塔身彩绘与影塑装饰

身各层壁龛中的影塑，从造像人物造型和题材内容上分析，属中原密宗和藏密两类艺术形式，反映了西夏佛教艺术继承两种佛教文化传统，和谐交融于一座寺院塔体之内。[①] 十二层各龛塑有象宝、马宝、兵宝、女宝、主藏臣宝、轮宝、珠宝，另加一供养人坐像，合称"八宝"；第十三层各龛内塑有宝轮、盘肠、宝罐、宝伞、宝鱼、宝花、宝盖、宝螺，合称"八吉祥"，突显藏密装饰特征。佛龛两侧壁面塑画有口衔联珠流苏的兽面，二层各面全毁，其余各层兽面均有不同程度损毁。兽面可分为两种造型：第五层至第十三层的兽面形制相同，呈不规则圆形，两犄角呈倒八字，粗眉上挑，双目外瞪，鼻孔形似猪鼻，大嘴上咧，獠牙外露，相貌狰狞恐怖。兽面皆口衔七串红绿两色联珠流苏，联珠流苏下垂呈扁面弧形，与相邻壁面联珠流苏连为一体，相互呼应；第三层至第四层兽面造型与

[①] 见于存海《拜寺口双塔》，载《中国古代建筑·西夏佛塔》，第84~88页。

其上各层兽面相同，兽面上部有卷云纹饰，有的兽面上部正中还有一"王"字，东塔贴塑兽面突出长猗角和向下俯视的兽眼，使兽面更有动感。兽面纹与西夏陵瓦当饰纹相同。西塔塔身二层以上各壁面塑绘兽面流苏布满了每层壁面正中像龛两侧，体现了回鹘等草原民族装饰特征。每层塔檐上有瓦垄状塑檐，檐面上有宝珠粉装带替代勾头滴水，檐下棱角牙子砖用红、蓝、绿三色相间彩绘。塔刹八角束腰须弥座转角处下部各塑一护塔力士像，高约 60 厘米，头戴山形冠帽，粗眉上翘，双目下视，下颌紧贴胸，双乳下垂，双膝屈跪，背负刹座。护塔力士的基本形象与西夏陵碑座人像特征类似。

2. 藏密塔的彩绘表现突出，如青铜峡 108 塔土坯塔身和河西各地土塔、土坯塔上的密教装饰（图 4-68、4-69）。

图 4-68 青铜峡 108 塔土塔彩画装饰 　　图 4-69 莫高窟党河岸边土塔彩绘装饰

（三）佛塔的用材和砌筑技法

1. 佛塔的用材

西夏佛塔木塔少、砖塔多，大量使用的建筑材料主要是砖，木材多用于塔柱木和举架大柁梁、架柱木、角木、塔室内井字形撑木，以便稳固宝顶、悬挂套兽和风铃等装饰构件。其砌筑采用唐宋传统的技法进行。民间修造的佛塔体量小、种类繁杂，多为黄土夯筑或土坯砌筑，也有砖石木和夯土混筑等不同用材，其筑造技法主要是沿用西部地区夯筑或砌筑技艺进行。拜寺沟方塔、宏佛塔、拜寺口双塔在西夏佛塔建筑中，大体代表了西夏早、中、晚期使用不同材质和技艺的水平（图 4-70）。

图4-70 拜寺口双塔东塔，塔身用砖砌筑

(1) 拜寺沟方塔用材

条砖：多为大、中、小三种规格，大38.5厘米×19厘米×6.5厘米，中32厘米×18厘米×5.5厘米，小30×18×4.7厘米，以中号砖数量最多。用砖砌筑塔身实体。尚有长33厘米~35厘米、宽16厘米~19厘米、厚4.5厘米~5厘米者，仅为少数。

方砖：量少质坚硬，主要用于构筑方塔各层叠涩檐上下部位，规格为36.5厘米×36.5厘米×6.2厘米。

戳记砖与手印砖：这类砖中以"李"字戳记模印砖为多，规格为33厘米×18厘米×5厘米，还有尚无法识读的文字戳记模印砖三种，其尺寸略小。在部分长砖上还有工匠手掌印痕，与西夏其他建筑遗址中发现的手印砖相似（图4-71）。

拜寺沟方塔残体砖层　　　　戳记砖印模

拜寺沟方塔戳记长条砖

图4-71 拜寺沟方塔带戳印长条砖

该塔在修构筑的实心塔，自塔底层至塔顶装设有贯顶的塔柱木，隔层之间还装设有槽心木、角木和大柁梁，其材质为贺兰山采伐的松杉加工而成，

并开凿出相互勾连的榫卯相结合。主要有以下用材。

塔心柱：该塔被炸毁后，据初次赶到现场的考古人员目睹，共有柱头带有榫卯子母扣的塔心柱木8根，暴露在砖塔废墟扇面上的2根为直径30厘米、长近3米的圆柱木，柱身上刷为粉红色；其中6根为八棱柱木，柱径为22与25厘米，全长有610厘米、残长455厘米、长约237厘米不等，其中一根上有汉文和西夏文墨书题记。题记书写在削刮的棱柱面上，也有未削刮干净的文字遗迹，说明该木为旧物再次被用作塔柱木。在最上层圆柱木顶端和无文字的八棱柱下端的榫卯口，与最上部的大柁梁中间穿孔榫卯口相吻合。在被泥石流淹埋的塔身底层（三层），未毁的砖塔筑体中裸露着半截塔柱木。

大柁梁：大柁梁是砌筑塔身时埋设在塔身平面中间的横梁，与塔心柱木相接连。故在现场发现的4根柁梁（长265厘米～275厘米、厚17厘米～21厘米、宽42厘米～45厘米），平面中心有直径12厘米～13厘米和直径27厘米的凿孔，为与塔柱木相契合，起到稳固塔身的作用。

槽心木：此木在废墟现场发现4根，断面为圆形，木中心有槽口，两整两残，长243厘米～245厘米，直径17厘米～20厘米，槽口长56厘米、深7厘米。推测为塔刹顶上装设架柱木的构件（图4-72）。

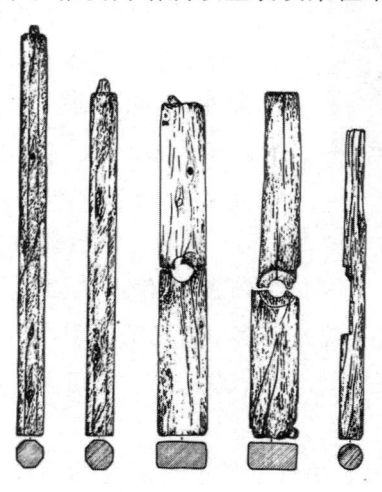

拜寺沟方塔八角形木柱、大柁梁、槽心木　　　固定塔心柱用的横柁梁

第三层塔心室残留塔心柱

图4-72　拜寺沟方塔用材

小长圆木：一根，残长134厘米、直径10厘米。

小长方木：有三种规格，皆刨光，带榫头两根，两端出榫，其中一根长69厘米、宽10厘米、厚5厘米；带卯口的一根长70厘米、宽15厘米、厚6厘米，卯口开在厚面上；无榫卯的一根长120厘米、宽20厘米、厚6厘米。推测为塔檐角上装设的角木，用于悬挂套兽和风铃。方塔木材标本经中国文物研究所监测室检测，横梁木标本距今895±90年，树轮校正年代距今855±100年。

除砖木外，未发现其他材质的建筑构饰件。①

（2）宏佛塔用材

宏佛塔砌筑所用的砖，基本为方砖和长条砖两大类，以方砖居多半（图4-73）。

方砖：宏佛塔砌塔体的方砖有三种：素面方砖、沟纹砖、手掌印痕砖。素面砖的规格同手掌印痕砖基本相同，为37厘米×37厘米×6.5厘米（手掌印长18厘米、宽15厘米）。沟纹砖的规格较手掌印痕砖大，多为39厘米×39厘米×7.5厘米；有少量沟纹砖厚大一些，为47厘米×39.5厘米×8.5厘米。相当数量的沟纹砖正中有一"固"字戳

手印方砖与手印长条砖

勾纹"固"字戳记方砖与忍冬纹浮雕长方砖

图4-73　宏佛塔多种规格砌砖

记，少量砖上戳记为"沉泥"二字。沟纹砖曾是辽塔中常见的砖型，出现在宏佛塔砌体中，传递了西夏这座佛塔与辽塔的某种信息关系。该塔无论塔身还是塔檐多用方砖砌筑。

长砖：宏佛塔砌塔所用长砖，主要用于填补方砖砌筑塔身的错茬与对缝。其中有手掌印痕砖、忍冬纹砖、划线砖、素面砖四种，以手掌印痕条砖

---

① 宁夏文管会编《西夏佛塔》，文物出版社，1995，第45~46页。

最多，规格为37厘米×18厘米×6.5厘米，素面砖次之，一般规格为37厘米×18厘米×6.5厘米，也有少量特大号素面长砖为42厘米×22厘米×8cm、41厘米×20厘米×8厘米。忍冬纹砖总共发现57块，规格为36厘米×18厘米×6厘米。这些忍冬纹砖全部砌在楼阁式塔的第二层塔檐上，砖的一面浮雕忍冬纹。划线砖仅发现4块，规格较小，为35厘米×17厘米×6厘米，砖的边沿刻划出一道边框线。

木材：宏佛塔乃空心砖塔，在空筒式塔室内，未见木质构件残迹，仅在檐阁式塔身檐角发现有角木残迹，在上部覆钵式塔身刹座下（第19层）砌砖层正中，发现有塔中心柱方孔孔径23厘米~32厘米，至第30层砌砖层，见中心柱方孔用一厚木板遮盖，木板为长方形，长183厘米、宽32厘米、厚9厘米，此木板为安置中心柱的横梁木。木板上部的方孔保存有一段残朽的直径为16厘米、残长为87厘米圆柱木。木板下方为天宫梯形槽室口。塔中心柱木，显然是为固定装设刹顶的塔柱木（图4-74）。这三种塔身构件朽木，经中国文物研究所标本监测室C_{14}检测，中心柱距今1140±100年，树轮校正年代距今1080±105年；横梁木距今1050±90年，树轮校正年代距今995±95年。

图4-74　宏佛塔塔心木柱

（3）拜寺口双塔用材

拜寺口双塔砌筑塔体用材较为规范，主要是大量使用长条砖砌筑，方砖不多，主要用在天宫穹室铺地木板上。因双塔为八角十三级空心砖塔，在空筒式塔室内装设木梁，在天宫装设横柁梁矗塔柱木与地板，在塔刹座上装架柱木等。用木材加工构件较多，同时在塔檐上发现装剩的灰陶套兽和绿琉璃套兽各一件。在塔刹座平台上置放在矗架柱木的石础各八块。这与拜寺沟方塔和宏佛塔用料稍有别（图4-75）。

砖类中主要是长条砖。西塔用长砖规格一般为36厘米×18厘米×6.5

| 西塔刹座台角石柱础 | 西塔刹顶塔心柱竖中木 | 东塔刹座台角石柱础 | 东塔刹顶塔心柱竖铁管 |

图 4-75　拜寺口双塔建筑用材

厘米，东塔用长砖规格一般为36厘米×18厘米×6厘米，差别不大；方砖规格为36厘米×36厘米×7厘米。

　　塔上装设木构件：塔室内隔层平行装设横梁两根，互为平行垂直交错设置。横梁为方木梁，规格20厘米×15厘米，长在300厘米左右。塔身每层塔檐角装设有角梁，角木已糟朽，西塔角梁孔径为宽15厘米、高20厘米，东塔角梁孔径为宽12厘米、高17厘米；在塔刹座中装设有直径为30厘米的圆形塔柱木，残高650厘米，从天宫穹室内透出相轮顶，塔柱木下端落在天宫穹室地面正中十字交叉的横柁梁上，柁梁上覆盖有厚7厘米的木板，将空筒式塔室与天宫穹室分隔。在塔刹平座上八角内置放八个石柱础，其形制大小相同，西塔圆石础直径为46厘米、厚12厘米，石础直径为50厘米、高16厘米，均为平底，微弧，雕饰有莲瓣纹，石础中有一7厘米方孔，孔内架柱木已糟朽，是为了固定装设在其上支撑塔刹顶端宝盖的八根架柱木；东塔刹座相轮中装设的是外径为40厘米、内径为32厘米的铁套管替代塔柱木，透出相轮顶支撑装设宝盖的。塔柱木和架柱木上书写有梵文和西夏文墨书题记。东塔塔心室内似装设有楼梯的遗迹，西塔未发现。经中国文物研究所监测研究室检测，西塔塔柱木 C_{14} 测定年代为距今875±60年，树轮校正年代为835±70年，角梁的 C_{14} 测定年代为距今875±60年，树轮校正年代为距今815±70年；东塔角梁的 C_{14} 测定年代为距今810±60年，树轮校正年代为775±70年。

　　2. 西夏佛塔砌筑技法

　　西夏前期所重修和砌筑的砖塔，承袭唐和五代以来的传统，多用黄泥浆作为砌筑砖层和勾缝的粘合材料。为了稳固塔身，隔层设置横梁木与塔柱木相勾连，以增加抗震的剪力。在实心塔体设置贯顶的塔柱木，与在空筒式塔室内隔层交岔设置平行木梁一丁一顺，压茬交错砌筑的塔体和塔壁相衔接。并在塔身各层级之间叠涩砌出突出的奇数砖檐和棱角牙子砖，增加塔身分层级的形体之美。有的塔在檐上檐下还砌筑出腰檐平座和栏枋与檐角斗栱及普间斗栱，砌筑出塔刹平座与束腰莲座和相轮。磨砖砌制的方法体现了工匠熟练的技艺。

二　与辽、宋、金、回鹘、吐蕃塔之异同

西夏佛塔的构造形制和饰装风格，吸收了唐宋、辽金、回鹘、吐蕃各代佛教建筑文化传统，加以创新发展，成为地域特色和民族特色鲜明的西夏佛塔文化。

（一）与同时代周边各族塔的相同点

（1）在建制上相同，都将佛塔作为佛寺禅院的主体建筑，建造在寺院或中心。

（2）在构造形制、檐饰、层级、形体布局、天地宫与门龛设置、构建材料和装饰手法的运用上，从平面布局到体型结构、层级饰装、施用的技法与手段、材料的选用等，基本承袭了唐宋佛塔的建筑传统和营造法式，后期引入藏传佛教佛塔建筑，积极吸收和借鉴了宋、辽、金、回鹘、吐蕃佛塔建筑传统，从装饰纹样到色彩描绘突出了西部特征。西夏佛塔是中世纪中国各地各类型古塔建筑之大荟萃，也是中世纪中国各地古塔建筑文化和谐交融的结晶。

（二）与同时代周边各族塔的不同点

（1）西夏佛塔与辽、宋、金、回鹘、吐蕃塔的最大不同点反映在佛塔的类型上。北宋、南宋有各种构造形制的楼阁式塔、密檐式塔、花塔、单层叠涩尖锥塔、亭式塔，各种形制的大小不同的木、砖、石、琉璃塔，以楼阁式塔居多，但未见覆钵式塔。辽、金虽也有各种楼阁式塔、密檐式塔、华塔、复合式塔、亭式塔，大大小小的木塔、砖石塔，并以密檐式实心塔居多，但也未见有完整的覆钵式塔。回鹘与吐蕃，虽然有各种形体的覆钵式塔、覆钵式塔林、塔庙塔、庙窟塔，且多为夯土塔或土坯砌筑塔，但未见有砖木构筑，缺少高大而整齐划一的楼阁式塔与密檐式塔。西夏佛塔兼顾了中原地区和西部边地的各类塔形与塔式。它囊括了中国古塔的各种类型和形制，使之成为中国各式各样古塔的博物苑。

（2）西夏新构筑的佛塔，无论大型砖木塔，还是小型土塔，多为空心塔。多有彩绘和塑画装藏，使佛塔礼拜纪念的象征性功能扩大为法物装藏实用性功能建筑。辽、宋、金朝修造的塔多为佛陀的崇拜纪念建筑置于寺院之中，有的作为象征性建筑，密檐式塔多为实心建筑。

（3）西夏佛塔在形体结构和外表装饰上较为简洁明快，无论是方形、八角形、十字折角形的楼阁式塔或者密檐式塔，多为平地起塔的空间式构筑体。在塔身和塔室内的饰装上，多以塑画为主，饰装粗犷浓重，雕饰较少，与辽、宋、金塔结构上的多变与装饰上的繁丽细腻有较大区别。

（4）西夏佛塔因自然环境和经济条件所限，多为砖塔和土塔，而宋、辽、金塔多为木、石、砖、琉璃塔，未见土塔。

本章小结

西夏王朝修缮、重修、新修佛塔的活动，与该王朝相始终。皇帝和皇室修建的佛塔有明确纪年和倡修人的有 7 座；迄今发现并注录在《中国文物地图集》上的有百余座。佛塔建筑如此之多，一方面表明西夏是一个以佛立国的国家，另一方面也表明了国家的经济实力。现在留存的或经后朝重修的佛塔，多为皇家官式建筑。在都城兴庆府附近的佛塔，在当代维修中发现，有西夏年号、题记和皇家大法会有关的佛塔不少。无论塔的设计、材质选定、装饰的繁简，均代表官方的意志和经济实力。这类塔历代都进行维修，如承天寺塔、拜寺口双塔、拜寺沟方塔等，所以能保留至今。1227 年西夏覆灭于蒙古，代表西夏国政权的建筑如宫殿、中央衙署等都摧毁殆尽，但代表佛教文化的建筑大多保留下来，比比可见。西夏疆域除银川平原外，大多干旱少雨，民间所建的土塔遗址大多得以保存，成为今天认识和研究西夏建筑文化的主要标本和实物资料。将西夏佛塔放入中国古塔建筑文化体系中，与同时代同类型的佛塔在形状、结构、装饰艺术、建造技法等进行比较研究，西夏佛塔建筑文化具有丰富的内涵。

第一，西夏佛塔的建造首先承袭的是中原佛塔建筑文化传统。西夏前期皇室倡建的佛塔，基本遵循唐宋的寺塔建制，将楼阁式塔和密檐式塔作为主体建筑，建在寺院中心位置，原有的遗留仍按原建筑保留原型原式。新倡建的佛塔仿效辽、宋、金，主要建筑楼阁式和密檐式塔，在塔下增修地宫，在塔身建塔室，在塔刹建天宫，用来装藏圣迹和供奉物。塔的外立面装銮也是按照营造法则和天盛律令的规定。

第二，吸收周边古代民族建筑文化元素，类型丰富。有的加以改造，营造了结构、形象比较特殊的塔。西夏开国之君李元昊，在兴庆府东高台寺建高数十丈的诸"浮屠"，是仿效辽圣祖在祖州庆陵建造的两座密檐式塔和奉邑建造八角形楼阁塔，虽高数丈，但不拘泥于形式。宏佛塔下层的三层八角形楼阁式塔和上层覆钵式塔构成复合式塔，也可属是"花塔"的一种类型，显示出受到周围"花塔"的影响。元昊将佛塔建筑引入帝王陵园建筑，将中原皇陵地宫之上的方形陵台建制一改为有层层密檐的土塔，成为塔建筑的杰作。在佛塔的类型上，凡是中世纪国内其他民族有的，在西夏疆域内都能找到整体建筑或遗址，或在西夏绘制的壁画图像中也能看到。西夏佛塔类型之多，几乎可称为中世纪佛塔建筑的博物馆。

第三，在材质的运用上，充分吸取中亚民族尤其是吐蕃、回鹘造塔就地取材的办法。西夏皇室在兴庆府附近修塔时，仿效回鹘、吐蕃和鲜卑筑高台的传统，将寺塔修筑在黄土高台之上，起到防湿、加固、高显作用。

第四，引进域外新型佛塔建筑。覆钵式塔通过丝绸之路进入西夏。塔身样式多种，有覆钟状、球状、桶状、折腹状等。如在东千佛洞壁画八塔变相中的单阁塔，造型特殊的塔龛两边的柱子装饰有红、蓝、绿、青宝珠，还绘有立狮，塔顶六层绘有西方图案式的卷草、莲花，塔内人物佛的头饰是尖髻顶，胁侍菩萨半裸，身材呈"S"形。人物造像是典型的波罗风格，是西夏通过丝绸之路引进的新的建筑。不排除此时期天竺僧人和吐蕃僧人在进入西夏境内的同时，将此类建筑式样和技术也带到西夏。

西夏佛塔传承了中国古代佛塔的建筑文化传统，吸收多民族、多地域的建筑风格，将中原传统、西域传统、吐蕃传统、回鹘传统等佛塔建筑与本民族的审美取向完美结合，使西夏佛塔建筑表现出类型丰富多样、造型粗犷雄浑，充分体现了西夏佛塔建筑文化的区域特色和民族特色。因此，西夏佛塔建筑是承前启后，多元荟萃的优秀中华民族遗产。

第五章　西夏城池堡寨建筑

　　党项族多聚族而居，一家一帐，小族数百帐，大族千余帐，从逐水草、食畜牧的游牧群体，向东内迁逐渐走向定居的历史过程中，为满足部落联盟政治、经济、军事、生产和生活的需要，在继承和利用域内原有城池堡寨的同时，也开始了自己修筑城池的历史。党项人构筑城寨的活动，当始于五代夏州政权时期。而作为建立王朝的一项重要活动，则始于宋大中祥符五年（1012年）李德明开府建基于怀远镇预备立国之时。在修建都城之后，开始修建各州府的州城和城以下的堡寨、各军司驻防地的军司城与堡寨和障堠、储备粮秣草料的仓城等构筑。都城、州城、军司城、堡寨、障堠、仓城等公共建筑，在西夏社会生活中发挥着各自的功能和作用，这种构筑活动与西夏王朝相始终，直到西夏王朝被蒙古铁骑所灭。

　　自20世纪80年代以来，经宁夏、甘肃、陕西、内蒙古与青海省等省区多次进行文物普查和重点遗址的考古勘测与调查，在西夏故地发现了许多宋夏时期的古城址、古堡寨、烽堠、壕堑等夯土建筑遗迹。经考证，其中有些是前代的构筑被西夏维修利用，有些是西夏或辽、宋修筑又被宋、夏、金毁损或重新修复，有些残存下来，有些仅存遗迹与遗址，有些被元、明、清修复或扩建利用后又被毁坏。经各地考古人员调查，国家文物局主编的《中国文物地图集》，登记、注录了西夏时期城池堡寨等类建筑的大概数量、分布、修建时间及保存状况等信息。

第五章 西夏城池堡寨建筑

第一节 西夏城池堡寨的建制与分布和保存状况

西夏自己构筑城池堡寨，始自李德明先后被辽、宋册封为西平王（1005年、1006年），又被辽册封为大夏国王（1008年）后，开府建基修造兴州城和省嵬城。元昊正式建国后，把许多以前的堡寨、城镇改为州，提高了地方政权建制和权力地位。西夏城池堡寨的构筑与建设，许多又是军事防御建设的一部分。西夏的城池堡寨分为府州与县两级，有的州县与军司同一治所。这些城池堡寨建筑是王朝的政治与军事和经济商贸交往需要，有计划有目的逐渐实施的一项建筑活动。

一 城池堡寨的建制

从文献记载和遗存实例分析，西夏城池堡寨的建制，基本承袭、仿效了唐宋城池堡寨构筑的建制和传统。可分为如下几类。

行政建制类：都城、府城、州（郡）城及其所辖县、寨等；

军事设施类：以军司城为中心的堡寨、烽燧、障址系列构筑；

特设城池类：皇室专用。

（一）都城

都城是王朝的统治中心，有内城与外城，有月城或瓮城，有皇城与宫城。内建有坛庙祠寺，有王朝的中央行政、军事、司法、礼宾等各职司的衙署，有皇室贵胄的府宅与仓廪府库，还有商业街市、民居里巷、街道牌坊及护城河沟等，规模较大。

西夏效仿唐宋城池，将都城选建在交通要冲、有水源的兴州。其平面布局和形制基本为东西向长方形，四面辟设带有瓮城的城门与马面城台，城门与城角设有城阙和门楼、角楼。城墙用夯土板筑，除城门与瓮城门用砖石包砌外，其他部位为夯土。

（二）府城

西夏除将兴州升为兴庆府作为都城之外，还有立国前灵州的西平王府城，及立国后升设的陪都凉州府与宣化府。府城的地位高于一般的州城与郡城，并视为陪都与辅郡，是仅次于都城的政治、军事、经济和文化中心。①

（三）州（郡）城

西夏号称长期据有 22 个州，其州城主要作为地方行政经济民事管理中心而建，有些分为大、小两城。州城规模较都府要小，周长多在三千米至一千米左右，与辽、宋、金的中下等州城相当。除作为一级地方行政治所和军事驻地的衙署、馆驿之外，也有寺庙、仓廪府库、畜圈及商业街市，并有护城壕堑相环绕。未见西夏将州城分等级，也未见分为汉地州或党项州，城内城外各部党项人及汉、回鹘、契丹、吐蕃等族人混居杂处。府州郡城、军司治所之外的城池堡寨，是隶属于都府、州郡和军司的下级单位，其建制规模小，构成上下管控的一个完整的建制体系。

（四）军司城

为了保障王朝的统治权宜和境内安全，西夏在其辖境分设 12 军司（后又增设监军司）。以兴庆府为中心，分为左右两厢，掌控全境四边的防务，并构筑以夯土为主的建筑防护体系。有的军司城与府州同为一城池，有的则单独修筑，规模与州城相当。边境地区隶属于军司的城池堡寨，主要依据军事防务和当时战略形势的需要，选择地形地貌合宜之处建造，隶属于军司管控，不会孤立存在。其平面布局和形制也多为方形或长方形，也有椭圆形或三角形，多为夯土板筑，并辟有瓮城、马面与城门（寨门），建有仓储，以供军需。军司城主要功能是驻兵防守，与周边沿线的烽堠、壕堑及堡寨等城防设施形成前后左右相互呼应的防卫体系。

（五）特设城寨

除上述两大类型的城池堡寨外，据文献记载和考古发掘证实，西夏还建造设立了一些独特用途的城寨。如 1010 年李德明建造的夏国王鳌子山王宫，1012 年李德明建造蕃部牧耕事务的省嵬城，李元昊下令建造的榷场和仓城（河套北部摊粮城与南部鸣沙的龙华台），在兴庆府西北部建造的皇室行宫沙城子古城等。

---

① 见戴锡章著《西夏纪》卷 25，宁夏人民出版社，1988，第 88、118、591 页。

二 城池的分布和保存状况

（一）府州城的分布与保存状况

据吴天墀先生考证，西夏实际占领和设置的州郡32个，在其固定领地内仅有22个，曾一度攻占后又失去和后期从金人手中割取与攻占的有10个。仿效辽宋，分设两府（兴庆府与西平府）为东西两京，还在边地设郡（肃州番和郡、甘州镇夷郡），后期又设过五原郡和灵武郡。这些府州郡城主要分布在河套之地的鄂尔多斯、陕西北部与宁夏北部和贺兰山西的河西地区。[①] 经勘查，有些城址尚存，有些已毁弃不存、无踪迹。见表5-1。

表5-1 西夏府州名表

序号	州名	州治（今地）	备考
1	夏州	现俗称白城子,属陕西省靖边县。城址尚存	北魏统万镇,唐改夏州兼为定难军治所、拓跋氏夏州政权根据地,宋毁,蒙古灭夏,州废
2	银州	陕西省横山县,城址尚存	即唐银州,原隶定难军。宋攻取,改为银州城,归夏。南宋初入金国,改称银川寨;州废
3	绥州	陕西省绥德县,城池被后代重修	即唐绥州,原隶定难军。宋废为绥德城;南宋改置绥德州。后仍为绥德州
4	宥州	内蒙古鄂托克前旗,存遗迹	即唐宥州原隶定难军。宋曾攻取。夏灭,州废
5	静州	初在陕西米脂县,后在宁夏灵武境。无踪迹	李继迁攻下灵州,以所属保静镇改置静州。元废弃
6	石州	陕西省绥德县西北,有遗址	由石堡城升。夏亡,州废
7	龙州	陕西省志丹县北30里。有遗址	本为石堡镇,元昊升为州

---

① 见吴天墀《西夏史稿》,商务印书馆,2010,第269~280页附录二。

续表

序号	州名	州治（今地）	备考
8	洪州	陕西省靖边县南,有遗址	即唐洪门镇。咸平时,西夏得洪门镇
9	盐州	宁夏盐池县北,有遗迹	即唐盐州。宋曾攻入。蒙古军灭夏,州废
10	灵州	宁夏吴忠市境内	即唐灵州。李继迁攻陷灵州,改为西平府。谅祚时置翔庆军。后地入蒙古,仍为灵州
11	韦州	宁夏同心县境,州城尚存	唐改安乐州为威州。宋攻取,咸平时入夏
12	西安州	宁夏海原县西,州城尚存	即夏人所称的南牟会。咸平后,入于西夏。宋占,置西安州。南宋初入于金,后归西夏
13	兴州	宁夏银川市,后代重修的遗迹	唐为怀远县,宋初为灵州的怀远镇。夏号兴州,升为兴庆府,后改为中兴府。夏亡,地入蒙古
14	定州	宁夏平罗县东南	唐为定远军,咸平中陷,为伪定州
15	怀州	宁夏银川市东南	咸平时入夏。夏亡,地入蒙古,州废。无遗迹
16	永州	宁夏永宁县	继迁攻取永州。夏亡地入蒙古州废,无遗迹
17	顺州	宁夏永宁县境	咸平中陷,夏亡,无遗迹
18	会州	甘肃省靖远县东北,有遗址	即唐会州。继迁曾攻破,后宋收复。南宋初金据其地,后仍为夏有。元初迁,称新会州
19	兰州	甘肃省兰州市,后代重修	唐兰州,唐末陷于吐蕃。宋收复建为帅府改熙州。南宋初入于金,西夏曾一度占领过

续表

序号	州名	州治(今地)	备 考
20	凉州	甘肃省武威,后代重修	即唐凉州。五代时,号称西凉府。元昊复取凉州。夏亡,地入蒙古,仍为西凉府,后降为州
21	甘州	甘肃省张掖市北,后代重修	即唐甘州。唐末为回鹘所据。夏亡,地入蒙古,仍称甘州,后改甘州路总管府
22	肃州	甘肃省酒泉市,有遗址	即唐肃州。元昊取其地,以肃州改为蕃和郡
23	瓜州	甘肃省安西县东,有遗址	即唐瓜州,唐末为甘州回鹘所控,后被元昊灭
24	沙州	甘肃省敦煌县东,有遗址	即唐沙州。先入于西夏。夏亡,地入蒙古
25	西宁州	青海省西宁市,有遗迹	原名青唐城,宋收其地建为鄯州,再复改为西宁州,1136年西夏取其地
26	乐州	青海省乐都县,有遗址	吐蕃邈川城。宋取其地改乐州,入于金,西夏占,州废
27	廓州	青海省化隆县南、黄河北岸,有遗迹	吐蕃地。宋收其地,置宁塞城,后为廓州。南宋初入于金,西夏占
28	积石州	青海省贵德县境,有遗址	吐蕃溪哥城。南宋初入于金,归西夏更名祈安城
29	胜州	内蒙古准格尔旗十二连城,有遗迹	即唐胜州。五代时契丹攻占,迁至东胜州城,此城废。景祐中,为夏国所并
30	麟州	陕西省神木县北	宋曾割于西夏,后陷于金国,又为夏人夺
31	府州	陕西省府谷县境,城址尚存	南宋初入于金,公元1140年,西夏攻拔府州
32	丰州	内蒙古河套东部,存遗迹	宋初置丰州,后入西夏,不久宋又收复

（二）军司城的分布与保存状况

西夏初期把全国划为十二个地方军区，分为左右两厢，共设十二监军司，每一监军司都仿宋制立有军名和规定的驻地，并修筑有军司治所的城寨。其名称与驻防地见表 5-2。

表 5-2　西夏军司城名表

序号	军司名	驻地治所
1	左厢神勇军司	驻夏州弥陀洞。有遗迹
2	祥祐军司	驻石州，在米脂西北。有遗迹
3	嘉宁军司	驻宥州。有遗址（即鄂托克前旗城川古城）
4	静塞军司	驻韦州。有遗址（即同心韦州古城）
5	西寿保泰军司	驻狼山北。有遗址
6	卓罗和南军司	驻兰州之黄河北岸喀罗川侧。有遗址
7	右厢朝顺军司	驻兴庆府西贺兰山区的克夷门。有遗迹
8	甘州甘肃军司	驻甘州，在唐山丹县故地。有遗迹（即山丹古城）
9	瓜州西平军司	驻瓜州。有遗址（即锁阳城）
10	黑水镇燕军司	驻肃州境北域，此黑水即今额济纳河。有遗迹
11	白马强镇军司	驻盐州。有遗址（内蒙古学者认为在吉兰泰盐池处）
12	黑水威福军司	驻汉居延故城附近，有遗址

谅祚时还在西平府设翔庆军司，以总领兵事。[①] 还增设过监军司，如西平监军司、黑山威福军司等。乾顺时也增设过军司。

从上述西夏州城和军司城列表中可以看出，西夏设置的州郡与军司城池，基本上是其辖地内亦耕亦牧的农业区。这些地区开发较早，经济发达，人口较多，是西夏王朝统治的核心地区。其他大片地区是荒漠和山地，是包括党项平民在内的草原民族驻牧之地。军司城池下还建有堡寨，有些与州郡城为同一治所，有些则是单独建立的城池堡寨，并在其防卫地沿边筑烽堠、障壕。

---

① 见吴天墀《西夏史稿》，第 194~195 页。

第二节　西夏城池堡寨的构造特征

西夏城障堡寨的构筑，延续和继承了中国北方地区自秦汉以来修造城障堡寨的传统，主要是利用黄土夯筑高大厚重的墙体，兼用砖石包砌墙体和辟设门洞或门道的构筑方式，进行营造和修缮。

一　都城兴庆府的构造特征

西夏王朝的疆域、统治的人口数量和经济实力，远不及宋、辽、金，再加上该地资源缺乏，都城建造相对简陋。当年建造的都城已无基址可寻。从文献记载中看，无法与北宋的东京汴梁、西京洛阳相比；也与辽契丹贵族和女真贵族建立的五京各都城相差甚远。为了显现其在西北的独尊地位和气派，西夏王朝仿效辽宋刻意在怀远镇大兴土木，精心设计营造了作为都府的兴州城，李元昊将其升为兴庆府，后期又改称中兴府。由于蒙古军的毁灭，元、明、清在原址的改建，西夏城址已难探测到，只能从后人的记载中略知一二。

（一）有关兴庆府城址的记载

1. 《嘉靖宁夏新志》和《乾隆宁夏府志》的记载

志书记载，明清宁夏府城始筑于唐仪凤三年（678年），为怀远县；西夏在此定都，称兴庆府，周18余里，护城河阔10丈；元设宁夏府路，元末因寇乱难守，弃城西半，修筑东隅，高三丈五尺；明时为宁夏镇、宁夏卫城，正统间因人口增长，复筑所弃，全部城墙甃以砖石；清为宁夏府城，几历震毁与重修，并在城墙原址基础上内缩二十丈。清代府城周长8.0公里，东西长2.5公里，南北宽1.5公里。城墙系夯土包砖筑成，高9.3米，基宽9.6米，顶厚4.6米。城门六座沿袭旧名，东曰清和，西曰镇远，南曰南薰，北曰德胜，西北曰镇武，西南曰光华，上皆建楼，"楼皆壮丽"。四个角楼，"尤雄伟工绝"。"文化大革命"中城门及城墙大部分被拆毁，现仅存西城墙一段和南薰门一座。[①] 明清两次修复的宁夏府城是在西夏兴庆府城旧址上修复的，粗见西夏遗风，城墙用砖石包砌。明《嘉靖宁夏新志》中有府城图（图5-1，5-2）。

---

① 见国家文物局主编《中国文物地图集·宁夏分册》，第247页。

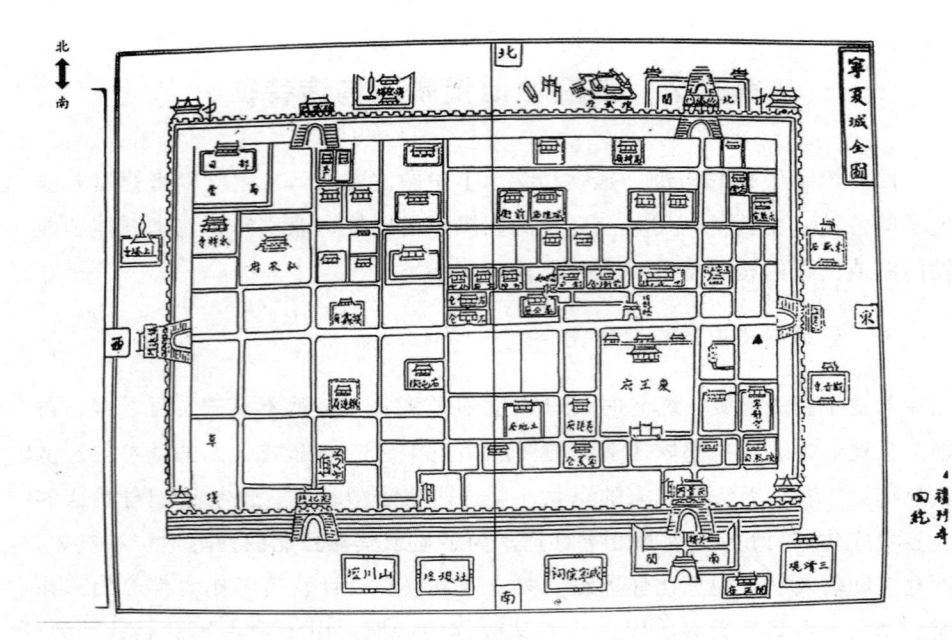

图 5-1　明代宁夏城图

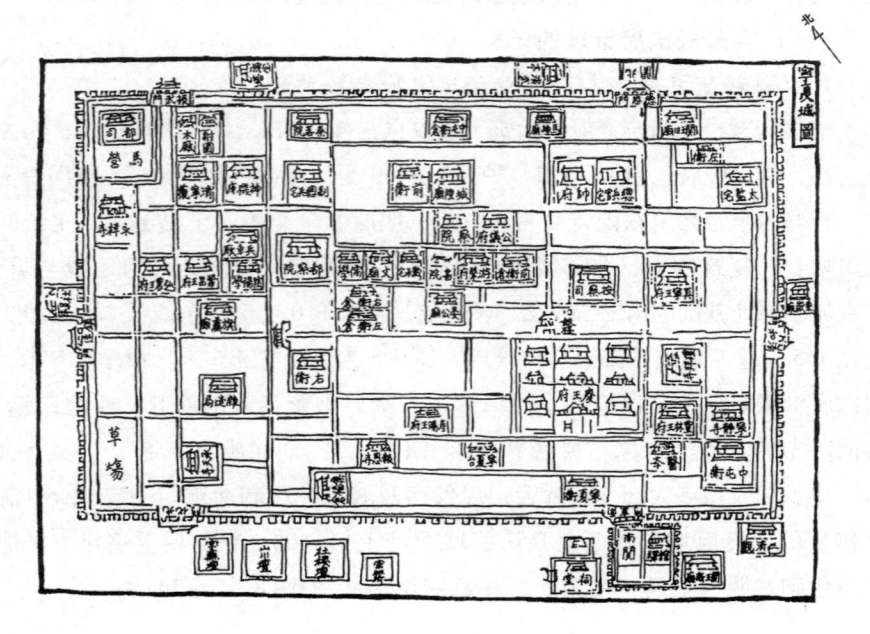

图 5-2　明《嘉靖宁夏新志》中的宁夏府城图

2. 西夏都城兴庆府址内的各类发现

明代洪武年间就藩宁夏的庆靖王皇子朱㫒，到宁夏镇后，先后考察了这里的川山形胜、凭吊了前代的古迹，在他编撰的《宁夏志》和随后编修的《宁夏新志》中，指明宁夏镇城实为西夏"德明所迁之故址也"，城内有元昊宫殿、文庙、关帝庙等旧址。元代设宁夏路时，弃其西半城；明正统年间，官民合力重修筑西弃之半个城，在故址上恢复了西夏与元时的兴庆府与中兴府城，并以砖石包砌了该城。清乾隆三年（1738年）大地震将明代甃修的城震毁。又据乾隆年间撰修的《宁夏府志》记载，存世的宁夏府城，是乾隆五年（1740年）在城墙原址上内缩了20丈，依原城形制重修，城内地上的主要建筑也是清代重修之物。从志书记载来看，西夏都城兴庆府的位置与布局形制没有改变，仅是城墙四周内移了几十米，并用砖石甃之。"文化大革命"前后拆除清代城墙和南、东、北门瓮城前，在清代砖包城外四周有较为宽阔的城台堆积遗迹，应是西夏至明代城墙废弃的墙基，外侧有深3米、宽约30米的城壕与湖沟。目前学者共同认定，明清宁夏府城，是在西夏兴庆府故城址基址上，按照原建规模和布局形制修复的一座古城，这座古城保留了西夏都城建制和构造特征的众多信息。

（二）都城兴庆府城的构造特征

西夏曾吸收、借鉴辽、宋都市建制与官式建筑的一些做法，同时又力求突出本民族的文化习俗，从而形成了兴庆府建筑的构造特征。

1. 都城兴州城的选址定位

西夏党项贵族将都城选建在兴州，遵循了宋代流行的风水堪舆，认为自己尚白的五行属金，"五音姓利"旺向在西北方，定都在此，可背依贺兰山环绕固本，面对东南黄河为利可守。将统治中心从夏州和灵州西移兴州，处在其疆域适中的位置，以体现"天子居中""君权神授"的封建正统观念，便于利用开发成熟的经济条件与物质资源，掌控东西两厢，继承了汉唐封建王朝定都的基本准则。建城之初，将城规划建在唐徕渠东适中位置，坐北朝南（偏西南），偏离子午线（图5-3），呈长方形双城制（类似赫连勃勃建的统万城）。这种建都城的理念，在李继迁与臣僚的奏对中表露得非常清楚，也为城内外众多西夏王朝官式建筑坐西北面东南的朝向遗址所证实，这表明西夏传承鲜卑东向拜日的习俗。

2. 兴州城的人脉地气

西夏借鉴唐辽宋都城建设的规制，将都城选建在怀远镇古唐徕渠和汉延渠水系之间、湖田适中、交通便捷的中心位置，以充分利用地利优势与资源优势，展开都城各项设施的建设，以利于商贸使团的交往，有利于解决都市官贵统治集团的消费与供给需求（图5-4）。20世纪80年代宁夏交通厅组织专家学者研究宁夏古代交通史，编制了《西夏交通示意图》，地图显示兴庆府

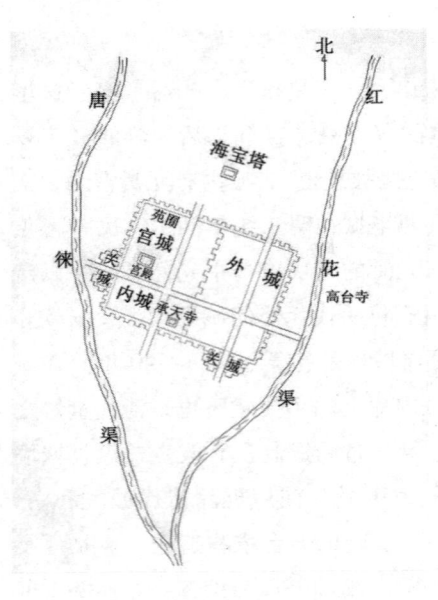

图5-3 兴州城示意图

当时是西夏通宋、辽、河西各地的陆路与水路枢纽。[1] 西夏还增修有通辽、宋的直道与驿站。

3. 兴州都城的方形并联式布局

依据明代绘制的宁夏府城图，西夏兴庆府城的建设继承和参照了唐宋平面方形和长方形、两城式都市布局，利用西北方传统城池夯土板筑的构筑方法，仿照夏州统万城东西两城并连的方式而建。李德明、李元昊进行过两次大的营造活动：第一次在1023年，李德明"遣贺承珍督役夫，（从西平）北渡河城之，构门阙宫殿，及宗族籍田"[2]。第二次是1033年，

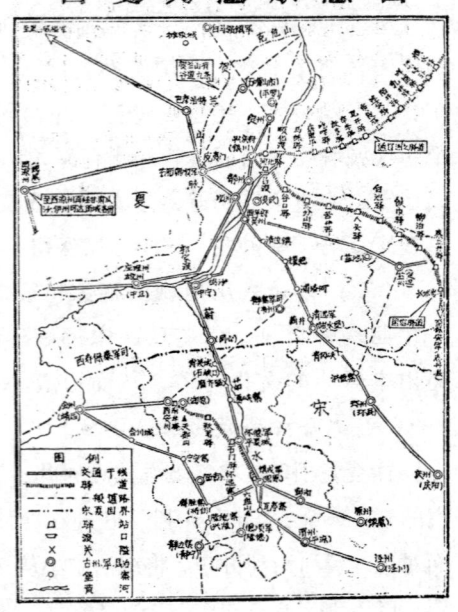

图5-4 西夏交通示意图

---

[1] 见宁夏交通厅编《宁夏交通史》一书，宁夏人民出版社，1988，第61~69页。
[2] （清）吴广成：《西夏书事》卷10，清道光五年小砚山房刻本。

李元昊"广宫城，营殿宇"①。两次营造活动立起了城池门阙，营建了宫城殿宇、宗庙社稷，还有避暑宫、戒坛寺、承天寺、太学、内学、军营、仓库等。都城形制有宫城和外城两重，宫城位于外城的西北部，四面置城门，上有门楼，曰"摄智门""广寒门""车门""南怀门""北怀门"。外城呈长方形，"周回一十八里，东西倍于南北"。故宁夏城轮廓布局类西夏时期兴庆府：南北各两门，东西各一门，各门上建门楼。兴州地处湖田水系中，筑城时并筑留有水道暗洞，与城内外湖渠相通。城门前筑有土瓮城和关厢城（外廓城）。推测除城门、水门暗洞之外，城墙用夯土板筑得很坚固、厚重，未用砖石包砌。根据壁画所示，城门洞券砌，门楼砖作覆瓦。城池外由护城沟壑和湖泊与水渠相环绕。

4. 兴州城宫城、皇城、外城的布局

兴庆府西城北半部是西夏建造宫城的地方，宫城内建有高台基的宫殿、府库、楼台水榭、苑宥。宫城初建时，与辽初建上京皇城时一样，殿门与宫门正门开向东方，并设置三重抬梁式宫门。

蒙古毁中兴府城，元代设中兴路和宁夏行省时，舍弃中兴府西原宫城所在城区的宫室、府库、衙署王府等，但东城未受到大的损坏，明正统间，又"复筑其西弃之半"。②乾隆三年（1738年）地震破坏，乾隆五年花了三十多万两银子重新修建。但总体规模仍然是"周回十八余里"，"东西倍于南北"，③一直保留到新中国成立以后（大体范围，在银川老城环城路内）。

西夏兴庆府都城是元、明、清宁夏路府城和宁夏府城的基础，只是在以后的修缮过程中，对城内单体建筑的布局有所改变而已。

二 西平府城与凉州府城的构造特征

宋咸平五年（1002年）李继迁将攻陷的灵州城改称为西平府，并定都于此。景祐三年（1036年，西夏大庆元年）李元昊将凉州升为凉州府。现据文献记载，和遗址遗迹考古信息，对两府城构造特征作以推测研究。

（一）西平府城

西平府城即为唐宋灵州城（图5-5）。唐天宝元年（742年）为大都督府治

---

① （清）吴广成：《西夏书事》卷11，清道光五年小岘山房刻本。
② 《弘治宁夏新志》卷1，天一阁藏明代本，上海书店，1990年。
③ （清）张金城：《宁夏府志》卷3，宁夏人民出版社，1992。

所，安史之乱后，唐肃宗在此即皇帝位，复兴唐王朝。宋初陷于西夏，李继迁、李德明时期，经修缮升为西平府，李元昊称帝后改西平府为翔庆军。从该城的沿革历史来看，城池经历代修筑建造，肯定是按北朝至唐代上等州城的建制而筑的一座规模较大、设施完备、较为坚固的砖石包砌的长方形夯土城池。文献记载，该城在德明和仁孝朝时，两次重修过。仁孝朝权臣任德敬篡权自立，曾大兴土木，在西平府城内修造宫室、城池。据《嘉靖宁夏新志》卷三载，洪武十七年（1384年），以故城为河水崩陷，唯遗西南一角，至明初该城为黄河水崩陷毁弃，故西夏西平府城早已不存。西夏是在唐灵州城基础上将其修缮维护使用，其府城建筑规模和布局，应与唐代河中府的山西永济市蒲州故城遗址相类似（图5-6）。外城之中有内城，砖包夯土城墙，有6座城门。①

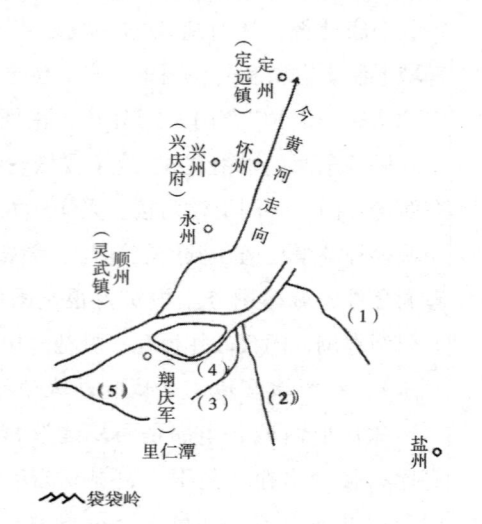

图5-5 西夏西平府翔庆军地理位置

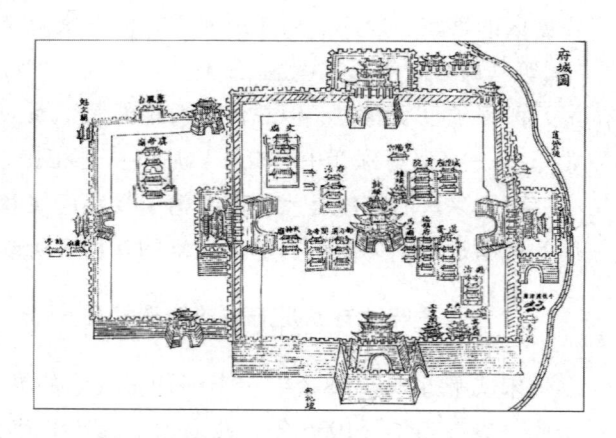

图5-6 乾隆二十年《蒲州府志》府城示意图

（二）凉州府城

凉州原名姑藏，姑藏系匈奴语称谓，建城的历史很早。据唐李吉甫撰《元和郡县图志》卷四十陇右道下凉州载："州城本匈奴所筑，汉置为县。城不方，有头尾两翅，名为鸟城。南

---

① 见国家文物局编《中国文物地图集·山西分册（上）》，第420页。

北七里，东西三里，地有龙形，亦名卧龙城。"① 魏晋至北朝时期曾先后为前凉、后凉、北凉的都城，隋唐统一后，改为武威郡，河西节度使治所——凉州，成为河西地区和丝路古道上重要的政治、经济、军事、文化中心城市。该城市的重要地位受到历代统治者重视，其城的建制和修建规模，堪比内地上等府州。据《晋书》所录，当时姑藏城内堂、观、苑甚多，著名的有闲豫堂、明堂、游林堂、宾遐观、紫阁、东苑、西苑等。十六国时期的姑藏共有大小城池七座，各地之间街道相通，城门就有二十二座，可见城的规模之大。李继迁于咸平六年（1003年）率兵攻陷西凉府城。后又为吐蕃潘罗支部和回鹘夺取。天圣六年（1028年），李德明之子李元昊率兵夺回，自后凉州成为西夏的辅郡、右厢西经略司与凉州府的治所，成为西夏在西部地区的重镇，其地位与西平府相同。但西夏时期的凉州城规模缩小，昔日的凉州七城，仅为周十五里的小城了。蒙古军攻占凉州城采取招降政策，府城未受损毁，元代继续驻用。明清在其废墟上重修的武威城，其规模布局，已大为缩小，变为周长2400米、开四门、高12.3米的方形砖石包砌的夯土城（图5－7）。凉州府城是西夏在河西地区丝路通道上最大最坚固的一座城池，地位与兴庆府城不相上下，城内外建有行宫、署衙、寺院、佛塔等大型官式建筑，西夏四代帝王曾到凉州巡幸驻跸。

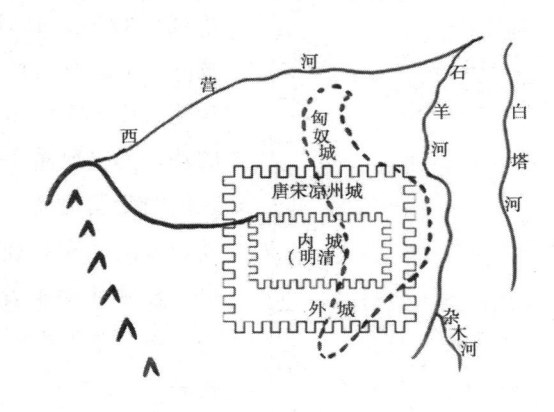

图5－7 凉州城变迁示意图

三 皇家建造的城堡遗址

西夏曾有皇家倡建的未列入府州管理体制之中的特殊用途的城堡，其中有的已毁弃无基址，有的则还有遗址和遗迹。

（一）省嵬城

省嵬城位于宁夏石嘴山市惠农县庙台乡。西夏定州地盘方圆约50公里，

---

① 见《元和郡县图志》下册，中华书局，1983，第1017~1018页。

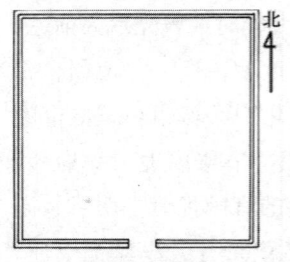

省嵬城示意图

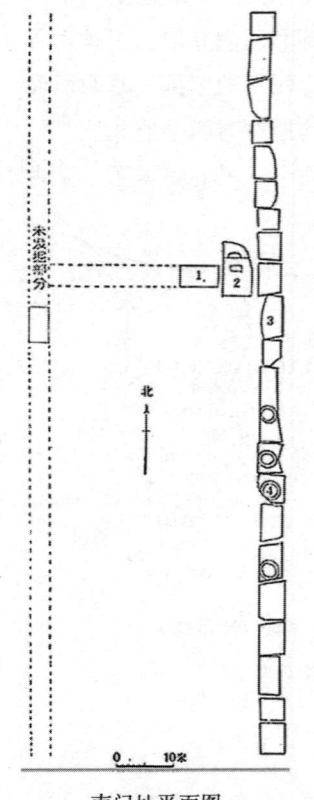

南门址平面图
1 石门槛 2 石门枕
3 基座 4 石柱础

图5-8 省嵬城

向为蕃族樵牧之地，在军事上有重要意义（图5-8）。天圣二年（1024年）德明"筑省嵬城于定州"，"以驭诸蕃"。这是西夏最早建筑的城址。"省嵬"这一地名一直保存到现在。1965年和1966年，宁夏文物部门两次到这里试掘，对南门进行了清理。古城呈方形，墙夯土筑成，北墙长588米、南墙长587米、东墙长593米、西墙长590米，城墙残高2米~4米，下墙宽13米，向上收分。东、西两墙没有城门，南面辟一过梁式门道，道长13.4米、宽4.1米。门洞两侧铺一层不规整的长条石作基座，基座上有四个圆形石柱础。门道中有一道石门槛，用规整的条石砌筑，高出地面0.3米，长3.1米、宽0.4米。石门槛两端各有一个石门枕，上面均有沟槽，似为安装门框之处。沟槽北边是一个半圆形的孔，高出地面0.5米，是承门枢的轴孔。发掘时，在门两侧发现斜立着的经火烧过的木柱，在填土中发现大量木炭和烧结块、铁门钉、铁片、鸱吻残件等。在城址中未发现砖瓦，却有大量木炭和骆驼、马、牛、羊骨头出土。① 此城类似辽代设立的头下州城。

（二）沙城子

遗址位于银川市西北郊25公里处贺兰山农牧场田滩地上，规模较大，明清以来被俗称为沙城子（图5-9）。该城址处在兴庆府通往贺兰山拜寺沟口西夏皇家寺庙群、避暑宫的适中方位。经考古勘察，该城址四周的墙基残迹尚存，略呈长方形，东西边长约1000米、南北宽约800余米，城垣周长近4000米，是一座规模较大的古城遗址。

---

① 见牛达生《西夏遗迹》，文物出版社，2007，第116~117页。

在该城废弃的堆积中，靠近南城墙与北城墙适中位置上，有两处高出地表的红土夯筑台基，周围散落有琉璃莲花纹饰砖、条砖、四方莲花纹柱础石等建筑残件，与西夏陵区和拜寺沟口西夏寺院等建筑遗址中的残存物相似。① 很可能是皇室的一处行宫或贮物仓城。

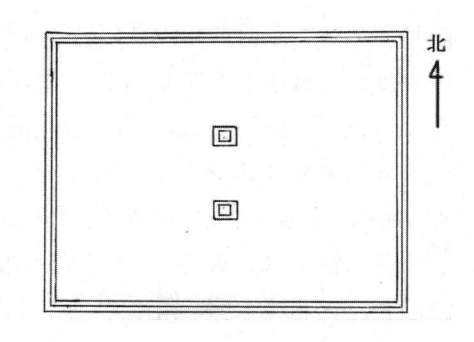

图 5-9　银川市郊沙城子古城示意图

四　州郡城（军司城）的构造特征

西夏故地发现的州郡城与军司城寨构造较为简陋朴实。

（一）州郡城（军司城）遗址与遗迹

西夏设立的州郡，有些是沿袭前代建制和州城而据有的城池，有些则是升级原有建制和更名新州而构筑的城池。现选取原始风貌保留较为完整的统万城和锁阳城遗存为例，对西夏州郡城（军司城）构造特征加以分析。

1. 夏州统万城

统万城俗称"白城子"，位于毛乌素沙漠南缘，是曾经在漠北漠南的匈奴贵族中崛起的赫连氏在夏州建造的一座都城，五代以后是党项贵族拓跋氏夏州节度使衙门基地，进行过多次维修。该城保存有西夏皇族的建筑遗址和遗迹（图 5-10），与后来攻占灵州城改称的西平府，怀远镇改称的兴庆府，有一定的渊源和继承关系。统万城包括外廓城、东城、西城。外廓城平面略呈东西向长方形，南北

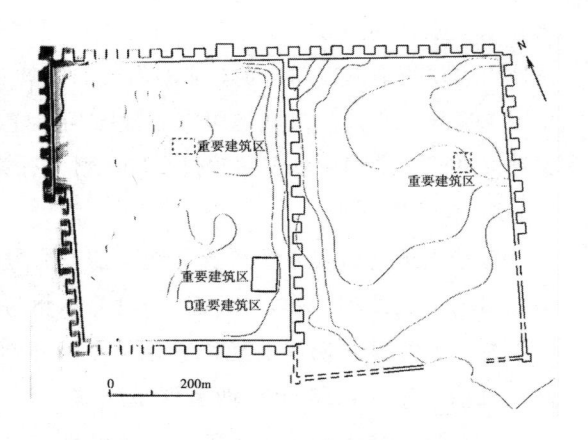

图 5-10　统万城内城遗址图

---

① 见银川市文物管理处 1987 年编印的《银川文物志》一书的 21 页《西夏文物古迹调查记》。

垣情况不详，东西垣相距5公里，现仅存断续残垣。内城以中间隔墙分为东、西两城，两城平面均略呈南北向长方形，西城是当时统万城的内城，东城系北魏时建。东城周长2566米，西城周长2470米。墙体系用砂、黏土、石灰夯筑，残高2米～10米，夯层厚7厘米～20厘米，色呈灰白，夯质细密坚硬。西城基宽16米，加上马面宽度可达30米。东城基宽10米。两城四角均筑有宽大的角楼台基，最高达31.6米。四周城垣共有马面36座，计东墙11座、西墙8座、北墙6座、南墙11座，其中西城南垣有两个马面中空，为仓储建筑。内城四面各辟一门，门道宽3米，西门瓮城尚存。这与明《嘉靖宁夏新志》卷五《赫连夏考证》文中所记"城高十仞，基厚二十步，上广十步，宫墙高五仞，其坚可以砺刀斧，台榭壮大，皆雕镂图画……名其四门，东曰招魏、南曰朝宋、西曰服凉、北曰平朔"是相符的。经陕西省考古勘测探查发现，城内存有长宽约有三四十米的四面斜坡式夯土台基，叠压在唐代地层之上，应是五代时期或之后大型土木建筑的基址。在此台基之南80米处，还有一座较小建筑的基址。城内中部偏南，残存高约10米，平面呈长方形的建筑台基1座，周围有瓦砾堆积，应是拓跋氏祖庙和西夏大型建筑的基址。统万城东城的大型夯土建筑遗址是唐授拓跋氏定难军夏州治所遗址，淳化五年（994年）宋太宗下诏毁废，东城的夏州定难军节度使治所地面土木建筑的署厅及其他附属建筑坍塌损坏严重。东城出土的遗物有唐末五代的建筑件及铜佛像。从出土遗物可印证，东城是唐末五代时期修建的，营造活动与唐授拓跋氏定难军节度使后有相对稳定的政权及雄厚财力有关。

2. 瓜州锁阳城

瓜沙之地为古代少数民族居地，前凉时置沙州，北魏改为敦煌镇，后罢镇立瓜州，又改称沙州。唐代始分设为瓜州与沙州，五代以后名为曹氏政权所据有，实被甘州回鹘所控制。宋天圣八年（1030年）回鹘瓜州王归降西夏，景祐三年（1036年）西夏取瓜州城，修缮利用唐代的城池，设西平监军司。西夏十分重视该地区的经营和管理，以便于与高昌地区的交往。锁阳城是西夏故地西部地区保存至今最大的一座土城址（图5-11）。城平面呈长方形，总面积81万平方米。分内外两城，内城东墙长493.6米、南墙长457.3米、西墙长516米、北墙长536米，周长约2000米，面积约28万平方米。城墙夯筑，基宽7.5米、顶宽4.6米、高10米，夯层厚0.1米～

0.14 米。四角筑角墩，仅西北角墩保存完整，土坯砌筑，通高 18 米，角墩下开东西向拱券门。城四面有马面 24 个，东西墙各 5 个，南北墙各 7 个，顶部均筑有敌台，已倒塌。城墙上下堆积大量擂石。四面墙共有 5 座城门，其中北墙两门，门外筑瓮城，瓮城宽 12.6 米~32.4 米，进深 22.4 米~30.2 米，厚 10 米。内城中有一墙为宋代增修，将城分为东、西两部分。西城内有圆形土台遗迹 26 座，围以土墙。外城称"罗城"，是两道较内城墙低的环墙，里墙基宽 4.5 米、顶宽 2.8 米、高 3.2 米~4.5 米，外墙周长 5356.4 米，基宽 8 米~14 米、顶宽 3.2 米~4.5 米、高 4.5 米~6.5 米，均夯筑。外墙东墙正中有城门和瓮城遗迹。[①]

图 5-11 锁阳城遗址

3. 宥州城

位于内蒙古鄂尔多斯市鄂托克前旗城川镇镇东约 1 公里处，是内蒙古地区保存最好的西夏古城之一（图 5-12）。城址平面呈长方形，接近正南北向（北偏东 20°），东西长 720 米~760 米、南北宽 600 米；城垣周长 2680 米。城墙由夯土筑成，东、南、北墙保存较好，墙上角楼、马面、瓮城清晰可见，城垣现存平均高度约 8 米。城外四周修有护城河。城内有高于地表的建筑基址。西夏宥州是袭唐代宥州，是唐王朝专门为安置内徙的党项族而建，宥州刺史拓跋思

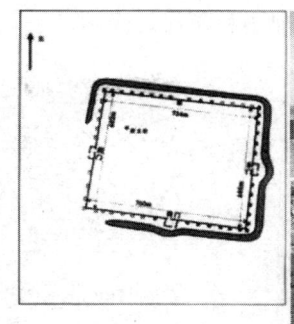

图 5-12 内蒙古鄂托克前旗宥州城遗址

[①] 见国家文物局主编《中国文物地图集·甘肃分册（下）》，第 303 页。

恭，便是在这里站稳脚跟，并逐步积蓄起强大势力的。因此，宥州城不仅是党项族从河套崛起，实现封建割据，建立西夏王国前首先据有的重要城池，也是西夏王朝的政治、经济、军事重镇。西夏灭亡时，它也是最后被蒙古军攻破并屠焚的城池之一。因此，宥州城在西夏史和州城史研究中具有重要的地位。2006年，被国务院公布为第六批全国重点文物保护单位。①

4. 胜州城

西夏胜州即隋唐时设置的胜州，位于内蒙古准格尔旗十二连城乡（图5-13）。五代时，契丹主耶律阿保机把胜州居民迁黄河东岸另建东胜州城，唐胜州城被废弃，景祐中为西夏所并，作为西夏胜州治所，并在城南筑唐龙镇，为蕃部互市马匹之所，胜州成为西夏东北部与辽境隔河相望的一个重要州。胜州城外西夏城障堡寨遗址、遗迹较多。据考古调查，现有五座较大城址，其中东南部三座为隋唐时期的胜州故城，西夏据有的唐胜州城，平面呈正方形，周长4387米，城墙夯土板筑，基宽22.5米~33米，残高1.5米~2米，南墙开设1门、东墙开设2门，外均加筑瓮城。城内东部有一道南北向隔墙将城分为东西两城，隔墙中设1门，在城西北部筑有长方形子城，南北长165米，东墙开门。因为这座古城城连城，后人俗称"十二连城"。该三城既是戍守的堡寨又是互市的榷场和通辽的驿站。②

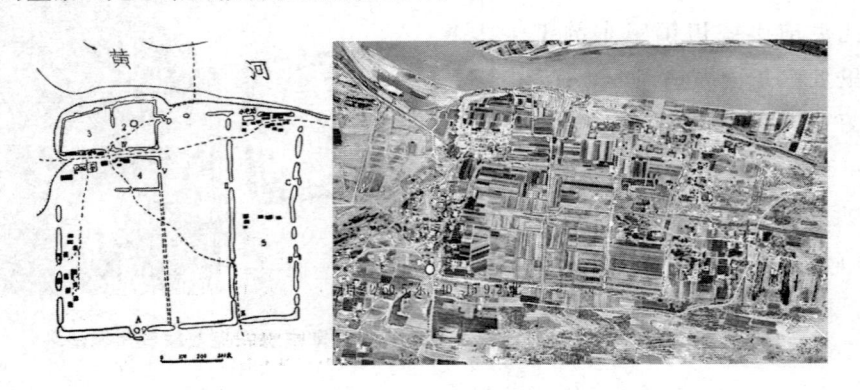

图5-13 十二连城遗址

---

① 见《全国重点文物保护单位》第Ⅳ卷第六批，文物出版社，2008，第526页。
② 见国家文物局主编《中国文物地图集·内蒙古分册（下）》，第608页。

5. 韦州城

古城位于宁夏同心县韦州镇南 1 公里，城始建年代不详（图 5-14）。韦州即唐朝设置的安乐州，为安置归降的吐谷浑而设立的羁縻州，大中三年（849 年）唐收复被吐蕃占领的陇右之地后，更名为韦州，宋初被西夏攻占，在其地东南驻牧有党项东山部各群落，元昊立国后在此设静塞军司。后谅祚改为祥祐军，大兴土木进行衙署寺庙的修建。韦州处在宋夏之交的前沿边境，西夏大安七年（1081 年）曾被宋军高遵裕攻取，旋复入夏。城平面呈方形，东西长 630 米，南北宽 800 米。城墙黄土夯筑，高 12 米~14 米，基宽 10 米，夯层厚 8 厘米~12 厘米。外墙四周有马面 49 座，间距 43 米。四面辟门，筑有 40 米见方的瓮城。城内东南隅存西夏修建砖塔康济寺塔和元代喇嘛小砖塔各一座。明洪武二十五年（1392 年）庆王建宫室于此，弃其西半，展筑南墙，新筑城东西墙长 572 米，南墙 370 米，墙基宽 10 米，残高 10 米~12 米，夯层厚 8 厘米~12 厘米。城平面因之改为长方形，明弘治年又加筑东关城。故韦州古城分为西夏城和明代城相连两部分。现被公布为自治区文物保护单位。[①]

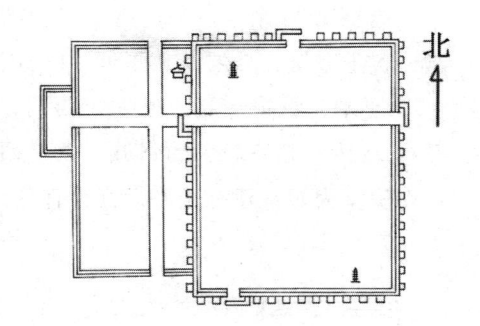

图 5-14 韦州古城示意图

6. 西安州（南牟会新城）

古城位于宁夏海原县城西南 20 公里处，这里背靠天都山，南临锁黄川，地易耕牧战守，是宋夏边境上的重要据点和通道，向称"固靖之咽喉，甘凉之襟带"（图 5-15）。西夏初年筑，名曰南牟会。宋元丰四年（1081 年）为宋军所攻占。元符二年（1099 年）以南牟会新城建为西安州。宋、夏两朝都曾

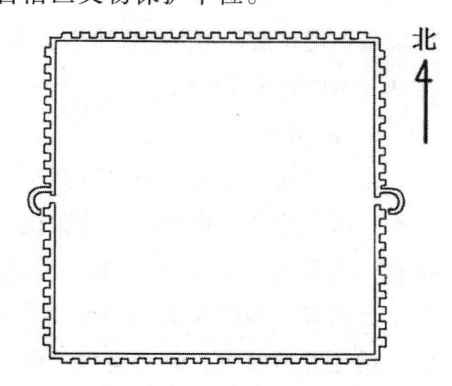

图 5-15 西安州古城示意图

---

① 见国家文物局主编《中国文物地图集·宁夏分册》，第 324 页。

以此为边境重要军事据点。城址平面呈正方形，南北长982米，东西宽980米，周长4000余米。每边有19个等距离马面，相距50米。城墙残高4米~8米，黄土夯筑，夯层厚8厘米~12厘米。墙体内有原木，腐朽后孔径10厘米~25厘米，纵横交错。开东、西门，并绕以半圆形瓮城。四周有护城壕堑，宽约35米，是座较大的州城。据《西夏书事》《西夏纪》载，乾顺纳西安州任得敬女为妃，建有避暑行宫，有龙首形琉璃脊饰建筑构件出土。

7. 甘肃军城

古城位于甘肃山丹县清泉镇内。山丹处于凉州和甘州相交界的地带，是掌控两大绿洲的制高点，周围有广阔的肥美草原牧场，自古系出战马的基地。元昊攻占河西五州后，为防止吐蕃各部族的袭扰，在此筑城、设防，号称"甘肃军城"（图5-16）。城平面呈长方形，南北长1320米、东西宽1200米，城垣周长5000米，是一座规模较大的西夏古城。现城墙大部已毁，仅残存东南角和北墙部分墙体。城墙夯土板筑，基宽10.5米、高13米，夯层厚约0.18米。

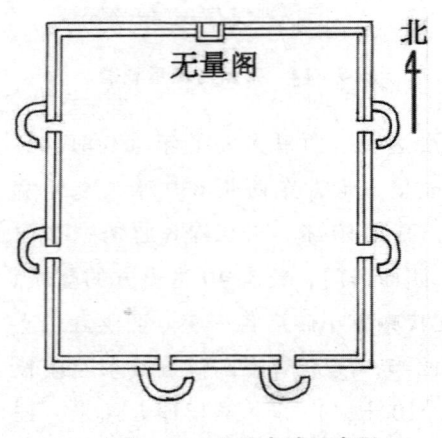

图5-16 山丹古城示意图

北墙正中现存清代建无量阁1座。东、西、南面各开两门，门外均筑有半圆形瓮城。城外有宽10米，深0.5米~2米的护城壕环绕。[1]

8. 肃州城

肃州城始筑于汉，为汉设酒泉郡的郡治，前凉、后凉、北凉在此城置敦煌军，隋唐分置为肃州，后为张仪潮从吐蕃手中收复，五代又为甘州回鹘所据有，宋景祐三年（1036年）西夏从甘州回鹘手中夺取，改为蕃和郡。蒙古军灭西夏前费尽气力攻下该城，置肃州路总管府。该城经历代维修和重修，城池规模较大，颇为坚固，保存了历代城池的众多遗迹。如前凉和唐代修筑的酒泉故城城墙，现存总长250米，夯土板筑，残高8米。中部为前凉

---

[1] 见国家文物局主编《中国文物地图集·甘肃分册（下）》，第345页。

堆筑，唐代沿用并修补。外层为明、清时夯筑，遗存马面及角墩各一座。酒泉古城门砖一平一竖起券五层，砌砖层内有唐、明时期修补的痕迹。门洞宽4.2米、高4.8米、深3.35米。两侧门洞各宽2.8米、残高6.7米，青砖平砌。1964年发现该段古城门墙于清代城墙内，为前凉晋福禄县城的南门，即前凉张重华修建的三洞门。唐高宗永徽年间（650~655年）肃州刺史王方翼主持修葺，明洪武二十八年（1395年）展筑东城，重开城门时包在新城墙中，清修构时将前代三洞门的城门包砌在城墙内，并仅占用旧城的一部分城墙。从保存至今的城墙和城门遗迹分析，西夏时的肃州城规模较大，规格较高，三洞开的城门用砖石包砌，城池非常坚固。①

9. 黑山威福监军司城

（1）斡罗海城。经内蒙古文物局于2010年至2012年组织长城调查队调查，在内蒙古巴彦淖尔市乌拉特中旗发现新忽热古城。城墙东西长约850米，南北宽约800米，城垣周长3300米，城墙基宽10米，高约8米~10米，四面墙中开门，门址宽5米，外加筑瓮城，门外两侧各筑马面2个，城角有角台。经考证，这是西夏黑山威福监军司的统治中心斡罗海城（兀剌海）遗址（图5-17）。

图5-17 内蒙古乌拉特中旗西夏黑山威福监军司斡罗海城遗址

西夏语"兀剌海"的意思是"长城上的通道"。此城位于阴山以北，为保护通往黄河通道上的军事要塞，近年经对该城构筑使用部分红柳木橛、梭梭标本进行C_{14}年代测定，得知其时代约为公元10~13世纪时期，可能是西夏乾顺时构筑的新军司城。该遗址被公布为第七批全国重点文物保护单位。②

（2）高油房古城。据内蒙古考古调查和清理遗址发现，高油房城址为

---

① 见国家文物局主编《中国文物地图集·甘肃分册（下）》，第234页。
② 见《中国文物报》2013年11月22日2版王大方《内蒙古西夏长城要塞遗址成为第七批区保单位》。

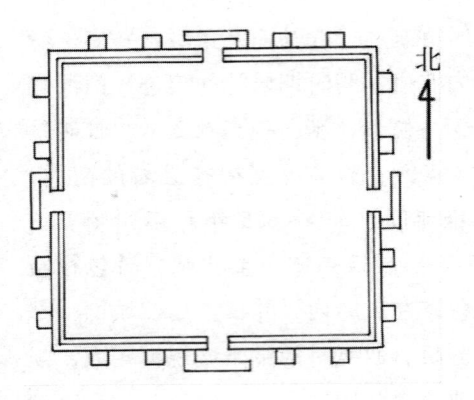

图 5-18　临河高油房城址示意图

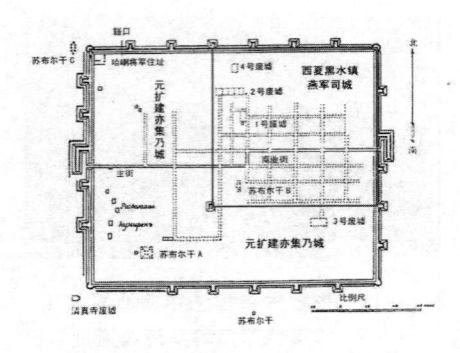

图 5-19　科兹洛夫 1908~1909 年首次描绘的黑水城图

西夏黑山威福军故城。平面呈方形，边长约990米（图5-18）。城墙夯筑，基宽8米，残高1米~5米。四墙中部各设门，外加筑瓮城。墙外有马面，四角有角台。这座西夏古城出土西夏器物较多，有陶瓷片、金器、铜器等，还有西夏"乾祐通宝"。① 面积比黑水城遗址大。

10. 黑水镇燕军司城

俗称黑水城。位于内蒙古额济纳旗达来呼布镇东南25公里，额济纳河（古称弱水或黑水）下游干涸河床北侧平坦沙地上，面积10余万平方米。黑水城蒙古语称哈拉浩特。1908~1909年俄国人科兹洛夫首次勘测挖掘，绘制该城址的平面实测图（图5-19），拍摄各建筑遗迹的照片，记录保存下该城址内众多建筑遗迹的历史信息。1983~1984年两次发掘约1.1万平方米。该遗址中大小两座城址上下叠压。城内街道纵横，两侧有官街、店铺、住宅等建筑基址。大城西北墙上有喇嘛塔，城外西南有清真寺址与墓地；外围戈壁滩上有多处墓地。小城为西夏黑水镇燕军司故城，大城为元代扩建之亦集乃路故城。西夏黑水镇燕军司故城位于亦集乃路故城东北隅，平面呈方形，边长约238米，东、北墙被元亦集乃路城垣作为基础叠压，西、南墙被改造利用分解为数段。西墙现存两段墙体，南墙存五段。夯筑土墙，夯层厚约8厘米。南墙门外加筑长方形瓮城。墙上设马面、角台等。出土有少量陶片、瓷片。据出土文书考证，该城为西夏黑水

---

① 见国家文物局主编《中国文物地图集·内蒙古分册（下）》，第615页。

镇燕军司故城。元亦集乃路故城城墙在西夏军司城基础上，沿北墙与东墙向西向南扩展，使之成长方形，东西长421米，南北宽374米，周长1600米。东西两墙设错对而开的城门，外加筑瓮城。城四角设向外突出的圆形角台，城垣外侧设马面20个，南北各6个，东西各4个。城垣内侧四角、城门两侧以及南墙正中有两面坡式马道7处。城外另有羊马城遗迹，夯筑土墙，宽2米，残高2.4米。①

（二）攻占辽、宋、金、吐蕃的州城遗址

1. 银州城

位于陕西榆林地区横山县党岔乡北庄村东北1公里、无定河与榆溪河交汇处南侧。依地形筑于高地和平川上，西高东低，平面略呈长方形（图5-20）。城垣夯筑，全长1583.3米，残高6米~8米，基宽9米~10米，夯层厚6.8厘米~12厘米。其中东墙长326.5米，北墙长426米。西、南墙接合部呈弧形，转角不明显，总长830.8米；外面加筑马面4座，长宽各4米。西门和北门各残留瓮城1座。西瓮城石券门被泥土填塞，只露出门洞上部，门洞宽1.7米。城内西北角有砖、瓦等建筑材料堆积。② 此城宋朝时归西夏辖境。

2. 麟州城

位于陕西省榆林地区神木县店塔乡杨城村西北侧，俗名杨家城（图5-21）。位于山顶上，分为东西相边的二

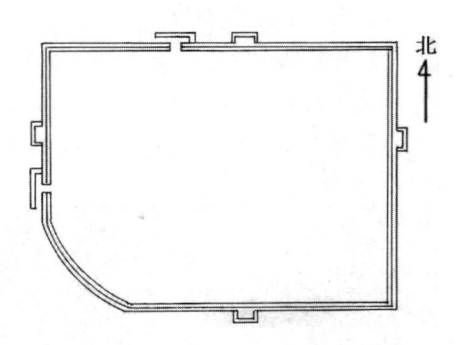

图5-20　宋夏银州城示意图

图5-21　麟州古城遗址

---

① 见国家文物局主编《中国文物地图集·内蒙古分册（下）》，第640页。
② 见国家文物局主编《中国文物地图集·陕西分册（下）》，第712页。

城。东城依山势而建，平面不规则，周长约5公里。城墙夯筑或以石板、石块垒砌，残高3米~10米，残宽2米~10米，夯层厚10厘米~16厘米。存北、东、南三门，并有3座瓮城、3座马面和4处角楼遗迹。城内曾暴露灰坑数个。1991年试掘，揭露大型建筑基址。西城平面亦不规则，东西约300米，南北约200米。现存墙体残段均为内夯土、外壁砌以片石。据《神木县志》载，唐天宝元年（742年）置麟州于此，宋升为建宁军，后改为镇西军、神木寨，元为云州，至元六年（1269年）废州为神木县，明正统八年（1443年）迁县治于今神木镇，遂废。该州城与丰、府两州，原为北宋，后被西夏攻占，又为金占，复又归西夏。①

3. 府州城

位于陕西府谷县城东侧、黄河北岸的石山梁上，负山阻河，形势险峻，历史上曾为宋、辽、西夏、金的鏖兵之地（图5-22）。该城长期为忠于中原王朝的党项族折家族据守，成为在麟、府两州抗击辽和西夏的一支重要武装势力。府州扼西夏东进南下之路，西夏曾久攻不下，宋绍兴九年（1139年）西夏趁折氏守将折可求丧葬之机攻下占领。城平面略呈曲尺形，周长2320米，高7.2米。墙垣夯土包石，城垛以砖砌成。沿城辟有东、南、西、北四大门和南、西两小门；门洞之上均设城楼（今已废）。大南门和小西门外筑瓮城。现墙垣除局部残断外，仍大致保持了十二条坊巷原来的轮廓。城内有木构牌楼六座，城外有千佛洞、荣河书院等。②

府州城全景　南城墙局部

东门　西门

图5-22　府州城遗址

---

① 见国家文物局主编《中国文物地图集·陕西分册（下）》，第639页。
② 见国家文物局主编《中国文物地图集·陕西分册（下）》，第462页。

4. 丰州城

位于内蒙古鄂尔多斯市准格尔旗羊市塔乡城梁村北侧，始筑于宋真宗咸平五年（1002年）（图5-23）。金皇统六年（1146年）划入西夏版图，西夏亡，城沦为废墟。该城依地势修筑，平面呈横"目"字形，西高东低为三层台阶状，即西、中、东三城。东西全长850米，南北宽90米~170米。中城面积最大，南墙中部设门，外加筑瓮城；东城东墙中部设门，外加筑瓮城；板筑土城墙，残高1米~10米，墙外有马面。[①]

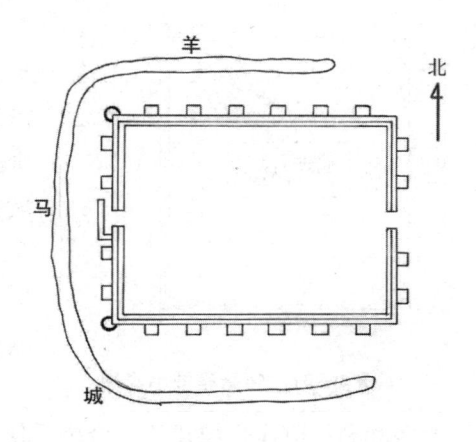

图5-23 丰州城示意图

5. 清河军城

位于内蒙古鄂尔多斯市准格尔旗十二连城乡天顺圪梁村西侧，据《元和郡县志》记载，此城为唐代河滨县故城。又据《辽史·地理志》记载，该城是辽重熙十二年（1043年）复筑的军州城。位于山坡上，依山势修筑，西高东低。平面呈长方形，东西480米，南北360米。表面覆盖有流沙，城墙高出地表1米~3米。东、西墙中部设门，西城门外加筑瓮城。城墙外筑有马面。西北、西南角有角楼址。在城墙外150米~250米处，有一道高出地表约1米的土垄，呈圆弧状包围城北、西、南三面，为羊马城，可能为辽代所筑。[②]辽亡后，西夏从金人手中获得。

6. 怀德军城

位于宁夏固原三营镇黄铎堡村西南500米（图5-24）。据《宋史·地理志》卷87载："怀德军，本平夏城，绍圣四年（1097年）建筑，大观二年（1108年）展城作军，名曰怀德。"城址平面呈长方形，分内城与外城，外城东西墙宽700米，南北长800米。城墙以黄土夯筑，存高4米~8米，

[①] 见国家文物局主编《中国文物地图集·内蒙古分册（下）》，第609页。
[②] 见国家文物局主编《中国文物地图集·内蒙古分册（下）》，第609页。

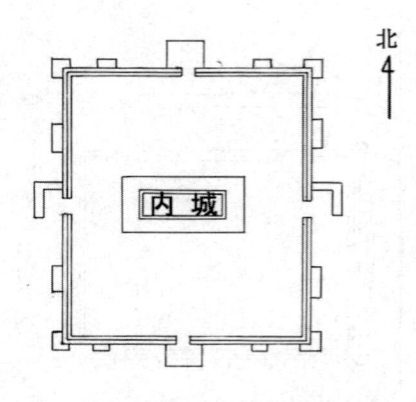

图 5-24 怀德军城示意图

基宽 9 米，现存西墙比较完整。南、北、东、西对称各开一门。内城平面呈长方形，东西长 240 米，南北宽 80 米。城墙以黄土夯筑，存高 4 米~5 米，基宽 6 米。① 城内外发现众多宋与西夏遗物，该城曾被西夏攻占。

（三）府州郡城、军司城的构造特征

综上所述，西夏府、州（郡）、军司城的建筑构造体现出如下特征。

（1）西夏府、州（郡）、军司城大多承袭和利用前代州城建筑，修缮后使用；新筑造的城池，基本上沿袭了当地建城的工艺传统，选建在有水源和有粮草供应的地方。城墙以夯土板筑为主，砖石包砌部分仅限于城门与瓮城。

（2）基本上仿照唐辽宋府、州（郡）、军司城的建制而修建，城池大小规模有等级差别，设置府和军司的州城大于一般州城。

（3）府州、军司城的平面布局，基本以方形和长方形为主的双城式、内外城式或单城式加筑关城的串联组合形式。

（4）府州、军司城均筑有设防的马面与瓮城、城台与角台，墙体构筑厚实高大，并筑置有马道，便于城上墙巡视和运送防护器材与礌石，以增强城池的防御能力。

（5）府州、军司城的城门较为宽阔，便于车辆、马队、驮队出入，并将初期过梁式城门改筑为券洞门和拱券式城门，更为坚固耐久，便于防火。

（6）府州、军司城内如辽宋金的州城，除构筑有官府、署衙、仓廪、府库之外，还建有寺庙和佛塔，供军民商旅礼拜作功德，体现崇佛敬佛的治国理念。

（7）府州、军司的城外挖筑有较深较宽的护城河或沟壕、地堑围绕，以增强其防卫能力。

（8）府州、军司城的外围筑有县城或其他拱卫的堡寨作为辅助，与其遥相呼应，作为保障，构成地方行政军事与社会管控设防体系。

---

① 见国家文物局主编《中国文物地图集·宁夏分册》，第 396 页。

（四）西夏时期城池堡寨构筑形制示意图

依据西夏时期城池堡寨遗存实例的勘测资料，可将其构筑的布局形制归纳为如下两种类型：

（1）类似唐、宋、辽府州内外两重城的布局形制。

（2）以地形和山水走势而构筑东西或南北大小城并联或串联组合的多边城与山台城。有梯形城、凸字形城、椭圆形城、三角城、城多筑有护城沟壕、瓮城、马面、敌台、角台、望楼、烽堠，种类繁多（图5-25）。

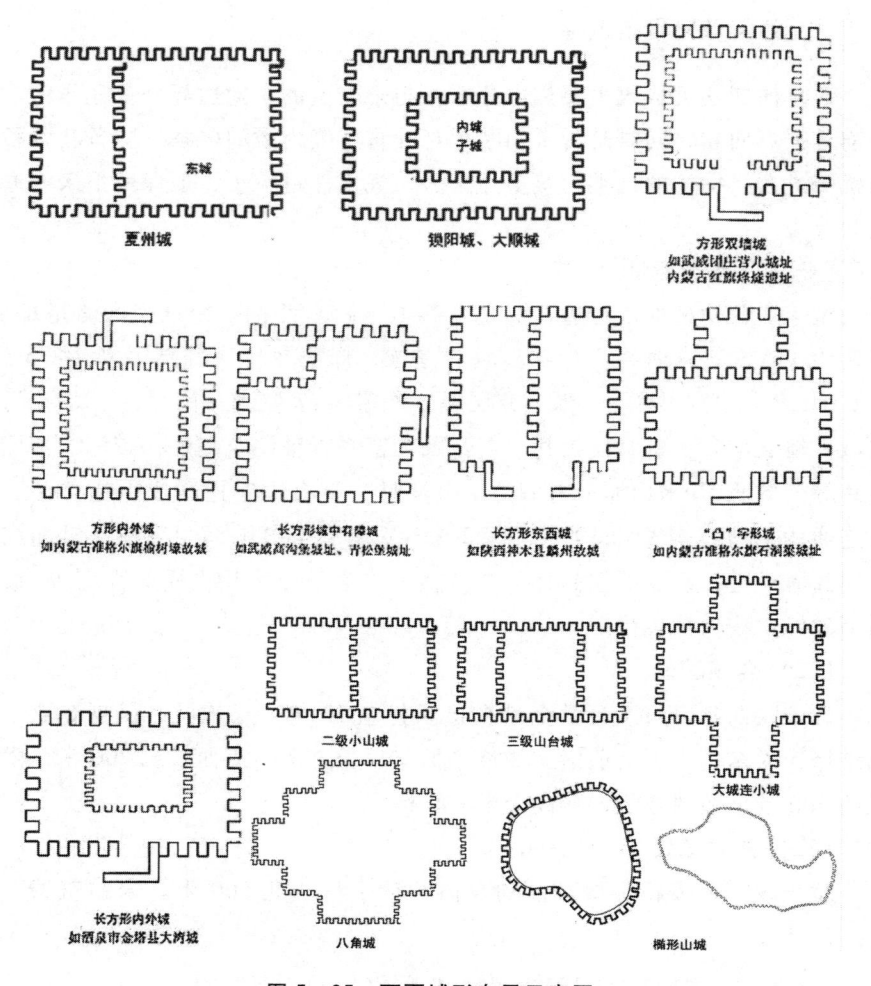

图 5-25　西夏城形布局示意图

第三节　西夏边防城障堡寨的构筑特征

西夏中后期仿效北宋在沿边加强了城障堡寨与烽燧等防御体系设施建设，特别是在东南与东北边境加强了城障堡寨的构筑。这类构筑除文献记载外，也从西夏故地宁蒙甘陕四省区文物普查与考古调查获取的资料中得到证实。在宋夏边境上这类城障堡寨密布，大多遗址保存至今。

一　边境城障堡寨遗存

西夏前期这类构筑主要集中分布在与宋交接的东南边界，首先作为攻宋的前进据点而建，同时是为了切断宋与吐蕃、唃厮啰的联系，防备吐蕃各部骚扰与进攻。构筑的这类构筑不是很多，规模体量较小，但保留下来的遗址较为典型。

（一）石城子遗址

位于陕西榆林地区定边县樊学乡石城子村东北侧。城址平面略呈扇形，南北约480米，东西约300米。城墙夯筑，局部甃砖，残高1米～8.5米，基宽10米，顶宽1米～4米，夯层厚8厘米～17厘米。尚存南、北城门及瓮城。地表散布大量素面板瓦、筒瓦及耀窑系青釉印花瓷片、带流黑釉瓷罐残片等。城北50米山岇上有城防工事遗址，整个山岇挖凿成纵横多道、互相连通的沟壕，沟宽约10米，深2米～6米。工事中部利用地形堑削成南北向高墙一道，以及孤立高地数个。整个工事呈埋伏状，战退皆宜。[1] 被公布为省级文物保护单位。

（二）金汤城址

位于陕西延安市志丹县金鼎乡金汤村东50米。宋筑城，西夏夺取后加固维修作为东进南下的前沿。城址平面略呈长方形，东西长约700米，南北宽约500米。城墙夯筑，残高1米～5米。[2]

（三）白豹城址

位于陕西延安市吴旗县白豹乡白豹城子村西北500米。宋初筑城，西

---

[1] 见国家文物局主编《中国文物地图集·陕西分册（下）》，第742页。
[2] 见国家文物局主编《中国文物地图集·陕西分册（下）》，第934页。

夏攻占后修葺成与宋军对垒的据点和前沿。城址平面呈不规则长方形，南北长约550米，东西宽约500米。夯筑城墙，残高2米~3米，基宽0.7米~1米，夯层厚10厘米~14厘米。后为宋夺回，元符二年（1099年）六月重修。①

（四）天都寨址

位于宁夏海原县海城镇南，俗称柳州古城。据《宋史·地理志》卷八十七载，"天都寨……西至西安二十六，南至天都山十里"。西夏构筑称东冷牟会，西夏悍将"天都大王"野利氏兄弟驻兵之所。宋元符元年（1098年），为宋所据，下年赐名天都寨。平面呈长方形，周长约1公里许，设南北两门。墙以黄土夯筑，夯层厚15厘米~18厘米，存高4米~8米，并绕以瓮城。四隅有凸出之墩台，墙体有马面，西城墙内侧挖筑有一通往西安州的地下隧道，便于秘密运兵，护城河阔约20米。② 现公布为自治区文物保护单位。

（五）三角城址

位于甘肃白银市靖远县三滩乡中一村南500米。西夏为抗击黄河南岸的宋王朝修建。城平面近三角形，故称"三角城"。西城墙长400米、北城墙长210米，东、南两面的城墙沿着崖边的自然走向所筑，长380米。城墙夯土板筑，基宽12米、残高1米~10米，夯层厚0.1米~0.15米。西南角城墙向外延伸13米，有角墩。城门在城西北角，有瓮城。南靠黄河有城门一道。③

（六）高沟堡古城址

位于甘肃武威凉州区长城乡镇西北2公里沙漠之中，城址大部分被流沙掩埋，已废弃。1986年进行文物调查时出土了西夏绿釉扁壶、剔花瓷罐及西夏钱币。村民平田整地还发现了西夏瓷火蒺藜、西夏瓷扁壶、宋代铜钱等遗物。城址平面呈长方形，东西109米，南北114米，门向朝南，门宽5米；门外有瓮城，东西70米，南北83米，因墙体破坏严重，瓮城门向不

---

① 见国家文物局主编《中国文物地图集·陕西分册（下）》，第950页。
② 见国家文物局主编《中国文物地图集·宁夏分册》，第367页。
③ 见国家文物局主编《中国文物地图集·甘肃分册（下）》，第84页。

明。城四角原有角楼，现东北角楼保存较好。角墩台外墙东西19米，南北15米，墙底宽10米，顶宽7米，高9.2米；内墙东西10米，南北9米，墙体底宽4米，顶宽3.7米，内外墙落差4米。角墩上有女墙，底宽0.7米，顶宽0.4米，高0.9米。其余三座角楼坍塌严重。在北墙正中有一马面，坐北向南，东西底宽19米，顶宽13.5米；南北底宽15米，顶宽12米，高10米。现存墙体最高处7.7米，底宽1.7米，顶宽0.4米。瓮城东北角有一利用瓮城东墙而建的小城。小城平面略呈长方形，东西30米，南北50米，城墙被流沙掩埋，沙丘顶部露出墙体呈高约0.5米的土垄状。在内城西墙靠近西北角向西约40米，有一道东西走向，长10米，高1米~1.7米的残墙，残墙夯层厚0.18米~0.20米。[①]

（七）城坡城址

位于内蒙古准格尔旗哈岱高勒乡城坡村东约500米。依山势而建，形状不规整（图5-26）。由南北两城组成。北部为大城，平面呈四边形，北墙长300米，东墙长200米，西墙长210米，南墙长200米，基宽约3米，残高1米~7米；西墙正中设门，外加筑长方形瓮城，长50米，宽40米；四角设有角台。南部为小城，其北墙即大城南墙之东段，又向东延伸约90米，平面呈长方形，东西290米，南北50米，基宽2米，残高1.5米。两城城墙均夯筑，夯层厚15厘米~20厘米，文化层厚约1米。[②] 西夏在这一带主要守护丰州与胜州。

图5-26 城坡城遗址

[①] 见国家文物局主编《中国文物地图集·甘肃分册（下）》，第252~254页。
[②] 见国家文物局主编《中国文物地图集·内蒙古分册（下）》，第610页。

（八）榆树壕城址

位于内蒙古准格尔旗暖水乡榆树壕村内（图5-27）。分内、外城。外城平面呈长方形，南北约500米，东西约400米，北墙设3门。内城位于外城西南角，平面呈长方形，南北约270米，东西约205米，北墙偏西北设门。城墙夯筑，基宽5米~10米，残高1米~3米，夯层厚10厘米~15厘米。[①]

二　用作驿站、榷场的城池堡寨

西夏曾修筑有驿站和榷场。据文献记载和遗址发掘得知，在宋边开设榷场有三处：兰州、保安、绥州，在辽边开设唐隆镇一处；在与回鹘边界开设有二处：沙州、黑水城。其遗存大多毁失，现仅存有两处遗址实例。

（一）肩水都尉府故城（大湾城）

位于甘肃酒泉市金塔县航天镇北15公里黑河东岸。城平面呈长方形，南北长350米、东西宽250米，由外城、内城和障三部分组成，总面积约8.7万平方米（图5-28）。外城仅东垣较完整，基宽2米，垣内有一道宽5米的浅壕。东南隅有烽火台1座，底边长5米，残高10米，东墙开门，城外环壕沟。内城位于外城东北部，南北长190米，东西宽140米，墙基宽2米，残高1.65米，

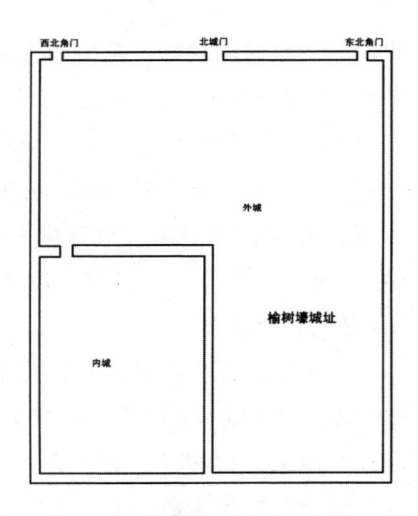

图5-27　榆树壕城遗址示意图

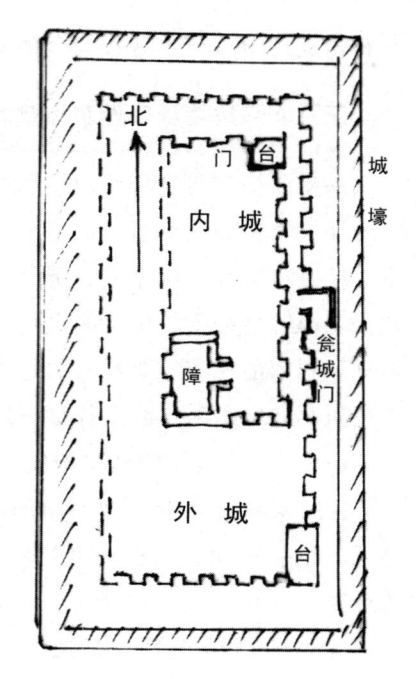

图5-28　大湾城遗址示意图

[①] 见国家文物局主编《中国文物地图集·内蒙古分册（下）》，第608页。

北、东二垣保存较好。东垣与外城相距 10 米平行，东北角筑烽火台，残高 7 米。北墙正中开门，城内外有房屋残迹。障位于内城西南部，长 90 米、宽 70 米，垣厚 4 米~6 米。四周有两道平行的土墙，今存东、南各一段，与障东墙之间有宽 7 米的壕，为宋、元时期的建筑。障东墙开门，西南角和西墙北端各有一望楼，中有椽柱孔，顶部残存矮堞。宋、西夏、元时为驿站。① 被公布为全国重点文物保护单位。

（二）铁边城

位于陕西延安市吴旗县铁边城镇。城址平面呈不规则长方形，东西长约 650 米，南北宽约 600 米。城墙夯筑，残高 4 米~9 米，残宽 2 米~9 米，夯层厚 8 厘米~12 厘米。东南角有一夯筑方形角楼墩台，底边长 6 米，残高 9 米。城内散布大量砖、石、灰布瓦及耀窑系瓷片。据《宋史·夏国传》，该城系宋与西夏互市榷场之一。② 被公布为省文物保护单位。在这一地区曾出土有西夏与宋、金界碑石等众多文物。

三　北部边境城障堡寨构筑的地理特征

西夏北境先与辽和西州回鹘接壤，后与金和鞑靼为邻，多为荒漠沙碛，生态环境较差，人烟稀少，仅在东北河套之地和西北黑水（古称弱水）河淖之地有从事牧耕的党项、契丹、回鹘、汉等各族零散聚落。夏与辽三世联姻，北部边境冲突较少，故设置的军司和构筑的边防设施不是很多，主要是修复和利用前代和辽金原有的城障堡寨设施。从考古资料来看，它们主要设置在河套和黑水河下游两片绿洲地带。

（一）东北边境的城防构筑

主要集中在后套黄河两岸的滩地与支流入河的谷地，地处狼山与阴山脚下，以保护和管理在这里驻牧和耕牧的各族聚落，维护与辽来往的驿站和道路。故仅设立了一个黑山威福军司和胜州与丰州两州，修筑了一些与之相配套的城障堡寨。辽被金灭亡后，西夏李乾顺于正德六年（1132 年），为了管理契丹降户，在阴山之后又增设了一个军司，收回了被宋夺

---

① 见国家文物局主编《中国文物地图集·甘肃分册（下）》，第 282 页。
② 见国家文物局主编《中国文物地图集·陕西分册（下）》，第 950 页。

去的丰州，构筑了一座城障。辽在其地曾设有两个军司（清河军与金肃军），多沿用前代古城修缮使用，故该地区的城障堡寨较为密集。除军司城与州城较大之外，其他构筑多为方形或长方形夯土板筑的小城障堡寨，或栅栏围护的毡帐寨。该地保存下来的较大型城堡构筑不多，小堡寨遗址和遗迹较为密集，显现了该地多为党项、契丹等游牧部族的聚落，流动性强，不太在意构筑大型永久性的堡寨，形制和构造也是延续前代的构筑传统，呈现宋式城障堡寨的构筑风格。最为典型的实例就是以丰州城为中心的城障堡寨构筑体系。

西夏丰州故城遗址，坐落在内蒙古准格尔旗羊市塔乡城梁村北，依地势修筑在西高东低的台阶地上，平面呈横"目"字形，为西、中、东城相连的一座大土城（图5-29）。中城面积大，在南墙中设门，外筑瓮城。东城东墙中设门，外筑瓮城。在城址附近敖包梁东西分筑两座底径5米、高3米的土丘状烽堠，其遗址保存至今。

图5-29 丰州城遗址

此构筑与北宋在陇东地区大顺城安疆寨荔园堡的城障构筑形制相似。

以丰州城为中心的数十里内，构筑了四座城寨，形成犄角之势的联防联控防御体系。[①]

1. 丰州城东北石洞梁城址

位于内蒙古鄂尔多斯市准格尔旗敖斯润陶亥乡古城渠村内。依地势而筑，由三个城组成，两个外城相互套接，南北排列，平面呈"⊥"形。内城位于南城中央。南城平面呈四边形，南墙长372.5米，北墙长340.5米，东墙长134.3米，西墙长97米；西墙外有马面1个。北城平面呈四边形，南墙长141米；北墙设门，宽约10米，外加筑方形瓮城，瓮城边长13米；墙外有马面1个。内城平面呈长方形，南北110.5米，东西117.5米。城墙夯筑，基宽约10米，顶宽2米~6米，残高2米~10米，夯层厚5米~15

---

① 见国家文物局主编《中国文物地图集·内蒙古分册（下）》，第609~610页。

米。城内文化层厚 1 米~3 米。该城系依地形地势而筑三出式长方形城障，规模较大，功能划分明确，厚实坚固，距丰州城 15 公里，发挥了拱卫州城的作用。

2. 堡宁砦故城

位于内蒙古鄂尔多斯市准格尔旗敖斯润陶亥乡五字湾古城梁村北。依山顶地形修筑，平面呈"凸"字形，周长 1020 米（图 5-30）。墙残高 1 米~2 米，东、南、西墙中部各设门，西门外筑有瓮城。城内中部山顶上加筑子城，其西墙，即全砦西墙的中段，平面呈长方形，南北 108 米，东西 102 米；南、北墙中部各开 1 门；城内有建筑基址和建筑石构件。

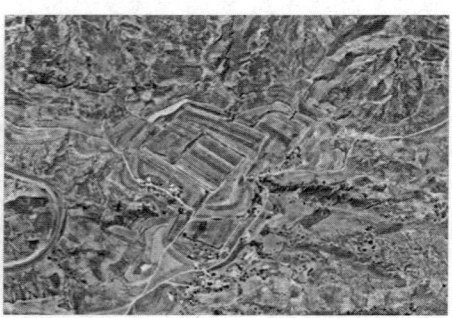

图 5-30　堡宁砦遗址

3. 永安砦故城

位于准格尔旗羊市塔乡古城渠村西南侧（图 5-31）。建山梁顶部，平面呈四边形，东墙长 103.2 米，南墙长 270 米，西墙长 99.4 米，北墙长

图 5-31　永安砦遗址

243.9 米。城墙土筑，残高 2 米。东墙开门，外加筑瓮城。城内西部有四处建筑基址，文化层厚约 1 米。据《元丰九域志》推测为宋代丰州永安砦故城。

4. 古城渠城址

又称安永砦。位于内蒙古鄂尔多斯市准格尔旗羊市塔乡布拉格崩村北约 4 公里（图 5 - 32）。平面呈四边形，东墙长 103.2 米，西墙长 99.4 米，南墙长 270 米，北墙长 243.9 米，基宽约 10 米，高 7 米 ~ 12 米。东、南、北墙外设马面。东墙开门，外加筑瓮城。城内文化层厚约 1 米。这几座城障，由东北往西南形成联防之势，构筑很有特色。

图 5 - 32 古城渠城遗址

（二）西北边境的城防构筑

主要是集中在发源于祁连山的黑水河下游湖淖地带，即古居延之地，今属内蒙古阿拉善盟额济纳旗旗周围。同时在其通往盐池的道途中也构筑几座小城障，应是驿站城寨。西夏党项贵族从降服的回鹘人手中取得该地后，在此地设立军司，构筑了许多城障堡寨，对该地区进行管控，作为西夏王朝与西州回鹘等西域国家通商交往的一个重要据点。据考古调查和发掘清理，该地区现保存西夏构筑的城堡遗址有 5 座，障址遗存有 4 处。

1. 城堡遗址

（1）希勒图城址。城位于内蒙古阿拉善左旗吉兰泰镇希勒图嘎查东约 500 米。位于山顶，平面呈长方形，长 60 米，宽 40 米。墙体内外以石块砌筑，中间填充红土与碎石，残高 1 米 ~ 2 米。东墙正中设门。城四角有长方形石筑角台，向外各设置望孔 2 个。城中设置望台 1 个，高 2 米。城外东山坡修有长 500 米、宽 4 米的盘山路直达此城。有学者认为是西夏白马强镇故城。从文献记载和遗存状况分析，应是一座西夏边境防卫的城障哨所和驿站。

（2）文德布勒格城址。城位于内蒙古额济纳旗达来呼布镇东南 14 公里、黑城子东北 7 公里的戈壁上。有内、外两城。内城为汉代居延都尉所辖亭址，平面近方形，边长 28 米。夯筑土墙，残高 5.2 米。外城为西夏、元代加筑，现仅存东、南、北三面墙，南北 56 米，东西 40 米；南墙用土坯补筑，残高 5.2 米。

（3）马圈城址。城位于内蒙古额济纳旗达来呼布镇东南 21 公里、黑城子西北 4 公里的戈壁上，俗称黑将军马圈，有内、外两城。内城为汉代居延都尉所属障址，平面呈方形，边长 80 米。夯筑土墙，残基宽 4 米，高 1 米；门址在南，宽 2 米；障内有房基址，地表散布有绳纹灰陶片。外城为唐、西夏、元代加筑和沿用，平面呈长方形，南北 164 米，东西 210 米；夯筑土墙，内夹有汉代陶片，残宽 4 米，高 7 米；东、西墙各开 1 门，东门宽 4 米，外加筑瓮城，西门宽 6 米，未加筑瓮城。

（4）绿城城址。城位于内蒙古额济纳旗吉日嘎郎图苏木沙日陶勒盖嘎查西约 10 公里。因城西绿庙得名。平面近椭圆形，东西约 180 米，南北约 150 米。南北两墙略直。城内中央偏南有一土台。曾出土青铜时代红褐陶片、夹砂袋足鬲等。城西发现八处寺庙址、数十座塔基和方形墓。在寺庙址内有各式彩绘麻泥胎塑像和贴塑菩萨像。1909 年俄国人科兹洛夫曾盗掘一座塔基，内有坐姿人骨和大量西夏文物。[①] 现公布为内蒙古自治区区文物保护单位。从遗存状况分析，这座城障可能是一座商住城，无瓮城马面等构筑。

从布局方位分析，这 4 座城障以西夏黑水镇燕军司城为中心，散布开来作为防卫的综合体系构成的卫星城，城障不大，但筑造厚实坚固，有将军带兵管控戍守。

2. 障址遗存

（1）塔兰拜兴障址。城位于内蒙古阿拉善左旗笋布日苏木哈日苏海嘎查西南 22.5 公里，塔兰拜兴平川上，平面呈长方形，长 45 米，宽 25 米。石砌墙，基宽 1.2 米，残高 2.5 米。南墙正中设门，宽 2.5 米。障内西北角有边长 15 米的方形石屋基址，墙基宽 1.3 米，残高 7.4 米，内有可达城墙的石磴道 1 条。西夏沿用。

（2）乌兰拜兴山障址。城位于内蒙古阿拉善左旗笋布日苏木哈日苏海嘎

---

① 见国家文物局主编《中国文物地图集·内蒙古分册（下）》，第 631、635、640 页。

查西南 24 公里，乌兰拜兴山顶，平面呈方形，边长 20 米。石砌墙，基宽 1.2 米，残高 1 米。南墙正中设门，宽 2.8 米。城内西北角有边长 5 米的方形石屋基址，墙基宽 1.4 米，残高 5 米，内有可达城墙的磴道 1 条。西夏沿用。

（3）乌海希勒障址。城位于内蒙古阿拉善左旗笋布日苏木恩格日乌苏嘎查西 20 公里，乌海希勒丘陵地带，平面呈方形，边长约 200 米。石砌墙，基宽 1.3 米，残高约 1 米。南墙正中设门，宽 3 米。西夏沿用。

（4）查干敖包障址。城位于内蒙古阿拉善左旗额日布盖苏木苏布日格嘎查西北约 15 公里，查干敖包平川上，平面呈方形，边长 210 米。夯筑土墙，基宽 2.5 米，残高 3.5 米。南墙正中设门，宽约 5 米。四角有边长 4 米的方形角台基。城内文化层厚 0.7 米～1 米。西夏沿用。[①]

四座城障规模小，相距不太远，沿驿道排开。从障址所处位置与布局分析，应是兴庆府通往黑水城之间的兵站、哨所兼驿站。

本章小结

西夏构筑的城池堡寨，是王朝政权在城建体系上的保障。一座城市就是一个地方行政中心，军司城更体现用武力保卫政权的作用。西夏国家机器的触角一直通到边境的堡寨，因此建筑不仅是物质力量的体现，也是政治、经济、军事力量的体现。西夏王朝的城池堡寨与宫室、署衙、坛庙、陵墓、塔寺等建筑一样，都是国家公共建筑营造体系的一部分。城池的大小，堡寨分布的数量体现着王朝的地位和威严，象征着王朝的存在形式，反映着王朝的兴盛与衰败。

西夏城池堡寨的构筑形制，按使用功能进行分隔。不同于辽将城池分隔为蕃、汉城，实行种族隔离。西夏除了对外战争外，国内的民族矛盾比较缓和，在城池堡寨中的居民是混杂的。黑水城居民的多民族性就是代表。西夏城池堡寨的构筑规模较小，数量较多，以夯土板筑或土坯砌筑为主，外形厚实粗犷。城内的官居式建筑除衙署官第外，大都建有佛寺塔庙，适应西夏的地域和人文环境特点。

---

① 见国家文物局主编《中国文物地图集·内蒙古分册（下）》，第 634 页。

总之，西夏城池堡寨的建制、布局、构筑方式和技法，基本上继承中国古代城池构筑，尤其是唐宋的城池堡寨建筑的文化传统；同时受到中亚回鹘、突厥建筑的影响，如在城内建土筑的佛寺、十字折角座形夯土佛塔，学习北庭故城建的角楼、敌台、马面、瓮城、羊马城、宽阔的护城壕。民居单体建筑的墙体与屋顶多为夯土板筑和土坯砌筑，城门洞呈拱形穹隆顶式样等，这些建筑表现具有中亚回鹘和突厥建筑风格。城市建筑和民居建筑中的中亚元素，体现了西夏处于连接东西方通道和东西文化汇集的地域特色和民族特色。

第六章　宫殿　衙署　其他建筑

　　宫殿、衙署建筑属于代表国家机器的官式建筑，自秦汉至唐宋已经形成了一套完整的营造制度。从理念上，封建帝王在宫殿的营造上都尚大。在营造的设计和技法上，至宋代形成了完整的规范，均按照《营造法式》所规定的程式进行。西夏是由游牧民族党项族建立的国家，党项族从松潘草原迁徙到北方，守护唐朝的边境，其宫殿建筑虽受到中原唐文化的影响，但本民族的文化及习俗仍然植根于包括上层在内的民众之中。宫殿建筑与中原王朝略有不同，既有崇尚自秦汉隋唐及宋的贪求高大、宏阔的文化传统，更有体现与本民族血脉相连的建筑文化，在宫殿的设计和建筑中自始至终力求为适应本民族的生活方式，守住本民族的建筑文化习俗，免于为中原所同化。西夏的州府衙署，大部分是攻占或接受原来地方政权的建筑，因此照中原方式的维修与重修较多，本民族文化元素体现较少。

第一节　宫殿

　　西夏最早选择在兴庆府营造宫殿是在李德明、李元昊时期。天禧四年（1020年）李德明选址怀远镇，因西北有贺兰山之固，派大臣贺承珍"督役夫北渡河城之，构门阙宫殿及宗社籍田，号为兴州"。但真正大兴土木营造殿宇，使西夏皇城、宫殿的建筑规模和水平达到空前水准的是李元昊。从汉文文献记载可知，元昊建"避暑宫""逶迤数里，亭榭台池，并极其胜"。但宫城内宫殿的形制规模不得而知。

李元昊民族性格强烈，其设计建设的宫殿在体现民族文化上非常突出。自立国之初上表宋朝称："臣祖宗本出帝胄，当东晋之末运，创后魏之初基。……臣偶以狂斐，制小蕃文字，改大汉衣冠。……郊坛备礼，为世祖始文本武兴法建礼仁孝皇帝，国称大夏，年号天授礼法延祚。"他能"创制物始"，是一个标新立异的人物，其建国方针里"思以胡礼蕃书抗衡中国"（《西夏书事》卷十六），其民族意识"胡礼"必然在宫殿的营造活动中表现出来。

第一，从布局到营造体现民族性。都城的朝向布局体现东向拜日的东胡鲜卑礼俗。城市的方向坐西面东。党项政权长期驻夏州，夏州在五胡十六国时期为赫连勃勃建大夏国的都城。赫连勃勃系父匈奴母鲜卑。五胡十六国时鲜卑强大，统治地域自东北草原经燕山、敕勒川一直到祁连山以西。鲜卑建城坐西朝东的习俗影响到赫连勃勃的大夏国，大夏国都统万城坐西朝东。李元昊立国称国号大夏，与赫连夏的国名相同，以示"祖宗本出自帝胄"，即有鲜卑血统，有王统的传承权。其建都的布局也仿统万城。西宫城、东廓城呈东西长方形都城。

统万城坐西朝东，分东西两城，西城为宫城和内城，东城是外廓城，东西城之间有一城墙。宫城设四门：西服凉、北平朔、南朝宋、东招魏。东城现只留存有凤阳门，其余毁损无存。从西宫城的服凉门到东城的凤阳门，是一条中轴线，更证明其都城朝东向，以东为尊。

西夏兴庆府都城也是分东西两城，西城有宫城和内城，东城是廓城，宫殿和中央署衙建在宫城和内城（即西城），其他佛庙、王府、商铺等建在东城，在东城南门外和西城西门外加筑关城，设有街市、作坊，供商旅居住。东西两城的西门和东门是一条通衢大道，便于大内办事人员与东城居住区的来往。兴庆府都城的基本朝向布局体现了东胡系草原民族的风俗习惯。

第二，宫殿内的布局也体现民族风格，与中原宫殿布局有差异。在许伟伟的博士学位论文《天盛改旧新定律令·内宫待命等头项门》研究中，列出了宫殿单体建筑与中原不同的建筑名称，如"帐殿"，指皇帝用的"寝帐"、皇帝处理事务的"御帐"等，有后宫皇后妃子的居住的"帐下"。还有管理这些帐幕的官员名称，如守卫皇宫御帐的统领"御前长门官"，管理帐幕者"帐门末宿"，还有"帐下门""寝帐门"等词·汇，说明有专门的人员管理寝帐区域，并有专用门可出入。在宫内还有专门设置搭建帐幕的区域，适应草原民族生活习俗。考古发掘表明，辽上京临潢府大内的西北旷地，是用作契丹贵族安扎帐篷之处。在对元上都遗址的考古发掘中，在宫城发现的"失剌斡尔朵"是元代皇帝离宫的大型宫帐，或称帐殿。皇宫里有帐篷建筑和搭建帐篷的区域，在中亚突厥、回鹘、北方蒙古、契丹等草原民族地区是习惯做法。现今土耳其伊斯坦布尔老皇宫遗址仍有一大片的草地，作为展示过去皇帝后妃搭建帐篷区域，也作为皇室成员在夏天的"避暑宫"。在西夏宫城内可以搭建皇帝、皇后、后妃们的帐篷建筑，是体现草原民族生活习俗的本质文化。

第三，用作朝政的官式建筑在总体上是传承中原风格的。许伟伟博士在翻译俄藏西夏文《天盛改旧新定律令·内宫待命等头项门》甲种本中注意到了属于中原传统宫殿建筑及相关的一些名词较多，属于帐幕等本民族传统建筑词汇较少，说明宫城的建筑属于反映中原传统文化的建筑单元较多。如表6-1：

表6-1 西夏宫城夏汉名词对照表①

西夏文	汉 译	西夏文	汉 译
�	楼	�	衙
��	门楼	�	宫
���	门楼主	�	殿
���	一重门	��	奏殿
���	二重门	��	朝殿
���	摄智门	��	宫殿
���	摄智中门	�𗮻	衙下
𗮻𗮻𗮻	广寒门	𗮻𗮻	宗庙
𗮻𗮻𗮻𗮻	南北怀门	𗮻𗮻	内宫
𗮻𗮻	车门	𗮻𗮻	御帐
𗮻	门、口	𗮻	帐、宫
𗮻	门	𗮻𗮻𗮻𗮻	天子住处
𗮻	门	𗮻𗮻	宫室

---

① 主要据许伟伟博士学位论文附录一《夏汉名词对照表》及其他资料整理。参见许伟伟《〈天盛改旧新定律令·内宫待命等头项门〉研究》，宁夏大学博士学位论文，2013，第137~140页。

续表

西夏文	汉 译	西夏文	汉 译
𗅲𗅋	殿门	𗅲𗅋	寝帐、寝宫
𗅲𗅋	宫城	𗅲𗅋	宫闱、御帐
𗅲𗅋	宫墙	𗅲𗅋	后宫
𗅲𗅋	殿墙	𗅲𗅋	帐下
𗅲𗅋	御道	𗅲𗅋	朝服
𗅲𗅋	殿阶	𗅲𗅋	发冠
𗅲𗅋	墙壁	𗅲𗅋	帐毡
𗅲𗅋	墙壁	𗅲𗅋	帐门
𗅲𗅋	坛坎	𗅲𗅋	门帘
𗅲𗅋	陛阶	𗅲𗅋	天窗
𗅲	琉璃	𗅲𗅋	御座
𗅲𗅋𗅋𗅋	楼阁帐库	𗅲𗅋	舆车
𗅲𗅋	药房	𗅲𗅋	轿辇
𗅲𗅋𗅋	仆役房	𗅲𗅋	御舟
𗅲𗅋	火符	𗅲	伞

　　以上词汇中有《营造法式》中营造官式建筑的常见词汇。西夏内宫中尤其是覆盖琉璃的朝殿、配殿、带廊檐的围墙等建筑是大量的，这些属于中原传统的建筑。

　　第四，许伟伟对《天盛改旧新定律令·内宫待命等头项门》条文的翻译和初步研究认为，西夏宫殿建筑布局大体是：一重门与二重门之间是"大内"办事机构的建筑，有中书省、枢密院、阁门司、内宿司、宣徽使、前内侍司、秘书监、文思院，还有番汉两学院、宫墙内的门廊是内侍住宿处，包括门楼主也在此处理事务。二重门以内是皇帝上朝的宫殿，是禁中，正门是摄智门，北、南墙居中有北华门、南华门、北华门与南华门之间有一宫墙，居中设广寒门。广寒门是三重门，入广寒门是皇帝的寝帐，皇后帐下。在与帝后寝帐之间还有一道宫墙，四重门内是后妃皇子们的屋帐，包括一座小学，为皇族子孙读书的地方。后妃及小学院以后还有一道第五重门，入西门进入为皇宫服务的各机构，包括仆役房、厨庖房、药房、库房、库帐等。因此宫殿的院落至少是六进（图6-1）。具体每座殿阁署衙的布局如何，不得而知。到了仁宗时还建了新的宫殿。祖庙和祭坛应该设在内宫外，宫城内这种高墙封闭多进院落式的宫殿设计是属于中原传统，大部分单体建筑是木构架、琉璃瓦、砖墙官式建筑。但宫中设有帐篷区供皇帝后妃驻扎寝帐，这是草原民族皇宫殿宇建筑的民族特色。

第二节　衙署

衙署为官式建筑。在传统的官式建筑中，州府、县衙建筑是分级别的，区别主要在于屋顶的式样和门面的开间。一般讲，州府为悬山顶，县衙为硬山顶。州府厅堂一般面阔五间，县衙厅堂一般面阔三间。以衙门和厅堂组成中轴线，用围墙组成封闭式院落，前堂后寝。前院为审理案件、处理事务的厅堂，后院为官员及其眷属居住的地方。厅堂建筑根据级别确定台基高低（图6-2、

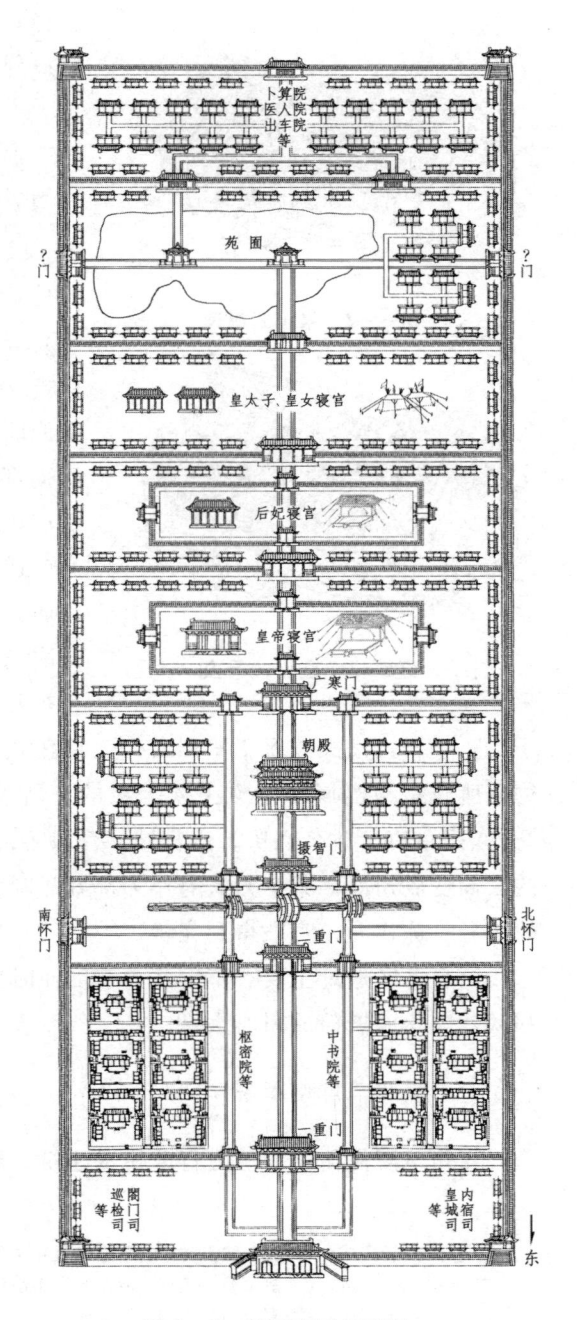

图6-1　西夏宫城示意图

图 6-2　悬山式屋顶

图 6-3　硬山式屋顶

6-3)。两厢有地基较低矮的侧屋，前院侧屋住衙役，后院侧屋住家人杂役等。

据《西夏书事》卷 7 载，宋授李继迁夏州刺史、定难军节度使，充银、夏、绥、宥、静等州观察处置、押蕃落等使后就大行建筑。咸平六年（1003 年）春正月，"保吉建都西平"①。"初，保吉居夏州，修复寝庙，抚绥宗党，举族以安。及得灵武，爱其山川形胜，谋徙都之。……西平北控河、朔，南引庆、凉，据诸路上游，扼西陲要害。……遂令继瑗与牙将李知白等督众立宗庙，置官衙，挈宗族建都焉。"② 李德明在宋大中祥符三年（1010 年）九月被契丹封为夏国王，"遂建宫阙于鳌子山。……役民夫数万于鳌子山，大起宫室，绵亘二十余里，颇极壮丽"③。德明所建宫殿当属于地方王侯等级的官署。宋明道二年（1033 年），元昊"升兴州为府，改名兴庆，广宫城，营殿宇，其名号悉仿中国所称"。④ 原来的县衙变成州府，其中兴庆府作为都城建制，广宫城，基本完成了宫殿建筑的格局。谅祚时，宫殿得到完善。

西夏署衙遗址主要有李继迁为节度使时夏州节度使的衙署建筑遗址台基和武威凉州府署衙凉州府大堂。

一　夏州节度使衙署

夏州节度使衙署为地方行政机构建筑，唐朝始营建。唐朝末年，党项平

---

① （清）吴广成：《西夏书事》卷 7，清道光五年小砚山房刻本，第 66 页。
② （清）吴广成：《西夏书事》卷 7，清道光五年小砚山房刻本，第 66 页。
③ （清）吴广成：《西夏书事》卷 9，清道光五年小砚山房刻本，第 87 页。
④ （清）戴锡章：《西夏纪》卷 6。

夏部首领拓跋思恭参与镇压黄巢农民起义军，立功后被封为定难军节度使，封爵夏国公，赐李姓。节度使衙署设在夏州。

据《武经总要·前集》卷十九"西蕃地理"载："夏州，汉朔方郡，后魏置夏州，深在沙漠之地。唐开元中，为朔方军大总管兼安北都护。唐末，拓跋思恭镇是州。"① 即夏州在唐朝末年是拓跋思恭节度使的衙署所在地。因讨黄巢有功，得银、夏、绥、宥、静五州之地。历经五代，党项拓跋部利用藩镇之间的战争和朝代更替的机会，发展自己的力量，到后周末年，已经形成一个以夏州为中心的地方割据势力。太平兴国五年（980年），传至李继捧，发生了党项贵族内部争夺权力的斗争。太平兴国七年（982年），李继捧率族人投附宋朝，献五州之地，宋封继捧为彰德军节度使，留居京城。李继捧弟李继迁率领贵族、豪酋入夏州东北300里的地斤泽，抗守自立。淳化四年（993年）四月，宋毁夏州城迁其民于绥、银等州。"景德中，子德明款塞内附，得假本道节制。德明死，子元昊康定初复叛，遂封夏国王绥怀之，尽有夏、银、绥、宥、灵、会、盐、兰、胜、凉、甘、肃十二州之地。"② 从唐末经五代至宋初，夏州一直是拓跋党项节度使衙署治所。此衙署建筑的形制对李德明在鏊子山兴建宫室和以后迁都灵州、兴庆府的建筑形制产生影响。

近年对十六国时期匈奴赫连勃勃建大夏国都城——统万城的多次考古调查和发掘探明，统万城有东、西两城遗址，大夏皇宫在西城，官廨衙门在东城，百姓居外郭城。西城墙遗址土呈白色，东城墙土呈黄色。西城即北魏郦道元《水经注》中所称"蒸土加功，雉堞虽久，崇墉若新"③ 的城墙。西城显示大夏国都统万城的皇城"其城土色白而牢固，有九堞楼，险峻非力可攻"。④ 东城有一高台基址建筑遗址，该遗址存在两层堆积层，下层有唐至宋初的夏州遗址，也即党项拓跋部立国前的唐定难军、五代藩镇、宋彰德军节度使衙署。

大夏秘书监胡义周写过一篇赞统万城的长文《统万城铭》，赫连勃勃令

---

① 《武经总要前集·卷十九·西蕃地理》。
② 《武经总要前集·卷十九·西蕃地理》。
③ 郦道元《水经注·卷三·河水》。
④ 李吉甫：《元和郡县图志》卷第四。

刻石立于城南。石今已不存，铭文却幸运地在《晋书》保留下来："背名山而面洪流，左河津而右重塞。高隅隐日，崇墉际云，石郭天池，周绵千里。"城里"华林灵沼，崇台秘室，通房连阁，驰道苑园……营离宫于露寝之南，起别殿于永安之北。……温宫胶葛，凉殿峥嵘"①。如今城西南角的角楼仍保留长50米、宽21米、高31.62米的夯土高台。城有四门，东门名"招魏"，南门名"朝宋"，西门名"服凉"，北门名"平朔"。可见十六国时期城内就存在高台、楼阁等建筑。

经陕西省考古研究院考古人员2012年测量，东城北垣长524.72米，西垣753.88米，南垣557.5米，东垣738.22米。城垣残高3米～4米，宽3米。其中西垣的城墙尺寸与其他三面相比，明显宽大，马面突向东城。东城是依西城的东墙向东扩建的新城。该城靠东北有一组大型夯土建筑基址，东西面宽96米，南北长48米。基址内从北向南布有：1号台基东西宽39.9米，南北长36.5米的台基；2号台基东西宽15米，南北长25米；3号中心夯土台28.3米×26.7米，夯土台南有两个斜坡慢道，南半部中心夯土台外有U形夯土带，此带中间形成凹槽，凹槽内有40个柱洞。夯土台外地面出土数十件兽面纹当，兽面纹饰同西夏王陵出土的瓦当兽面纹。另有砂石雕刻的莲花座，壶门内刻有佛头。出土的陶、瓷片其性质属于五代、北宋时期。②

按地基数据分析，大型台基有多座建筑连成，中间一座可能为厅堂建筑，称"中堂"，是地方官员处理民间事务的建筑，处于遗址的核心部位。周围有凹槽，内有柱洞，为行廊。两边依次排列级别次第低的建筑。此排建筑用于理政处理地方诉讼、争端等行政事务的厅堂建筑。1号基址为用作生活居住的"后寝"院落。处南的是门屋，门屋两端有挟屋，挟屋是衙役住的地方。从布局看，传承中原礼制。节度使衙署建筑在唐朝有营缮规定，五代至宋不会超出唐朝的制度。夏州节度使衙署建筑在统万城遗址东城的推测是比较合理的。

---

① 《晋书·载记第三十·赫连勃勃》卷130。
② 参见邢福来撰《关于统万城东城的几个问题》论文第二部分。载《统万城建城1600年国际学术研讨会文集》，2013，第43页。

二　西凉府衙署

在西夏，西凉府是兴庆府的陪都，建制级别低于宫殿内的中央机构建筑，高于节度使衙署。关于西凉府建筑记载缺乏，现存有凉州府署大堂，其地面建筑于1986年搬迁至海藏寺公园北湖畔（图6-4）。

1. 凉州府署大堂结构

（1）平面布局。凉州道署大堂平面呈长方形，面阔五间，进深四间。其中面阔当心间5.25米，次间4.85米，稍间3.55米。

（2）柱与柱础。当心间与次间省去中柱，为四柱三间；稍间山柱与角柱之间省去金柱，为五柱四间，省略4金柱，2中柱，大堂为24柱。山墙中柱高6米，堂内金柱高3.85米，外金柱高3.33米。檐柱高3.33米。当心间中柱柱径达50厘米。柱础为灰白色石灰岩，下部方形，上部呈凸起覆盆形，柱础总高约30厘米。

（3）梁架。七架梁，大梁与金柱横向置平板坊。用与平板坊同高的驼峰支撑双步梁，两端插枋，梁坊之上架檩子；单步梁之间置驼峰，峰上安斗，斗上又置峰，承托枋、檩。

2. 建筑布局

以大堂为中心，牌楼、门、大堂、寝卧室为中轴线，建有一组建筑群：大门前有牌楼，入大门为一进，大堂坐北面南；两侧有厢房，为衙役住处。二进入后院，正北有寝卧室；两厢有库房、侍佣房等。

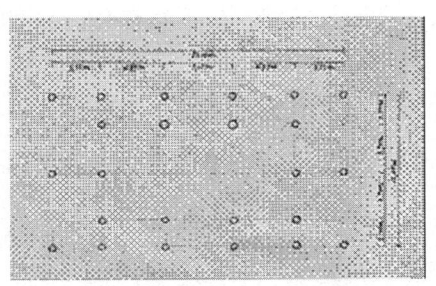

减少了当心间中柱和稍间前后金柱

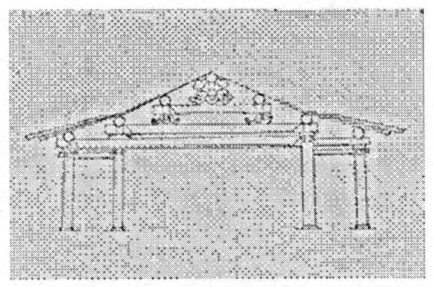

大堂平梁上有驼峰，驼峰上安一斗以承托脊檩

图6-4　凉州府署大堂悬山顶建筑

3. 建筑技术特色

在梁架的处理上单步梁架中间置驼峰,峰上安斗,斗上又置峰,承托脊檩。这种层层加驼峰的做法,使建筑显高大,既继承唐代建筑技术风格,又有新的创造。内金柱用材粗壮,柁梁与枋结构合理,增加了稳固性。

4. 建筑装饰

装饰精细:枋下有雀替,梁上的驼峰以云头雕饰,线条流畅,显得庄重而华贵。[①]

西凉府署大堂是西夏地方官式建筑中的唯一遗存,反映出当时府州衙署的建筑等级。悬山顶建筑的衙署大堂是其中最高级的一座单体建筑。

第三节　其他建筑

经考古对西夏陵北端遗址的初步调查和发掘,有一处被学者们称为"陵邑"或佛殿、祖庙的三进式院落建筑遗址,也有学者称这处遗址可能是直属朝廷的管理祭祀的重要机构所在地,属高级别衙署性质的组群建筑,居住着负责祭祀礼仪的高级官员,并管理提供祭祀品的四周民众。因没有全面发掘,建筑的实用性质有争议,故列为官式建筑中的其他建筑给予介绍和初步研究。

西夏陵北端遗址

西夏陵北端遗址是一座由三进封闭式院落,以中心大殿为中心,以门、中心大殿、后殿为南北中轴线,四周围墙,院内有东西对称布局的建筑遗址,是一处大型的官式建筑遗址。

该遗址 1986 年首次发掘时揭露面积 24000 平方米,1987 年第二次发掘时揭露面积 2000 平方米。《文物》1988 年第 9 期刊登了《西夏陵园北端建筑遗址发掘简报》。学者们对该遗址的属性大致有以下几种意见。

第一种:认为此处遗址为西夏王室祖庙。主要依据是根据《圣武亲征

[①] 参见党菊红、党寿山撰《西夏西凉府署大堂》,《第三届西夏学国际论坛暨王静如先生学术思想研讨会论文集》,载《西夏学》2013 年第 4 期,第 850 页。

录》和《元史·太祖纪》记载，蒙古人征西夏，逼近中兴府时入"孛王庙"，北端遗址可能就是"孛王庙"——西夏祖庙遗址，供奉先祖的地方。

第二种：认为此处遗址是安放西夏帝后神御的圣容寺。

第三种：从该遗址出土的泥塑人像是回鹘人的形象，据此认为该遗址是佛庙性质的建筑。

以上观点无论是佛庙还是祖庙，在古建筑的分类上都被称为官式建筑。

在官式建筑中，皇家宫殿和陵园建筑级别最高，不仅建筑体量大，尤其用琉璃件的配置是皇家和佛庙专用的。北端遗址周围没有塔的遗址，不可能是佛庙。遗址建筑面积大，且建筑台基遗存丰富，表明地面殿、厅、屋单体建筑数量很多，不排除是皇室成员中王侯级别的官员管理帝陵进行国家祭祀和日常祭祀等办事机构人员居住的场所。北端遗址出土的建筑构件级别很高，有绿琉璃兽面纹瓦当、琉璃摩羯、琉璃四足兽（鳖），还有莲花石柱础、石狮头、西夏文碑残块等建筑构件，与西夏陵区出土的构件级别相同，属皇家殿堂式建筑级别的构件。据此，北端遗址是属于中央直属机构建筑性质的遗址。

（一）北端遗址地理位置与布局

位于贺兰山东麓中段山前冲积坡地。坐北朝南，方向约160°，东西宽200米，南北长300米，总面积60000平方米。单体建筑遗址有围墙、院落、殿（厅）堂等。地表散布大量夯土墙、砖、瓦、滴水、瓦当、脊兽等建筑筑件。墙垣土筑，残高1米，宽0.9米，外观呈一土埂。南墙正中辟门，北墙从东往西向北斜10°，西墙北部开一门，筑有瓮城。

院内建筑遗址分三部分：第一进，位于南墙北前院，东西对称长方形四合院建筑，东西宽45米，南北长40米；第二进，位于建筑遗址过殿、挟屋、踏道、行廊、过道及其以北的中院及厢房等遗址；第三进，位于中心大殿后的高台基建筑遗址及后院。后院墙开门，建瓮城。

根据1988年《文物》第9期发布的《西夏陵园北端建筑遗址发掘简报》，及1997年发掘的第二进过殿、挟屋、厢房的台基，清理出一批建筑构件等遗物，报告称，该院落为三进封闭式，主要建筑门、殿处于中轴线上，其余建筑以中轴线对称布局（图6-5）。

西夏《天盛年改旧新定律令》记载西夏的中枢机构中有"圣地永居"（皇陵）的，可能指专掌西夏陵寝之事的高级机构，在陵区派驻专职人员管

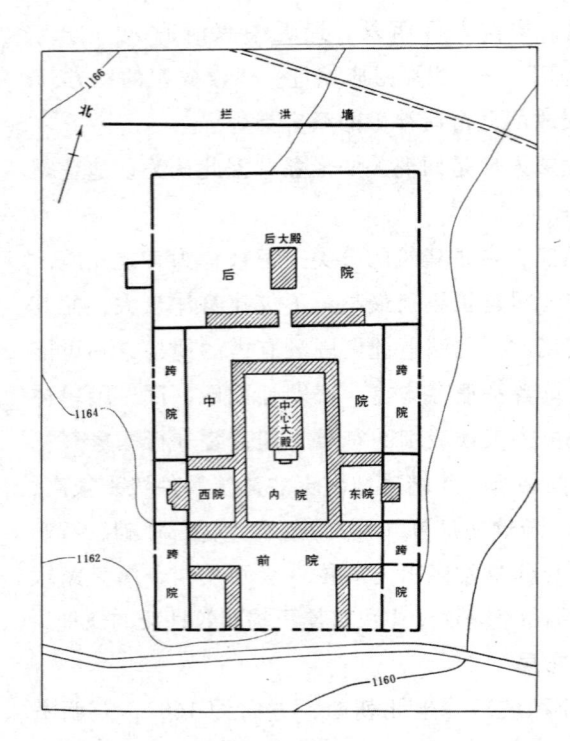

图6-5 陵区北端管理陵园的官署建筑遗址平面图

理祭祀及负责日常守卫、祭扫、维修等工作。

(二)遗址发掘及出土建筑构件

遗址第一层为表土层,第二层为瓦砾层,堆积密集,夹有大量烧土、木炭及土坯、墙皮、铁钉、琉璃脊兽、泥塑残块等,推测遗址上建筑被焚烧、砸毁;第三层为建筑下分层,出现夯土、墙基、柱础、铺地砖、门槛、踏道等。

(1)夯土台基。考古人员对遗址第二进东南部:东院、中院的南夯土的相接处及其延伸部分进行清理,夯土台呈"⊥"形,台基残高0.8米,宽16米,夯土台基壁面包青砖,包砖下有方砖散水,散水外铺一行青砖叠涩牙子形,在"⊥"形夯土台接基处有一条宽1.4米的壕沟,沟底与院落平齐,沟壁平直,沟南北有两个踏步(已破坏),建筑的台基结构夯土外包砖,地面有散水。

(2)过殿。对南夯土台中部台基面清理,露出房屋基面,平面呈凸形,屋基面进深阔三间,当心间面积(10×10)平方米,东西侧间(7×7)平方米,北槛墙下有一宽0.2米土槽,有单行条砖印痕,土槽内有三处柱础遗迹,为圆形明础,东西侧间有山墙基址。殿墙宽1米,实心夯土,外包砖;地面铺方砖,磨砖对缝,十分平整。过殿当心间台基南北有踏步慢道。

(3)挟屋。过殿向东有两座挟屋,自过殿向东依次编号为1号、2号。1号挟屋(18.5×7)平方米,墙基宽1米,有两个柱洞,直径约0.4米,室内铺方砖;2号挟屋(17×7)平方米。从一堵倒塌土坯残墙遗迹推测,挟屋墙实心夯土用土坯包砌。2号挟屋内东南墙有窝棚式简易建筑遗迹。

(4) 厢房。属于中心大殿东厢房，清理出1号厢房位于南端，长方形平面12.5米×7米。屋内地面铺砖。

(5) 过道。在过殿与挟屋、挟屋与挟屋、厢房与厢房之间发掘了4处过道，利用山墙构筑，宽3米，长7米（台基宽度），两端设木门槛，过道内铺方砖。

(6) 行廊。过殿、挟屋都有行廊，方砖铺地。

(7) 踏道。在过殿南北有三个踏道，中间宽5米，长2.9米，五级，东西宽2.3米，长2.2米，厢房东西有踏道。

(8) 出土建筑构件。

有方砖、条砖、筒瓦、板瓦、滴水、瓦当等陶制构件（图6-6）。

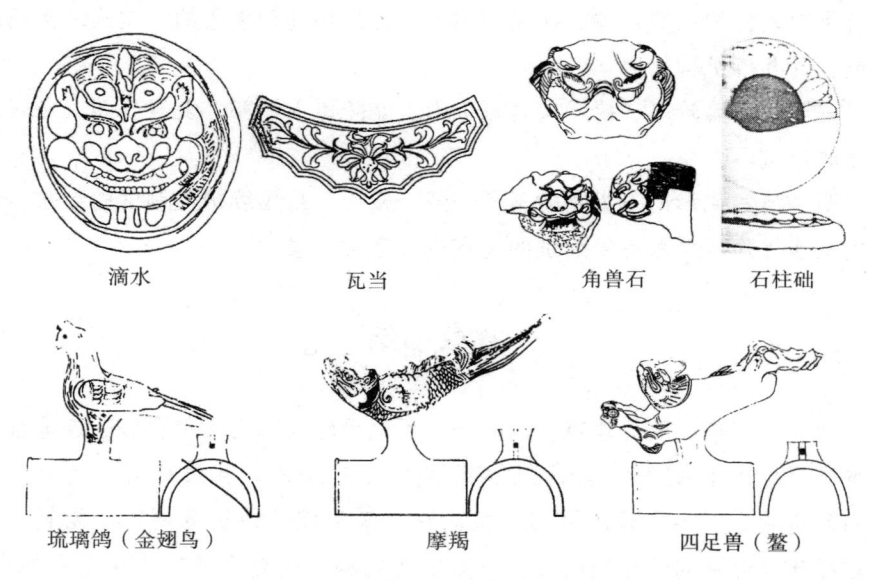

滴水　　　　瓦当　　　　角兽石　　　石柱础

琉璃鸽（金翅鸟）　　摩羯　　　四足兽（鳌）

图6-6　北端遗址出土的建筑构件和琉璃建筑装饰

琉璃件：绿、白、褐釉；瓦当饰兽面纹，滴水饰花纹。规格有大、小两种，琉璃鸽（迦楼罗）仅有一件完整。龙首鱼（摩羯）造型龙首鱼身。四足兽（鳌）造型鼻上有一山形突起，爪分四趾。

宝珠：圆柱形宝珠、中空、上大下小平顶（四坡面方形建筑顶结束处构件）。

泥塑：过殿出土泥塑残块，有残肢、浮雕莲瓣、莲蕾、石榴果、须弥座残块。

石雕：石柱础，圆形，覆盆式；石狮头，角兽面；西夏文石碑残块。

其他：出土物有鸱吻残件，龙纹琉璃砖、兽头瓦、带喙兽头等。

（三）北端遗址建筑特点

为三进式、封闭型院落。主要建筑连接成中轴线，单体建筑呈对称布局。单体建筑外形多样，有四坡攒尖顶或多坡式攒尖顶建筑构件；长方形殿式建筑，硬山建筑；夯土墙有砖和土坯两种不同材料包砌。

屋面装饰特殊，有鸱吻出土，证明是有正脊的殿式建筑，戗脊饰有摩羯、四足兽（鳌）等神兽，突出佛教经典中的神兽形象。已发掘的面阔三间、进深三间殿式结构建筑，为高级别歇山顶建筑，正脊饰鸱吻，当心间出土有佛教人物的泥塑残件。挟屋面积较大，当是处理事务的厅堂式结构建筑遗址，为办事机构用房。

院墙和屋墙较厚，挟屋墙基厚1米，能防冬天严寒、夏日高温，冬暖夏凉宜居建筑。

明、清两代派诸王级别的王子守陵、祭祀，是延续历代制度的结果。这里也不能排除西夏派王侯级别的皇室成员守陵、祭祀。

本章小结

西夏的宫殿、衙署建筑，因战争和后代重建大都已不复存在，连遗址都很难寻觅。近年来随着国内西夏学研究的不断深入，从西夏法令《天盛年改旧新定律令》中发现了许多有关内宫建筑和朝殿建筑的词汇，无疑给西夏宫殿建筑形制的研究提供了十分重要的资料。西夏宫殿的建筑坐西朝东，宫内还有帐篷，反映了西夏宫殿建筑与同时代的辽、蒙古等骑马民族一样，宫殿内还留有草原民族特色的建筑，这是与中原王朝的宫殿建筑相异的特色。西夏的衙署建筑，仍然传承中原建筑的风格，呈封闭院墙多进式，单体建筑有实例——凉州府署大堂，提供了西夏官式建筑不可多得的史料价值。随着西夏学深入研究和考古资料的不断发现，代表西夏建筑上位文化的宫殿、衙署建筑一定会层层剥叠出来。

结　语

　　以上各章通过对西夏建筑的文献记载、图像资料、考古调查与发掘遗址所获实物和信息的分析与研究，可以概括出西夏建筑有以下特征。

　　第一，以传承中国古建筑体系为主，单体建筑类型丰富，建筑群布局对称。

　　文献（西夏文、汉文）记载的建筑词汇与名称，在西夏考古调查、建筑遗址的发掘、残存遗物的出土及测量得到的数据信息中都得到了相互印证。残存实物中缺乏的，在西夏大型经变画中绘制的建筑界画中也十分清晰地给予了形象描绘。这些形象资料的相互印证，使我们看到了西夏建筑的多种类型和式样，彰显了具有多民族建筑文化汇合的特点。

　　首先要指出的是，中原建筑传统的木构架体系被西夏完整地保留下来。西夏文献中的回廊、斗栱、卯榫、枋栀、重栱、柱脚等一批建筑词汇是中国木构架建筑体系的标志性结构部件或营造工艺。① 中国木构架建筑体系中代表上位建筑文化的"官式建筑"中的宫殿、陵墓、府第、衙署等，在西夏考古中得以比较完整地揭示，而且适应地区的自然、气候特点，在用材结构等方面予以吸收和改良、融合。如西夏陵遗址的发掘，揭示了西夏宫殿建筑的阙、城、城墙、角阙、城楼、门楼等建筑式样和大量的夯土结构，还有如

---

① 世界建筑文明有六大体系：古代中国建筑、古代埃及建筑、古代西亚建筑、古代印度建筑、古代爱琴海建筑和古代美洲建筑。中国古代建筑的主体是木构架建筑体系，土木混合、穿斗结构；瓦屋土阶、高台夯筑。独有的构件是斗栱，它既是立柱与屋顶的承力与托架，又是重要的建筑造型装饰。

被完整平移的西凉府大堂保留了西夏州府衙署建筑实例。中国木构架建筑体系中的下位文化"民间建筑",在西夏文献中也有记载,如词典中的砖坯、土屋、泥舍、窝棚、栅栏等。黑水城遗址保存了构筑民居的土坯(被科兹洛夫称为半砖)、坍塌的草拌泥屋顶和木构架的圆柱和檩木,具有西部建筑的地方特色。西夏的壁画、版画、文人画中的建筑界画,留下了许多反映西夏社会生活的建筑图像,有宫殿式的佛寺、有民居的茅舍等。正如历史学家翦伯赞先生所说:"我以为除了古人的遗物以外,再也没有一种史料比绘画和雕刻更能反映出历史上社会之具体形象。"① 在西夏遗留的壁画中,如榆林窟第3窟北壁的净土寺院的大型天宫建筑群,西壁的普贤变、文殊变中的佛山琼阁,东千佛洞药师经变中的大型佛殿,反映出西夏建筑的丰富多彩:有大型的宫殿建筑群、陵园建筑群、庙宇建筑群、衙署建筑、府第建筑。单体建筑的屋顶具有各种式样:有庑顶、歇山顶、重檐歇山顶、重檐悬山顶,有方形和长方形起脊屋顶,也有方形十字折角顶和圆形攒尖顶。在四合院墙内还有平座、曲栏、阶道、露台、亭阁;宫殿内有斗栱、枋枇,还有陛阶、勾栏等建筑小品。有反映木构架建筑结构的台基、檐柱、金柱、斗栱、梁枋、檩、脊等,脊有正脊、垂脊、戗脊、侧脊;脊饰有正脊的鸱吻、垂角兽,子角梁的套兽,戗脊的各种神兽。在城中和郊外有百余座佛塔,实体形象有楼阁式、密檐式、覆钵式、楼阁与覆钵结合式等。考古发掘出的屋面材料中,瓦作有琉璃或素烧的筒瓦、板瓦、瓦勾头、滴水等。西夏建筑的丰富性几乎囊括了中世纪中国建筑体系的所有类型,建筑技术有了新的发展。

陵园、宫殿、庙宇、衙署等官式建筑群传承中原传统伦理观念,呈中轴线对称布局。西夏陵几座帝陵的陵园都有封闭性的城墙,单体建筑除墓室、陵塔因民族宗教信仰因素略偏西外,其他门、阙、角阙、碑亭等,以门、献殿、陵城北门为中轴线呈对称布局。官式建筑中的衙署或官第建筑,也呈对称布局。凉州府衙署以牌坊、门楼、府署大堂为中轴线,其他衙役、杂役所处的厢房对称布局在大堂周围。这种建筑群体呈中轴线对称布局是传承中国木构架建筑群布局的传统,深受中原建筑伦理和文化影响。

第二,建筑装饰构件深受佛教艺术影响。

---

① 翦伯赞:《秦汉史》自序,北京大学出版社,1983,第5页。

西夏建筑的装饰构件与纹饰突出佛教神灵的造型艺术，而佛教神灵造型又受到西亚艺术造型的影响。如西夏的瓦当、滴水，以兽面纹为主，兽面表现凶猛的狮面。这在秦砖汉瓦中不见。战国瓦当纹饰表现为云纹、山纹，其中动物纹表现为饕餮、独兽；秦的瓦当纹饰表现为战马，且呈对称。汉代的动物纹瓦当表现青龙、白虎、朱雀、玄武的整体形象；唐代瓦当纹饰虽受佛教影响，但以莲花纹为多。十六国、北魏时期的瓦当，有狮面形兽面，大夏都城统万城遗址出土的瓦当狮面兽纹与西夏一致。狮面作为建筑装饰的图案纹饰是在十六国时期随着佛教东进华夏而传入的。佛教艺术通过丝路不断传入中原内地，北魏大同石窟艺术中建筑装饰也有狮面纹。印度阿育王狮子柱柱头立的狮子面相与十六国、北魏和西夏时期的瓦当饰纹相似。五胡十六国和北朝时期是佛教发展时期，党项族与鲜卑族建立的王朝一样佞佛，建筑文化受佛教影响。西夏建筑构件中的鸱吻与套兽，其龙的造型与中原的略有不同。中原龙的传统形象"角似鹿，头似驼、眼似虾，腹似蜃，鳞似鲤，爪似鹰，掌似虎，耳似牛"。[①] 而西夏鸱吻与套兽的龙头形象为头部上颌上卷似象鼻，口角外侧有圆形鳞片，鳞片外层还饰有蕉叶纹的腮盖；背有鳍，尾鳍开叉，形象更似鱼形。武威出土的正吻形象，[②] 头若鱼，口似猛兽，腮用三个大乳钉作装饰，腮后有卷毛，整个头部的造型似鱼非鱼。全身布鱼鳞，尾鳍分叉。西夏鸱吻的龙头为佛教天龙八部中龙种的造型。屋脊的神兽造型插有展翅，作飞翔状，与中原蹲姿脊兽不同。西夏三号陵出土的迦陵频伽和陵区北端遗址的摩羯鱼，胁两侧有孔，作插翅用，翅膀的造型是羽毛，呈扇形展翅状整齐排列；三号陵出土的海狮背有鳍，北端遗址出土的"四足兽"四肢有蹼，作游翔状，是海中大鳌的形象，与札什伦布寺大殿金顶上装饰的神鳌相似。这些神兽的名号在佛经中都有描述，是佛国之神兽，其职责是为佛护法，传达佛音。迦陵频伽、海狮、摩羯、鳌是佛国之神，以展翅飞翔状态出现在屋顶装饰中，与宋《营造法式》蹲兽镇屋的寓意不同，因此"飞"姿和"蹲"姿所表现的理念不同。"飞"代表天神，"蹲"代表镇兽迦陵频伽、摩羯的展翅形象，是受到古丝绸之路佛教建筑艺术的影响。佛教艺术自

[①] （宋）罗愿：《尔雅翼》卷28，引王符说。
[②] 见陈育宁、汤晓芳《西夏艺术史》，第309页。

始受古希腊人物造型影响。天人在北朝的壁画中表现为羽人的衣裙迎风飘舞形象。宁夏固原出土的漆棺画中也有此类飞人的形象。用双翅代表天人形象尚未出现在建筑艺术中。西夏殿堂式建筑中神兽的展翅造型显然是再次受到西方文化影响的缘故，尤其是丝路西端拜占庭文化艺术的影响。[1] 天主教天使的展翅形象与西夏建筑构件神兽的展翅艺术形象是一致的，羽毛呈扇形展开，而与中原传统的壁画尤其是唐代飞天用飘带表示飞翔的艺术语言两相有别。西夏建筑的装饰艺术与中原不同的主要原因，是因为西夏控制了丝绸之路，西方文化源源不断地进入西夏境内，西夏有条件吸收境内外各民族优秀的建筑文化元素，从而造就了缤纷多彩的建筑装饰艺术。

第三，西夏建筑艺术受到多民族建筑文化的影响。

佛教的塔最先传播到西域。西域故地新疆至今仍留存有相当数量的汉晋、十六国北朝、唐五代的夯土塔或土坯砌垒的覆钵塔。[2] 西夏陵夯土塔吸收了广泛传播于西域各族回鹘、吐蕃用土夯筑圆形土塔的佛教建筑文化，糅合了西域多民族建筑文化元素，从而具有了自身的地域特色和民族特色。当佛教随着吐蕃、回鹘的政权势力或消失或削弱时，以李元昊为代表的西夏政权统治了河西，接受并弘扬了佛教文化，使正在逐步走向下坡路的佛教文化又得到了一次升华，佛教建筑中的佛塔艺术也在西夏建筑中得到弘扬。西夏统治者为了彰显与北魏王朝一样崇佛，把各民族的佛塔建筑引入西夏，使西夏的佛塔既有辽代（契丹）风格的密檐塔，又有回鹘（畏兀儿）风格的圆柱形土塔，晚期又出现了吐蕃（藏）风格的覆钵塔。以斗栱为标志的中原汉族的各类官式建筑，在西夏的都城、州城、县城的高等级建筑中得到传承和发扬。西夏境内留有中世纪古代丝路上各民族的建筑及建筑元素。

第四，突显本民族的建筑艺术。

在积极吸收糅合各民族建筑文化元素的同时，西夏十分注重突显本民族的建筑艺术。西夏陵的人像碑座和陵塔是西夏建筑中具有代表性的两件优秀

---

[1] 参见汤晓芳论文《西夏三号陵出土迦陵频伽、摩羯的艺术造型》，载《西夏学》2013 年第 4 期，上海古籍出版社，2014，第 260~264 页。

[2] 今新疆和田民丰县尼雅遗址土坯佛塔为汉晋遗存，安迪尔夯土覆钵式塔为唐代遗存，策勒县乌宗堤土坯塔是五代遗存；喀什东北 30 公里存魏晋时期古代疏勒国境内的方基圆柱覆钵塔。参见《新疆文物古迹大观》，新疆美术摄影出版社，1999 年。

作品。西夏陵碑亭遗址出土的人像碑座，为一座座方墩形圆雕力士像，其形象凶猛而怪诞：手戴臂钏，踝戴脚镯，钏、镯等装饰刻画显示了托碑力士具有佛教造像艺术元素，其眉如角，突目獠牙如神兽，显示其凶猛有震慑威力；身体刻画一种为男性凸腹形象，一种为女性垂乳形象，深刻反映了党项族流传的对祖先的崇拜。在一首歌颂西夏皇族祖先的颂诗中有"母亲阿妈起族源，银白肚子金乳房，取姓嵬名俊裔传"，①《新集锦成对谚语》第196条载"银肚已共，金乳必同"。② 人像碑座"银肚"和"金乳"的刻画，生动反映了党项族的祖先崇拜。碑座人物双手上托的跪姿形象，又见于嘉峪关、敦煌、酒泉等地魏晋、唐墓葬照壁中的"托梁力士"形象。魏墓托梁力士是砖刻在地下阴宅墓门的上方，为守墓人的震慑形象。西夏吸收魏晋唐墓砖雕人物艺术，将托梁力士形象从地下搬到地面，而且突出了本民族"银肚""金乳"的习俗特征，又带上佛教天人的手镯、臂钏，让他们从阴宅护佑神走到地面上托举记载西夏各代帝王丰功伟绩的石碑，这是西夏吸收其他民族文化元素又突出本民族建筑艺术的结果。魏晋的阴宅托梁力士形象，逐渐被后世的镇墓武士取而代之，而西夏的托碑力士形象走进碑亭，成为西夏陵建筑群中有别于中原石碑龟趺座的一个独特的标志性建筑而留存于世。西夏陵园中的九座陵塔有五、七、九级之别。它是党项羌族原生文化与外来佛教文化相糅合的产物。西夏御史承旨番大学士梁德养编的《新集锦成对谚语》中称，"坟丘上无十级，墓穴未完成""十级墓应该没有头，峰头缺"。③ 说明党项族原生态的墓是有级的，祖先墓高十级，是党项羌人最高级别墓的形制。目前留存的西夏陵有九、七、五级，没有超过祖先"十级"的级别；陵塔周围出土有建筑构件，专家们一致认为是密檐实心塔遗构。这说明西夏在陵塔建筑设计中，将本民族祖先墓建"坟丘"的传统与佛教建筑的"塔"糅合到一起，既遵循先祖坟墓坟丘有级的传统，又代表佛教信仰浮屠塔形式，二者结合成为特殊的陵塔建筑。

在西夏宫殿建筑中划出一定区域搭建皇帝、皇妃及后妃皇子们的"避

---

① 谚语转引自陈炳应《西夏文物研究》第八章。
② 见陈炳应《西夏谚语》，山西人民出版社，1993，第21页。
③ 见陈炳应《西夏谚语》，第79页。

暑宫""御帐"帐篷，这也是在体现本民族个性的同时，保留中亚、西亚、中国北方草原民族建筑文化的结果。

西夏建筑文化独具特色的方面很多，主要原因是西夏善于吸收其他民族的文化元素，有机地糅合到本民族建筑文化之中，从而变成了自己的创造。西夏建筑文化之丰富多彩，就在于党项民族善于对异民族文化的认同与汲取。

主要参考书目

一 文献

1. （唐）魏征：《隋书》，中华书局校点本，1973年。
2. （后晋）刘昫：《旧唐书》，中华书局校点本，1975年。
3. （宋）沈括：《梦溪笔谈》，国学基本丛书，岳麓书社，2002年。
4. （元）脱脱：《宋史》，中华书局校点本，1977年。
5. （元）脱脱：《金史》，中华书局校点本，1975年。
6. （明）胡汝砺：《嘉靖宁夏新志》，宁夏人民出版社，1982年。
7. （清）吴广成：《西夏书事》，清道光五年小砚山房刻本。
8. （清）戴锡章：《西夏纪》，宁夏人民出版社，1988年。
9. 〔意〕马可波罗著《马可波罗行记》，冯承均译，内蒙古人民出版社，2008年。
10. 〔俄〕彼得·库兹米奇·科兹洛夫著《蒙古、安多和死城哈喇浩特》，王希隆、丁淑琴译，兰州大学出版社，2002年。
11. 〔俄〕孟列夫著《黑水城出土汉文遗书叙录》，王克孝译，宁夏人民出版社，1994年。
12. 〔俄〕А.Л.捷连吉耶夫·卡坦斯基著《西夏物质文化》，崔红芬、文志勇译，民族出版社，2006年。
13. 《俄藏黑水城文献》，上海古籍出版社，1996年。
14. 敦煌研究院编《中国石窟安西榆林窟》，文物出版社，1997年。

15. 史金波、陈育宁总主编《中国藏西夏文献》，甘肃人民出版社、敦煌文艺出版社，2007年。

16. 黄振华、史金波、聂鸿音整理《番汉合时掌中珠》，宁夏人民出版社，1989年。

二、考古报告

1. 宁夏回族自治区博物馆：《西夏八号陵发掘简报》，《文物》1978年第8期。

2. 宁夏回族自治区博物馆：《银川新市区西夏窑址》，《文物》，1978年第8期。

3. 宁夏回族自治区博物馆：《西夏陵108号墓发掘简报》，《文物》1978年第8期。

4. 宁夏回族自治区博物馆：《西夏陵101号墓发掘简报》，《文物》1983年第5期。

5. 韩兆民、李志清：《银川西夏陵区调查简报》，《考古学集刊》（五），中国社会科学出版社，1987年。

6. 宁夏文物考古研究所：《西夏陵园北端建筑遗址发掘简报》，《文物》1988年第9期。

7. 宁夏文物考古研究所：《宁夏银川市西夏陵区三号陵园遗址发掘简报》，《文物》2002年第8期。

8. 宁夏文物考古研究所：《银川西夏陵区三号陵东碑亭遗址发掘简报》，《考古与文物》1993年第2期。

9. 许成、杜玉冰著《西夏陵——中国田野考古报告》，东方出版社，1995年。

10. 宁夏文物考古研究所：《闽宁村西夏墓地》，科学出版社，2004年。

11. 中国社会科学院考古研究所《宁夏灵武窑发掘报告》，中国大百科全书出版社，1995年。

12. 宁夏文物考古研究所、银川西夏陵区管理处：《西夏三号陵——地面遗址发掘报告》，科学出版社，2007年。

13. 宁夏文物考古研究所、银川西夏陵区管理处：《西夏六号陵——地面遗址发掘报告》，科学出版社，2013年。

14. 内蒙古文物考古研究所：《内蒙古黑城考古发掘纪要》，《文物》1987年第7期。

15. 宁夏文物管理委员会编《文物普查资料汇编》，1986年。

16. 宁夏文物管理所编《银川市文物志》，1987年。

17. 国家文物局主编《中国文物地图集》，内蒙古、陕西、甘肃、宁夏、青海分册。

18. 宁夏文物考古研究所：《银川西夏陵区三号陵东碑亭遗址发掘简报》，《考古与文物》1993年第2期。

19. 甘肃博物馆：《甘肃武威发现一批西夏遗物》，《文物》1978年第8期。

20. 《国家图书馆学刊·西夏研究专号》《武威亥母洞出土的一批西夏文物》，2002年增刊。

21. 宁夏文物考古研究所：《山嘴沟西夏石窟》，文物出版社，2007年。

22. 潘玉闪、马世长：《莫高窟窟前殿堂遗址考古发掘报告》，文物出版社，1985年。

三、研究论著

1. 《国立北平图书馆馆刊·西夏文专号》，1932年。

2. 史金波、聂鸿音、白滨译《天盛改旧新定律令》，法律出版社，2000年。

3. 史金波、白滨、黄振华：《文海研究》，中国社会科学出版社，1983年。

4. 陈炳应：《西夏文物研究》，宁夏人民出版社，1985年。

5. 黄振华、史金波、聂鸿音整理《番汉合时掌中珠》，宁夏人民出版社，1989年。

6. 史金波：《西夏社会》，上海人民出版社，2007年。

7. 史金波：《西夏佛教史略》，宁夏人民出版社，1988年。

8. 杜建录：《西夏经济史》，中国社会出版社，2002年。

9. 史金波、白滨、吴云峰：《西夏文物》，文物出版社，1988年。

10. 史金波：《西夏文化》，吉林教育出版社，1986年。

11. 吴天墀：《西夏史稿》，四川人民出版社，1980年。

12. 陈炳应：《西夏谚语》，山西人民出版社，1993年。

13. 汤晓芳、王月星、陈育宁：《西夏艺术》，宁夏人民出版社，1999年。

14. 雷润泽、于存海、何继英：《中国古代建筑：西夏佛塔》，文物出版社，1995年。

15. 敦煌研究院编辑部：《段文杰敦煌艺术论文集》，甘肃人民出版社，1999年。

16. 张宝玺：《瓜州东千佛洞西夏石窟艺术》，学苑出版社，2012年。

17. 白滨：《被遗忘的王朝》，山东画报出版社，1997年。

18. 康兰英主编《榆林碑石》，上海三联书店，2010年。

19. 陈育宁、汤晓芳《西夏艺术史》，上海三联书店，2010年。

20. 韩小忙：《西夏王陵》，甘肃文化出版社，1995年。

21. 牛达生、许成：《贺兰山文物古迹考察与研究》，宁夏人民出版社，1988年。

22. 吕建福：《中国密教史》，中国社会科学出版社，2011。

23. 汝信主编徐怡涛编著《全彩中国建筑艺术史》，宁夏人民出版社，2012年。

24. 傅熹年：《中国建筑史的研究》，中国建筑工业出版社，2001年。

25. 罗哲文：《中国古代建筑》（修订本），上海古籍出版社，2001年。

26. 刘敦桢主编：《中国古代建筑史》，建筑工程出版社，1984年。

27. 罗哲文：《中国名塔》，百花文艺出版社，2006年。

28. 沈福煦：《中国建筑简史》，上海人民美术出版社，2007年。

29. 宿白：《中国古建筑考古》，文物出版社，2009年。

30. 罗哲文：《中国古塔》，文物出版社，1983年。

31. 萧默主编：《中国建筑艺术史》，文物出版社，1983年。

32. 沈福煦：《中国古代建筑文化》，上海古籍出版社，2001年。

33. 《梁思成文集》，中国建筑工业出版社，1984年。

34. 《刘敦桢文集》，中国建筑工业出版社，1987年。

35. 敦煌研究院主编，孙毅华、孙儒僩著《中世纪建筑画》，华东师范大学出版社，2010年。

36. 侯幼彬：《中国建筑美学》，中国建筑工业出版社，2009年。

37. 楼庆西：《中国古建筑二十讲》，生活·读书·新知三联书店，2009年。

38. 吴良镛：《人居环境科学导论》，中国建筑工业出版社，2001年。

图书在版编目(CIP)数据

西夏建筑研究/陈育宁,汤晓芳,雷润泽著.—北京:社会科学文献出版社,2016.3(2025.2重印)
(西夏文献文物研究丛书)
ISBN 978-7-5097-8226-2

Ⅰ.①西… Ⅱ.①陈… ②汤… ③雷… Ⅲ.①古建筑-建筑史-研究-中国-西夏 Ⅳ.①TU-092.463

中国版本图书馆 CIP 数据核字(2015)第 250659 号

·西夏文献文物研究丛书·

西夏建筑研究

著　　者 / 陈育宁　汤晓芳　雷润泽

出 版 人 / 冀祥德
项目统筹 / 宋月华　李建廷
责任编辑 / 宋淑洁
责任印制 / 王京美

出　　版 / 社会科学文献出版社·人文分社 (010) 59367215
　　　　　 地址：北京市北三环中路甲 29 号院华龙大厦　邮编：100029
　　　　　 网址：www.ssap.com.cn
发　　行 / 社会科学文献出版社 (010) 59367028
印　　装 / 唐山玺诚印务有限公司

规　　格 / 开　本：787mm×1092mm　1/16
　　　　　 印　张：26.75　插　页：1.25　字　数：422 千字
版　　次 / 2016 年 3 月第 1 版　2025 年 2 月第 2 次印刷
书　　号 / ISBN 978-7-5097-8226-2
定　　价 / 108.00 元

读者服务电话：4008918866

版权所有 翻印必究